中国国家标准汇编

2010年修订-4

中国标准出版社　编

中国质检出版社
中国标准出版社
北　京

图书在版编目（CIP）数据

中国国家标准汇编：2010年修订. 4/中国标准出版社编. —北京：中国标准出版社，2012
ISBN 978-7-5066-6551-3

Ⅰ. ①中… Ⅱ. ①中… Ⅲ. ①国家标准-汇编-中国-2010 Ⅳ. ①T-652.1

中国版本图书馆CIP数据核字(2011)第195031号

中国质检出版社
中国标准出版社 出版发行
北京市朝阳区和平里西街甲2号(100013)
北京市西城区三里河北街16号(100045)
网址：www. spc. net. cn
总编室：(010)64275323 发行中心：(010)51780235
读者服务部：(010)68523946
中国标准出版社秦皇岛印刷厂印刷
各地新华书店经销

*

开本 880×1230 1/16 印张 36.5 字数 950 千字
2012年1月第一版 2012年1月第一次印刷

*

定价 220.00 元

出 版 说 明

1.《中国国家标准汇编》是一部大型综合性国家标准全集。自1983年起，按国家标准顺序号以精装本、平装本两种装帧形式陆续分册汇编出版。它在一定程度上反映了我国建国以来标准化事业发展的基本情况和主要成就，是各级标准化管理机构，工矿企事业单位，农林牧副渔系统，科研、设计、教学等部门必不可少的工具书。

2.《中国国家标准汇编》收入我国每年正式发布的全部国家标准，分为“制定”卷和“修订”卷两种编辑版本。

“制定”卷收入上一年度我国发布的、新制定的国家标准，顺延前年度标准编号分成若干分册，封面和书脊上注明“20××年制定”字样及分册号，分册号一直连续。各分册中的标准是按照标准编号顺序连续排列的，如有标准顺序号缺号的，除特殊情况注明外，暂为空号。

“修订”卷收入上一年度我国发布的、修订的国家标准，视篇幅分设若干分册，但与“制定”卷分册号无关联，仅在封面和书脊上注明“20××年修订-1,-2,-3,……”字样。“修订”卷各分册中的标准，仍按标准编号顺序排列(但不连续)；如有遗漏的，均在当年最后一分册中补齐。需提请读者注意的是，个别非顺延前年度标准编号的新制定的国家标准没有收入在“制定”卷中，而是收入在“修订”卷中。

读者配套购买《中国国家标准汇编》“制定”卷和“修订”卷则可收齐上一年度我国制定和修订的全部国家标准。

3.由于读者需求的变化，自1996年起，《中国国家标准汇编》仅出版精装本。

4.2010年我国制修订国家标准共2846项。本分册为“2010年修订-4”，收入新制修订的国家标准42项。

中国标准出版社

2011年8月

出版说明

目　录

ICS 29.260.20
K 35

中华人民共和国国家标准

GB 3836.19—2010/IEC 60079-27:2008

爆炸性环境 第19部分：现场总线本质安全概念(FISCO)

Explosive atmospheres—Part 19：Fieldbus intrinsically safe concept (FISCO)

(IEC 60079-27：2008，IDT)

2010-08-09 发布　　2011-08-01 实施

中华人民共和国国家质量监督检验检疫总局
中国国家标准化管理委员会　发布

前　言

本部分的全部技术内容为强制性。

GB 3836《爆炸性环境》分为若干部分：

——第1部分：设备　通用要求；

——第2部分：由隔爆外壳“d”保护的设备；

——第3部分：由增安型“e”保护的设备；

——第4部分：由本质安全型“i”保护的设备；

——第5部分：正压外壳型“p”；

——第6部分：油浸型“o”；

——第7部分：充砂型“q”；

——第8部分：“n”型电气设备；

——第9部分：浇封型“m”；

——第11部分：最大试验安全间隙测定方法；

——第12部分：气体或蒸气混合物按照其最大试验安全间隙和最小点燃电流的分级；

——第13部分：爆炸性气体环境用电气设备的检修；

——第14部分：危险场所分类；

——第15部分：危险场所电气安装(煤矿除外)；

——第16部分：电气装置的检查与维护(煤矿除外)；

——第17部分：正压房间或建筑物的结构和使用；

——第18部分：本质安全系统；

——第19部分：现场总线本质安全概念(FISCO)；

——第20部分：设备保护级别(EPL)为Ga级的设备。

……

本部分为GB 3836系列的第19部分，等同采用IEC 60079-27:2008《爆炸性环境　第27部分：现场总线本质安全概念(FISCO)》(英文版)。

本部分与IEC 60079-27:2008相比，主要变化为：用“ic”等级FISCO系统的要求取代了FNICO的要求。

本部分由中国电器工业协会提出。

本部分由全国防爆电气设备标准化技术委员会(SAC/TC 9)归口。

本部分主要起草单位：南阳防爆电气研究所、国家防爆电气产品质量监督检验中心、上海工业自动化仪表研究所、郑州永邦电气有限公司、煤炭科学研究总院抚顺分院、华荣集团有限公司、河南省济源市矿用电器有限责任公司、海湾安全技术有限公司。

本部分主要起草人：张刚、徐建平、付淑玲、周京、刘姮云、张向前、张俊英。

爆炸性环境
第19部分：现场总线本质安全概念(FISCO)

1 范围

GB 3836的本部分规定了使用现场总线本质安全概念(FISCO)的设备、系统和安装操作规程的详细内容。本部分针对采用曼彻斯特编码概念、遵照GB/T 16657.2现场总线物理层安装标准设计的总线供电系统。

FISCO设备和系统的结构及安装要求由GB 3836.4、GB 3836.15、GB 3836.18确定，本部分修改的内容除外。现场总线装置部分可由GB 3836.1列出的任一种适用于预定区域的保护方法来保护，在这种情况下，本部分的要求仅适用于与本安总线或专用线直接连接的设备部分。

注1：对FISCO要求认证并不妨碍设备按照GB 3836.4进行常规的认证和标志，这样它们可以用于其他系统中。在本技术规定发布之前已取得认证，而又不必符合本技术规定的电气参数的设备，可标志为"适合FISCO系统"。如果电气参数U_o、I_o、P_o与U_i、I_i、P_i对比的结果表明与系统的其他部分兼容，且本技术规定的所有其他要求也符合规定，该设备可用于FISCO系统。

注2：典型的FISCO系统见附录A。

注3：一般情况，"ic"FISCO系统用于2区场所。FISCO系统主要用于1区、2区场所，如果文件有特殊规定，也可用于0区。

注4：IEC 60079-27:2005标准引入了FNICO概念，涉及在2区用限能型[nL]概念的现场总线概念。本标准用"ic"概念代替了限能概念，但允许继续使用FNICO和nL设备。

2 规范性引用文件

下列文件中的条款通过GB 3836的本部分的引用而成为本部分的条款。凡是注日期的引用文件，其随后所有的修改单(不包括勘误的内容)或修订版均不适用于本部分，然而，鼓励根据本部分达成协议的各方研究是否可使用这些文件的最新版本。凡是不注日期的引用文件，其最新版本适用于本部分。

GB/T 2900.35 电工术语 爆炸性环境用设备(GB/T 2900.35—2008,IDT IEC 60050(426):2008)

GB 3836.1 爆炸性环境 第1部分：设备 通用要求(GB 3836.1—2010,IEC 60079-0:2007,MOD)

GB 3836.4 爆炸性环境 第4部分：由本质安全型"i"保护的设备(GB 3836.4—2010,IEC 60079-11:2006,MOD)

GB 3836.8 爆炸性气体环境用电气设备 第8部分："n"型电气设备(GB 3836.8—2003,IEC 60079-15:2001,MOD)

GB 3836.15 爆炸性气体环境用电气设备 第15部分：危险场所电气安装(煤矿除外)(GB 3836.15—2000,eqv IEC 60079-14:1996)

GB 3836.18 爆炸性环境 第18部分：本质安全系统(GB 3836.18—2010,IEC 60079-25:2005,IDT)

GB/T 16657.2 工业通信网络 现场总线规范 第2部分：物理层规范和服务定义(GB/T 16657.2—2008,IEC 61158-2:2007,IDT)

IEC 60079-14:2007 爆炸性环境 第14部分：电气装置的设计、选型和安装

3 术语、定义和缩略语

3.1

术语和定义

GB 3836.1、GB 3836.4、GB 3836.8 中的术语和定义及下列术语和定义适用本部分。

注：适用于爆炸性环境的其他定义见 GB/T 2900.35。

3.2

缩略语

FISCO 现场总线本质安全概念

FNICO 现场总线不点燃概念

4 设备要求

4.1 通则

设备结构应符合 GB 3836.4，本部分修改的内容除外。

设备的文件应保证确认每台设备适用于符合本部分的 FISCO 系统。

4.2 FISCO 供电电源

4.2.1 通则

电源应具有电阻限流特性或具有不规则四边形或矩形的输出特性，在 GB 3836.4 规定的相应保护等级的条件下，最大输出电压 U_o 应不大于 17.5 V 或不小于 14 V。

内部最大未保护电容 C_i 和电感 L_i 应分别不大于 5 nF 和 10 μH。

电源输出可接地。

在证书或者标牌上不要求详细说明内部参数 L_i、C_i 或最大外部参数 L_o、C_o。

确定供电电源输出参数时，应考虑连接到设备现场端子上的现场连接线可能的开路、短路和接地。

4.2.2 “ia”和“ib”等级 FISCO 供电电源的附加要求

对于任何“ia”和“ib” 等级 FISCO 供电电源的最大输出电流 I_o 应按 GB 3836.4 来确定，但不应超过 380 mA。对于矩形特性电源，可使用表 1 评定：

表 1 “ia”和“ib”等级 FISCO 矩形电源用最大输出电流的评定

U_o V	IIC 类允许电流 (包括 1.5 倍安全系数) mA	IIB 类允许电流 (包括 1.5 倍安全系数) mA
14	183	380
15	133	354
16	103	288
17	81	240
17.5	75	213

注：IIB 类的两个最大电流值由 5.32 W 得出。

最大输出功率 P_o 不应超过 5.32 W。

4.2.3 “ic”等级 FISCO 供电电源的附加要求

对于“ic”等级 FISCO 供电电源的最大输出电流 I_o 应按 GB 3836.4 来确定。对于“ic”等级 FISCO 矩形特性电源，可使用表 2 确定：

表 2 "ic"等级 FISCO 矩形特性电源用最大输出电流的评定

U_o V	IIC 类允许电流 mA	IIB 类允许电流 mA
14	274	570
15	199	531
16	154	432
17	121	360
17.5	112	319

注："ic"等级 FISCO 供电电源的最大输出功率 P_o 没有限定到 5.32 W。

4.3 FISCO 现场装置

4.3.1 通则

这些要求适用于与本安总线相连的设备，无论它们安装在危险场所内部还是外部，电源终端器和简单设备除外。

除了 GB 3836.4 的有关要求外，手持式终端还应符合现场终端(设备)的要求。

这些要求如下：

a) 现场设备最低输入电压参数应为 U_i=17.5 V。

b) 总线端子应按 GB 3836.4 对地隔离。

c) 单独供电的现场设备的总线接线端子，应按 GB 3836.4 的要求与其他电源隔离，确保这些接线端子保持无源，避免总线多点接地。

d) 每一个现场装置的最大无保护内部电容 C_i 应不大于 5 nF。不要求在证书或者标牌上说明输入和内部参数的技术要求。

e) GB 3836.4 规定的正常或故障条件下，总线接线端子应保持无源，即接线端子不会成为系统的能量来源，泄漏电流不大于 50 μA 时除外。

f) 现场装置应按 GB 3836.4 确定保护级别(防爆等级)并适用于 IIC 类。

g) 预定安装在危险场所的现场装置应按照 GB 3836.4 确定温度组别。

4.3.2 对"ia"和"ib"等级 FISCO 现场装置的附加要求

"ia"和"ib"等级 FISCO 现场装置的附加要求如下：

a) 现场装置最低输入参数应为 I_i=380 mA、P_i=5.32 W；

b) 现场装置内部电感不大于 10 μH。

4.3.3 对"ic"等级 FISCO 现场装置的附加要求

对"ic"等级 FISCO 现场装置的附加要求是，它们的内部电感不大于 20 μH。

4.4 终端器

系统要求在总线端点含有一个电阻-电容组成的终端器，该终端器在总线端点处提供一个等效于至少 90 Ω 的电阻与最大 2.2 μF(含允许误差)的电容串联组成的电路。

注 1：GB/T 16657.2 规定了运行条件下必需的元件参数。

终端器应：

a) 采取有防爆措施，适用于 IIC 类设备；

b) 输入电压 U_i 不小于 17.5 V；

注 2：如果认为电容性元件会出现故障产生短路电流，那么要求电阻额定功率为 5.1 W，温度组别应按 3.4 W 的功率损耗确定。

c) 按照 GB 3836.4 的规定对地隔离；

d) 最大未保护内部电感 L_i 不大于 10 μH；

e) 预定安装危险场所内的终端器应有符合 GB 3836.4 规定的温度组别。

终端器可用在现场装置或供电电源内部。

注 3：进行本质安全评定时，终端器的有效电容(C_i)可看作对系统的本质安全无影响。

4.5 简单设备

本安系统中采用的简单设备，应符合 GB 3836.4 的规定。必须给出简单设备的电容和电感，以便能够评定 5.1 的系统要求。与 FISCO 系统连接的所有电感总和与电容总和应分别不大于 10 μH 和 5 nF。

注：确定“ia”或“ib” 等级系统内简单设备的温度组别时应注意，因为出现的最大功率可高达 5.32 W。“ic”等级系统内的温度组别是按正常运行条件下确定的。

4.6 标志

每件设备都应标注“FISCO”一词，并在其后面注明其功能，如供电电源、现场装置或终端器。另外，每件设备应按 GB 3836.4 要求标注，本部分修改的除外，例如，制造商的名称和地址仍需标出。

有些设备需要双标志，以便于既能够用于 FISCO 系统，又能用于常规的本质安全系统中。此时，应注意 FISCO 标志和常规本质安全系统标志之间的区别。

对于 FISCO 供电电源，不需要标注出输出参数 U_o、I_o、C_o、L_o、P_o 及 L_o/R_o；对于 FISCO 现场装置或终端器，不需要标志出输入和内部 U_i、I_i、C_i、L_i、P_i 及 L_i/R_i。

4.7 标志实例

a) 供电电源

FISCO 供电电源

U_m＝250 V

[Ex ia]IIC

制造商名称和地址

型号规格

－20 ℃≤T_a≤＋50 ℃

防爆合格证编号

产品编号

b) 现场装置

FISCO 现场装置

Ex ia IIC T4

制造商名称和地址型号规格

－20 ℃≤T_a≤＋60 ℃

防爆合格证编号

产品编号

c) 终端器

FISCO 终端器

Ex ia IIC T4

制造商名称和地址型号规格

防爆合格证编号

产品编号

d) 双标志现场装置

制造商名称和地址型号规格

－20 ℃≤T_a≤＋60 ℃

防爆合格证编号

产品编号

\- - - - - - - - - - - - - -

FISCO 现场装置

Ex ia IIC T6

\- - - - - - - - - - - - - -

$U_i=28\ V$

$C_i=3\ nF$

$I_i=200\ mA$

$L_i=10\ \mu H$

$P_i=1.2\ W$

5 系统要求

5.1 通则

系统通常为附录 A 所示的形式。

用于系统中的电缆应符合下列参数：

a) 回路电阻 R_c：15～150 Ω/km；

b) 回路电感 L_c：0.4～1 mH/km；

c) 电容 C_c：45～200 nF/km；

d) 每条支线电缆的最大长度对于 IIC 类和 IIB 类为 60 m；

e) 包括所有支线长度在内的每条干线电缆的最大长度，对于 IIC 类为 1 km，对于 IIB 类为 5 km。

当使用符合本部分的电缆时，不必考虑电缆参数。

注 1：单根电缆和含有一根以上 IS 电路的多芯线的安装和结构要求，见 GB 3836.15。IEC 60079-14:2007 附录 C 也给出了确定电缆参数的指南。

当系统由以下列几个部分组成：

a) 一个电源；

b) 32 台以内的任意数量的现场装置；

c) 最多两个终端器。

各部分都符合本部分的要求，且采用的电缆达到上述要求，则应认为系统足够安全。

应根据系统内采用的设备的最低防爆等级确定系统的防爆等级（"ia"、"ib"或"ic"）。安全文件中应记录确定的防爆等级。

如果对系统子系统的不同防爆等级进行了评定，并在文件中记录确认，则子系统可采用不同的防爆等级。例如，在"ib"等级的支线上插入适当认证过的接口，可以作为"ia"等级的支线。

终端器应设在总线的两端，电源应设在离总线一端不超过 60 m 的地方。如果供电电源经支线连接，则此支线长度应不超过 60 m 长。

注 2：操作限定条件和本部分中限定了连接到支线上的现场装置的数量为，一个系统的现场设备最多 32 个。

一个系统上可增加连接件和/或开关，而不必修改安全评定。符合 GB 3836.4 的其他类型的简单设备可连接到 FISCO 系统上，前提是每件简单设备的总电感和总电容不大于 10 μH 和 5 nF，这种简单设备和现场装置的总数不超过 32 个。

安全文件可简化为设备清单，与关联设备文件一起使用。在文件中应能清晰辨识出系统每部分的防爆级别。

供电电源的设备类别决定系统的设备类别。

每件设备的温度组别应在文件中确定并记录。同时也需要确认每件设备适用于预定场所允许的最高环境温度。

5.2 对"ic" 等级 FISCO 系统的补充要求

按照本部分第一版 FNICO 要求设计和认证的设备可用在"ic"等级 FISCO 系统中。

符合本质安全要求，但不作为符合本部分的 FISCO 设备的现场装置、终端器和其他附属设备，如果输入参数 U_i 不小于 17.5 V，内部参数 L_i 和 C_i 分别不大于 20 μH 和 5 nF，可与 FISCO 供电电源一起使用在"ic" 等级 FISCO 系统中。

类似地，没有作为 FISCO 设备认证，但结构符合 GB 3836.8 限能型"nL"要求的设备，如果输入参数 U_i 不小于 17.5 V，内部参数 L_i 和 C_i 分别不大于 20 μH 和 5 nF，则可用在"ic" 等级 FISCO 系统中。

FNICO 设备、本安设备或限能设备用在"ic" 等级 FISCO 系统中时，应在该设备的安装点指明。可用标志"'ic'等级 FISCO 系统"的设备标签，满足这项要求。

附　录　A
（资料性附录）
典 型 系 统

图 A.1 所示为一个典型的系统。

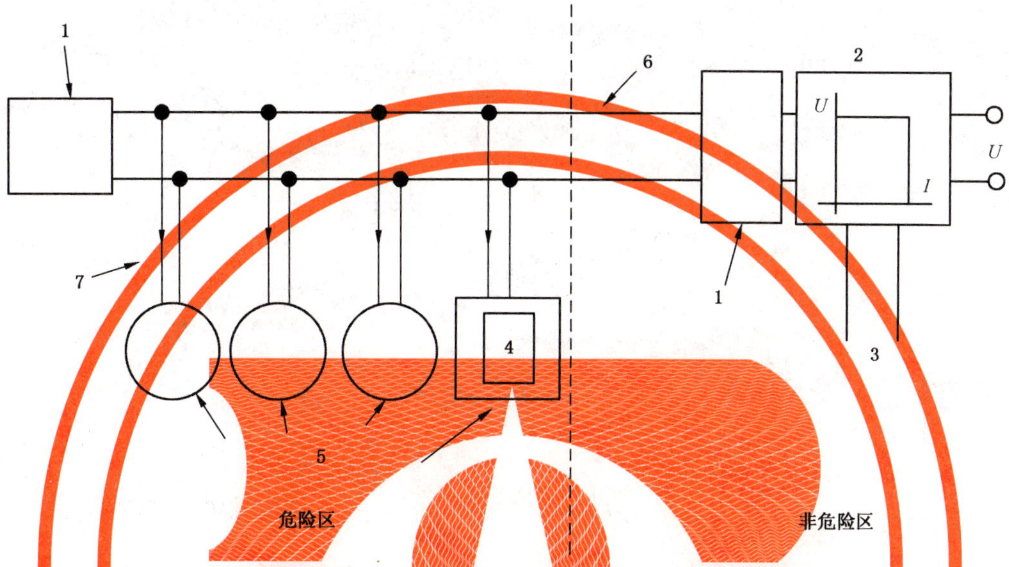

图例：

1——终端器；

2——电源；

3——数据线；

4——手持终端；

5——现场装置；

6——干线；

7——支线。

图 A.1　典型系统

ICS 29.260.20
K 35

中华人民共和国国家标准

GB 3836.20—2010/IEC 60079-26:2006

爆炸性环境 第20部分:设备保护级别(EPL)为Ga级的设备

Explosive atmospheres—Part 20: Equipment with equipment protection level (EPL) Ga

(IEC 60079-26:2006,IDT)

2010-11-10 发布 2011-09-01 实施

中华人民共和国国家质量监督检验检疫总局
中国国家标准化管理委员会 发布

前　言

本部分的全部技术内容为强制性。

GB 3836《爆炸性环境》分为若干部分：

——第1部分：设备　通用要求；

——第2部分：由隔爆外壳“d”保护的设备；

——第3部分：由增安型“e”保护的设备；

——第4部分：由本质安全型“i”保护的设备；

——第5部分：正压外壳型“p”；

——第6部分：油浸型“o”；

——第7部分：充砂型“q”；

——第8部分：“n”型电气设备；

——第9部分：浇封型“m”；

——第11部分：最大试验安全间隙测定方法；

——第12部分：气体或蒸气混合物按照其最大试验安全间隙和最小点燃电流的分级；

——第13部分：爆炸性气体环境用电气设备的检修；

——第14部分：危险场所分类；

——第15部分：危险场所电气安装(煤矿除外)；

——第16部分：电气装置的检查与维护(煤矿除外)；

——第17部分：正压房间或建筑物的结构和使用；

——第18部分：本质安全系统；

——第19部分：现场总线本质安全概念(FISCO)；

——第20部分：设备保护级别(EPL)为Ga级的设备。

……

本部分为GB 3836的第20部分，对应于IEC 60079-26:2006《爆炸性环境　第26部分：设备保护级别(EPL)为Ga级的设备》(英文版)。

本部分与IEC 60079-26的一致性为等同采用，做出的编辑性修改为：引用的GB 3836.1标准为修改采用IEC 60079-0:2007，并且在6.1中增加了“注：可按GB 3836.1—2010第29章相应规定”。

本部分的附录A为资料性附录。

本部分由中国电器工业协会提出。

本部分由全国防爆电气设备标准化技术委员会(SAC/TC 9)归口。

本部分主要起草单位：南阳防爆电气研究所。

本部分主要参加单位：国家防爆电气产品质量监督检验中心、深圳市海洋王投资发展有限公司、华荣集团有限公司、创正防爆电器有限公司。

本部分主要起草人：张刚、李书朝、李晓宁、周京、刘绮映、黄建锋。

爆炸性环境　第20部分：设备保护级别(EPL)为Ga级的设备

1　范围

GB 3836的本部分规定了设备保护级别(EPL)为Ga级电气设备的结构、试验和标志的特殊要求。在制造商规定的运行参数范围内，当设备出现罕见故障或两个互相独立的故障时，保证电气设备具有很高的保护水平。

注1：故障可由电气设备零部件损坏或可预见的外部影响引起。当两个独立故障各自单独频繁出现时虽不能产生点燃危险，但同时出现时却能产生潜在点燃危险，两个独立的故障同时出现时宜视为一个罕见故障。

注2：该类电气设备拟用于0区危险场所，该危险场所在正常大气条件下由空气—气体、蒸气或薄雾混合物形成的爆炸性气体环境可连续、长时间存在或频繁出现。

本部分也适用于安装在跨越两个区域之间对保护级别有不同要求的电气设备。

例如：含0区的贮存容器与其周围确定为1区的边界墙内用设备。

本部分也适用于安装在要求较低保护级别场所的设备，但这些设备与Ga级保护级别的设备在电气上有连接(关联设备)。

本部分是对GB 3836.1—2010通用要求和GB 3836系列专用防爆型式标准要求的补充，通过采取这些标准提供的安全等级从而达到EPL Ga保护级别要求。

注3：在设计超出GB 3836.1—2010规定的大气条件的爆炸性环境用设备时，本部分可作为一个指南。但是，建议进行与预定使用条件相关的附加试验。当采用由隔爆外壳"d"保护的设备(GB 3836.2—2010)和由本质安全型"i"保护的设备(GB 3836.4—2010)时，这一点尤其重要。

注4：危险场所分类的定义见GB 3836.14—2000。

注5：本部分未提及其他可能会出现的非电气点燃源(例如，超声波、光或电离辐射)，而这些点燃源宜被考虑(见GB 25285.1—2010)。

注6：这种方法即设备保护级别(EPL)Ga级的概念，详细信息见附录A。

2　规范性引用文件

下列文件中的条款通过GB 3836的本部分的引用而成为本部分的条款。凡是注日期的引用文件，其随后所有的修改单(不包括勘误的内容)或修订版均不适用于本部分，然而，鼓励根据本部分达成协议的各方研究是否可使用这些文件的最新版本。凡是不注日期的引用文件，其最新版本适用于本部分。

GB 3836.1—2010　爆炸性环境　第1部分：设备　通用要求(IEC 60079-0:2007,MOD)

GB 3836.2—2010　爆炸性环境　第2部分：由隔爆外壳"d"保护的设备(IEC 60079-1:2007,MOD)

GB 3836.4—2010　爆炸性环境　第4部分：由本质安全型"i"保护的设备(IEC 60079-11:2006,MOD)

GB 3836.9—2006　爆炸性气体环境用电气设备　第9部分：浇封型"m"(IEC 60079-18:2004,IDT)

GB 3836.14—2000　爆炸性气体环境用电气设备　第14部分：危险场所分类(eqv IEC 60079-10:1996)

GB 3836.15—2000　爆炸性气体环境用电气设备　第15部分：危险场所电气安装(煤矿除外)(eqv IEC 60079-14:1996)

GB 4208—2008 外壳防护等级(IP 代码)(IEC 60529:2001,IDT)

GB/T 5169.16—2008 电工电子产品着火危险试验 第16部分:试验火焰 50 W 水平与垂直火焰试验方法(IEC 60695-11-10:2003,IDT)

GB 25285.1—2010 爆炸性环境 爆炸预防和防护 第1部分:基本原则和方法

3 术语和定义

本部分除了采用 GB 3836.1—2010 中给出的术语和定义外还采用了下列缩写词。

注:适用于爆炸性环境的其他定义见 GB/T 2900.35。

3.1

EPL

equipment protection level(设备保护级别)的英文缩写,定义见附录 A。

4 设计和结构要求

4.1 总则

设备应符合 4.2 对电路的要求和 4.3～4.6 对机械和静电点燃危险的要求。

4.2 防止电路点燃危险的保护措施

4.2.1 概述

电气设备应符合下列要求之一:

a) 采用单种防爆型式考虑出现两个相互独立故障的保护措施,应符合 4.2.2 或 4.2.3 的要求;

b) 一种设备保护措施失效,需提供第二种独立的保护措施,应符合 4.2.4 或 4.2.5 的要求。

安装在要求 EPL Ga 级场所内的设备,其电气连接件和永久性连接电缆应符合本部分相同保护级别的要求,例如:含有非 Ex ia 电路的 Ex“e”型电缆,另外用隔爆型导管保护,或者 Ex“e”电缆提供接地漏电保护。

注1:GB 3836.15—2000 对达到 EPL Ga 级要求的非本质安全型电路用电缆及其安装要求有详细规定。

注2:由于电位平衡系统中的故障和/或瞬态环流能产生点燃危险,最好在符合 4.2.2、4.2.3 和 4.2.4 规定的设备上的电源和信号连接进行电隔离。宜考虑利用电气保护装置,如灵敏度高的接地漏电监控器,使电位平衡网络中瞬时故障电流的影响降至最低程度。

4.2.2 唯一采用本质安全型保护的措施

达到 EPL Ga 级要求的本质安全型电气设备和进入要求 EPL Ga 级场所的本安关联设备电路应符合 GB 3836.4 本质安全型“ia”等级的要求。

注:符合 GB 3836.4—2010 规定的本质安全型“ib”等级可视为符合 4.2.4 规定的两种独立保护方法中的一种。

4.2.3 唯一采用浇封型保护的措施

达到 EPL Ga 级要求的浇封型电气设备,应符合 GB 3836.9—2006 浇封型“ma”等级的要求。

注:符合 GB 3836.9—2006 规定的浇封型“mb”等级可视为符合 4.2.4 规定的两种独立保护方法中的一种。

4.2.4 用两种独立 EPL Gb 级防爆型式保护的措施

电气设备应符合达到 EPL Gb 级别的两种独立防爆型式的要求。如果一种防爆型式失效,另一种防爆型式应继续起作用。相互独立的防爆型式不应有共态故障,本章另有规定的除外。

共态故障的典型例子是内部带有电弧触头的 Ex“d”型外壳用在 Ex“e”型外壳内,如果 Ex“d”型外壳损坏,那么外壳内的电弧也将危及 Ex“e”型外壳。

注:达到 EPL Gb 级别的两种独立防爆型式重复叠加,宜取决于不同的物理保护原理。例如,Ex“d”和 Ex“q”叠加两者的作用均为避免火焰传播,不适合叠加在一起使用。在实际应用中,某些叠加型可能不适用,例如将油浸型和充砂型叠加在一起。

如果使用两种独立防爆型式叠加,则应对每一种防爆型式分别进行试验(见 5.1)。

应使用两种防爆型式中最不利的故障条件对两种防爆型式进行评定。如果用本质安全型“ib”等级与另一种防爆型式叠加,则用施加到本安型电路上的最不利的故障条件对另一种防爆型式进行评定。

如果使用两种防爆型式,且具有同样的参数(例如, Ex"ib"与 Gb 级的 Ex"e"叠加后的爬电距离),则应符合两种防爆型式中规定最严格的。

如果两种防爆型式叠加均使用外壳保护,则应符合下列要求之一:

a) 如果使用两个外壳(一个外壳完全装在另一个外壳内),则每个外壳均应符合相应防爆型式的要求;

b) 如果仅使用一个外壳,则外壳和电缆引入装置都应按照 GB 3836.1—2010 中 26.4.2 规定的Ⅰ类电气设备规定值进行冲击试验。

两种独立 Gb 级防爆型式的叠加示例如下:

——本质安全型"ib"等级的感应式变送器(例如,接近开关、限位传感器),由"mb"型式浇封;连接到本质安全"ib"等级电路的连接件可由 Gb 级的增安型"e"保护;

——灯制成 Gb 级的增安型"e"(Gb 级),其带开关的电路制成本质安全型"ib",这些元件再装入隔爆外壳"d"中;

——带隔爆外壳"d"的本质安全型"ib"等级测量传感器;

——本质安全型"ib"等级电路的设备,另外用充砂型"q"保护;

——浇封型"mb"等级的电磁阀,装入隔爆外壳"d"内;

——带"px"正压外壳的 Gb 级的增安型"e"。

4.2.5 用一个符合 EPL Gb 级的防爆型式和隔离部件保护的措施

4.2.5.1 通则

如果设备安装在要求 EPL Ga 级场所的边界墙内或形成边界墙的一部分,如果设备包含的电路不符合 Ga 保护级别的要求,则该设备应至少符合一种达到 EPL Gb 级要求的防爆型式,同时,设备应装有机械隔离部件,作为设备的一部分将设备的电路与要求 EPL Ga 级的场所隔离。

如果防爆型式失效,隔离部件应满足下列要求:

a) 防止火焰通过设备传入要求 EPL Ga 级的场所;

b) 保持其安全性能;

c) 受热后,温度不超过设备的温度组别。

由隔板组成的隔离部件可与隔爆接合面或带自然通风的气隙结合。

4.2.5.2 隔板

隔板应是下列材料制成:

a) 制造商文件中规定的耐腐蚀金属、玻璃或陶瓷;或

b) 其他材料,只要证明具有同样安全水平。在这种情况下,应使用符合 GB 3836.1—2010 中 29.2规定的"X"标志或警告标志,并且防爆合格证应指明使用的材料和材料的热性能和机械性能,使用户能够确认材料适合具体使用情况。

如果隔板的壁厚小于 1 mm,则设备应按照 GB 3836.1—2010 中 29.2 的规定标志符号"X"或警告标志,表明材料的安全使用特殊条件,材料不得承受可能对隔板产生不利影响的环境条件。如果隔板是在持续的振动应力(例如,振动膜)下,则应在文件中规定最大振幅时的最低疲劳极限。

注 1:壁厚小于 1 mm 的隔板仅限于与本质安全型"ib"等级、隔爆接合面或自然通风联合在一起时,见 4.2.5.3。

注 2:对于玻璃或陶瓷隔板,建议最小厚度为直径(或最大尺寸)的 1/10 但不小于 1 mm。

除 4.2.5.1～4.2.5.3 的规定外,厚度≥1 mm 的金属隔板可配置合适的导线绝缘套管(见图 1)。为避免临界浓度的爆炸性气体环境从要求 EPL Ga 级的场所扩散到装有电路的外壳内,通过绝缘套管的泄漏速率应比从外壳进入大气环境的泄漏速率低。这一点是能够做到的,例如,使用如图 1 所示的玻璃纤维或陶瓷绝缘套管。

注 3:使用符合 GB 4208—2008 规定的具有 IP 67 防护等级的标准外壳,合格的绝缘套管是,泄漏率相当于压差为 10^5 Pa 时小于 10^{-2} Pa×l/s 的氦气的泄漏率。

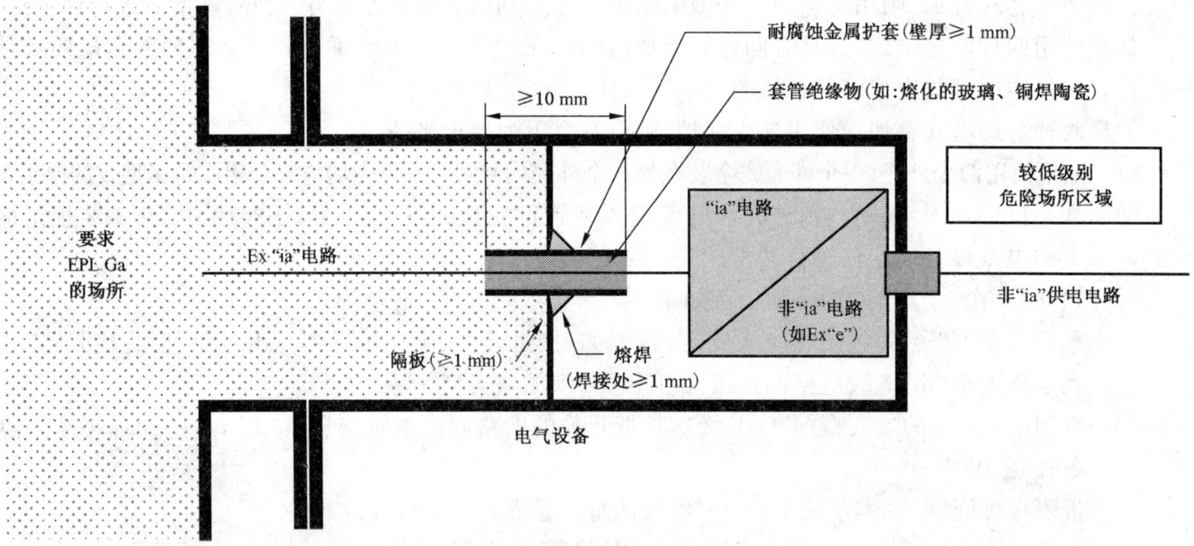

图 1　带有气密式导体绝缘套管的隔板示例

4.2.5.3　对不同隔板厚度的要求

隔离部件和附加保护措施的结合取决于隔板壁厚"t",对隔板厚度的要求如下,并见表 1:

i)　对于厚度≥3 mm 的均质隔板,不要求附加保护措施。

ii)　对于厚度在 1 mm≤t<3 mm 之间的均质隔板,要求一种 EPL Gb 等级的防爆型式(见表 1 的示例 a))。带有 EPL Gb 等级防爆设备的外壳,即使外壳用来满足防爆型式要求,只要设备不含点燃源,例如,裸露触头(见表 1 的示例 a)),其均质部件也可起隔板作用。如果设备正常运行时带有点燃源,则另外要求隔爆接合面(表 1 的示例 b))或通风气隙(表 1 的示例 c))。

iii)　如果隔板厚度在 0.2 mm≤t<1 mm 之间,则要求在其后面采用下列保护措施之一:
——符合 GB 3836.4—2010 要求的本安型"ib"防爆型式(见表 1 的示例 a));或
——1 个 EPL Gb 级防爆型式与隔爆接合面的组合(见表 1 的示例 b));或
——1 个 EPL Gb 级防爆型式与通风气隙和隔爆接合面的组合(见表 1 的示例 c))。

iv)　如果隔板厚度为 t<0.2 mm(例如,薄膜),则要求采用一种 EPL Gb 等级防爆型式和隔爆接合面的组合(见表 1 的示例 b))。如果设备正常运行时带有点燃源,则另外要求通风气隙(见表 1 的示例 c))。

注:本条中"均质"一词的意思是由单块材料构成的不带任何插入件(例如,连接线、绝缘套管)的隔板。

表 1　隔离部件

结构形式	对不同隔板厚度"t"要求 i) t ≥3 mm: 无附加要求		
	ii) 1 mm≤t<3 mm	iii) 0.2 mm≤t<1 mm (要求"X"标志)	iv) t<0.2 mm (要求"X"标志)
a) 隔板 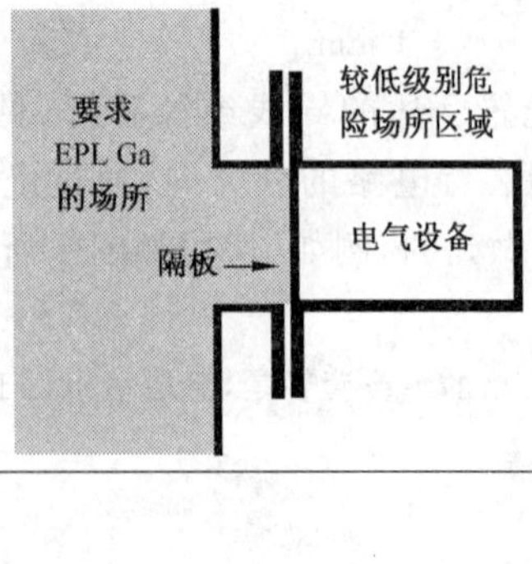 	EPL Gb 级的防爆型式和正常运行时无点燃源(例如,无裸露触点)	本质安全型"ib"等级	不允许

表 1（续）

结构形式	对不同隔板厚度“t”要求 ⅰ）$t \geqslant 3$ mm：无附加要求		
	ⅱ） 1 mm≤t<3 mm	ⅲ） 0.2 mm≤t<1 mm （要求“X”标志）	ⅳ） t<0.2 mm （要求“X”标志 ）
b）隔板＋接合面 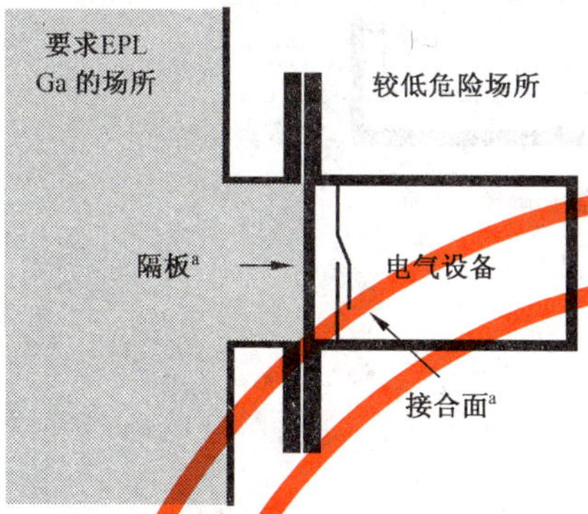 	EPL Gb 级的防爆型式		EPL Gb 级的防爆型式和正常运行时无点燃源（例如，无裸露触点）
c）隔板＋通风气隙 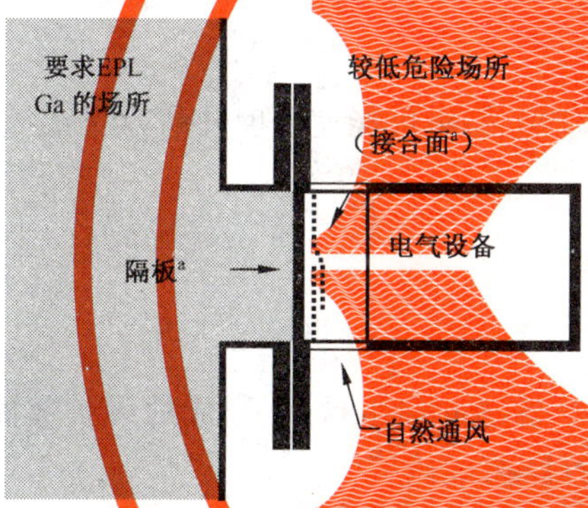 	EPL Gb 级的防爆型式	EPL Gb 级的防爆型式和隔爆接合面（虚线处）	
[a] 隔爆接合面和隔板可交换顺序。			

4.2.5.4 **与隔爆接合面结合的隔板**

附加到接合面上的隔板应符合下列要求：

a) GB 3836.2—2010 的要求；或

注 1：为确定接合面的特性，宜考虑含有电路外壳的净容积。

b) 能够证明与项 a)安全等级相同的结构。

注 2：例如将圆柱形聚四氟乙烯绝缘套管压入金属外壳中不小于 40 mm 长度。永久性压缩的、长度至少为 17 mm 的接合面也适用（例如，使用弹性压缩锥形聚四氟乙烯绝缘套管）。

隔板上的非金属部件应满足 GB/T 5169.16—2008 可燃性等级 V-0 的要求，并且具有同等的耐化学性能，例如，类似用于石油中的玻璃、陶瓷、非回收聚四氟乙烯或环氧树脂。隔离部件的材料及其机械应力和热应力限值应在文件中明确规定，以保证用户确认其是否适合于特殊使用条件。

4.2.5.5 **与带自然通风气隙结合的隔板**

通风应确保在制造商规定的最不利操作条件下和预计泄漏的情况下能防止易燃物料在设备中聚集。如果气隙的长度≥10 mm 并且周围通风孔至少 50 %有效，则在自然通风条件下通风对所有的气体、蒸气和薄雾均有效。除 4.2.5.1～4.2.5.3 的规定外，可使用厚度≥1 mm、且具有合适气隙的金属隔板，例如符合 GB 3836.2—2010 要求的圆筒形转轴隔爆接合面，见图 2。在这种情况下，通风气隙的最小长度应为 10 mm 或长度等于转轴的直径，两者取较大值。

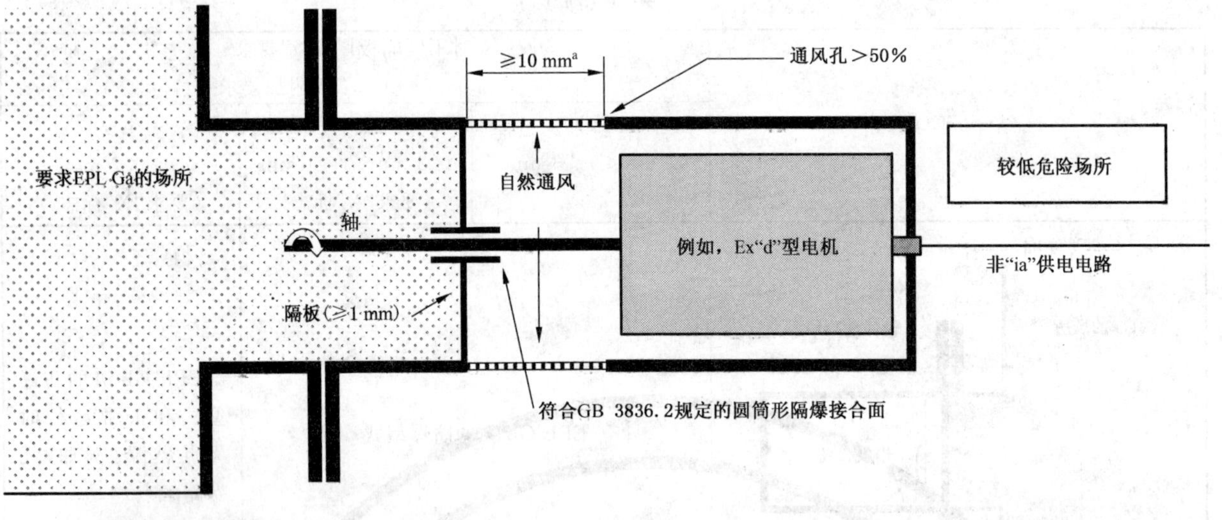

a 充分通风所要求。

注1：图2所示的隔板内侧的圆筒形转轴接合面不是4.2.5.4中所述的附加接合面。

注2：宜根据相应的气体组别选择电气设备。

图2 带有圆筒形转轴接合面和自然通风的隔离部件示例

4.3 带活动部件的设备

4.3.1 摩擦生热

如果设备带有活动部件，则在正常运行或故障条件下因摩擦产生的热可能使温度升高，在确定最高表面温度时应予以考虑。

4.3.2 活动部件故障引起的损坏

活动部件出现故障时，不应对防爆型式产生不利的影响。

4.3.3 轻金属

由轻金属或其合金(含量限值见GB 3836.1—2010)制成的设备部件和由铁/钢制成的设备部件之间不允许产生运行摩擦或碰撞。在两种轻金属之间允许产生运行摩擦或碰撞。

注：轻金属如铝、镁、钛或锆。

4.4 绝缘导电部件

设备表面的绝缘导电部件应对地等电位联结，但按照GB 3836.1—2010规定的起电试验程序能证明部件起电达不到点燃等级时除外。

4.5 非导电外壳和可触及的非导电部件

4.5.1 通则

应采取措施确保静电放电点燃危险降低到可忽略不计的程度，特别是由于达到EPL Ga级的设备可直接使用，其非导电表面可能由于非导电介质的流动(例如，在搅拌容器或管道中)而起电。

因此，设备的可触及的可起电表面应符合GB 3836.1—2010中7.4的规定或下列要求之一：

a) 限制可起电的非导电表面尺寸，见4.5.2；

b) 限制可起电的非导电层的厚度，见4.5.3；

c) 对导电涂层采取保护措施，见4.5.4。

如果不符合这些要求，则应使用符合GB 3836.1—2010中29.2规定的"X"标志或警告标志，并且防爆合格证应包含安全使用的特殊条件，使用户能决定设备适合特定的使用条件。

4.5.2 可起电的非导电表面尺寸限制

可起电的非导电表面的凸出尺寸应不大于GB 3836.1—2010表6中对EPL Ga级规定的值。如果是长条型部件(例如，塑料管、绝缘导条或塑料绳；但电缆可按GB 3836.1—2010 16.6规定)带有非导电表面，对其长度不做限制，但其直径或宽度不得超过下列值：

a) 对于ⅡA和ⅡB类设备为3 mm；

b) 对于ⅡC类设备为1 mm。

4.5.3 可起电的非导电层厚度限制

如果非导电层覆盖粘接在等电位联结的导电表面，则其层厚不应超过下列值：

a) 对于ⅡA、ⅡB类设备为2mm；

b) 对于ⅡC类设备为0.2 mm。

粘接的导电表面可以由金属网制成，网孔面积符合GB 3836.1—2010表6中对EPL Ga级的规定。

注1：屏蔽上有保护层的电缆可以使用。

注2：应注意在使用高效起电装置时，可产生传播形刷形放电。

4.5.4 导电涂层的保护措施

非导电表面可覆盖永久粘接的导电涂层。涂层和粘接点之间的电阻不应超过1 GΩ。

应按GB 3836.1—2010中26.13的规定进行电阻测量，在表面和粘接点最不利的位置使用一只1 cm^2的电极进行。

应使用符合GB 3836.1—2010中29.2规定的“X”标志或警告标志，在防爆合格证中应建议粘接连接件的使用方法(如果用户单独购买且不是设备的整体部分)，并应提供数据资料使用户根据环境条件决定涂敷材料的持久性(见第7章)。

注：GB 3836.1—2010有非导电外壳和可触及的非导电部件规定。

4.6 跨区连接

如果设备跨越要求EPL Ga级的场所和较低危险区之间的边界墙安装，则设备结构应确保达到下列要求之一：

a) 爆炸性气体环境不能从要求EPL Ga级的场所释放进入邻近场所并形成爆炸性环境；

b) 当邻近场所中的爆炸性气体混合物被点燃时，火焰不会传入要求EPL Ga级的场所。

设备的设计应允许在较低危险场所和0区之间安装时，安装方式可形成足够紧密的接合面(IP67)或隔爆接合面(GB 3836.2—2010)。

注1：例如，0区和较低危险场所之间可使用符合4.2.5规定的带整体隔板的设备或符合GB 4208规定的IP67防护等级的设备。

跨区的连接件应符合相关国家标准。

注2：适用的跨区过程连接件举例如下：

a) 气密的工业法兰标准件；

b) 气密的管接头标准件；

c) 气密的螺纹连接标准件。

注3：如果在功能上要求在0区的边界墙上开孔(例如，在开启式喷嘴处化学取样、探针用引导线)，则在提供的文件中要有关于可燃性气体释放和火焰进入危险的使用说明书。

5 型式试验

5.1 符合标准的防爆型式

采用EPL Gb级的设备应按照GB 3836有关标准规定进行型式检查和型式试验。如果采用符合4.2.4要求的两个1区用防爆型式叠加，则对两种防爆型式都应单独进行试验。

5.2 隔板

应对符合4.2.5要求的隔板进行试验，验证制造商规定的运行参数(例如，压力或温度极限值)。

5.3 温度评定

温度评定应考虑两个独立的故障。

该规定也适用于与一个EPL Gb级别的设备组合的任何厚度的隔板，或由EPL Gb级别设备的局部组成的隔板。

6 标志

6.1 通则

设备应标志 EPL 保护级别和按照 GB 3836 相应标准规定的防爆型式。

拟安装于要求 Ga 保护级别的场所和较低危险场所之间边界墙内的设备，标志牌上应标志两种 EPL 级别，中间用“/”隔开；以及每种相应的防爆型式的符号，中间也用“/”隔开。当设备二种防爆型式的类别或温度组别不同时，应标志每种完整的参数符号，并用“/”隔开。

如果使用符合 4.2.4 规定的多种防爆型式，则用“＋”将这些防爆型式标志连起来。

注：可按 GB 3836.1—2010 第 29 章相应规定。

6.2 标志举例

a) 完全安装在要求 EPL Ga 级场所内的设备：

Ex ia ⅡC T6 Ga

或

Ex d＋e ⅡB T4 Ga

b) 关联设备，安装在危险场所之外，且其外部电路由符合 GB 3836.4—2010 规定的本质安全型“ia”保护，能与达到 EPL Ga 级别要求的设备相连接：

[Ex ia] ⅡC (Ga)

注 1：当设备安装在危险场所以外时，不要求指明温度组别。

c) 拟安装于要求 EPL Ga 级场所和较低危险区之间边界墙内的设备，标志牌上应标志两种 EPL 保护级别的符号，用“/”隔开：

Ex d ⅡC T6 Ga/Gb

或

Ex ia/d ⅡC T6 Ga/Gb

注 2：达到 EPL Ga 级要求的本质安全型“ia”设备与达到 EPL Gb 等级要求的隔爆型“d”一起使用。

或

Ex d＋e/d ⅡB T4 Ga/Gb

注 3：两种独立的隔爆型“d”和增安型“e”叠加达到 EPL Ga 级要求，与达到 EPL Gb 等级要求的隔爆型“d”一起使用。

文件中应写明每个区域适合安装的设备部件。

7 使用信息

所有设备应附有制造商的安全使用说明书，包括设备正确安装和使用所必要的所有资料。

附 录 A
（资料性附录）
用“设备保护级别”的方法对防爆设备进行危险评定的介绍

本附录阐述了用“设备保护级别”(EPL)的方法对设备危险进行评定的概念。EPL 概念的引入能够使现有的防爆设备选型有了替代方法。

A.1 历史背景

人们历来认为不是所有的防爆型式都能提供相同的保护等级，以确保不出现可能的点燃。GB 3836.15安装标准对具体的危险区域规定了具体的防爆型式，其选型依据是统计学原理，即爆炸性环境出现的可能性或频次越大，其要求的安全程度就越高，以避免点燃源可能形成点燃危险。

危险场所(通常不包括煤矿)根据危险程度划分区域，危险程度的界定是根据爆炸性环境出现的或然率。通常情况下，它既不考虑爆炸潜在的因果关系，也不考虑其他因素，如物料毒性，而真正的危险评定是要考虑所有因素的。

不同区域选择设备历来都是以防爆型式为基础，在有些情况下，防爆型式又可按其使用的区域划分为不同的保护级别，例如，本质安全型分为“ia”和“ib”保护等级，浇封型“m”标准中包括两个保护等级“ma”和“mb”。

过去，设备选型标准在设备的防爆型式和其可使用的区域之间已经形成了固定的关系。如先前所述，在 IEC 的防爆标准体系中还从未考虑过爆炸潜在的因果关系，而这一因果关系又确实存在。

为了弥补这一缺失，设备操作人员又常常凭直觉来判定将危险区域扩大(或限定)，典型的例子是将“1 区型”船用设备安装于海上石油平台的 2 区，这样，即使是在完全出现非预期的气体长时间释放的情况下船用设备依然能防爆。另一方面，如果形成爆炸性气体的量小，而爆炸对生命和财产产生的危害可降低，那么，对于偏远的、安全可靠的业主来说，以“2 区型”电动机驱动的小型泵站甚至在 1 区使用，可能是合理的。

随着 IEC 60079-26“0 区用设备的附加要求”第一版的发布，情况就变得愈加复杂。在此之前，Exia 等级的设备被视为唯一可用于 0 区的设备。

大家已经公认，根据内在的点燃危险识别和标志所有产品是有益的，这会更易于设备选型，适用时，能更适合用这种危险评定方法。

A.2 总则

已经引入了设备合格的危险评定方法，代替现有的、设备与危险区域之间规定的相对固定的方法。为方便起见，引入了设备保护级别体系，无论使用何种防爆型式，已经指明了设备内在的点燃危险。

规定的设备保护级别如 A.2.1～A.2.3。

A.2.1 煤矿瓦斯气体环境(Ⅰ类)

A.2.1.1 EPL Ma

安装在煤矿甲烷爆炸性环境中的设备，具有“很高”的保护级别，该等级具有足够的安全性，使设备在正常运行、出现预期故障或罕见故障，甚至在气体突然出现设备仍带电的情况下均不可能成为点燃源。

注：典型的通讯电路和气体探测器将制成符合 Ma 的要求，例如，Ex ia 等级的电话电路。

A.2.1.2 EPL Mb

安装在煤矿甲烷爆炸性环境中的设备，具有“高”的保护级别，该等级具有足够的安全性，使设备在正常运行中或在气体突然出现和设备断电之间的时间内出现预期故障条件下不可能成为点燃源。

注：典型的Ⅰ类设备将制成符合 Mb 的要求，例如，Ex d 型电动机和开关。

A.2.2 气体（Ⅱ类）

A.2.2.1 EPL Ga

爆炸性气体环境用设备，具有“很高”的保护级别，在正常运行、出现预期故障或罕见故障时不是点燃源。

A.2.2.2 EPL Gb

爆炸性气体环境用设备，具有“高”的保护级别，在正常运行或预期故障条件下不是点燃源。

注：大多数标准的保护概念提出设备在这一保护级别。

A.2.2.3 EPL Gc

爆炸性气体环境用设备，具有“一般”的保护级别，在正常运行中不是点燃源，也可采取一些附加保护措施，保证在点燃源预期经常出现的情况下（例如灯具的故障）不会形成有效点燃。

注：Ex n 型将是该保护级别的典型设备。

A.2.3 粉尘（Ⅲ类）

A.2.3.1 EPL Da

爆炸性粉尘环境用设备，具有“很高”的保护级别，在正常运行或预期故障或罕见故障条件下不是点燃源。

A.2.3.2 EPL Db

爆炸性粉尘环境用设备，具有“高”的保护级别，在正常运行或出现预期故障条件下不是点燃源。

A.2.3.3 EPL Dc

爆炸性粉尘环境用设备，具有“一般”的保护级别，在正常运行过程中不是点燃源，也可采取一些附加保护措施，保证在点燃源预期经常出现的情况下（例如灯具的故障）不会形成有效点燃。

对于大多数情况，由于特有的潜在爆炸因果关系，预定下列情况适用于危险区域使用的设备（对煤矿瓦斯环境不直接适用，因为区的概念通常不适用于煤矿）。见表 A.1。

表 A.1 EPL 与区的传统对应关系（没有附加危险评定）

设备保护级别	区
Ga	0
Gb	1
Gc	2
Da	20
Db	21
Dc	22

A.3 提供的防点燃危险

根据制造商为保护级别设立的运行参数，不同的设备保护级别必须能够起作用，见表 A.2。

表 A.2 提供的防点燃危险描述

提供的保护	设备保护级别 类别	保护特性	运行条件
很高	Ma Ⅰ类	两个单独保护措施或即使两个故障彼此单独出现依然安全	当出现爆炸性环境时设备依然运行

表 A.2（续）

提供的保护	设备保护级别 类别	保护特性	运行条件
很高	Ga Ⅱ类	两个单独保护措施或即使两个故障彼此单独出现依然安全	在0区、1区和2区设备依然运行
很高	Da Ⅲ类	两个单独保护措施或即使两个故障彼此单独出现依然安全	在20区、21区和22区设备依然运行
高	Mb Ⅰ类	适合正常操作和严酷运行条件	当出现爆炸性环境时设备断电
高	Gb Ⅱ类	适合正常运行和经常出现干扰或正常考虑故障的设备	在1区和2区设备依然运行
高	Db Ⅲ类	适合正常运行和经常出现干扰或正常考虑故障的设备	在21区和22区设备依然运行
一般	Gc Ⅱ类	适合正常运行	在2区设备依然运行
一般	Dc Ⅲ类	适合正常运行	在22区设备依然运行

A.4 执行

新版GB 3836.15（包含可燃性粉尘环境原来的要求）将引入EPL概念，在设备选型中可使用“危险评定”法代替传统方法，涉及到的危险场所分类标准中同样也要引入EPL的概念。

附加标志和现有防爆型式的相关内容正在被引入下列修订的标准中：

- GB 3836.1（包含可燃性粉尘环境用设备）
- GB 3836.2
- GB 3836.3
- GB 3836.4（将包含可燃性粉尘环境用设备）
- GB 3836.5（将包含可燃性粉尘环境用设备）
- GB 3836.6
- GB 3836.7
- GB 3836.8
- GB 3836.9（将包含可燃性粉尘环境用设备）
- GB 3836.20
- IEC 60079-28

对于爆炸性气体环境用防爆型式EPL要求附加标志，对于爆炸性粉尘环境，现有的在设备上标志区域的方法由EPL代替。

ICS 77.160
H 16

中华人民共和国国家标准

GB/T 3849.2—2010/ISO 3738-2:1988

硬质合金
洛氏硬度试验(A标尺)
第2部分:标准试块的制备和校准

Hardmetals—Rockwell hardness test (scale A)—
Part 2:Preparation and calibration of standard test blocks

(ISO 3738-2:1988,IDT)

2011-01-14 发布 2011-11-01 实施

中华人民共和国国家质量监督检验检疫总局
中国国家标准化管理委员会 发布

前　言

本部分按照 GB/T 1.1—2009 给出的规则起草。

本部分使用翻译法等同采用 ISO 3738-2:1988《硬质合金　洛氏硬度试验(A 标尺)　第 2 部分:标准试块的制备和校准》。

本部分由全国有色金属标准化技术委员会(SAC/TC 243)归口。

本部分起草单位:厦门金鹭特种合金有限公司、国家钨材料工程技术研究中心。

本部分主要起草人:邹建平、肖满斗、林贯彻、吴冲浒、吴其山、孙晓昱、吴高潮、黄家明、谢屹峰、文晓、孙东平。

硬质合金
洛氏硬度试验(A标尺)
第2部分:标准试块的制备和校准

1 范围

GB/T 3849的本部分规定了由用于校正洛氏硬度机(A标尺)和压头的母标准试块制备和校准硬质合金一级标准试块、二级标准试块和工作标准试块。

2 规范性引用文件

下列文件对于本文件的应用是必不可少的。凡是注日期的引用文件,仅注日期的版本适用于本文件。凡是不注日期的引用文件,其最新版本(包括所有的修改单)适用于本文件。

GB/T 3849 硬质合金洛氏硬度(A标尺)试验方法[1)]

3 符号与定义

表 1

符 号	定 义
S_1	一级标准试块首面上硬度测定值的标准偏差
S_2	一级标准试块试验面上硬度测定值的标准偏差
S_P	一级标准试块上硬度测定值的平均标准偏差

标准偏差应按式(1)计算:

$$S=\sqrt{\frac{1}{n-1}\sum_{i=1}^{n}(x_i-\overline{x})^2} \quad \cdots\cdots(1)$$

4 标准试块的制备

4.1 所有标准试块基本上均为由碳化钨和钴、无其他碳化物或有小于总量1%(质量分数)的其他碳化物(如钛、钽、铌的碳化物)所组成的硬质合金。选定的成分和结构应达到要求的硬度。无游离碳和η相。

4.2 标准试块的公称直径为45 mm,公称厚度为8 mm。底面应斜切0.8 mm成45°的倒角。

4.3 每块标准试块的两平面都应磨平。压痕面的表面粗糙度Ra应为≤0.2 μm,并且可以进行抛光。表面平面度最大偏差应不超过0.010 mm。试块底面不应呈凸状。每50 mm的平行度最大偏差应不超过0.020 mm。

1) 该标准将被修订并重新编号为GB/T 3849.1。

5 校正用母标准试块

5.1 两套五块校正用母标准试块都应由美国硬质合金生产者协会(CCPA)保存,一套应由ISO/TC 119秘书处保存。

保存于美国的其中一套应用于校准一级标准试块。

5.2 表2a)、表2b)和表2c)给出了三套五块校正用母标准试块的标记和国际上认可的硬度值和标准偏差。

表2a) CCPA保存的第一套

标记		硬度	标准偏差
顺序号	标准块号		
2	Ⅰ	85.70	0.07
6	Ⅱ	88.64	0.07
8	Ⅲ	91.08	0.06
2	Ⅳ	91.59	0.04
8	Ⅴ	92.80	0.05

表2b) CCPA保存的第二套

标记		硬度	标准偏差
顺序号	标准块号		
4	Ⅰ	85.69	0.08
10	Ⅱ	88.56	0.08
6	Ⅲ	91.06	0.06
12	Ⅳ	91.60	0.04
5	Ⅴ	92.81	0.08

表2c) TC 119秘书处保存的一套

标记		硬度	标准偏差
顺序号	标准块号		
6	Ⅰ	85.69	0.07
5	Ⅱ	88.56	0.07
5	Ⅲ	91.06	0.06
14	Ⅳ	91.60	0.06
6	Ⅴ	92.79	0.08

注:标准偏差是通过在整个试验面上打40个压痕的方法进行计算的。

5.3 试块应确保不重磨,在校准时,应测量并记录它们的厚度。

5.4 表2a)、表2b)和表2c)的三套试块中,CCPA保存的一套应用于校准一级标准试块。另外两套保存作永久性标准块,只有在需要新的校正用母标准试块时才使用,ISO/TC 119保存的试块只能由ISO/TC 119/SC 4许可使用。

6 一级标准试块

6.1 一级标准试块应制备出公称硬度为93 HRA、92 HRA、91 HRA、88.5 HRA和85.5 HRA的成套试块，每套应包括五块，每块对应一公称硬度。

为了避免过多的使用校正用母标准试块的试验表面，应以同公称硬度不少于10块为一组制备和校准一级标准试块。

6.2 每块的侧面都应标上字母CCPA，编号Ⅰ、Ⅱ、Ⅲ、Ⅳ、Ⅴ，相应的公称硬度和表示顺序号的数字1、2或3。

6.3 本标准试验设备的测定值应能精确到0.1 HRA，压头的校验和硬度的测定按GB/T 3849的有关条款进行。

6.4 试验面至少应去除0.35 mm(见4.3)。

6.5 在任意的硬质合金块上打三个压痕，以确保试验机压头被夹紧。然后在一级标准试块的整个试验表面上打20个压痕，并计算结果的标准偏差(S_1)。

6.6 确认均匀后，一级标准块试验表面再去除0.35 mm以上(见4.3)，然后准备校正试块。

6.7 在硬度最接近一级标准块的校正用母标准试块的试验表面上打10个压痕，计算结果的算数平均值，精确至0.01 HRA，并与试块的认可硬度值(见5.2)相减，差值为给定试验设备和压头的校正值。

6.8 如果校正值的绝对值大于0.20 HRA，则应检查试验设备和压头确定其原因，再重复6.7中的试验。

6.9 在一级标准试块的新试验面上打20个压痕，计算结果的标准偏差(S_2)。

6.10 按式(2)计算平均标准偏差(S_P)：

$$S_P=\sqrt{\frac{S_1^2+S_2^2}{2}} \qquad \cdots\cdots(2)$$

如果S_P大于0.07 HRA，则试块不稳定，应予废弃。

6.11 如果标准偏差值合格，则计算6.9所得的20个结果的算术平均值(精确至0.01 HRA)，并用6.7所得的硬度计和压头的校正值加以修正。

所得结果精确至0.02 HRA，作为一级标准试块的硬度，并记录试验日期。

6.12 校准一个连续的系列中同一公称硬度的若干一级标准试块时，在系列的开头就可以确定校正值，除非有理由相信校正值已经改变。

6.13 应测量一级标准试块的厚度，并同校准日期一起记录下来。

6.14 一级标准试块的试验表面上不应重磨，除非以校正用母标准试块为准重新校准它们。

注：一级标准试块可以从CCPA获得。

7 二级标准试块

7.1 为了避免过多地使用一级标准试块的实验表面，应以一级标准试块为标准制备和校准二级标准试块。

7.2 应制备公称硬度为93 HRA、92 HRA、91 HRA、88.5 HRA和85.5 HRA五块成套的二级标准试块。

7.3 每块的侧面上都应标上字母S和顺序号。

7.4 除压头应根据7.6和7.7检查外，硬度测定应按6.3进行。

7.5 二级标准试块应遵守第4章的要求，试验表面应磨去至少0.35 mm。

7.6 选取硬度最接近二级标准试块的一级标准试块，在其实试验表面打20个压痕，计算20个结果的算术平均值(精确至0.01 HRA),并与一级标准试块的校准硬度值相减,差值为给定试验设备和压头的校正值。

7.7 如果校正值的绝对值大于0.3 HRA,则应检查试验设备和压头确定其原因,再重复7.6的试验。

7.8 在二级标准试块的试验表面上打20个压痕,计算结果的标准偏差(S_S)

7.9 如果标准偏差大于0.10 HRA,应废弃试块,但如果不大于0.10 HRA,则应计算20个结果的算术平均值(精确至0.01 HRA),并用7.6所得的试验设备和压头的校正值加以修正。

结果精确至0.02 HRA,作为二级标准试块的硬度值,并记录日期。

如果需要,可将实际硬度值标在侧面。

7.10 校准一个连续的系列中同一公称硬度的若干二级标准试块时,在系列的开头就可以确定校正值,除非有理由相信校正值已经改变。

7.11 应测量二级标准试块的厚度,并同实际硬度值及其校准日期一起记录下来。

7.12 二级标准试块的试验表面不应重磨,除非以一级标准试块为标准重新校准。

注:二级标准试块可以由拥有满足本标准要求的设备的任何组织制造。

8 工作标准试块

8.1 为了避免过多地使用二级标准试块的实验表面,应以二级标准试块为标准制备和校正工作标准试块。

8.2 工作标准试块可以由一至五块成套制备(取决于被测试样的硬度范围),以便具有公称硬度为93 HRA、92 HRA、91 HRA、88.5 HRA和85.5 HRA中的某些或全部试块。

8.3 试块侧面都应标上字母W和顺序号。

8.4 工作标准试块应与7.5的要求一致。

8.5 试块应按7.6~7.12的规定进行校准,同时作以下改变。

8.5.1 "一级标准试块"一词改为"二级标准试块","二级标准试块"一词改为"工作标准试块"。

8.5.2 第7.6、7.8、7.9款中的"20"应改为"10"。

8.5.3 标准偏差以S_W表示。

9 标准试块的使用

二级标准试块或工作标准试块可遵照GB/T 3849的有关规定使用。

10 结果的表示

硬度值按表3修约。

表3

标准试块	读数精度/HRA	平均硬度/HRA	标准偏差/HRA
		修约至	
校正用母标准试块	0.1	0.01	0.01
一级标准试块	0.1	0.02	0.02
二级标准试块	0.1	0.02	0.02
工作标准试块	0.1	0.1	0.1

11 试验报告

每块一级、二级或工作标准试块都应提供试验报告或证明书，其中包括以下内容：

a) 本标准编号；

b) 识别试块所需的全部详细情况；

c) 根据本标准所测定的硬度值；

d) 试验表面上硬度的标准偏差；

e) 试块厚度和校准的时间；

f) 被校准试块的顺序号和字母标记；

g) 负责校准的研究院所、协会或实验室的名称。

ICS 73.060
D 42

中华人民共和国国家标准

GB/T 3884.12—2010

铜精矿化学分析方法
第12部分:氟和氯含量的测定
离子色谱法

Methods for chemical analysis of copper concentrates—
Part 12: Determination of fluoride content and chloride content—
Ion chromatography

2011-01-10 发布　　　　2011-10-01 实施

中华人民共和国国家质量监督检验检疫总局
中国国家标准化管理委员会　发布

前　言

GB/T 3884《铜精矿化学分析方法》目前共包括12个部分：

——第1部分：铜量的测定；

——第2部分：金和银的测定；

——第3部分：硫量的测定；

——第4部分：氧化镁的测定；

——第5部分：氟量的测定；

——第6部分：铅、锌、镉和镍量的测定；

——第7部分：铅量的测定；

——第8部分：锌量的测定；

——第9部分：砷和铋量的测定；

——第10部分：锑量的测定；

——第11部分：汞量的测定　冷原子吸收光谱法；

——第12部分：氟和氯含量的测定　离子色谱法。

本部分为第12部分。

本部分是按照GB/T 1.1—2009给出的规则起草的。

本部分中氟含量的测定方法不作为仲裁方法。

本部分由全国有色金属标准化技术委员会(SAC/TC 243)归口。

本部分起草单位：湖北出入境检验检疫局检验检疫技术中心。

本部分参加起草单位：北京矿冶研究总院、中华人民共和国南通出入境检验检疫局、铜陵有色金属集团控股有限公司、北方铜业股份有限公司、大冶有色金属有限公司。

本部分主要起草人：崔海容、于力、侯晋、李琴美、郭坚、简艳、常冀湘、李玉琴、凌约涛、杨顺风、陈曹祺、凌琳、李静。

铜精矿化学分析方法
第12部分:氟和氯含量的测定
离子色谱法

1 范围

GB/T 3884的本部分规定了铜精矿中氟和氯含量的离子色谱测定方法。

本部分适用于铜精矿中氟和氯含量的测定,测定范围:氟为0.005%~0.50%,氯为0.01%~0.50%。

注:本标准中测定的氯是指酸浸出氯。

2 方法原理

试样经硫酸分解,其中的氟、氯随水蒸气逸出与样品分离,经吸收液吸收,用离子色谱法测定。以保留时间定性,以工作曲线法进行定量。

3 试剂

除另有规定外,所用试剂均为优级纯,实验用水为电阻率为18.2 MΩ·cm的超纯水。

3.1 氢氧化钠。

3.2 浓硫酸(ρ=1.84 g/mL)。

3.3 硫酸溶液(2+1):量取200 mL浓硫酸(3.2)缓慢倒入100 mL水中,混匀。

3.4 氢氧化钠溶液c(NaOH)=0.2 mol/L:称取8.0 g氢氧化钠(3.1)溶于1 000 mL水中。

3.5 氢氧化钠溶液c(NaOH)=0.02 mol/L:称取0.8 g氢氧化钠(3.1)溶于1 000 mL水中,也可使用自动淋洗液发生器OH^-型制备。

3.6 氟标准贮存溶液:准确称取2.211 0 g在105 ℃~110 ℃干燥2 h的基准氟化钠,以水溶解,移入1 000 mL容量瓶中,用水稀释至刻度,摇匀。转入干燥的塑料瓶中储存。此溶液1 mL含1 000 μg氟。

3.7 氯的标准贮存溶液:准确称取1.648 5 g经500 ℃~600 ℃灼烧至恒重的基准氯化钠,溶于水,移入1 000 mL容量瓶中,用水稀释至刻度,摇匀。此溶液1 mL含1 000 μg氯。

3.8 氟和氯混合标准使用液:分别准确移取氟和氯标准储存溶液(3.6和3.7)各5.00 mL于50 mL容量瓶中,用水稀释至刻度,此溶液为1 mL含氟和氯各100.0 μg。

4 仪器和设备

4.1 离子色谱仪:配电导检测器。

4.2 水蒸气蒸馏装置(见附录A)。

4.3 尼龙滤膜:0.22 μm。

4.4 注射器:2.5 mL。

所有玻璃器皿使用前均需依次用2 mol/L NaOH溶液和水分别浸泡4 h,然后用水冲洗3~5次,晾干备用。

5 试样

试样粒度应不大于 0.082 mm，在 100 ℃～105 ℃烘箱中烘干 2 h 后置于干燥器中冷却至室温备用。

6 分析步骤

6.1 试料

称取 0.5 g 试样，精确至 0.000 1 g。

6.2 测定次数

独立地进行两次测定，取其平均值。

6.3 空白试验

随同试料做空白试验。

6.4 色谱分析条件

参考色谱条件见附录 B。

6.5 测定

6.5.1 取适量水置于水蒸气蒸馏装置(4.2)的蒸馏瓶中，加热使水沸腾，备用。

6.5.2 移取 10 mL NaOH 溶液(3.4)于 100 mL 接收瓶中作为接收液，备用。

6.5.3 将试料(6.1)置于三口圆底烧瓶中，加入 60 mL 硫酸溶液(3.3)，用水洗净瓶口，并放入数粒玻璃珠，连接水蒸气蒸馏装置进行蒸馏。加热使三口圆底烧瓶中溶液温度迅速上升至 160 ℃～180 ℃。调节水蒸气流量及加热功率，将温度控制在 160 ℃～180 ℃，当馏出液至 70 mL 左右时，取下接收瓶，将溶液转移至 100 mL 容量瓶中，用水稀释至刻度，摇匀后，过 0.22 μm 滤膜，备用。整个蒸馏过程约 15 min～20 min。

6.5.4 用 2.5 mL 注射器吸取上述溶液，在相同工作条件下，依次注入离子色谱仪中，记录色谱图。根据氟和氯的保留时间定性，测量试液的峰面积值。试液中氟和氯的响应值应在标准曲线线性范围之内，如果超出线性范围，则应进行适当稀释。

6.6 绘制标准曲线

分别准确移取 0.00 mL、0.25 mL、0.50 mL、1.00 mL、2.00 mL、10.00 mL 氟和氯混合标准溶液(3.8)，置于一组 100 mL 容量瓶中，用水稀释至刻度，摇匀。用 2.5 mL 注射器由低浓度到高浓度依次进样，得到上述各浓度的色谱图。以氟和氯的浓度(μg/mL)为横坐标，峰面积为纵坐标，绘制标准曲线。典型离子色谱图参见附录 C。

7 分析结果的表述

按式(1)计算试样中氟和氯的质量分数(%)：

$$w_X = \frac{(\rho - \rho_0) \cdot V \cdot f \times 10^{-6}}{m_0} \times 100 \qquad \cdots\cdots\cdots\cdots\cdots\cdots (1)$$

式中：

w_X——试样中氟或氯的质量分数，单位为(%)；

ρ ——试液中的氟或氯浓度，单位为微克每毫升(μg/mL)；

ρ_0 ——空白溶液中氟或氯的浓度，单位为微克每毫升(μg/mL)；

V ——试液体积，单位为毫升(mL)；

f ——试液稀释倍数；

m_0——试样的质量，单位为克(g)。

分析结果应表示至两位小数。若氟或氯的含量小于0.1%时，表示至三位小数。

8 精密度

8.1 重复性

在重复性条件下获得的两个独立测试结果的测定值，在以下给出的平均值范围内，这两个测试结果的绝对差值不超过重复性限(r)，超过重复性限(r)的情况不超过5%。重复性限(r)按表1采用线性内插法获得。

表1 重复性限

$w_{(F)}$/%	0.005 3	0.017 1	0.029 0	0.119	0.215	0.415
r/%	0.002 0	0.002 6	0.003 7	0.011	0.018	0.028
$w_{(Cl)}$/%	0.010 1	0.022 7	0.051 7	0.120	0.219	0.416
r/%	0.002 3	0.003 2	0.005 3	0.010	0.017	0.030

8.2 再现性

在再现性条件下获得的两次独立测试结果的测定值，在以下给出的平均值范围内，这两个测试结果的绝对差值不超过再现性限(R)，超过再现性限(R)的情况不超过5%，再现性限(R)按表2数据采用线性内插法求得。

表2 再现性限

$w_{(F)}$/%	0.005 3	0.017 1	0.029 0	0.119	0.215	0.415
R/%	0.002 8	0.004 2	0.005 4	0.018	0.030	0.046
$w_{(Cl)}$/%	0.010 1	0.022 7	0.051 7	0.120	0.219	0.416
R/%	0.003 0	0.005 4	0.008 6	0.019	0.039	0.052

9 质量保证和控制

应用国家级标准样品或行业级标准样品(当前两者没有时，也可用控制标样替代)，每周或每两周校核一次本分析方法标准的有效性。当过程失控时，应找出原因。纠正错误后，重新进行校核。

附　录　A
（资料性附录）
水蒸气蒸馏装置示意图

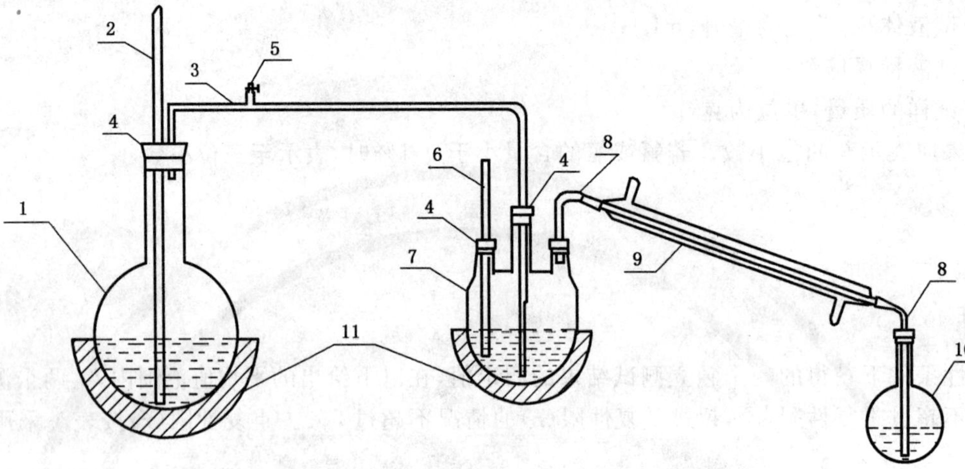

1——蒸馏瓶(500 mL)；

2——安全管；

3——玻璃管；

4——橡皮塞；

5——止水夹；

6——温度计(300 ℃)；

7——三口圆底烧瓶(250 mL)；

8——玻璃弯接管；

9——冷凝管；

10——100 mL 接收瓶；

11——加热装置。

图 A.1　水蒸气蒸馏装置示意图

附 录 B
（资料性附录）
参考色谱条件

B.1 色谱柱：选用高容量 IonPac® AS11-HC 型阴离子分离柱（4 mm×250 mm）和 IonPac® AG11-HC 型保护柱（4 mm×50 mm），或选用性能相当的高容量阴离子交换柱。

B.2 柱温箱温度：35 ℃。

B.3 淋洗液：氢氧化钠溶液（3.5），或相当者。

B.4 抑制器：ASRS-ULTRAII 4 mm 阴离子抑制器，抑制电流 87 mA，或选用其他性能相当的抑制器。

B.5 淋洗液流速：1.0 mL/min。

B.6 进样体积：150 μL。

附 录 C
（资料性附录）
氟和氯的标准溶液离子色谱图

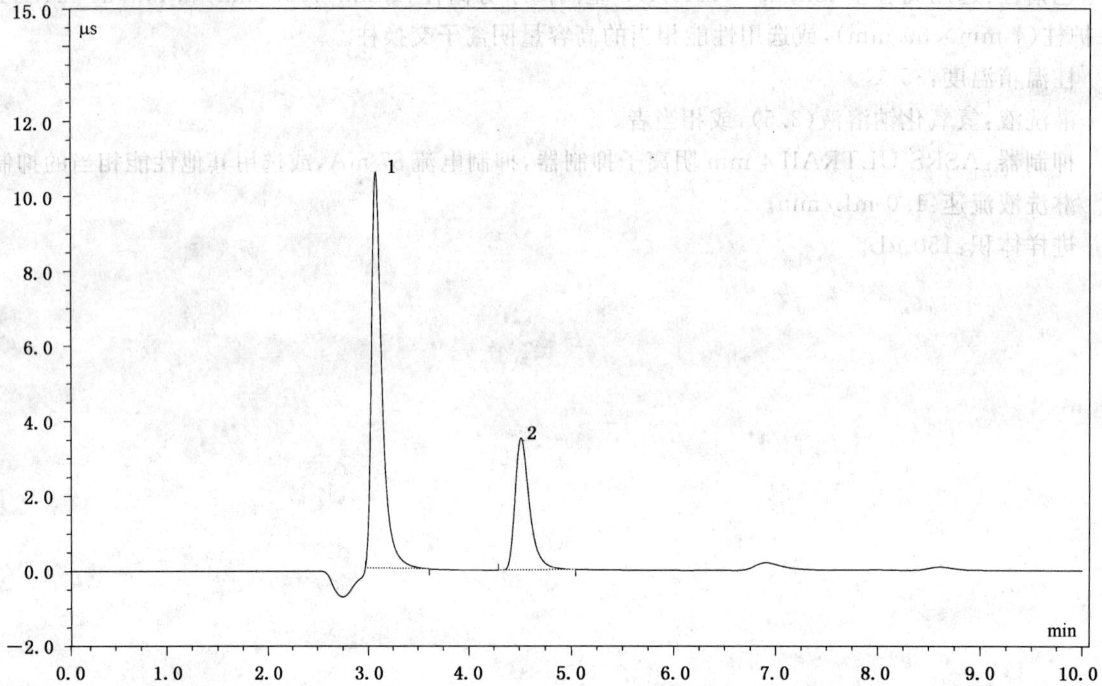

1——F^-；

2——Cl^-。

图 C.1 0 μg/mL 氟和氯在 Dionex IonPac® AS11-HC 柱上的标准色谱图

ICS 21.120.20
J 19

中华人民共和国国家标准

GB/T 3931—2010
代替 GB/T 3931—1997

联轴器 术语

Coupling—Vocabulary

2011-01-10 发布 2011-10-01 实施

中华人民共和国国家质量监督检验检疫总局
中国国家标准化管理委员会 发布

前　言

本标准是对 GB/T 3931—1997《联轴器　术语》的修订，修订时，在联轴器层次分类上与 GB/T 12458—2003《联轴器　分类》保持一致。

本标准与 GB/T 3931—1997 相比，主要差异如下：

——增加了 3.2 联轴器公称转矩 T_n 的术语和定义；

——对部分联轴器的术语和定义作了修改；

——增加和修改了部分联轴器的技术参数术语。

本标准的附录 A 为规范性附录。

本标准由全国机器轴与附件标准化技术委员会(SAC/TC 109)提出并归口。

本标准起草单位：中机生产力促进中心、德阳立达基础件有限公司、太原重工股份有限公司、河北省冀州市联轴器厂。

本标准主要起草人：明翠新、王建农、王晓凌、刘靖生、邓高见。

本标准所替代标准的历次版本发布情况为：

——GB 3931—1983、GB/T 3931—1997。

联轴器 术语

1 范围

本标准规定了联轴器及其技术参数的术语和定义。

本标准适用于联轴器。

2 术语和定义

2.1

联轴器 coupling

联接两轴或轴回转件，传递转矩和运动的一种装置。

注：联轴器简图符号见附录A。

2.2

刚性联轴器 rigid coupling

不能补偿两轴有相对位移的联轴器。

2.2.1

凸缘联轴器 flange coupling

利用凸缘和螺栓联接两个半联轴器的联轴器，见图1。

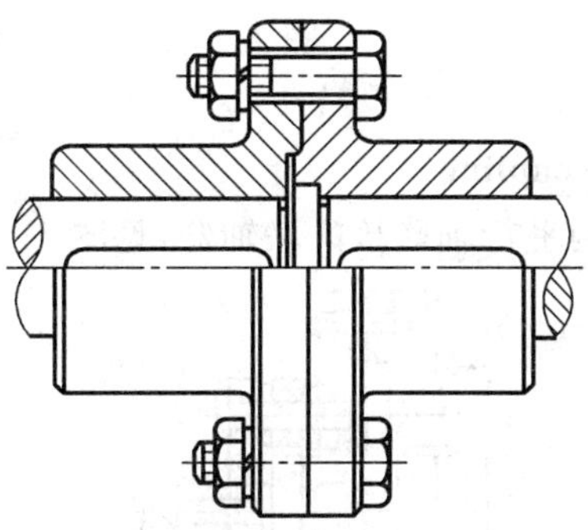

图1

2.2.2

径向键凸缘联轴器 flange coupling with radial key

利用径向键和螺栓联接两半联轴器的联轴器，见图2。

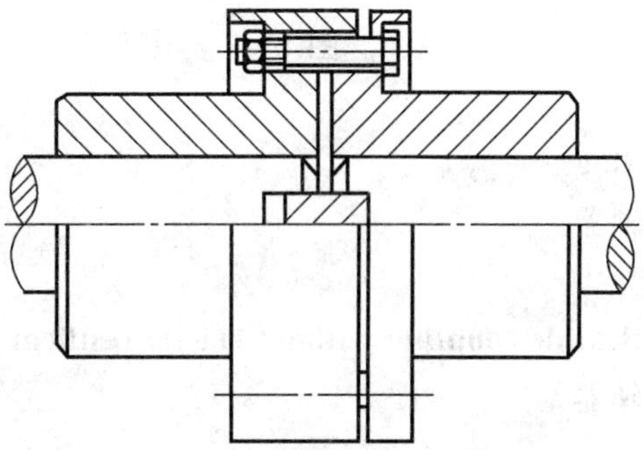

图2

2.2.3

套筒联轴器　sleeve coupling

利用公用套筒，以某种方式联接两轴的联轴器，见图3。

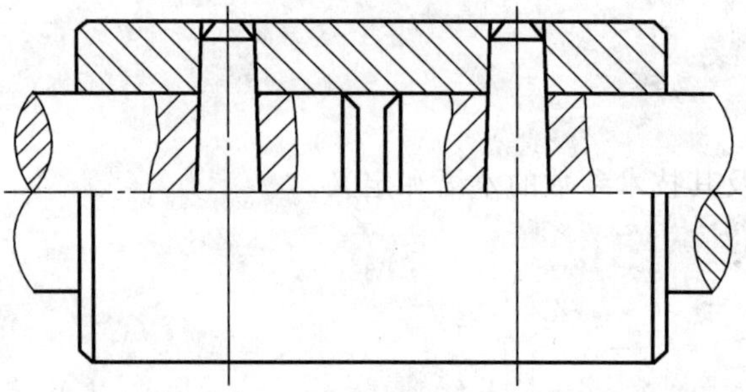

图 3

2.2.4

夹壳联轴器　split coupling

利用两半沿轴向剖分的夹壳，以某种方式夹紧，以实现两轴联接的联轴器，见图4。

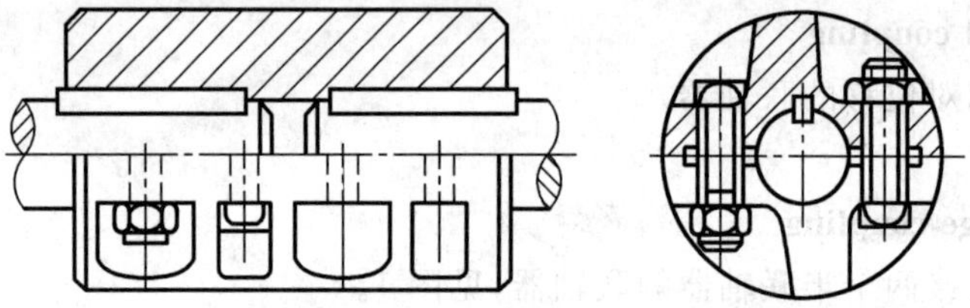

图 4

2.2.5

平行轴联轴器　parallel shaft coupling

利用中间盘通过销轴，以实现两平行轴联接的联轴器，见图5。

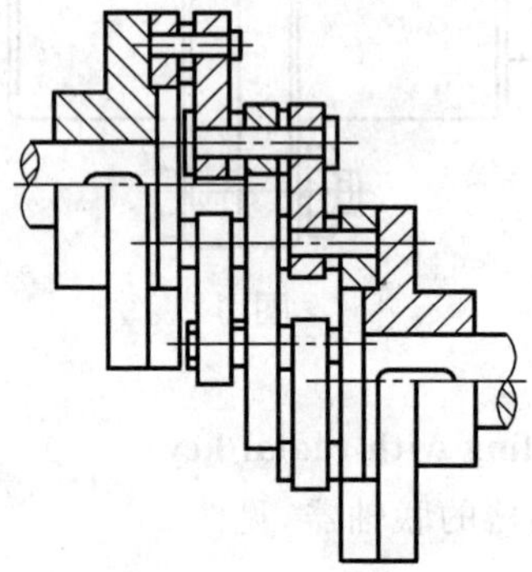

图 5

2.3

挠性联轴器　flexible coupling

能补偿两轴相对位移的联轴器。

2.3.1

无弹性元件挠性联轴器　flexible coupling without elastic resilient component

没有弹性联接件的挠性联轴器。

2.3.1.1

万向联轴器　universal coupling

在角向、径向、轴向有较大位移时可传递转矩的联轴器。

2.3.1.1.1

十字轴式万向联轴器　universal coupling with spider

利用十字轴式中间件，以实现不同轴线间两轴联接的万向联轴器，见图6。

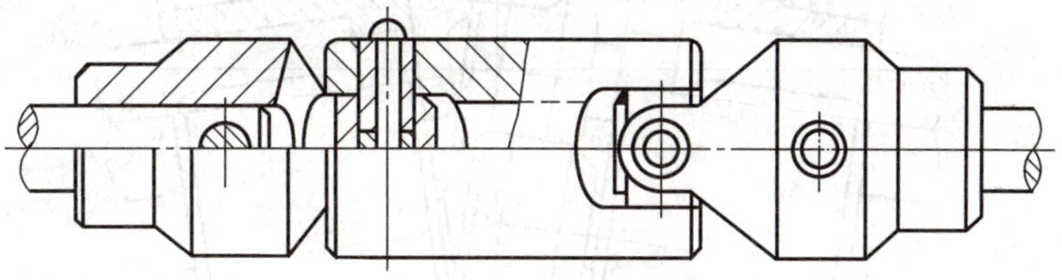

图6

2.3.1.1.2

球笼式万向联轴器　universal coupling with ball and socket

利用若干钢球置于分别与两轴联接的内外星轮槽内，以实现不同轴线间两轴联接的万向联轴器，见图7。

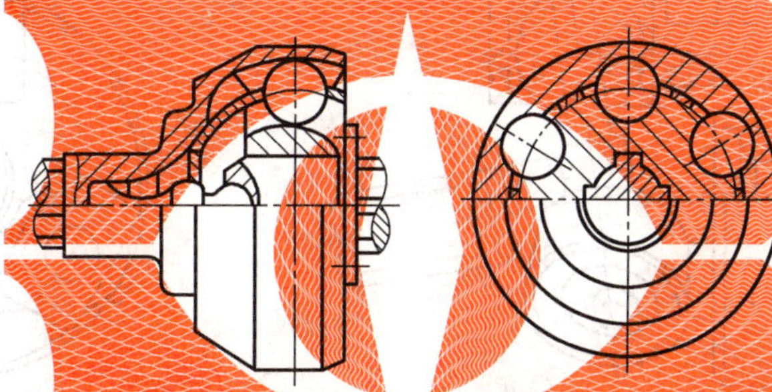

图7

2.3.1.1.3

球铰式万向联轴器　universal coupling with sphere articulation

利用球铰式的中间件，以实现不同轴线间两轴联接的万向联轴器，见图8。

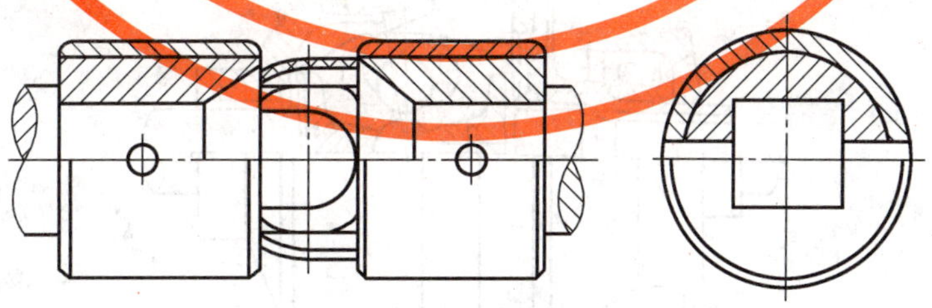

图8

2.3.1.1.4

球铰柱塞式万向联轴器　piston universal coupling with sphere articulation

利用球铰和柱塞式组合的中间件，以实现不同轴线间两轴联接的万向联轴器，见图9。

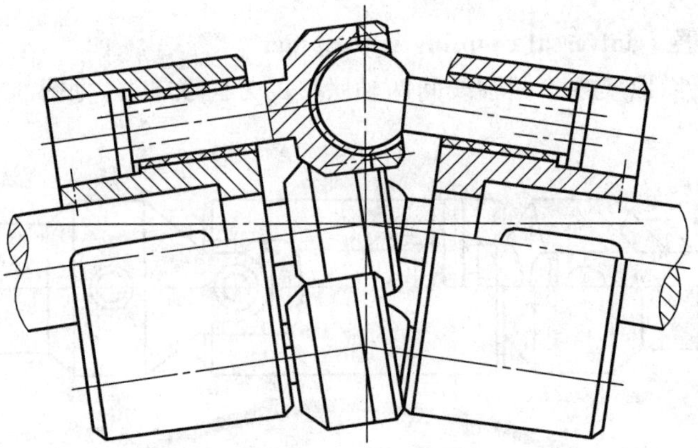

图 9

2.3.1.1.5

三叉杆式万向联轴器 universal coupling with three fork rod

利用三叉杆和柱塞式组合的中间件，以实现不同轴线间两轴联接的万向联轴器，见图 10。

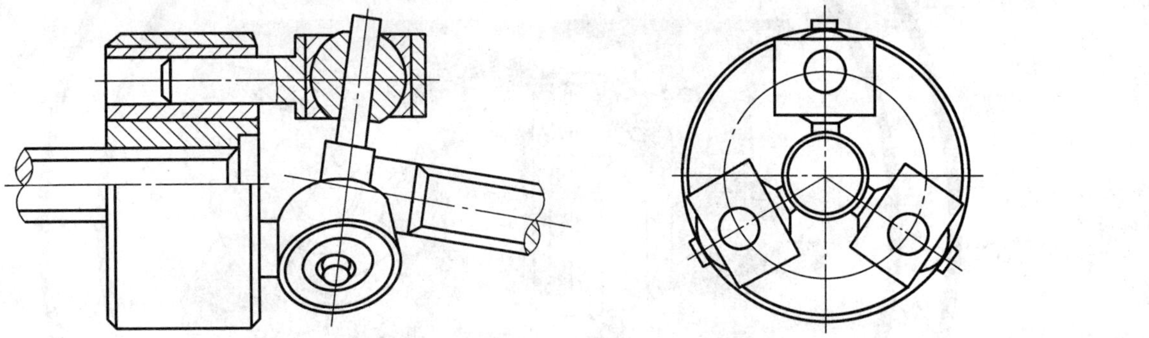

图 10

2.3.1.1.6

球叉式万向联轴器 universal coupling with sphere fork

利用若干钢球置于两个球叉组成的中间件，以实现不同轴线间两轴联接的万向联轴器，见图 11。

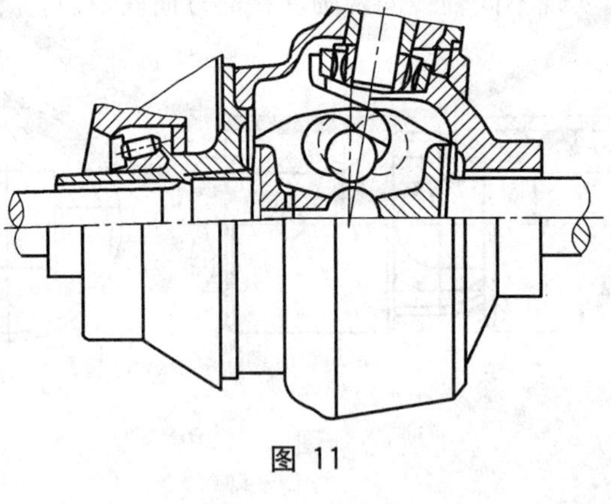

图 11

2.3.1.1.7

凸块式万向联轴器 universal coupling with convex block

利用两个凸块叉和两个中间凹块组成的中间件，以实现不同轴线间两轴联接的万向联轴器，见图 12。

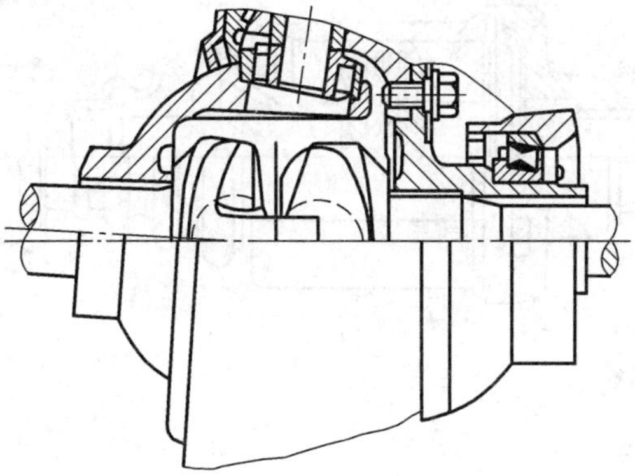

图 12

2.3.1.1.8

三球销式万向联轴器 universal coupling with three sphere pin

利用在同一平面内通过三个径向均匀分布的装有球环的三销架，将壳体与轴联接，以实现不同轴线间两轴联接的万向联轴器，见图 13。

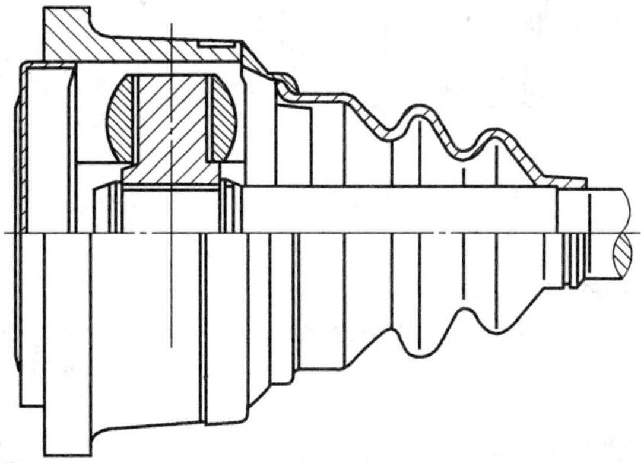

图 13

2.3.1.1.9

三销式万向联轴器 universal coupling with three pin

利用两个三销轴与两个偏心轴叉组成的中间件，以实现不同轴线间两轴联接的万向联轴器，见图 14。

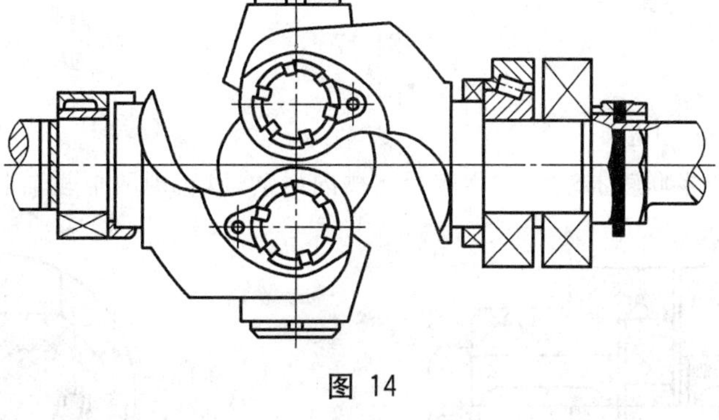

图 14

2.3.1.1.10

球销式万向联轴器 universal coupling with sphere pin

利用由一根两端轴颈上装有球环的销轴，将双柱槽壳与球头轴联接起来的中间件，以实现不同轴线间两轴联接的万向联轴器，见图 15。

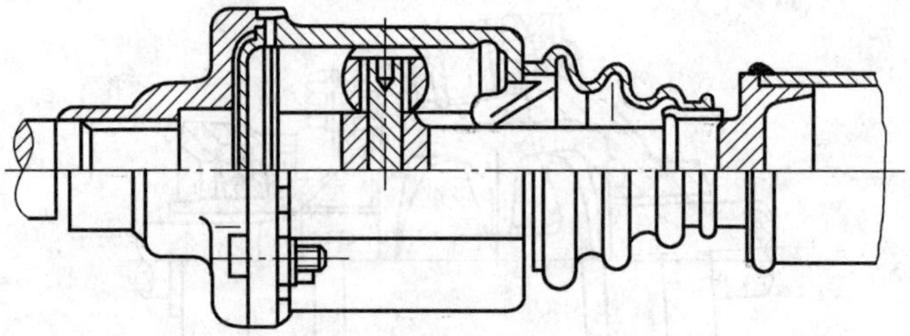

图 15

2.3.1.2

齿式联轴器　gear coupling

利用内外齿啮合,以实现两半联轴器联接的联轴器,见图16。

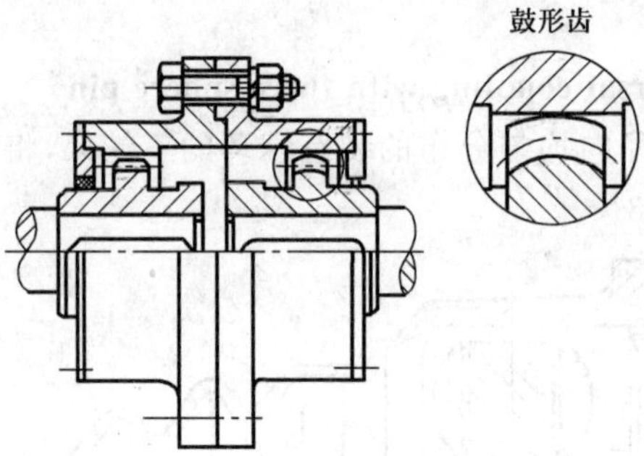

图 16

2.3.1.3

链条联轴器　chain coupling

利用公用的链条,同时与两个齿数相同的并列链轮啮合,以实现两半联轴器联接的联轴器,见图17。

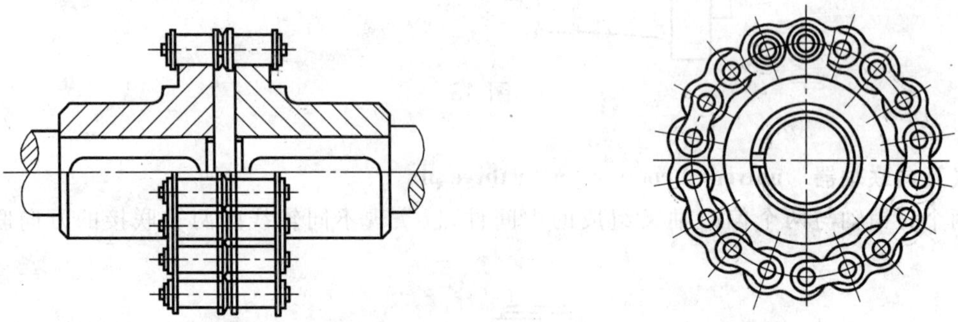

图 17

2.3.1.4

滑块联轴器　slider coupling

利用中间滑块,在其两半联轴器端面的相应径向槽内滑动,以实现两半联轴器联接的联轴器,见图18。

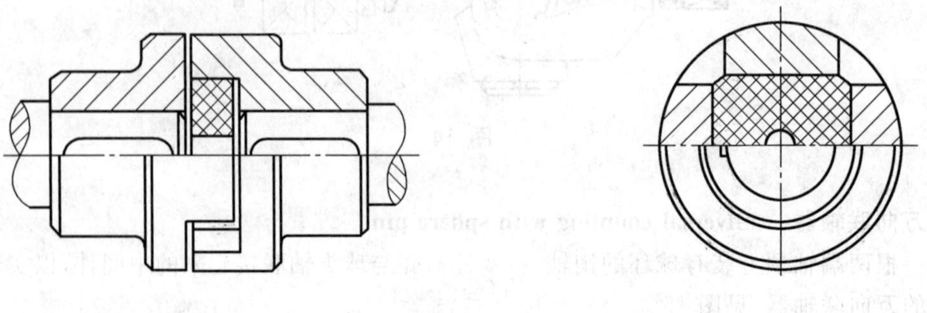

图 18

2.3.1.5

球面滚子联轴器　sphere roller coupling

利用球面滚子中间件，以实现主、从动端联接的联轴器，见图 19。

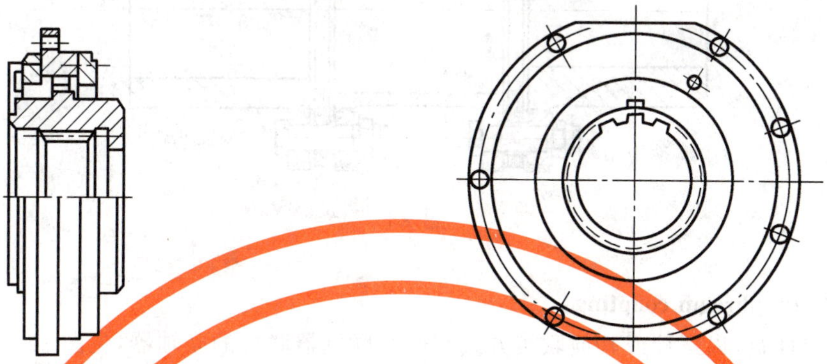

图 19

2.3.1.6

滚珠联轴器　ball coupling

利用钢球中间件，以实现主、从动端联接的联轴器，见图 20。

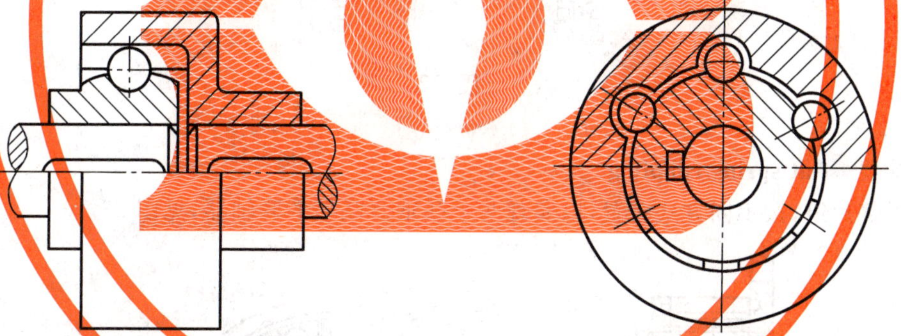

图 20

2.3.2

弹性联轴器　resilient coupling

利用弹性元件的弹性变形，以实现补偿两轴相对位移，缓和冲击和吸收振动的挠性联轴器。

2.3.2.1

金属弹性元件弹性联轴器　resilient coupling with metallic elastic element

具有金属弹性元件的弹性联轴器。

2.3.2.1.1

膜片联轴器　freedom disc coupling

利用弹簧叠片，以螺栓或其他联接方式与两半联轴器联接的联轴器，见图 21。

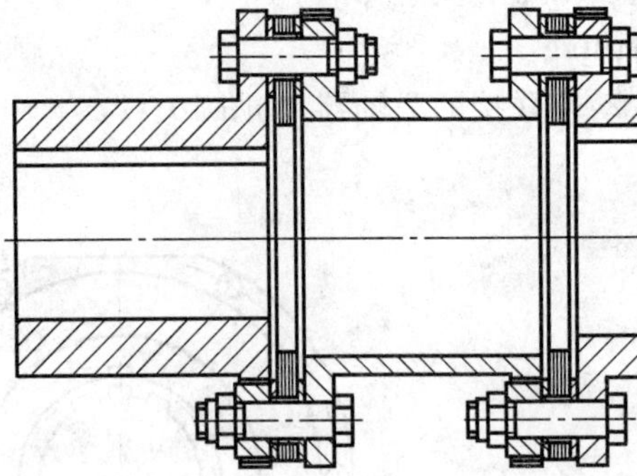

图 21

2.3.2.1.2

膜盘联轴器　diaphragm coupling

利用单(多)弹性盘,以螺栓或其他联接方式与两半联轴器联接的联轴器,见图 22。

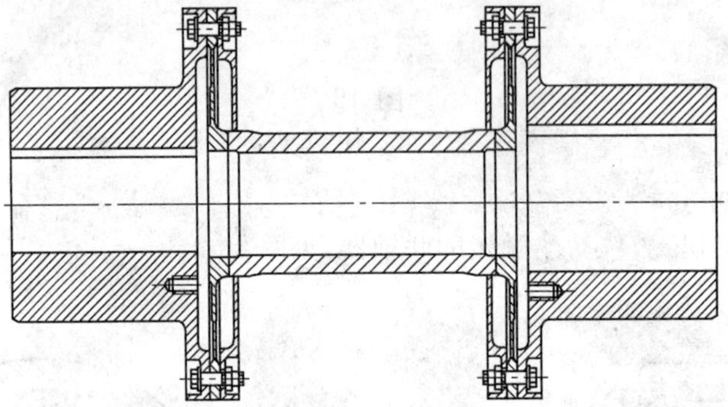

图 22

2.3.2.1.3

簧片联轴器　flat spring coupling

利用若干簧片组,按不同方式布置,以实现两半联轴器联接的联轴器,见图 23。

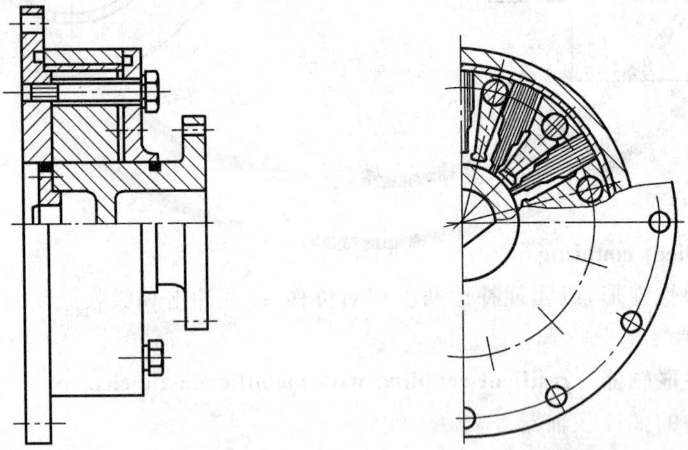

图 23

2.3.2.1.4

蛇形弹簧联轴器　steel flex grid coupling

利用蛇形弹簧,嵌在两半联轴器凸缘上的齿间内,以实现两半联轴器联接的联轴器,见图 24。

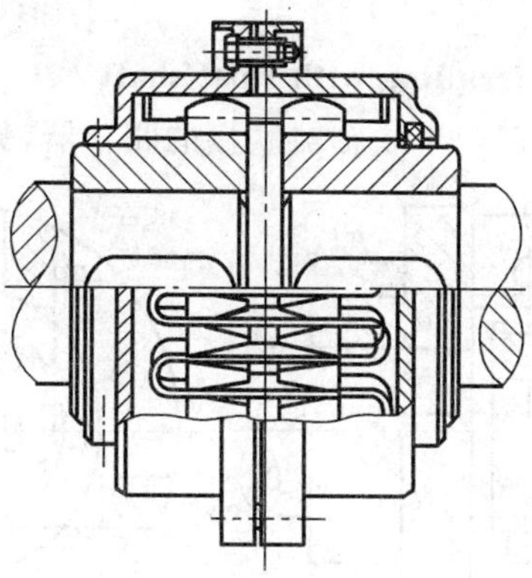

图 24

2.3.2.1.5

弹性杆联轴器 resilient pole coupling

利用若干组杆状弹簧通过螺栓，以实现两半联轴器联接的联轴器，见图 25。

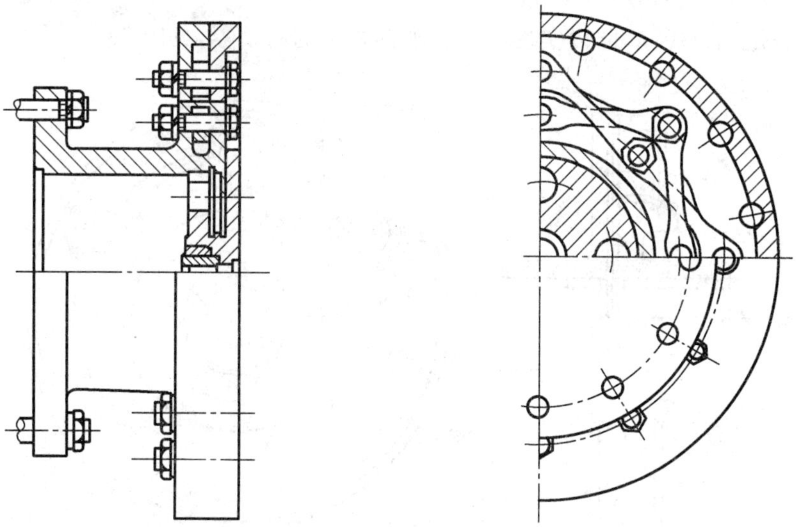

图 25

2.3.2.1.6

螺旋弹簧联轴器 screw spring coupling

利用若干圆柱螺旋弹簧通过圆柱销，以实现两半联轴器凸缘联接的联轴器，见图 26。

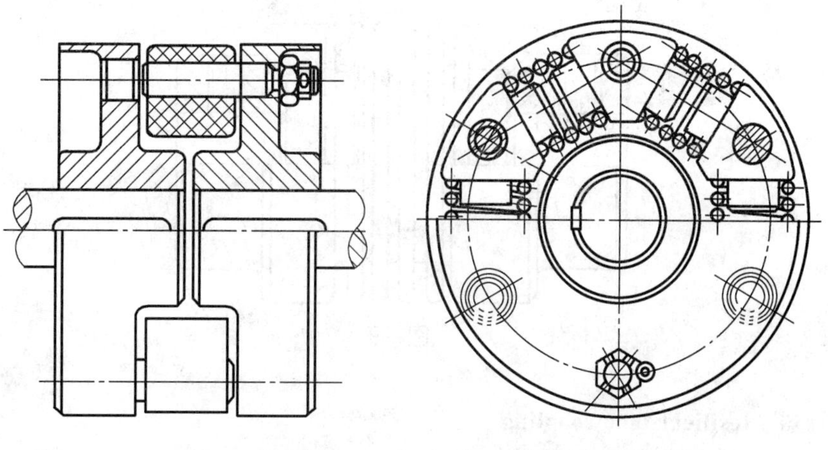

图 26

2.3.2.1.7

浮动盘簧片联轴器　flat spring coupling with float shaft

利用中间浮动盘通过簧片，以实现两半联轴器联接的联轴器，见图27。

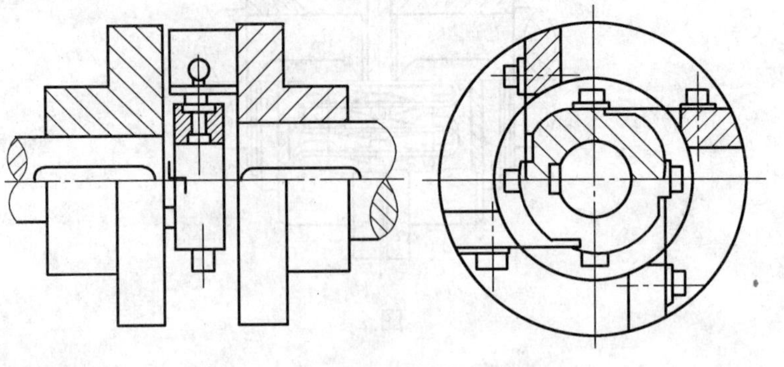

图 27

2.3.2.1.8

卷簧联轴器　coiled spring coupling

利用若干卷簧组通过中间环，以实现两半联轴器联接的联轴器，见图28。

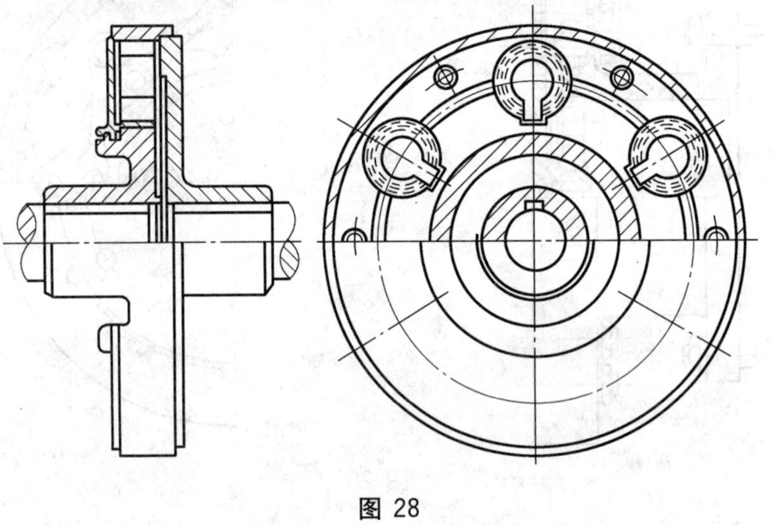

图 28

2.3.2.1.9

波纹管联轴器　corrugated pipe coupling

利用波纹管以焊接或其他联接方式，以实现两半联轴器联接的联轴器，见图29。

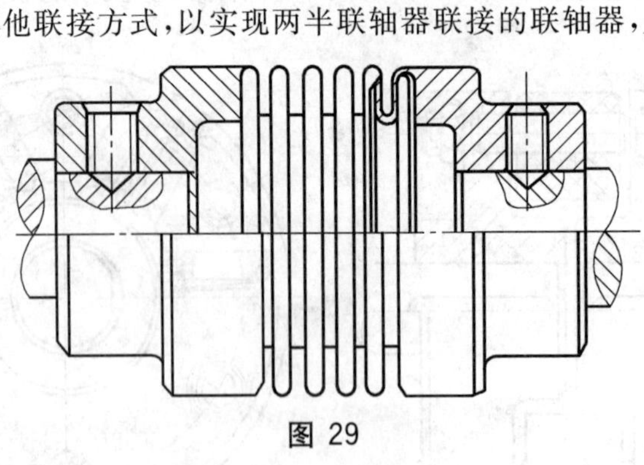

图 29

2.3.2.1.10

弹性管联轴器　resilient tube coupling

利用弹性管，以实现两轴联接的联轴器，见图30。

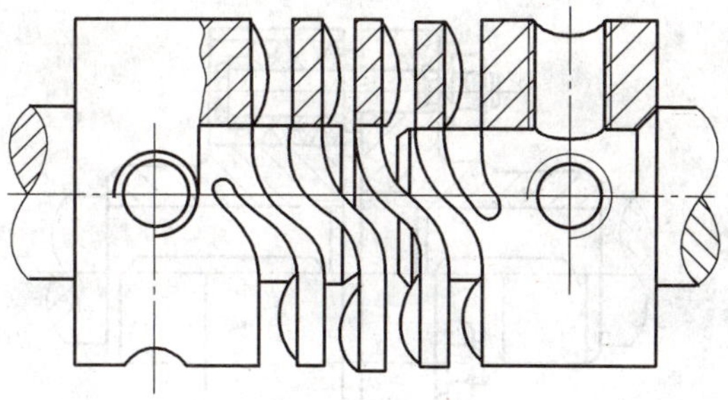

图 30

2.3.2.1.11

薄膜联轴器　film coupling

利用固定在中间盘上两组薄膜通过拨盘，以实现两轴联接的联轴器，见图 31。

图 31

2.3.2.2

非金属弹性元件弹性联轴器　resilient coupling with elastomer

装有非金属弹性元件的弹性联轴器。

2.3.2.2.1

梅花形弹性联轴器　resilient coupling with elastic spider

利用梅花形弹性元件，置于两半联轴器凸爪之间，以实现两半联轴器联接的联轴器，见图 32。

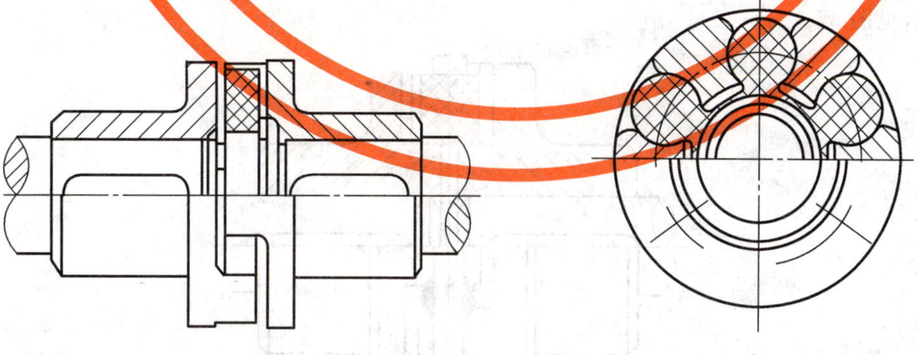

图 32

2.3.2.2.2

弹性套柱销联轴器　pin coupling with sleeve elastomer

利用一端带有弹性套的柱销，装在两半联轴器凸缘孔中，以实现两半联轴器联接的联轴器，见图 33。

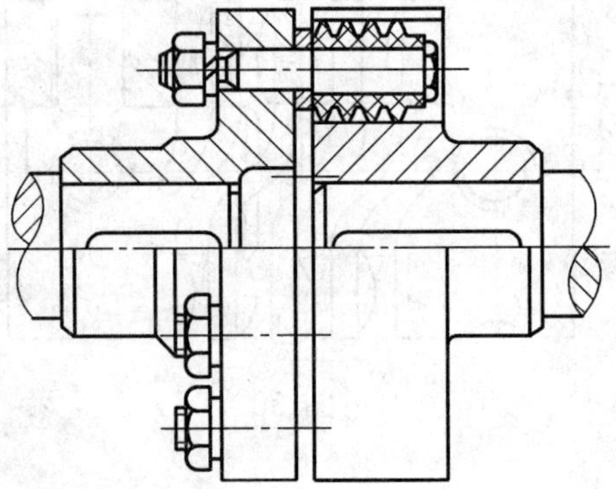

图 33

2.3.2.2.3

弹性柱销联轴器　pin elastomer coupling

利用若干非金属材料制成的柱销，置于两半联轴器凸缘孔中，以实现两半联轴器联接的联轴器，见图 34。

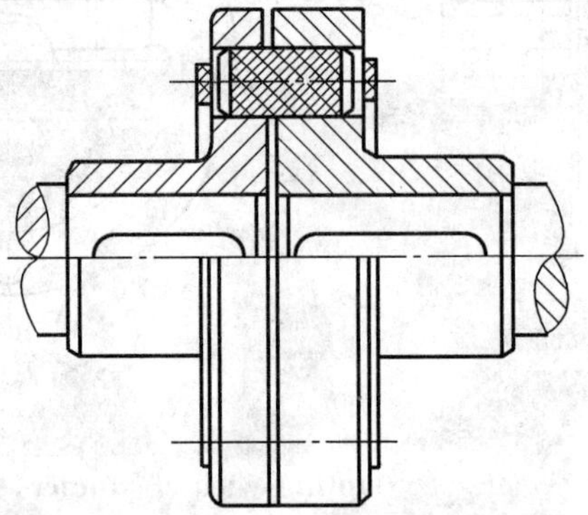

图 34

2.3.2.2.4

径向弹性柱销联轴器　pin elastomer coupling radial

利用若干径向分布的非金属材料制成的柱销，置于两半联轴器径向凸缘孔中，以实现两半联轴器联接的联轴器，见图 35。

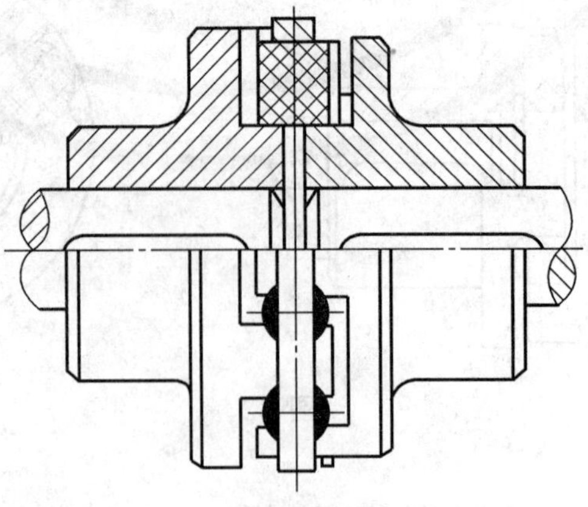

图 35

2.3.2.2.5

弹性柱销齿式联轴器　gear coupling with pin elastomer

利用若干非金属材料制成的柱销，置于两半联轴器与外环内表面之间的对合孔中，以实现两半联轴器联接的联轴器，见图 36。

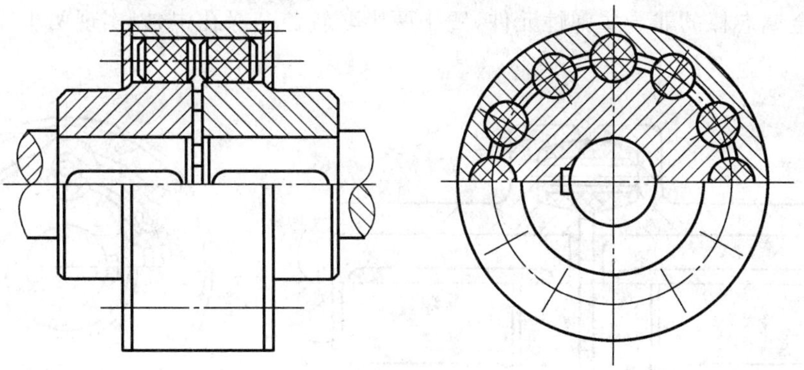

图 36

2.3.2.2.6

轮胎式联轴器　resilient coupling with tyre elastomer

利用轮胎状弹性元件，以螺栓与两半联轴器联接的联轴器，见图 37。

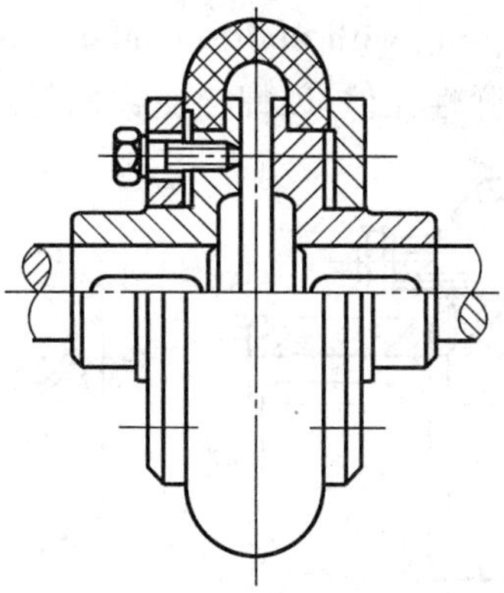

图 37

2.3.2.2.7

橡胶金属环联轴器　resilient coupling with elastomer and metallic ring

利用橡胶硫化粘结在金属上的圆环形组合件，以螺栓与两半联轴器联接的联轴器，见图 38。

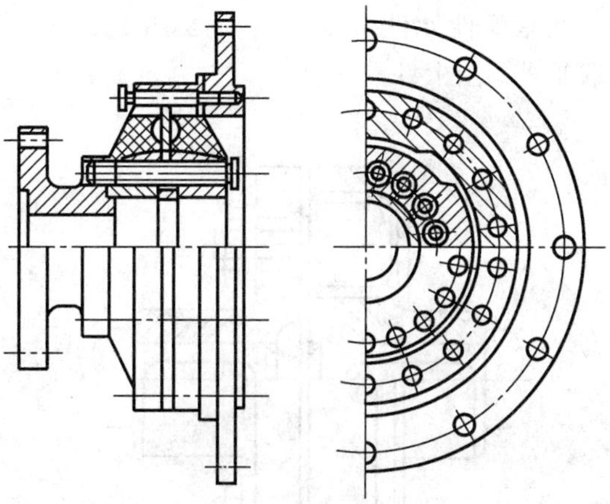

图 38

2.3.2.2.8

芯型弹性联轴器　resilient coupling with core elastomer

利用若干带金属芯棒的非金属弹性元件，置于两半联轴器凸缘孔中，以实现两半联轴器联接的联轴器，见图39。

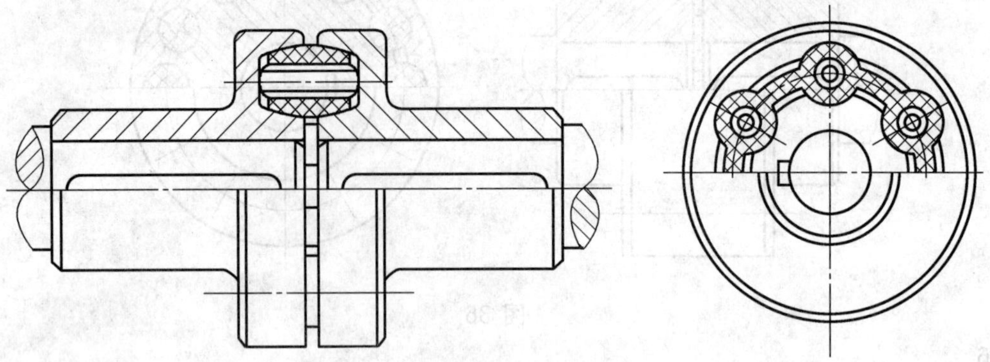

图 39

2.3.2.2.9

多角形弹性联轴器　resilient coupling with multi-angular elastomer

利用含轴截面为圆形的多角环状弹性元件，以螺栓交错地与两半联轴器联接的联轴器，见图40。

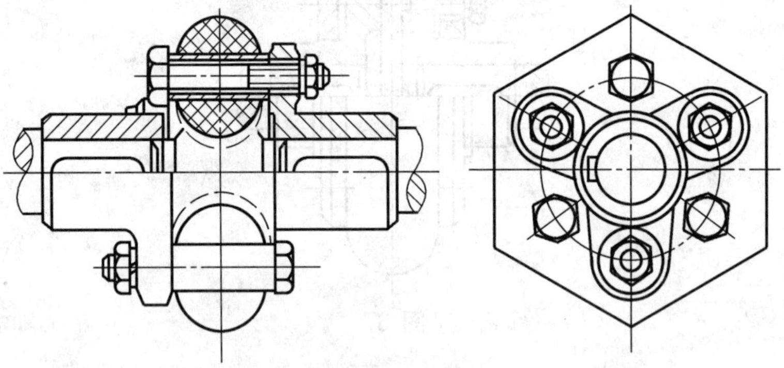

图 40

2.3.2.2.10

弹性块联轴器　resilient coupling with pin elastomer

利用一端为块状柱销，通过块状弹性元件挤压半联轴器，柱销的另一端置于另一半联轴器凸缘孔中，以实现两半联轴器联接的联轴器，见图41。

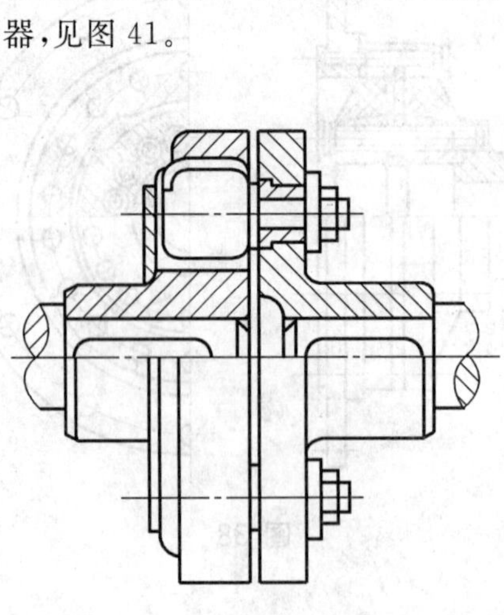

图 41

2.3.2.2.11

H 形弹性块联轴器　resilient coupling with H plum elastomer

利用 H 形弹性元件，置于两半联轴器凸爪之间，以实现两半联轴器联接的联轴器，见图 42。

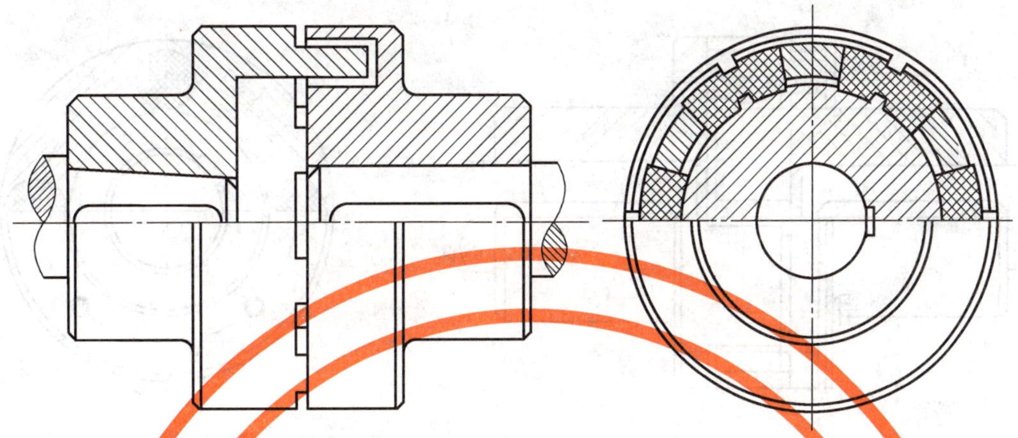

图 42

2.3.2.2.12

扇形块弹性联轴器　resilient coupling with sector plum elastomer

利用若干扇形弹性元件，置于两半联轴器凸爪之间，以实现两半联轴器联接的联轴器，见图 43。

图 43

2.3.2.2.13

鞍形块弹性联轴器　resilient coupling with saddle plum elastomer

利用若干鞍形弹性元件，通过螺栓与两半联轴器联接的联轴器，见图 44。

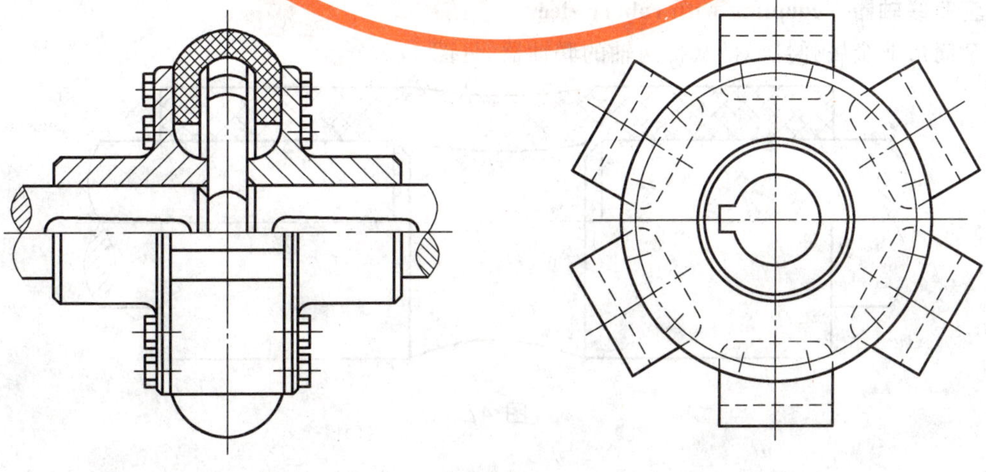

图 44

2.3.2.2.14

弹性活销联轴器　resilient coupling with movable pin elastomer

利用若干鼓形弹性元件,置于两半联轴器凸爪之间,以实现两半联轴器联接的联轴器,见图 45。

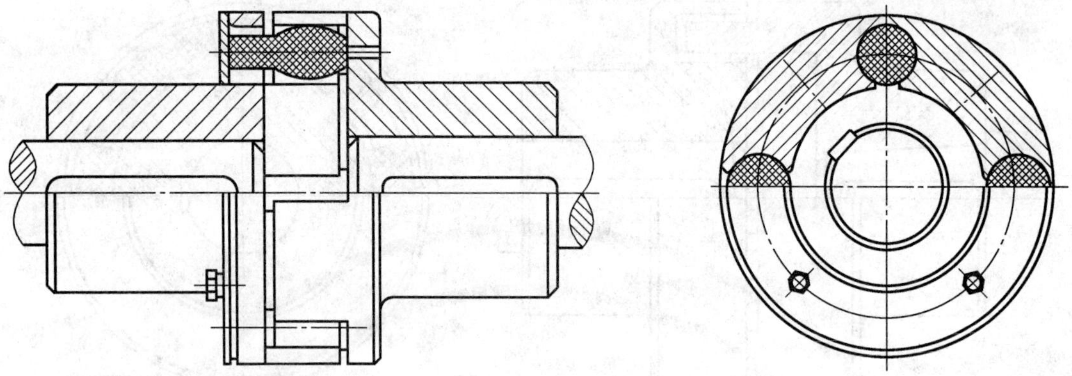

图 45

2.3.2.2.15

凹形环式联轴器　torus elastomer coupling

利用凹形环状弹性元件,以螺栓与两半联轴器联接的联轴器,见图 46。

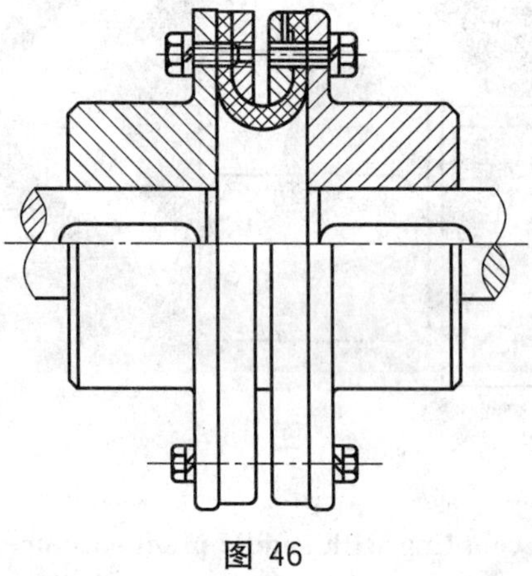

图 46

2.3.2.2.16

橡胶套筒联轴器　coupling with rubber sleeve

利用套筒形非金属弹性元件联接两轴的联轴器,见图 47。

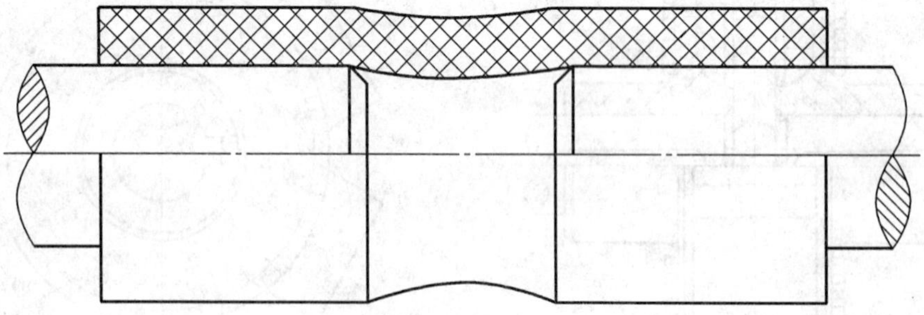

图 47

2.3.2.2.17

弹性板联轴器　resilient coupling with plate elastomer

利用圆环形或其他形状的板材弹性元件，以螺栓交错地与两半联轴器联接的联轴器，见图 48。

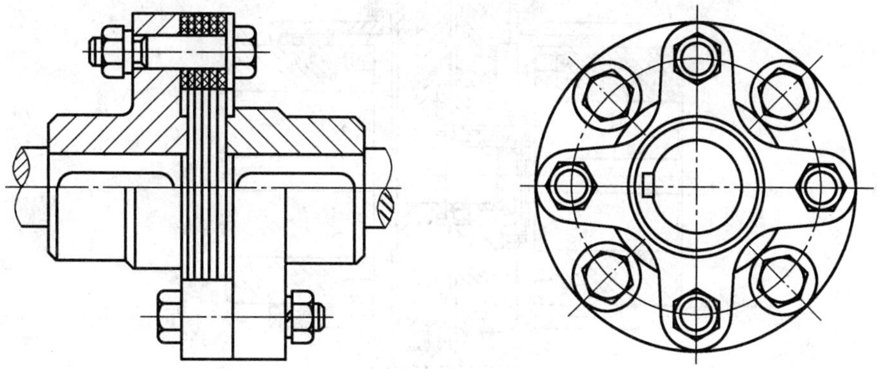

图 48

2.3.2.2.18

膜片橡胶弹性联轴器　resilient coupling with disc and rubber

利用橡胶硫化粘结在扇形金属环上，并与膜片组件复合，以实现两轴联接的联轴器，见图 49。

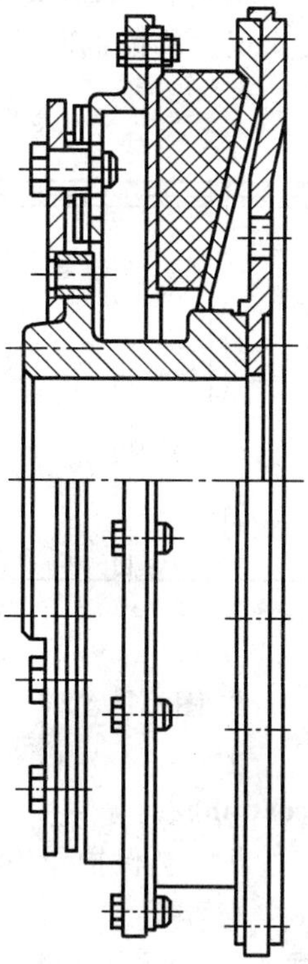

图 49

2.4

安全联轴器　security coupling

具有过载安全保护功能的联轴器。

2.4.1

棒销剪切式安全联轴器　stick-spend　shear-type securing　coupling

利用装有安全销的两中间法兰，以实现过载安全保护功能的联轴器，见图 50。

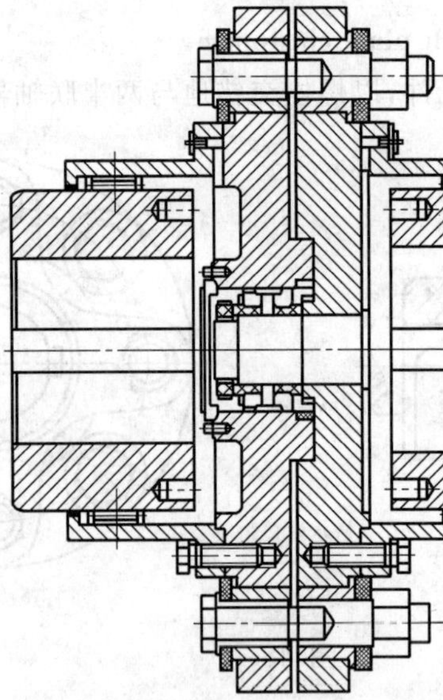

图 50

2.4.2

中间管剪切式安全联轴器 intervalve shear-type securing coupling

利用中间管上的安全槽,以实现过载安全保护功能的联轴器,见图 51。

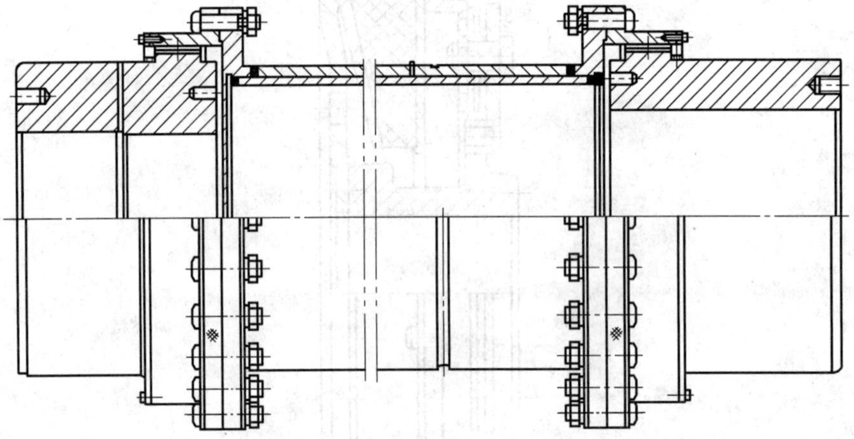

图 51

2.4.3

液压安全联轴器 hydraulic securing coupling

利用注入油腔中油的压力大小,以实现过载安全保护作用的联轴器,见图 52。

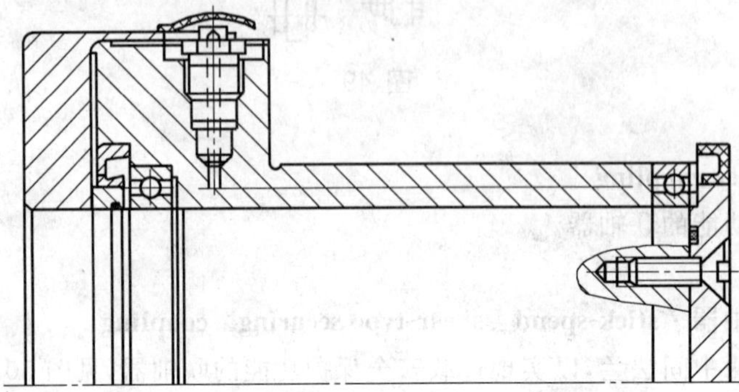

图 52

3 联轴器技术参数术语和定义

3.1

理论转矩 T theoretical torque

不考虑实际工况对转矩影响时，联轴器所传递的稳定转矩。

3.2

公称转矩 T_n nominal torque

按照系列化要求，设计每一规格联轴器所能长期传递的转矩。

3.3

计算转矩 T_c calculating torque

考虑实际工况的影响，作为选择或计算联轴器依据的转矩。

3.4

许用转矩 $[T]$ allowance torque

根据联轴器中薄弱环节的强度或变形等条件限制而允许长期传递的转矩。

3.5

最大转矩 T max maximum torque

联轴器因瞬时过载所传递的最大转矩。

3.6

许用最大转矩 $[T_{max}]$ allowance maximum torque

联轴器最大转矩的允许值。

3.7

交变疲劳转矩 T_a 或 T_t alternating fatigue torque

联轴器长期承受周期性交替变化载荷下的转矩。

3.8

脉动疲劳转矩 T_p Pulsating fatigue

联轴器长期承受脉动载荷下的转矩。

3.9

冲击转矩 T_s shock torque

在起动或变速时产生的瞬时最大转矩。

3.10

激振转矩 T_o collision torque

产生周期性振幅时的转矩。

3.11

许用转速 $[n]$ allowance rotating speed

根据联轴器工作状况、强度等条件所限制允许使用的转速。

3.12

工况系数 K service factor

由于传动轴系工作环境和载荷变化等的影响，联轴器计算转矩对理论转矩的比值。

3.13

动力机系数 K_d dynamic factor

由于动力机类别不同而引起的附加载荷系数。

3.14

起动系数 K_r start factor

由于起动频率而引起的附加载荷系数。

3.15

温度系数 K_t temprature factor

考虑在温度影响下非金属弹性元件材料的强度降低系数。

3.16

频率系数 K_f frequency factor

由于交变疲劳转矩频率的影响系数。

3.17

放大系数 K_a amplification factor

在振动系统中,采用弹性联轴器时考虑冲击转矩增大时的系数。

3.18

冲击系数 K_s shock factor

由于冲击转矩所产生的增大系数。

3.19

质量系数 K_m mass factor

在冲击和激振时的质量分布系数。

3.20

许用径向补偿量[ΔY] allowance radial compensation

联轴器所联两轴,在规定部位上允许的径向相对偏移量。

3.21

许用轴向补偿量[ΔX] allowance axial compensation

联轴器所联两轴,在端部允许的轴向相对偏移量。

3.22

许用角向补偿量[$\Delta \alpha$] allowance angular compensation

联轴器所联两轴允许的角向相对偏移量。

3.23

静刚度 C_s static stiffness

联轴器在稳定转矩作用下,两半联轴器相对扭转变形时的刚度。

3.24

动刚度 C_d dynamic stiffness

联轴器在变转矩作用下,两半联轴器相对扭转变形时的刚度。

3.25

扭转刚度 C torsional stiffness

两半联轴器产生相对单位角度变形所需的转矩。

3.26

径向刚度 C_y radial stiffness

两半联轴器在径向产生单位变形所需的力。

3.27

轴向刚度 C_x axial stiffness

两半联轴器在轴向产生单位变形所需的力。

3.28

许用扭转角[ϕ]　allowance torsional angle

两半联轴器在许用转矩作用下,相对扭转的角度。

3.29

最大扭转角 ϕ_{max}　maximum torsional angle

两半联轴器在短时最大转矩作用下,相对扭转的角度。

3.30

弹性回差　backlash

主动轴角速度突然变化时,从动轴转角的滞后量。

附 录 A
（规范性附录）
联轴器简图符号

联轴器简图符号应符合表 A.1 的规定。

表 A.1 联轴器简图符号

序号	词 汇	简 图 符 号
1	联轴器	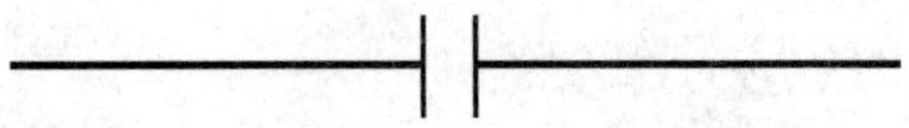
2	刚性联轴器	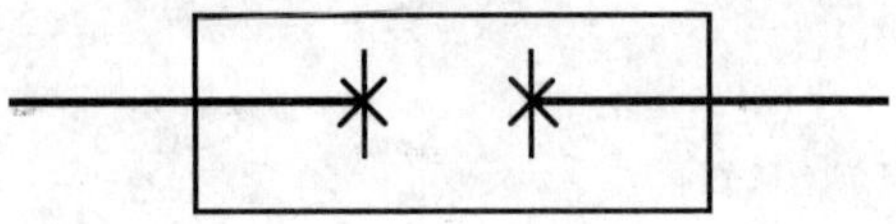
3	挠性联轴器	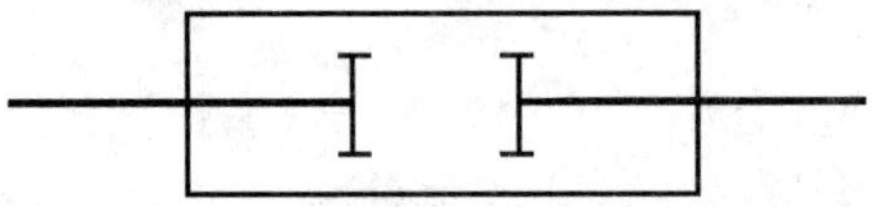
4	弹性联轴器	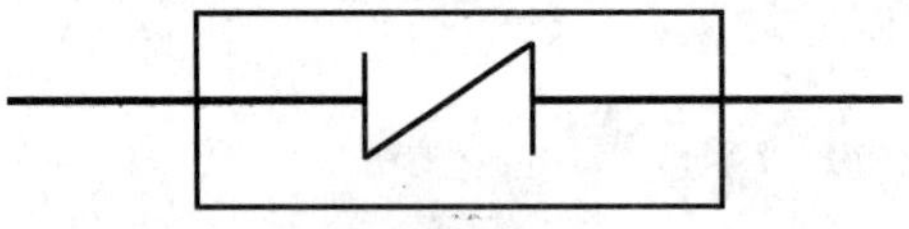
5	万向联轴器	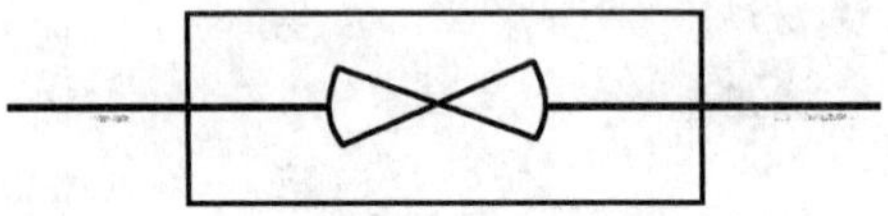
6	安全联轴器	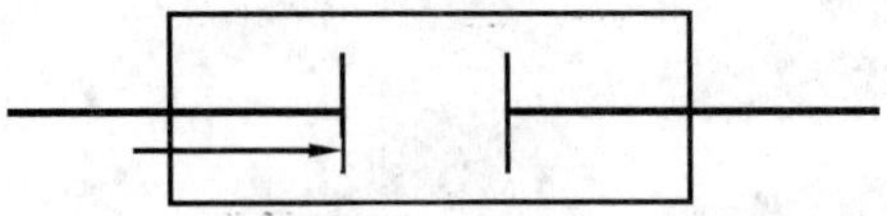

ICS 29.020
K 09

中华人民共和国国家标准

GB/T 4025—2010/IEC 60073:2002
代替 GB/T 4025—2003

人机界面标志标识的基本和安全规则 指示器和操作器件的编码规则

Basic and safety principles for man-machine interface, marking and identification—Coding principles for indicators and actuators

(IEC 60073:2002, IDT)

2011-01-14 发布　　2011-07-01 实施

中华人民共和国国家质量监督检验检疫总局
中国国家标准化管理委员会　发布

前　言

本标准等同采用IEC 60073:2002《人机界面标志标识的基本和安全规则　指示器和操作器件的编码规则》(英文版)。

本标准是对GB/T 4025—2003《人机界面标志标识的基本和安全规则　指示器和操作器的编码规则》的修订。

本标准与GB/T 4025—2003相比主要有如下变化:

——标准应用领域扩大到包括了屏幕显示;

——增加了术语“报文(message)”,源于IEC 60050(721);

——4.2.1和5.2.3.2规定得更明确。

本标准代替GB/T 4025—2003。

本标准的附录A是规范性附录,附录B、附录C是资料性附录。

本标准由全国电气安全标准化技术委员会提出并归口。

本标准主要起草单位:机械科学研究总院、深圳市标准技术研究院、机械工业北京电工技术经济研究所、德力西电气有限公司、北京ABB低压电器有限公司、机械工业北京仪器仪表综合研究所、北京突破电气有限公司。

本标准主要起草人:郭汀、温利峰、曾雁鸿、黄蓉蓉、王中丹、史学玲、丁瑞军。

本标准所代替标准的历次发布情况为:

——GB/T 4025—1983;

——GB/T 4025—2003。

引　言

本标准是基础安全标准，适用于各技术委员会按 GB/T 16499 和 GB/T 20000.4 规定的原则制定标准时采用。

应注意，技术委员会的责任之一就是在设备使用范围内，只要可能，标准中应尽可能包含并参考基础安全标准的要求。因此，只有在设备标准中包括了或参考了基础安全标准，这些要求才得到应用。

监视和调整是从事电气设备监控或操作运行人员的重要工作职责。

为达此目的，指示器的状况显示和操作器件能在正常和故障条件下进行有效调控是起码要求。

所表达的信息，必须满足用户去执行各种工业过程的监控和相关操作运行任务的需要。

安全和人机工程方面的要求也应考虑。仅用单一编码方法往往不能充分保证明确无误地表达信息。

除了指示器和操作器件的明确无误的标记外，对编码系统也要求明晰和协调一致。

代码的选择取决于其所要表达的信息。这与设备（或其某一部分）的状态有关，也与过程状况和/或在此状况下对人身、财产和环境的影响有关。

用户可根据以上这些规则，决定各自所使用的编码。

人机界面标志标识的基本和安全规则
指示器和操作器件的编码规则

1 范围

本标准对指定某些视觉、听觉和触觉标识的特定含义建立了一般规则，其目的是：

——通过对设备或过程的安全监控或安全操作，提高人身、财产和(或)环境的安全性；

——便于对设备或过程进行正常的监督、控制和维护；

——有利于对控制状况和操作器件位置的快速识别。

本标准一般适用于下列场合：

——从诸如单一的指示灯、按钮、机械指示器、发光二极管(LEDs)或图像显示屏等构成的一些简单的场合，直到由多种器件组成的用来控制设备或工业过程的各种控制站；

注：屏幕显示应用编码规则不受限制。

——涉及人身、财产和/或环境安全的场合，以及使用上述代码以便对设备进行正常监控的场合；

——由技术委员会为某一特定功能所指定的某种特定编码的场合。

2 规范性引用文件

下列文件中的条款通过本标准的引用而成为本标准的条款。凡是注日期的引用文件，其随后所有的修改单(不包括勘误的内容)或修订版均不适用于本标准，然而，鼓励根据本标准达成协议的各方研究是否可使用这些文件的最新版本。凡是不注日期的引用文件，其最新版本适用于本标准。

GB/T 1251.3 人类工效学 险情和信息的视听信号体系(GB/T 1251.3—2008,ISO 11429)

GB/T 2900.65 电工术语：照明[GB/T 2900.65—2004,IEC 60050(845):1987,MOD]

GB/T 4205—2010 人机界面标志标识的基本和安全规则 操作规则(IEC 60447:1993 IDT)

GB/T 4728(所有部分) 电气简图用图形符号(IEC 60617DB,IDT)

GB/T 5465(所有部分) 电气设备用图形符号(IEC 60417DB,IDT)

GB 12800 声学 紧急撤离听觉信号(GB 12800—1991,ISO 8201:1987,EQV)

GB/T 16499 安全出版物的编写及基础安全出版物和多专业共用安全出版物的应用导则(GB/T 16499—2008,IEC 导则 104:1997,NEQ)

GB 18209.1—2000 机械安全 指示、标志和操作 第1部分：关于视觉、听觉及触觉信号的要求(IEC 1310-1:1995,IDT)

GB/T 20000.4 标准化工作指南 第4部分：标准中涉及安全的内容(GB/T 20000.4—2003,IEC 导则51:1999,MOD)

IEC 60027(所有部分) 电工技术中的文字符号

IEC 60050(441)国际电工词汇(IEV) 第441章：开关、控制器和熔断器

IEC 60050(721):国际电工词汇(IEV) 第721章：电报、传真和数据通信

ISO 3864 安全色和安全标志

ISO 7000 设备用图形符号

CIE(国际照明委员会) 出版物 2-2(TC1.6):1975 照明信号的颜色

3 术语和定义

下列术语和定义适用于本标准。

3.1

编码 coding

用一组信号对特定信号或数值的系统的表示。这种表示必须遵循一组确定的规则。

[GB 18209.1—2000,3.22]

3.2

指示器 indicator

提供可见、可听或可触及信息的机械的、光学的或电的器件。

3.2.1

听觉信号 acoustic signal

通过音调、频率或间歇等方式传递的来自声源的信息。

3.2.2

触觉信号 tactile signal

通过振动、力、表面粗糙度、形状或位置方式传递的信息。

3.2.3

视觉信号 visual signal

由亮度、对比度、颜色、形状、尺寸或位置方式传递的信息。

3.3

操作(器)件 actuator

操作系统中接受人员操作的部件。

[GB/T 4205—2010,3.1]

注：就本标准而言，作为人机对话屏幕显示的操作器件，可认为是屏幕显示器上具有操作功能的部分。

3.4

机械指示器 mechanical indicator

构成机械的或机电的开关器件(如断路器)整体的一部分，并用以指示其处于断开或闭合或在中间位置(如一个星形—三角形起动器的星形位置)，但该部件不是用作手动的操作器件。

3.5

人机界面 man-machine interface(MMI)

在操作人员与设备之间提供直接对话、并能使操作人员控制和监视设备运行的设备部件。

注：此部件包括手动操作器件、指示器及屏幕。

[GB/T 4205—2010,3.3]

3.6

信号灯 signal light

设计用于发射光信号的装置。

[GB/T 2900.65,845-11-05]

3.7

发光二极管 light emitting diode (LED)

被电流激发时能发出光辐射的 p-n 结固态器件。

[GB/T 2900.65,845-04-40]

3.8

发光操作器件　illuminated actuator

通过光照能给出可见指示的带有光源的一种操作器件。光源的启闭可与操作器件的动作相关，也可与其无关。

3.9

色调　hue

表面呈现出类似知觉颜色红、黄、绿和蓝中的一种或其中两种色的组合的视觉属性。

[GB/T 2900.65,845-02-35]

3.10

视亮度　brightness

与表面呈现发光多少有关的视觉属性。

[GB/T 2900.65,845-02-28]

3.11

色饱和度　saturation

按照表面的视亮度来判断的色浓度。

注：对于给定观察条件和在明视觉范围内各级光亮度水平，给定色品的色刺激对于各级光亮度均呈现近似恒定的色饱和度。但当视亮度很高时除外。

[GB/T 2900.65,845-02-41]

3.12

对比；衬比　contrast

a）知觉意义：同时或相继看到的视场中两个或两个以上部位外貌差异的评估（视亮度对比，明度对比，色对比，同时对比，相继对比等）。

b）物理意义：表示与知觉视亮度对比相关的量，通常由一个包含涉及刺激的光亮度的公式来定义，例如：接近光亮度域值时为 $\Delta L/L$，或对于较高的光亮度用 L_1/L_2。

[GB/T 2900.65,845-02-47]

3.13

报文　message

作为一个实体，从发送机传送给接收机的一组字符和功能控制系列，其中字符的排列由发送机来确定。

[IEV 721-09-01]

4　编码规则

4.1　通则

在系统设计的初始阶段应确定编码规则，而且应与同一工厂或同一过程内的其他设备上所使用的编码规则保持一致。

代码的选择取决于人员的任务和完成此任务必须满足的相关服务条件。

建议用如下一个或多个编码方法：

视觉代码：

——颜色；

——形状；

——位置；

——随时间变化的特性（闪烁）。

听觉代码：

——声音类型；

——纯音；

——随时间变化的特性。

触觉代码：

——形状；

——力；

——振动；

——位置；

——随时间变化的特性。

表1对这些编码提供了示例

所选择的代码含义应明确无误。还应在特定设备和/或工厂的相应文件中做出解释。

表1 编码的方法

方　法	特　性
	视觉代码
颜色	——色调 ——饱和度 ——视亮度 ——对比度
形状	——图(字母数字、图表、图形符号、线条) ——形态(字体、尺寸、线宽) ——图素(线型、阴影线、虚线)
位置	——定位(绝对的、相对的) ——取向(有或无参考系统)
时间	随时间变化(闪烁)的 ——亮度 ——颜色 ——形状 ——位置
	听觉代码
声音类型	——音调 ——噪声 ——语音
纯谐音	所选择的频率
时间	——声频成份随时间的变化 ——音量随时间的变化 ——总持续时间
	触觉代码
形状	——形态 ——表面粗糙度
力	——幅度
振动	——振幅 ——频率
位置	——定位(绝对的、相对的) ——取向(有或无参考系统)
时间	——力随时间的变化 ——振动随时间的变化

4.2 视觉代码

颜色和随时间变化的要素(闪烁)是吸引注意力的最有效的视觉方式。因此这些代码应具有一致的含义,优先使用颜色,闪烁用以引起注意。

当对颜色有视觉缺陷的人担任操作人员时,建议颜色不要作为编码的唯一手段。

当颜色代表的含义涉及人身或环境的安全时(见 4.2.1.1)应提供辅助的编码方法。

如果某种服务条件不允许使用规定的颜色,应提供可替代颜色的代码(见 4.2.2 及有关条款)。

注:"辅助以其他代码"意为"补充"(如用形状补充颜色),"替代以其他代码"意为"代替"(如用形状代替颜色)。

4.2.1 颜色编码

对某些特定的颜色给出了特定的含义(见表 2),这些颜色易于从底色和其他给定色中辨认和识别出来。有些颜色留给安全场合专用。

为了清晰明了,对给定应用场合中所用的颜色的数目应尽可能保持最少。

为了清晰明了,本标准所涉及到的指示器和操作器件只包含下列颜色:

红、黄、绿、蓝、黑、灰、白。

注 1:黑色也可用于指示器,例如图像显示屏幕或机械指示器上的符号。

注 2:其他颜色(如为满足局部需要)可以使用,但本标准未给出其含义。

除了用色调作为基本的颜色编码外,也可用饱和度、亮度或反差来表达某种颜色的更多扩充信息。

当颜色作为唯一的编码时,指示器和操作器件在规定的操作条件下和预期的寿命期内,其特定颜色的配置数不应超出推荐的范围。

确切的定义见:

——表面颜色:ISO 3864。

——发射光:CIE 出版物 No. 2-2。

注 1:所看到的颜色是诸如信号灯类的发射光(如果有的话)和诸如工作场所的入射光的综合效应。

注 2:ISO 3864 中未规定灰色。

4.2.1.1 颜色的选择

颜色信息的含义的总则由表 2 给出。

表 2 编码颜色的含义 总则

颜色	含义		
	人身或环境的安全	过程状况	设备状态
红	危险	紧急	故障
黄	警告、注意	异常	异常
绿	安全	正常	正常
蓝	指令性含义		
白、灰、黑	未赋予具体含义		

如果将同一信息源的若干个并联的指示器安装在不同的地方,可有不同的含义,则这些指示器可使用不同的颜色(见附录 B)。

如果对操作者不会引起混淆,白色可用气体放电灯和黄色发光二极管(LEDs)来显示。

如果同时同地使用发光二极管显示白、黄和绿三种颜色中的至少两种颜色时,应特别注意避免引起混淆。

指示器所显示的颜色应根据其所传递的信息进行选择。同时应根据下列监控准则的先后次序来赋予颜色的含义:

——人身或环境安全;

——过程状况;

——设备状态。

应依据表6～表8所给出的含义，根据上述准则之一来选择颜色编码，在不致引起这些表中含义之间发生混淆的情况下，可明确地作出决定。

4.2.1.2 显示屏幕上的颜色

在本标准范围内，用来传递信息的颜色应按4.2.1规定，且其含义应按4.2.1.1规定。

显示屏幕上的颜色应与相邻颜色和显示背景有足够的反差。

在一套显示器内，赋予每一种颜色的含义应一致，也应与其他相关仪器、控制器及报警显示器一致。

对涉及安全的含义，其颜色应当明亮、饱和、对比度大。

对次要的信息，其颜色可以暗淡些，饱和度小些。

4.2.1.3 对比色

在安全方面如果需要对比色，例如在指示器或者操作器件与安装表面之间，则应符合ISO 3864，但是对于红色紧急-停止操作器件，对比色可用黄色。

注：IEC 204-1给出了紧急-停止电器的操作器件例子。

4.2.2 形状和/或位置编码

形状和/或位置作为视觉代码可用在下列情况：

a) 作为主代码；

b) 作为所使用主代码的辅助代码，如：形状代码作为颜色代码的补充，它可以避免由于人的色觉缺陷引起的错误识别。

每个特定的形状要给定其含义（见表3）。

位置编码主要适用于过程状态或设备状态的指示（见GB/T 4205）。

建议使用文字符号和图形符号（例如：在IEC 60027，GB/T 5465，GB/T 4728或ISO 7000中的）补充标识有关设备的状态（见表8）。

表3 形状的含义 总则

形 状	含 义		
	人身或环境的安全	过程状况	设备状态
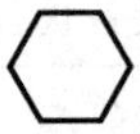 [a]	危险	紧急	故障
 [a]	警告/注意	异常	异常
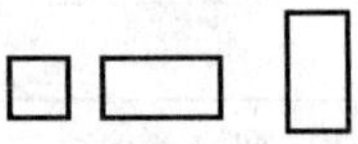 [a]	安全	正常	正常
	指令性含义		
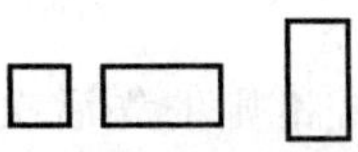	未赋予具体含义		
注：过程或设备的状态宜依据GB/T 5465，GB/T 4728和ISO 7000中的符号进行编码。			
[a] 只有与安全有关的形状用醒目的边框。			

当形状是仅有的编码方式时，图形的尺寸及与背景的衬比，应满足所规定的使用的状况。

注：传递专门的报文，可用标志用图形符号。

形状的含义与人身或环境的安全有关时，应提供补充的编码方法。

4.2.3 随时间变化的特性的编码

4.2.3.1 总则

用一个稳定光提供信息。如在下列用途中，为了吸引注意力，尤其是为了进一步强调信息，可采用一个随时间变化的特性：

a) 要求采取快速反应(见注)；

b) 指示相关设备的命令状态(或指示状态)和实际状态之间的差异；

c) 指示状态的变化(在状态过渡期间内闪光)。

注：例如当信号器闪烁，传出的信息被操作者确认，变成稳定光。

4.2.3.2 闪烁频率的视觉特性

可使用两种闪烁频率 f_1 和 f_2。最优先的信息应选用较高的闪烁频率。(如：f_2 给出报警信号；f_1 明确报警的原因)。

闪烁频率的允许范围如下：

——f_1：慢的闪烁频率，0.4 Hz～0.8 Hz(每分钟闪动 24 次～48 次)；

——f_2：正常的闪烁频率，1.4 Hz～2.8 Hz(每分钟闪动 84 次～168 次)。

当只使用一个闪烁频率时，应使用 f_2。

对于一给定的应用场合，闪烁频率 $f_1 : f_2$ 的比值应是一个常数，应至少是 1∶2.5，但不应超过 1∶5，推荐比是 1∶4(例如频率是 0.5 Hz 和 2 Hz)。

推荐的脉冲与间歇之比大约为 1∶1，即发光时间大约应等于不发光时间。对 f_1 而言，发光时间可长于不发光时间；而对 f_2 而言，发光时间短于不发光时间。但是，对 f_1 脉冲与间歇之比不应超过 2∶1，而对 f_2，脉冲与间歇之比不应超过 1∶2。

注：对于闪光的文字串，推荐使用背景闪光，以代替文字串本身闪光。如果不可能实现，则文字串推荐使用发光时间等于不发光时间的 2 倍。

4.3 听觉代码

下列情况可使用听觉代码：

——需要吸引操作人员的注意力；

——用代码表示简短、简单、瞬间的信息；

——所表达的信息要求即时或随时间响应；

——视觉代码的应用受到限制；

——危急情况有必要使用一个附加或重复信息。

听觉信号包括纯(单)音或复合音，噪声或语言信息，听觉信号可以指示危险情况的开始和持续时间或危险即将来临的警告。

听觉信号应是易于辨别的，且在信号预定接收范围内和预期环境噪声条件下的人员能够听到。这种听觉信号应与紧急撤离信号有明显的区别(见 GB 12800)。

不同的听觉信号应有明显的区别。

应考虑到听力有缺陷及配带护耳器及耳机使听力受限的情况。

信息编码中听觉信号含义的总则在表 4 中给出。

为了避免操作者承受过多的声音，在设定的应用中，使用不同声音种类的数量应限制到最少。

表 4 听觉代码的含义 总则

	含义		
	人身或环境的安全	过程状况	设备状态
——扫频声； ——短促脉冲声	危险	紧急	故障
恒定音调的断续声	警告/注意	异常	异常
恒定声级的连续声	安全	正常	正常
交变的声音	指令性/含义		
其他声音	未赋予具体含义		

连续声音代码只应用于某些严格限制的情况(如:在从危险或异常状态向安全状态转变的过程中使用)。

在正常安全状态下不应使用声音(无声)。

危险和非危险信号的定义要求在 GB 1251.3 中给出。

4.4 触觉代码

通过触觉向操作者传递信息的代码,仅在有限的情况下使用,例如:提醒操作者在操作设备时对危险的情况引起注意。

触觉信号应使操作者在按规定方法使用操作器件或设备时能正确辨别。

触觉代码是为熟练的或受过训练的人员使用而设计的。

给定信息的触觉代码仅应用于指示器件和人体一部分之间直接并持续接触时有保障的情况。

表 5 给出了信息的触觉代码的总则。

表 5 触觉代码的含义 总则

代码		含义		
振动或力	位置	人身或环境的安全	过程状况	设备状态
高	未赋予代码	危险	紧急	未赋予含义
中		警告/注意	异常	
低		安全	正常	
未赋予代码		指令性含义		

注 1：用连续的振动可表示与安全相关的程度,或可根据声音代码(见表 4)赋予振动代码特定的含义,如:危险,注意或安全。

注 2：也可用其他触觉代码代替振动或力。

5 应用要求

5.1 指示模式：

对于给定的信息可使用下列模式：

a) 报警

引起操作人员注意或指令其完成某项工作。

b) 指示

提供状态信息。

c) 确认

确认指令或指令所引出的结果,或确认变化或过渡期的终止。

指示代码的含义应符合于:

——表 6 给出的人身财产和/或环境安全状况;

——表 7 给出的过程状况;

——表 8 给出的设备状态。

仅当与表 6 和表 7 中的含义不会有混淆的危险,并对颜色补充以图形符号和/或在指示器上或在其附近采用文字信息的情况下,才允许采用红、黄、绿色来代替表 8 中优先选用的白、灰、黑色的含义。

5.2 操作模式

对于给定的手动指令,可使用下列操作模式:

a) 报警

引起操作人员注意某种情况,如危险。

b) 干预

用手动发出指令以操作设备或干预过程。

c) 确认

确认报警信息或某给定信息。

注:例如当闪光信号被确认,闪烁就变成稳定光信号。

操作代码含义在表 9 中给出。

5.2.1 不发光操作器件

5.2.1.1 紧急操作器件

应急-停止/断开操作器件应用红色来标记(见表 9)。如果无彩色,允许有例外;在此情况下,应使用其他方式可靠地标志出操作器件的功能。如果同一个操作器件既用于紧急的,又用于正常的停止/断开操作,则操作器件应用红色。如果不适宜使用彩色时,则允许有例外。

5.2.1.2 停止/断开操作器件

停止/断开操作器件优先选用的颜色是黑、灰和白色,其中最常用的是黑色。红色也允许使用,但不得使用绿色。

5.2.1.3 起动/接通操作器件

使设备起动和使开关接通的起动/接通操作器件优先选用的颜色是白、灰和黑色。其中最常用的是白色,绿色也允许使用,但不得使用红色。

5.2.1.4 使用白色和黑色的特定含义

当使用白色和黑色来区别起动/接通和停止/断开操作器件时,白色应用于起动/接通操作器件,黑色必须用于停止/断开操作器件。

5.2.1.5 同一操作器件用于起动和停止或接通和断开

5.2.1.5.1 对于采用交替操作作为起动/接通和停止/断开操作器件时,白、灰、黑是它们优先选用的颜色。

不得使用黄色和绿色。只有当同一操作器件(除按钮以外)既用于紧急停止/断开,又用于正常操作时,才应使用红色。

5.2.1.5.2 操作器件被操作时引起某种动作,而当它们被释放时停止这种动作(例如点动操作器件或微动操作器件),这类操作器件优先选用白、灰、黑色。绿色也允许使用,但不得使用红色。

5.2.1.6 复位操作器件

复位操作器件(例如与保护继电器一起使用)的颜色应是蓝、白、灰或黑色,但也作为停止/断开操作器件使用的复位操作器件除外。这类停止/断开操作器件的颜色必须符合 5.2.1.2 的规定。

5.2.2 发光操作器件

5.2.2.1 型式

根据操作器件发光部分显示出的颜色来区分发光操作器件的型式：

a 型：不论发光或不发光，其颜色都相同的操作器件；

b 型：发光时是一种颜色，不发光时是另一种颜色的操作器件，这两种颜色都有各自的含义；

c 型：发光时呈现一种以上的颜色的操作器件，如指示不同的状况，但不发光时，其颜色没有含义。

注：对于设计成按下时用作试验灯的信号灯，不能认为是发光操作器件。

5.2.2.2 基本要求

5.1 和 5.2.1 也适用于发光操作器件。特别是所用代码的含义应与表 6～表 8 中指示器和表 9 中操作器件相一致。

当指定适当的颜色有困难时，应使用天然白色。

当操作器件的功能是紧急-停止/断开时仅应使用红色，而且不应与操作器件的发光有关。

5.2.2.3 使用模式

5.2.2.3.1 a 型和 b 型操作器件，其主要使用模式区分如下：

a） 指示

操作器件发光的目的是指示操作人员可以或应该去操作此发光操作器件，或在某些情况下，操作人员应该先完成某项工作，然后再操作该操作器件。由光的熄灭、或颜色代码的改变、或辅助编码方法（如时间）来确认指令（操作该操作器件时而发出的）的接收或执行。

顺序是：首先操作器件发光，然后操作人员操作此发光的操作器件。白、黄、绿或蓝色应该用于这种模式。

注：闪烁光可用于吸引操作人员的注意力，例如报警。当应用这一方式时，操作器件的动作可使闪烁光变为稳定光。稳定光维持到报警的起因通过另外的动作被消除为止。此外，这种操作器件还有表 9 中规定的功能。

b） 确认

操作尚未发光的操作器件后，它发光以确认指令（操作该操作器件而发出的）已收到或执行，直到相反的指令被给出时，操作器件的发光才会熄灭。

顺序是：首先操作该操作器件，然后操作器件发光。在这种模式下，应使用白、黄、绿和蓝色。

注：发光操作器件可使用闪烁光，以便进行“分步确认”。操作尚未发光的操作器件后，开始闪光，确认一个起动操作或程序或者一个过渡期已经开始；当这个过程完成时，闪光自动变成稳定光或熄灭，从而确认正常运行状况已经建立。

5.2.2.3.2 c 型操作器件可用于两种模式中任何一种模式。使用时应仔细检查，以防止产生任何混淆。

注：将模式 a 和模式 b 结合一起在同一显示器上显示会引起混淆，应予避免，除非模式 a 和模式 b 可以用操作器件的型式或其他编码方法清晰地加以区分。

5.2.3 显示器屏幕上作为图像显示一部分的操作器件

5.2.3.1 操作器件的标识

显示屏幕上表示操作器件（见 3.3）的图形应符合本标准的规定。

5.2.3.2 紧急操作

对于紧急操作而言，应保证操作者从其所在的工作地点和操作位置见到显示屏幕上的操作器件，且便于操作它。

注 1：国家立法可禁止在 VDU 上进行紧急操作。

注 2：要注意其他标准（如 IEC 60204-1）关于使用显示屏幕时控制紧急操作的规定。

注 3：特殊规定由相关技术委员会给出。

表 6　有关人身、财产和/或环境安全方面的指示器代码的含义

1	2	3	4	5	6	7	8	9	10
代码 \ 含义	视　觉		声　音	触　觉		说　明	下列人员的操作		应用示例
	颜色	形状		振动力	位置		操作人员	其他人员[a]	
危险	红	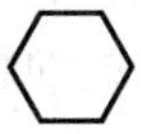	——扫描声音 ——短促脉冲声音	高	未赋予代码	危险状态或紧急指令	立即对危险状态进行处理	撤离或停止	禁止进入
注意/警告	黄		恒定间隔间歇发出的声音	中		——异常 ——故障状态 ——长期或短期的危险(例如接近危险部分)	采取措施防止危险情况发生	撤离或限制接近	限制接近
安全	绿	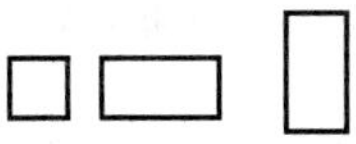	连续声音	低		——指示安全状态 ——安全运行 ——道路畅通	无需采取具体动作	无需采取具体动作	撤离路径
指令	蓝		交替的声音	未赋予代码		——表示需要采取指令性动作	指令性动作	指令性动作	指令性路径
无具体含义	白 灰 黑	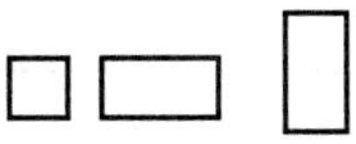	其他声音			一般信息	无需采取具体动作	无需采取具体动作	路径说明

[a] 其他人员指在工厂或操作现场附近的人员,但不是操作者。

表 7　有关过程状况方面指示器代码的含义

1	2	3	4	5	6	7	8	9
代码 \ 含义	视　觉		声　音	触觉		说明	操作人员的操作	应用示例
	颜色	形状		振动加力	位置			
紧急	红	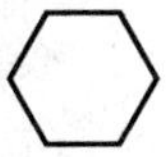	——扫描声音 ——短促脉冲声音	高	未赋予代码	危险状态	立即对危险状态进行处理,如: ——启动紧急停止 ——打开安全阀 ——开动冷却泵	——主要流体系统的压力/温度超出安全极限 ——电压下降 ——主机损坏 ——重要机器、服务系统的停机 ——强致冷机温度过高

表 7（续）

1	2	3	4	5	6	7	8	9
代码＼含义	视觉		声音	触觉		说明	操作人员的操作	应用示例
	颜色	形状		振动加力	位置			
异常	黄		恒定间隔间歇发出的声音	中	未赋予代码	——异常 ——应急临界条件	监控（或）采取行动，例如：重新建立预期的功能	——压力/温度偏离正常水平 ——保护命令脱扣（断开） ——阀门位置改变 ——强致冷机超致冷
正常	绿		连续声音	低		正常状况	随意	——核准继续运行 ——正常工作极限的指示
指令性	蓝	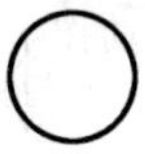	交替的声音	未赋予代码		——需采取行动的状况指示	指令性动作	指示操作者输入信息
无具体含义	白 灰 黑	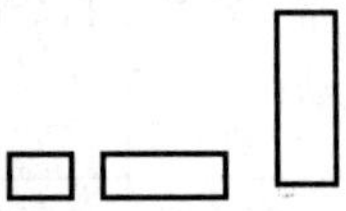	其他声音			当红黄绿兰四种颜色的使用产生疑问时，可用作任何含义	监督	——一般信息（例如：命令的确认，测量值的指示）

表 8　有关设备状态方面指示器代码的含义

1	2	3	4	5	6	7	8	9
代码＼含义	视觉		声音	触觉		说明	操作人员的操作	应用示例
	颜色	形状		振动加力	位置			
紧急	红	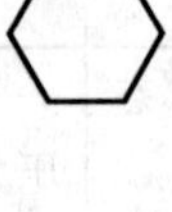	——扫描声音 ——短促脉冲声音	未赋予代码	—	故障状况	立即对危险状态进行处理，如： ——启动紧急停止 ——打开安全阀 ——开动冷却泵	——辅助系统的压力/温度超出安全极限 ——重要的服务系统停机 ——起重机停止位置超行程
异常	黄		恒定间隔间歇发出的声音			异常	监视和/或干预（例如：重新建立预期的功能）	——传送机超负荷 ——限位开关超程 ——阀门或传送带位置改变

表 8（续）

1	2	3	4	5	6	7	8	9
代码 含义	视觉		声音	触觉		说明	操作人员的操作	应用示例
	颜色	形状		振动加力	位置			
正常	绿	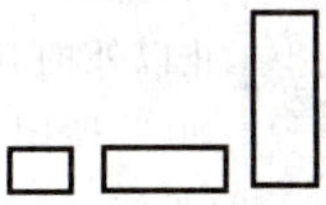	连续声音	未赋予代码	—	正常状况	随意	——核准继续运行 ——正常工作极限的指示
指令性	蓝		交替的声音			指令性含义	指令性动作	需要引入的指示： ——预调值 ——其他控制模式
无具体含义	白 灰 黑		其他声音			—	—	状态指示，例如： ——开关的开/关 ——阀门的开/关 ——电动机的停止/转动

表 9 操作器件代码的一般含义

1	2	3	4	5	6	7	8	9
代码 含义	视觉				触觉		说明	应用示例
	颜色	形状	位置	声音	——表面粗糙度 ——形状	位置		
紧急	红		见注 2	不适用	见注 3	见注 2	危险或应急情况下的动作	——紧急停止 ——停止或紧急断开 ——应急功能开始（见注 1）
异常	黄						异常状况下的动作	——对抑制异常状况采取行动 ——重新起动已中断了的自动循环
安全	绿						为安全或为正常状况作准备的动作	（见注 1）
指令性	蓝	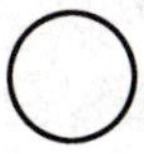					需要采取动作的状况	——复位功能

表 9（续）

1	2	3	4	5	6	7	8	9
代码 含义	视觉		位置	声音	触觉		说明	应用示例
	颜色	形状			——表面粗糙度 ——形状	位置		
末具体含义	白 灰 黑	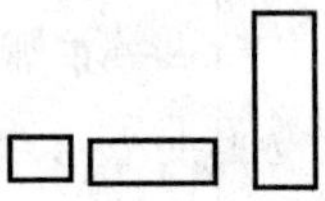	见注 2	不适用	见注 3	见注 2	一般的功能开始	——可以用于除紧急停止以外的其他任何功能，如断开/闭合、停止/起动（见注 4）

注 1：对于正常状态：——停止/断开，见 5.2.1.2；——起动/闭合，见 5.2.1.3。

注 2：对与安全有关的操作器件不宜规定位置代码。

注 3：此代码不宜标准化。

注 4：如果使用辅助编码方法（如形状、位置）来辨认操作器件，则可在白、灰、黑三种颜色中任意选择一种颜色分别使用于不同的操作器件，例如白色可用于起动操作器件和停止操作器件。

附　录　A
（规范性附录）
机械式指示器的特殊要求

A.1　标记

机械式指示器标记应符合 GB/T 5465.2 中给出的适当的图形符号。

如果要求使用辅助符号，则应与 GB/T 4728 或 ISO 7000 规定相一致。如果没有合适的标准化符号，指示器可用与任务关联的新符号或完整的文字或被认可的缩略语。

A.2　颜色

A.2.1　有图形符号或文字的机械式指示器

带有图形符号或文字的机械式指示器，其颜色无特别含义，仅用于与其背景形成反差（对比度），以提高其清晰程度。推荐使用下列颜色组合：

A.2.1.1　除断开以外的开关所有位置

——符号或字母：黑；

——背景：白色或明亮的天然色（如：电镀铝）。

A.2.1.2　在断开位置（用 GB/T 5465.2 中的 5008 符号表明）

——符号或字母：白或明亮的天然色；

——背景：黑色。

A.2.2　无图形符号或文字的机械式指示器

只能使用颜色标记机械式指示器时，标记颜色的含义应严格符合 5.1 的指示器件颜色要求。

附　录　B
（资料性附录）
指示编码（用颜色）的应用示例

B.1　某试验站的指示器和操作器件的颜色编码

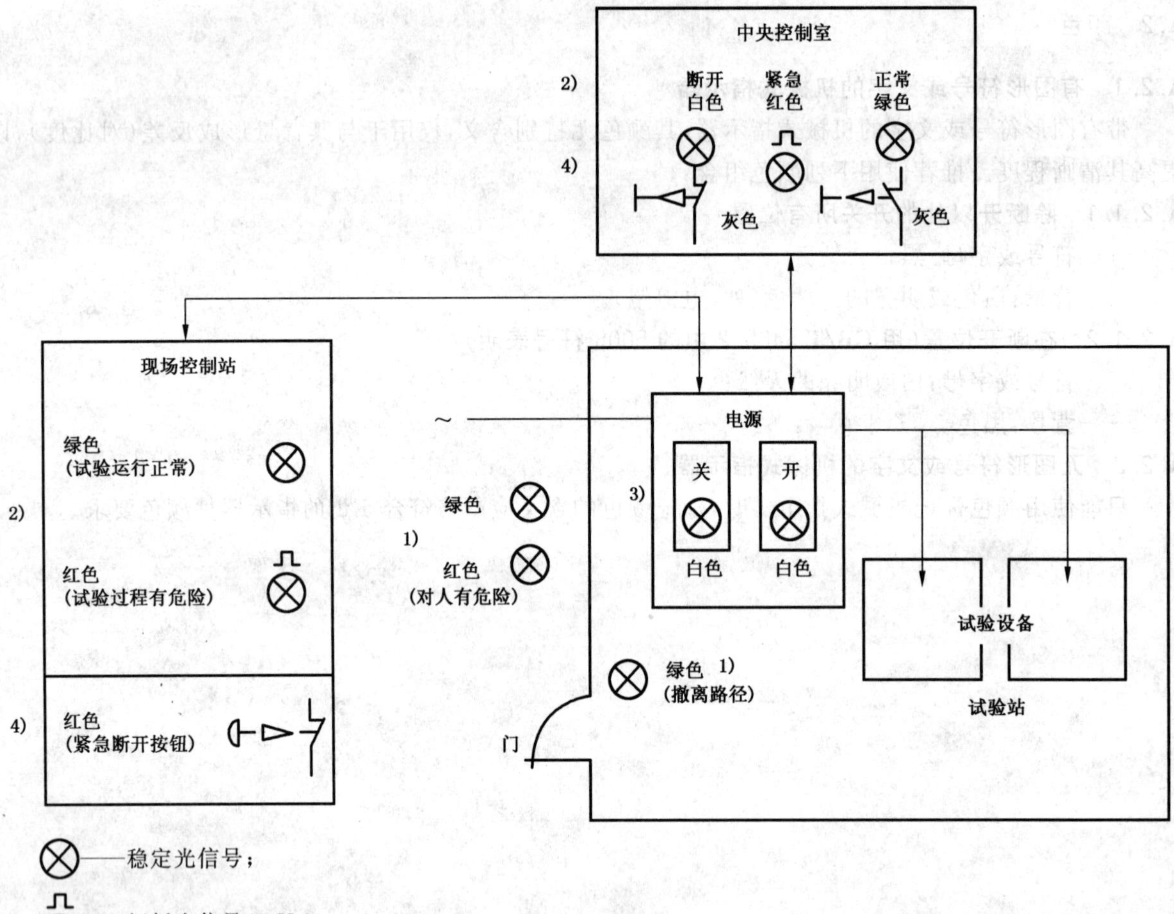

1)　见表 6；

2)　见表 7；

3)　见表 8；

4)　见表 9。

图 B.1　某试验站的指示器和操作器件的颜色编码

在本示例中必须按相应的监控准则（见表 B.1）进行编码。

表 B.1 代码的信息

电源			运行状况对人等的影响			
状态	运行状况		人	环境	过程	设备
	正常	故障				
接通	×	—	危险	此例不涉及	正常	正常
断开	×	—	安全		正常	正常
断开(故障)	—	×	安全		紧急	紧急

以表 B.1 的最后一行为例，电源断开(故障)时，对人的安全没有影响，但若正在运转的试验中断，则对试验过程及设备有影响。

对于安全和状态的准确识别来说，仅用一个指示器和单一颜色来表示这一信息是不充分的。为了对电源的状态，过程的运行状况，以及它们对人、环境和设备的影响进行控制和指示，需要使用辅助编码方法。

这个例子表示了采用下列编码方法去标记全部信息的可能性：

优先1)(与安全有关)颜色和时间代码(闪光信号 2 Hz)。

2)(与安全有关)颜色代码(红、绿、白)。

3)(与安全无关)位置代码(左、右)。

这个例子的全部信息构思见表 B.2。

表 B.2 示例的全部信息构思

电源状态	试验站		就地控制站		中央控制室			指示的地点
	人身安全		试验正常运转	试验过程有危险	试验		紧急	信息的依据
					断开	正常		
	绿色	红色	绿色	红色	白色	绿色	红色	光的颜色
	门的附近(外面)		—	—	左	右	在开关的上方	信号灯的位置
接通		⊗	⊗			⊗		
断开	⊗				⊗			
断开 ⎍ (故障)	⊗			⎍⊗	⊗		⎍⊗	

注：⊗ 稳定信号； ⎍⊗ 闪光信号(2 Hz)。

附　录　C
（资料性附录）
视觉、听觉和触觉代码示例

表 C.1　视觉代码示例

标　记			各要素最大推荐数	要　素　示　例	备　注
形状	图形	字母数字符号（数字、大小写字母、希腊字母等）	100	123、ABC、abc、αβγ	
		几何形状	40	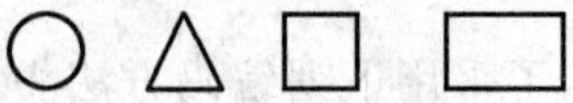	见注 1
		图形符号	40	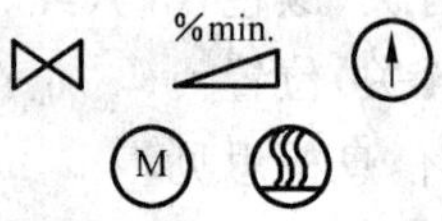	见注 2
		线条	4	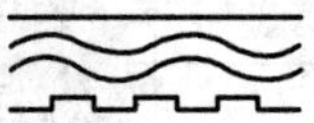	
	形态	字母字体（字型、图型）	2		
		线的变形（斜体，高宽比）	2		
		字母大小	3		
		线宽	3		
	图素	线型（点、短划线等）	3	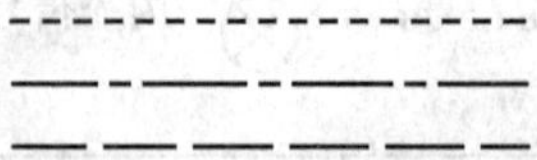	
		剖面线、网点线、阴影等（用在二维图中）	3	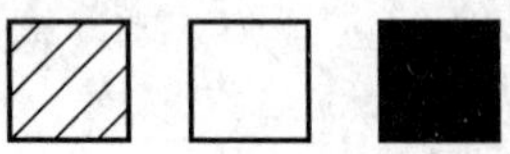	

表 C.1（续）

标记			各要素最大推荐数	要素示例	备注
位置	定位	绝对位置	9	上、左、下或右	
		与其他信息有关的位置（相对位置）	8	——从参考点向上或向下 ——向左或向右	
	取向	无参考系的符号取向	8	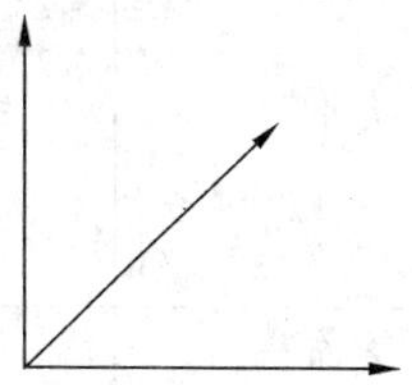	
		有参考系的符号取向	24		可以更多，如钟表可达 60
时间	形状随时间的变化	图对时间的变化	3	慢、快、连续、脉动	
	颜色随时间的变化（此处仅为闪烁）	频率（闪烁率）	3	0.5 Hz∶2 Hz	见 4.2.3
		脉冲∶间歇比	3	1∶1;2∶1;1∶2	
		变化比	2	连续、脉动	
	地点随时间的变化	移动		滑动、跳动	

注 1：几何形状的含义在 ISO 3864 表 3 中给出。

注 2：图形符号及象形文字在 GB/T 5465.2、GB/T 4728 及 ISO 7000 中给出。

表 C.2　听觉代码示例

编码			要素的最大推荐数	要素示例	备注
声音类型	音调	单音调	3	纯音	
		声色	2	带有泛音的基准音	
		复合音	2	协调的复合音 刺耳的复合音	
	噪声	噪声	1		
		混合噪声	3	铃声、蜂鸣声、敲击声	
	语音	呼叫声	10		一般呼叫及警告声
		词语、文本			保证能听得懂
时间	总持续时间	总持续时间	2	短、长	
	频率成分随时间的变化	声音的排列	2	旋律	
		变化率	2	连续、不规律	
		变化的频率	3	慢、快	
	声压水平随时间的变化	变化率	2	连续、不规律	
		变化的频率	3	慢、快	类似电话
		脉冲:间歇之比（发声不发声比）	3	普通形式、各种脉冲、间歇的音调	类似电话

表 C.3　触觉代码示例

编码			各要素最大推荐数	要素示例	备注
形状	轮廓（三维）	几何形状	10		
		特定形状	5	蘑菇形、手掌形	
		大小	3	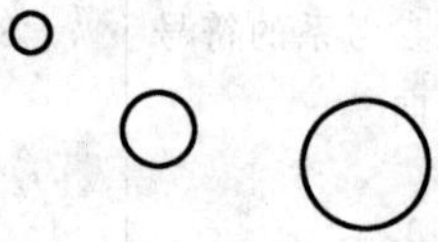	
		表面	3	粗糙、光滑、软、硬	
位置	定位	绝对位置	5	上、下、左、右	
		相对位置	5	——向左，向右，“…的左、…的右” ——在上，在下	
操作反馈	力	操作阻力		从弱到强	仅是一种信息量的程度
	振动	位置随时间的变化	3	操作杆、踏板的水平、垂直运动	频率或位移幅度的变化
		力随时间的变化	3	操作阻力随时间的变化	

参 考 文 献

[1] IEC 204-1:1992 工业机器用电气设备 第1部分:一般要求

ICS 29.020
K 09

中华人民共和国国家标准

GB/T 4026—2010/IEC 60445:2006
代替 GB/T 4026—2004

人机界面标志标识的基本和安全规则 设备端子和导体终端的标识

Basic and safety principles for man-machine interface, marking and identification— Identification of equipment terminals and conductor terminations

(IEC 60445:2006,IDT)

2011-01-14 发布 2011-07-01 实施

中华人民共和国国家质量监督检验检疫总局
中国国家标准化管理委员会 发布

前　　言

本标准等同采用 IEC 60445:2006(第 4 版)《人机界面标志标识的基本和安全规则　设备端子和导体终端的标识》(英文版)。

本标准是对 GB/T 4026—2004《人机界面标志标识的基本方法和安全规则　设备端子和特定导体终端标识及字母数字系统的应用通则》的修订。

本标准与 GB/T 4026—2004 相比有如下主要变化:

——根据国际标准,名称由“人机界面标志标识的基本方法和安全规则　设备端子和特定导体终端标识及字母数字系统的应用通则”改为“人机界面标志标识的基本和安全规则　设备端子和导体终端的标识”。

——增加“术语和定义”一章,依据是 GB/T 2900.73—2008《电工术语　接地与电击防护》。

——表 1 中增加“保护联结导体 PB”(接地 PBE,不接地 PBU)。

——表 1 中增加脚注 e 和 f,包括了英国的特殊情况。

——取消附录 A(资料性附录)“新旧标志对比”。

本标准代替 GB/T 4026—2004。

本标准由全国电气安全标准化技术委员会提出并归口。

本标准主要起草单位:机械工业北京电工技术经济研究所、深圳市标准技术研究院、机械科学研究总院、北京突破电气有限公司。

本标准主要起草人:曾雁鸿、郭汀、黄曼雪、方晓燕、丁瑞军、詹炜、李霞。

本标准代替标准的历次版本发布情况为:

——GB 4026—1983;

——GB/T 4026—1992;

——GB/T 4026—2004。

引　言

本标准是基础安全标准，适用于各技术委员会按 GB/T 16499 和 GB/T 20000.4 规定的原则制定标准时采用。

应注意，技术委员会的责任之一就是在设备使用范围内，只要可能，标准中应尽可能包含并参考基础安全标准的要求。因此，只有在设备标准中包括了或参考了基础安全标准，这些要求才得到应用。

人机界面标志标识的基本和安全规则 设备端子和导体终端的标识

1 范围

本标准适用于如电阻、熔断器、继电器、导体、变压器、旋转机械及类似电气设备组合的端子的标识与标志。本标准也适用于某些特定导体的端子标识。本标准还包括了字母数字系统的一般规则。

2 规范性引用文件

下列文件中的条款,通过本标准的引用而成为本标准的条款。凡是注日期的引用文件,其随后所有的修改单(不包括勘误的内容)或修订版均不适用于本标准,然而,鼓励根据本标准达成协议的各方研究是否可使用这些文件的最新版本。凡是不注日期的引用文件,其最新版本适用于本标准。

GB/T 2900.73—2008 电工术语 接地与电击防护(IEC 60050-195:1998,MOD)

GB/T 4728(所有部分) 电气简图用图形符号(IEC 60617DB,IDT)

GB/T 5465(所有部分) 电气设备用图形符号(IEC 60417DB,IDT)

GB 7947 人机界面标志标识的基本和安全规则 导体的颜色或数字标识(IEC 60446,IDT)

GB/T 16499 安全出版物的编写及基础安全出版物和专业共用安全出版物的使用导则。(GB/T 16499—2008,IEC 导则 104:1997,NEQ)

GB/T 20000.4 标准化工作指南 第4部分:标准中涉及安全的内容(GB/T 20000.4—2003,IEC 导则 51:1999,MOD)

3 术语和定义

下列术语和定义适用于本标准。

3.1

功能联结导体 functional bonding conductor

用于功能等电位联结的导体。

(GB/T 2900.73—2008,195-02-16)

3.2

功能接地导体 functional earthing conductor;functional grounding conductor

用于功能接地的接地导体。

(GB/T 2900.73—2008,195-02-15)

3.3

线导体 line conductor

相导体(交流系统) phase conductor(AC)(deorecated)

极导体(直流系统) pole conductor(DC)(deorecated)

正常运行时带电并能用于输电或配电的导体,但不是中性导体或中间导体。

(GB/T 2900.73—2008,195-02-08)

3.4

中间导体 mid-point conductor

电气上与中间点连接并能用于配电的导体。

(GB/T 2900.73—2008,195-02-07)

3.5

中性导体 neutral conductor

电气上与中性点连接并能用于配电的导体。

(GB/T 2900.73—2008,195-02-06)

3.6

保护接地线导体 PEL conductor

PEL 导体

兼有保护接地导体和线导体功能的导体。

(GB/T 2900.73—2008,195-02-14)

3.7

保护接地中间导体 PEM conductor

PEM 导体

兼有保护接地导体和中间导体功能的导体。

(GB/T 2900.73—2008,195-02-13)

3.8

保护接地中性导体 PEN conductor

PEN 导体

兼有保护接地导体和中性导体功能的导体。

(GB/T 2900.73—2008,195-02-12)

3.9

保护联结导体 protective bonding conductor;equipotential bonding conductor(deorecated)

用于保护等电位联结的保护导体。

(GB/T 2900.73—2008,195-02-10)

3.10

接地的保护联结导体 protective bonding conductor,earthed

与大地有导电通路的保护联结导体。

3.11

不接地的保护联结导体 protective bonding conductor,unearthed

与大地没有导电通路的保护联结导体。

3.12

保护导体 protective conductor PE(缩写词)

为了安全目的(如电击防护中)设置的导体。

4 标识方法

可采用下列一种或多种方法标识设备端子和特定导体终端:

——设备端子或特定导体终端的实际的或相对的位置;

——设备端子和特定导体终端的颜色代码,这些颜色应符合 GB 7947;

——GB/T 5465 规定的图形符号。如果需要辅助符号,应符合 GB/T 4728;

——第 6 章规定的系统字母数字标记。

为保持文件和设备端子标志的一致性,宜使用字母数字标记。

5 标识方法的应用

用做标识的颜色、图形符号或字母数字标记应标注在相应的端子或其邻近处。

当采用一种以上的标识方法并可能出现混淆时，各种标识方法间的关系应在有关文件中说明。

当不会产生混淆时，数字和字母标记可并用。

6 字母数字系统通则

6.1 一般要求

在标识中使用字母和/或数字时，字母仅用大写拉丁字母，数字要用阿拉伯数字。

注：直流元件的字母从字母表的前半部分中选用，交流元件的字母从字母表的后半部分选用。

为了避免与数字 1 和 0 的混淆，不应使用字母 I 和 O。

可以使用"＋"和"－"。

对不致产生混淆的场合，允许省略下列标志规则中规定的完整字母数字符号的某些部分。

6.2 标志规则

端子标志依据下列规则：

6.2.1 单个元件的两边端子用连续的两个数字来表示，奇数数字应小于偶数数字，例如 1 和 2(见图 1)。

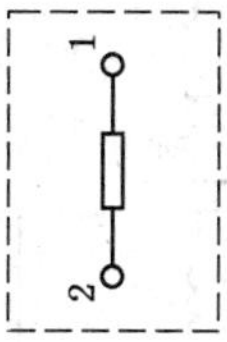

图 1 带有两个端子的单个元件

6.2.2 单个元件的中间各端子最好用连续数字来区别。例如：3，4，5 等。中间各端子的数字应选用大于两边端子的数字，并应从靠近数字较小端子的一边开始标志，例如：一个两边端子为 1 和 2 的元件的中间各端子用数字 3 和 4 标志(见图 2)。

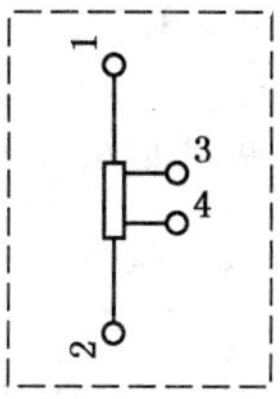

图 2 带有四个端子的单个元件：两个两边端子和两个中间端子

6.2.3 如果几个相似的元件组合成一组，各个元件的端子应采用下列方法之一标记：

——用在 6.2.1 和 6.2.2 中所规定的数字前冠以字母的方法来区分两边端子和中间各端子，例如：用 U、V、W 标志三相交流系统中相应设备的各相端子(见图 3)；

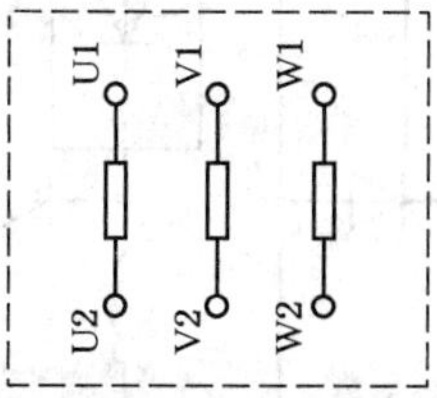

图 3 带有六个端子的三相设备

——对不需要或不可能识别相位的场合，用在 6.2.1 和 6.2.2 中所规定的数字前冠以数字的方法来区分两边端子和中间各端子。为避免混淆，在这些数字中间用一个圆点分开，例如：一个元件的端子用 1.1 和 1.2 标志，另一个元件的端子用 2.1 和 2.2 标志(见图 4)；

注：表明什么是设备无歧义的端子代号的示例见 GB/T 18656 的附录 B。

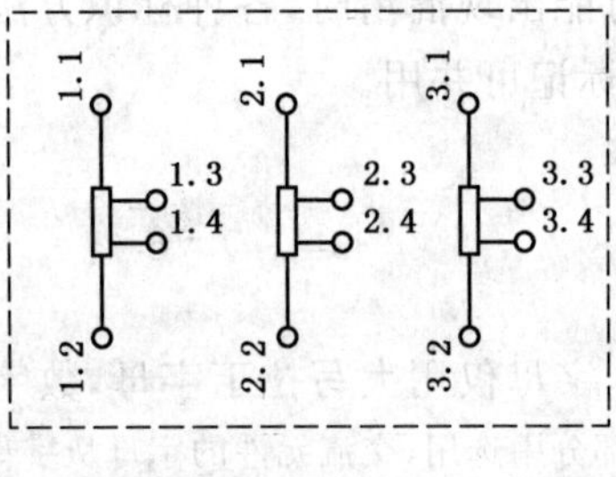

图 4　带有十二个端子的三个元件的设备:六个两边端子和六个中间端子

——当端子组是用数字标记时,则采用数序。

对端子标志和标识的更详细的要求可由相应的产品技术委员会制定。

6.2.4　同类的元件组用相同字母标志时,在字母前冠以数字来区别(见图 5a)和 5b))

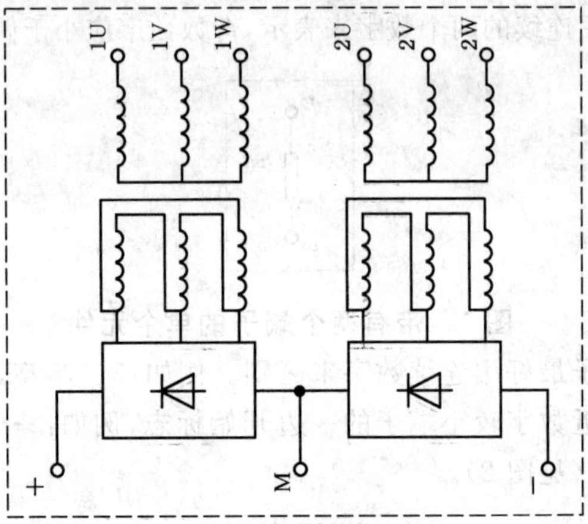

a) 带有两组元件的三相设备

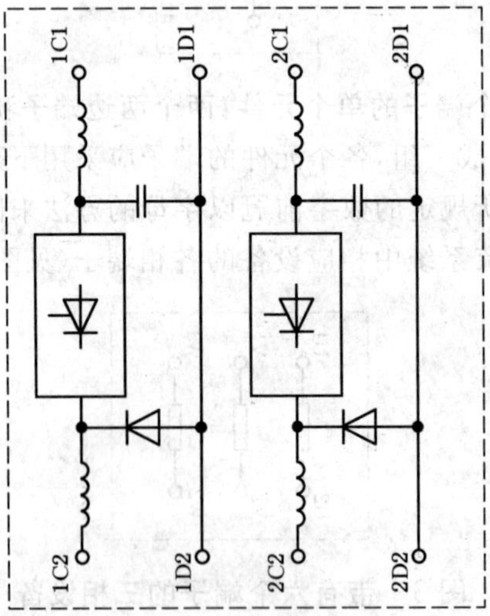

b) 带有两组元件且各有四个端子的两相设备

图 5　成组元件的设备

图 6 为按照字母数字符号标志的设备端子和某些特定导体相互连接的示例。

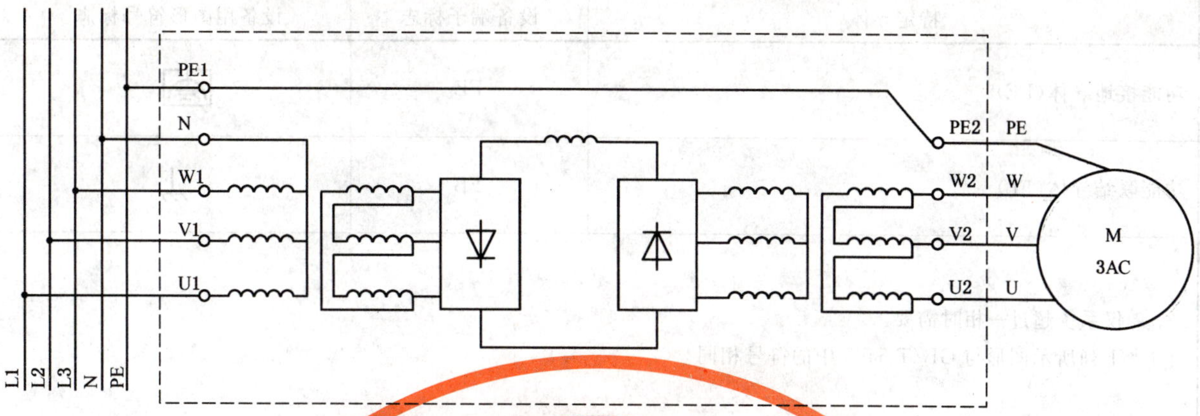

图 6 设备端子和某些特定导体的相互连接

7 与特定导体相连接的设备端子和特定导体终端的标志

与某些特定导体直接或间接相连的设备端子和特定导体终端应按表 1 用参考字母或图形符号或二者兼用，导体颜色标志应符合 GB 7947。

表 1 与特定导体相连接的设备端子标志

特定导体	设备端子标志	设备用图形符号标志[b]
交流导体		～
第 1 线	U	
第 2 线	V[a]	
第 3 线	W[a]	
中间导体	M	
中性导体	N	
直流导体		⎓
正　极(L＋)	＋	＋
负　极(L－)	—	—
保护导体(PE)	PE	⏚
-PEN 导体(PEN)	PEN	
-PEL 导体(PEL)	PEL	
-PEM 导体(PEM)	PEM	
保护联结导体(PB)[c]	PB	⏚
接地的(PBE)	PBE	
不接地的(PBU)	PBU	

表 1（续）

特定导体	设备端子标志	设备用图形符号标志[b]
功能接地导体(FE)[d]	FE	 [e,f]
功能联结导体(FB)	FB	

注：

[a] 仅系统超过一相时需要。

[b] 下列所示图形与 GB/T 5465 中的符号相同

∼	GB/T 5465 中的符号 5032		GB/T 5465 中的符号 5019
⎓	GB/T 5465 中的符号 5031		GB/T 5465 中的符号 5018
+	GB/T 5465 中的符号 5005		GB/T 5465 中的符号 5020
—	GB/T 5465 中的符号 5006		GB/T 5465 中的符号 5021

[c] 保护联结导体多数情况是保护接地联结，不必用 PBE 标志。当需要区别接地的保护联结导体和不接地的保护联结导体，如医学电气装置，用 PBE 和 PBU 标志。

[d] 导体或有保护功能的端子不用 FE 标志也不用 GB/T 5465.2 的图形符号 5018。

[e] 在英国，符号不用于指出“功能接地导体(FE)”或端子，用于指出“无噪声接地导体或端子”。在英国，表 1 注 d 应看作“标志 FE 不能用于有保护连接的端子或导体”。

[f] 在英国，符号用于代表功能接地导体或端子（FE）。

参 考 文 献

GB/T 18656—2002 工业系统，装置和设备及工业产品—系统内端子的标识(IEC 61666:1997，IDT)

ICS 55.020
A 80

中华人民共和国国家标准

GB/T 4122.2—2010
代替 GB/T 4122.2—1996

包装术语 第2部分:机械

Packaging terms—Part 2: Machinery

2010-09-26 发布 2011-03-01 实施

中华人民共和国国家质量监督检验检疫总局
中国国家标准化管理委员会 发布

前　言

GB/T 4122《包装术语》分为七个部分：

——第 1 部分：基础；

——第 2 部分：机械；

——第 3 部分：防护；

——第 4 部分：材料与容器；

——第 5 部分：检验与试验；

——第 6 部分：印刷；

——第 7 部分：包装与环境。

本部分为 GB/T 4122 的第 2 部分。

本部分代替 GB/T 4122.2—1996《包装术语　机械》。

本部分与 GB/T 4122.2—1996 相比主要变化如下：

——补充了“相关包装机械”章节；

——增加了“毛重式充填机”等术语；

——删除了“自动包装线”、“自动包装机”等术语。

本部分由全国包装机械标准化技术委员会(SAC/TC 436)提出并归口。

本部分起草单位：中国包装联合会、深圳市美盈森环保包装技术有限公司、中国出口商品包装研究所、合肥通用机械研究院。

本部分主要起草人：王利、陈润洁、蔡少龄、朱婧、李建华。

本部分所代替标准的历次版本发布情况为：

——GB 5035—1985、GB/T 4122.2—1996。

包装术语　第2部分:机械

1　范围

GB/T 4122 的本部分规定了包装机械的通用术语及其定义。

本部分适用于包装机械的设计、生产、流通、使用及监督检验。

2　通用

2.1

包装机械　packaging machinery

完成全部或部分包装过程的机器。包装过程包括成型、充填、封口、裹包等主要包装工序,以及清洗、干燥、杀菌、贴标、捆扎、集装、拆卸等前后包装工序转送、选别等其他辅助包装工序。

2.2

充填机械　filling machine

将产品按预定量充填到包装容器内的机器。

2.3

灌装机械　filling machine

将液体产品按预定量灌注到包装容器内的机器。

2.4

封口机械　sealing machine,closing machine

在包装容器内盛装产品后,对容器进行封口的机器。

2.5

裹包机械　wrapping machine

用挠性包装材料全部或局部裹包产品的机器。

2.6

无菌包装机械　aseptic packaging machine

在无菌条件下,将经过灭菌的产品密封于经过灭菌的容器中,使产品在常温下能够满足保质要求的机器。

2.7

标签机械　labelling machine

将标签贴在包装件或产品上的机器。

2.8

清洗机械　cleaning machine

对包装容器、包装材料、包装辅助物以及包装件进行清洗以达到预期清洁度的机器。

2.9

干燥机械　drying machine

对包装容器、包装材料、包装辅助物以及包装件上的水分进行去除以达到预期干燥程度的机器。

2.10

杀菌机械　sterilization machine

对产品、包装容器、包装材料、包装辅助物以及包装件等上的微生物进行杀灭,使其降低到允许范围内的机器。

2.11

捆扎机械　strapping machine

使用捆扎带缠绕产品或包装件,然后收紧并将两端通过热效应熔融或使用卡扣等材料连接的机器。

2.12

集装机械　machine for the assembly of unit load

将若干个包装件或产品包装在一起,形成一个合适的搬运单元的机器。按集装方式分为托盘集装机、无托盘集装机。

2.13

多功能包装机械　multi-function packaging machine

在一台整机上可以完成两个或两个以上包装工序的机器。

2.14

辅助包装设备　auxiliary packaging equipment

对包装材料、包装容器、包装辅助物或包装件执行非主要包装工序的设备。

3　充填机械

3.1

容积式充填机　volumetric filling machine

将产品按预定容量充填到包装容器内的机器。

3.2

量杯式充填机　measuring cup filling machine

采用定量的量杯量取产品并将其充填到包装容器内的机器。

3.3

可调容量式充填机　adjustable volume filling machine

采用可随产品容量变化而自动调节容积的量杯量取产品,并将其充填到包装容器内的机器。

3.4

气流式充填机　stream type filling machine

利用真空吸粉原理量取定量容积产品,并采用净化压缩空气将产品充填到包装容器内的机器。

3.5

柱塞式充填机　piston type filling machine

采用可调节柱塞行程而改变产品容量的柱塞筒量取产品,并将其充填到包装容器内的机器。

3.6

螺杆式充填机　auger type filling machine

通过控制螺杆旋转的转数或时间量取产品,并将其充填到包装容器内的机器。

3.7

计量泵式充填机　dosing pump type filling machine

利用计量泵中齿轮的一定转数量取产品,并将其充填到包装容器内的机器。

3.8

插管式充填机　insertion pipe type filling machine

将内径较小的插管插入储粉斗中,利用粉末之间的附着力上粉,到卸粉工位由顶杆将插管中的粉末充填到包装容器内的机器。

3.9

推入式充填机　push type filling machine

用外力将产品推入包装容器内的机器。

3.10

拾放式充填机　pick-off filling machine

将产品拾起并从包装容器开口处上方放入容器内的机器。可用机械手、真空吸力、电磁吸力等方法拾放产品。

3.11

重力式充填机　gravity filling machine

靠产品自身重力落入或流入包装容器内的机器。

3.12

定时式充填机　timed filling machine

通过控制产品流动的时间或调节进料管流量而量取产品,并将其充填到包装容器内的机器。

3.13

称重式充填机　gravimetric filling machine

将产品按预定质量充填到包装容器内的机器。按称重方式分为净重式充填机和毛重式充填机。

3.14

计数式充填机　counting filling machine

将产品按预定数目充填到包装容器内的机器。

3.14.1

单件计数式充填机　counting filling machine with unit register

采用机械、光学、电感应、电子扫描方法或其他辅助方法逐件计算产品件数,并将其充填到包装容器内的机器。

3.14.2

多件计数式充填机　counting filling machine with multiple register

利用辅助量,如长度、面积等进行比较以确定产品件数,并将其充填到包装容器内的机器。

3.15

转盘计数式充填机　round table counting filling machine

利用转盘上的计数板对产品进行计数,并将其充填到包装容器内的机器。

3.16

履带式计数充填机　strip counting filling machine

利用履带上的计数板对产品进行计数,并将其充填到包装容器内的机器。

3.17

料位式充填机　level filling machine

通过控制充填到包装容器内的产品料面高度的方法进行计量和充填的机器。

3.18

净重式充填机　net weighing filling machine

称出预定质量的产品,并将其充填到包装容器内的机器。

3.19

毛重式充填机　gross weighing filling machine

在充填过程中,产品连同包装容器一起称重的机器。

4　灌装机械

4.1

负压灌装机　low vacuum filling machine

先对包装容器抽气形成负压,然后将液体充填到包装容器内的机器。

4.2

常压灌装机 atmospherical pressure filling machine

在常压下将液体充填到包装容器内的机器。

4.3

等压灌装机 isobar filling machine

先向包装容器充气,使其内部的气体压力和储液缸内的气体压力相等,然后将液体充填到包装容器内的机器。

4.4

定量灌装机 dosing filling machine

通过控制充填到包装容器内的液体容积进行计量和灌装的机器。

4.5

液位灌装机 level filling machine

通过控制充填到包装容器内的液体液面高度进行计量和灌装的机器。

5 封口机械

5.1

热压封口机 heat sealing machine

用热封合的方法封闭包装容器的机器。

5.2

脉冲封口机 impulse sealer;impulse sealing machine

通过电脉冲元件的瞬时加热以封闭包装容器的机器。

5.3

超声波封口机 closing ultrasonic machine

利用超声波聚能器作用在包装容器封口部位,以封闭包装容器的机器。

5.4

熔焊式封口机 fusion weld sealing machine

通过加热使包装容器封口处熔融封闭的机器。

5.5

压纹式封口机 embossing closing machine

利用滚轮在包装容器封口处滚出螺纹或压痕以封闭包装容器的机器。

5.6

折叠式封口机 fold closing machine

在包装容器封口处,进行一次或多次折叠以封闭包装容器的机器。

5.7

插合式封口机 tucking-in closing machine

通过插入或翻转包装容器上的规定部分以封闭包装容器的机器。

5.8

滚压式封口机 roll-on capping machine

通过滚压使金属盖变形以封闭包装容器的机器。

5.9

卷边式封口机 double seaming machine

用滚轮将金属盖与包装容器开口处互相卷曲勾合以封闭包装容器的机器。

5.10

压力式封口机　pressure closing machine

通过在封口器材的垂直方向上施加预定的压力以封闭包装容器的机器。

5.11

旋合式封口机　screw-closure closing machine

通过旋转封口器材以封闭包装容器的机器。

5.12

缝合式封口机　sewing machine

使用缝线缝合包装容器的机器。

5.13

钉合式封口机　nailing machine;stitching machine

使用金属钉封闭包装容器的机器。

5.14

胶带式封口机　adhesive tape sealing machine

使用胶带封闭包装容器的机器。

5.15

粘结式封口机　adhesive sealing machine

使用粘合剂封闭包装容器的机器。

5.16

结扎式封口机　binding sealing machine

使用线、绳等结扎材料封闭包装容器的机器。

6　裹包机械

6.1

半裹式裹包机　part wrapping machine

由挠性包装材料裹包产品局部表面的机器。

6.2

全裹式裹包机　full wrapping machine

用挠性包装材料裹包产品的所有表面的机器。

6.3

折叠式裹包机　fold wrapping machine

用挠性包装材料裹包产品，将末端伸出的裹包材料折叠封闭的机器。

6.4

扭结式裹包机　twist wrapping machine

用挠性包装材料裹包产品，将末端伸出的裹包材料扭结封闭的机器。

6.5

接缝式裹包机　seam wrapping machine

用挠性包装材料裹包产品，将末端伸出的裹包材料热压封闭的机器。

6.6

覆盖式裹包机　cover wrapping machine

用两张挠性包装材料覆盖在产品的两个相对面上，借热封或粘合封口以裹包产品的机器。

6.7

缠绕式裹包机　spiral wrapping machine;convolute wrapping machine

用成卷挠性包装材料多圈缠绕产品的机器。

6.8

现场发泡机　foam-in-place machine

能将不同组分发泡材料的混合物注入模具或产品与容器之间,使其发泡并固化的包装设备。

6.9

拉伸包装机　stretch wrapping machine

使用拉伸薄膜在一定张力下裹包产品的机器。常用于把集积在托盘上或浅盘上的产品连同托盘或浅盘一起裹包。

6.10

贴体包装机　skin packaging machine

将产品置于底板上,使覆盖产品的塑料薄片(膜)在加热和抽真空作用下紧贴产品,并与底板封合的机器。

6.11

收缩包装机　shrink packaging machine

将产品用收缩薄膜裹包后,使薄膜收缩后裹紧产品的机器。

7　标签机械

7.1

贴标签机　labelling machine

采用黏合剂将标签贴在包装件或产品上的机器。

7.1.1

直线式贴标机　straight line labelling machine

通过加标机构将标签贴在作直线运动的包装件或产品上的机器。

7.1.2

回转式贴标机　rotary labelling machine

通过加标机构将标签贴在作回转运动的包装件或产品上的机器。

7.2

不干胶标签机　non-drying labelling machine

通过加标机构将不干胶标签贴在包装件或产品上的机器。

7.3

收缩标签机　shrink labelling machine

用热收缩或弹性收缩的方法将筒状标签紧套在包装件或产品上的机器。

7.4

订标签机　tag labelling machine

用钉、针、线等材料将标签固定在包装件或产品上的机器。

7.5

挂标签机　tie-on labelling machine

用线、带、针、钉等材料将标签或吊牌悬挂在包装件或产品上的机器。

7.6

套标机　sleeve machine

将筒标自动切断,准确套入容器的包装机械。

8 清洗机械

8.1

干式清洗机 dry-cleaning machine

使用气体清洗剂，以压力或抽吸方法清除不良物质的机器。

8.2

湿式清洗机 wet-cleaning machine

使用液体清洗剂、蒸汽清除不良物质的机器。

8.3

机械式清洗机 mechanical cleaning machine

借助工具擦刷以清除不良物质的机器。

8.4

电解清洗机 electrolytic cleaning machine

通过电解分离清除不良物质的机器。

8.5

电离清洗机 ionization cleaning machine

通过电离清除不良物质的机器。

8.6

超声波清洗机 ultrasonic cleaning machine

通过超声波产生的机械振荡清除不良物质的机器。

9 干燥机械

9.1

热式干燥机 heat drying machine

通过热交换去除水分的机器。

9.2

机械式干燥机 mechanical drying machine

通过离心、甩干等方法去除水分的机器。

9.3

化学式干燥机 chemical drying machine

通过化学作用去除水分的机器。

9.4

真空干燥机 vacuum drying machine

通过抽去包装容器内部空气达到预定真空度的方法去除水分的机器。

10 杀菌机械

10.1

热式杀菌机 heat sterilization machine

通过加热进行杀菌消毒的机器。

10.2

超声波杀菌机 ultrasonic sterilization machine

通过超声波的直接作用进行杀菌消毒的机器。

10.3

电离杀菌机　ionization sterilization machine

通过放射性同位素或高能电子束辐照,破坏细胞生理结构而使微生物致死的杀菌机器。

10.4

化学杀菌机　chemical sterilization machine

通过施加灭菌剂进行杀菌消毒的机器。

10.5

辐射杀菌机　radicidation sterilization machine

通过电磁波或放射线辐照进行物理杀菌的机器。

10.6

微波杀菌机　microwave sterilization machine

通过频率在300兆赫兹到300千兆赫兹的电磁波进行物理杀菌的机器。

10.7

杀菌-干燥机　sterilization and drying machine

对产品包装容器、包装材料、包装辅助器材以及包装进行杀菌并去除其水分使其达到预期干燥程度的机器。

11　捆扎机械

11.1

机械式捆扎机　mechanical strapping machine

采用机械传动进行捆扎的机器。

11.2

液压式捆扎机　hydraulic strapping machine

采用液压传动进行捆扎的机器。

11.3

气动式捆扎机　pueumatic strapping machine

采用空气压力传动进行捆扎的机器。

11.4

捆结机　tying machine

使用线、绳等结扎材料,使之在一定张力下缠绕产品或包装件一圈或多圈、并将两端打结连接的机器。按结扎方法可分为纵向、横向、环形捆结机。

11.5

压缩打包机　baling press;baler

将松泡产品压缩打包,成为有规则形状包装件的机器。

12　集装机械

12.1

单元包装机　machine for the assembly of unit load

将若干个包装件或产品包装在一起,形成一个合适的搬运单元的机器。

12.2

堆码机　stacking machine

将预定数量的包装件或产品按一定规则进行堆积的机器。

12.3

拆卸机　machines for the unloading of unit load

将集合包装件拆开、卸下、分离等的机器。

13　多功能包装机械

13.1

充填-封口机　filling and sealing machine

将产品装入包装容器,并完成封口工序的机器。

13.2

真空包装机　vacuum packaging machine

将产品装入包装容器后,抽去容器内部的空气,达到预定真空度,并完成封口工序的机器。

13.3

充气包装机　gas flushing packaging machine

将产品装入包装容器后,用氮、二氧化碳等气体置换容器中的空气并完成封口工序的机器。

13.4

成型-充填-封口机　forming,filling and sealing machine;form-fill-seal machine

完成包装容器的成型后,将产品装入包装容器,并完成封口工序的机器。

13.4.1

箱(盒)成型-充填-封口机　case(box) forming,filling and sealing machine

将片状包装材料经折叠形成箱(盒),然后进行充填和封口的机器。

13.4.2

袋成型-充填-封口机　bag forming,filling and sealing machine

将挠性包装材料形成袋,然后进行充填和封口的机器。

13.4.3

冲压成型-充填-封口机　deep-drawing,filling and sealing machine

将片状包装材料进行深冲,形成包装容器,然后进行充填和封口的机器。

13.4.4

热成型-充填-封口机　thermo-forming,filling and sealing machine

在加热条件下对热塑性片状包装材料进行深冲形成包装容器,然后进行充填和封口的机器。

13.4.5

熔融成型-充填-封口机　melting forming,filling and sealing machine

由粒状材料或其他坯料熔融形成包装容器,然后进行充填和封口的机器。

13.5

泡罩包装机　blister packaging machine

以透明塑料薄膜或薄片形成泡罩,用热封合、粘合等方法将产品封合在泡罩与底板之间的机器。

13.6

开箱(盒)-充填-封口机　fibreboard case(box)erecting,filling and sealing machine

将压扁的纸箱(盒)竖起打开形成箱(盒),然后进行充填和封口的机器。

13.7

开袋-充填-封口机　sack opening,filling and sealing machine

将袋子竖起并打开袋口,然后进行充填和封口的机器。

13.8

开瓶-充填-封口机 bottle opening, filling and sealing machine

将洁净的玻璃容器的盖子打开,然后进行充填罐装和封口的机器。

13.9

衬袋箱(盒)定型-充填-封口机 inner-bag fibreboard case(box)erecting, forming, filling and sealing machine

将有衬袋的纸箱(盒)竖起定型,然后进行充填(可在衬袋装箱前或装箱后)和封口的机器。

13.10

灌装-封口机 filling and sealing machine

将物料灌装至在线成型或预制的包装容器内,并进行封口机器。

14 辅助包装机械

14.1

隔板自动插入装置 automatic partition feeder

将具有缓冲作用并使产品按一定间隔放置的(纸)隔板放入包装容器内的机器。

14.2

涂胶器 glue applicator

在包装容器封口处涂敷粘合剂的装置。

14.3

打印装置 marker

在包装件、包装容器、标签等上打印、滚印字码或标记的装置。

14.4

充气装置 gas-flushing device

将二氧化碳、氮气等气体充入已盛装产品的容器内,以置换容器内部空气的装置。

14.5

抽真空装置 evacuating device

抽去包装件内部空气以达到预定真空度的装置。

14.6

开箱(盒)机 case(box) erecting machine

将压扁的纸箱(盒)打开以形成预定包装形状的机器。

14.7

整理机 unsorambler

整理和排列被包装产品、包装容器、包装件和包装辅助材料等的机器。

14.8

位置变换装置 position changing device

对包装件或包装容器进行转动、翻转、回转及进行组合、分离的装置。

14.9

输送机 conveyer

将被包装产品、包装容器或包装件自动地从一道包装工序送到另一道工序所用的机器。输送机一般分为立式和卧式两种。

14.10

检验机 inspection machine

在包装生产线上设置的用来检验包装产品的质量,将混有异物的产品剔除的机器。

14.11

投料机 batch charger

将充填或灌装物料投放到料斗中的机器。

14.12

验瓶机 bottle inspector

对瓶口、瓶底和瓶壁的裂纹、污垢和异物进行识别检验的机器。

15 相关包装机械

15.1

制盖机 cap making machine

用各种材料专门生产各种瓶盖的机器。

15.2

制瓶机 bottle making machine

将玻璃料滴或塑料坯制成瓶状容器的机器。

15.3

制罐机 can making machine

将平板材料制成成品罐的机器。

15.4

制桶机 barrel making machine

用各种材料和方式制成桶状容器的机器。

15.5

制袋机 bag making machine

将包装材料制造成袋状的机器。

15.6

制盒机 box making machine

将各种材料切割,压线并折成需要的形式制成盒状容器的机器。

15.7

瓦楞纸板生产设备 corrugated fiberboard production equipment

将一层或多层瓦楞纸黏合在若干层纸或纸板之间,加工成用于制造瓦楞纸箱的复合纸板的设备。

15.8

蜂窝纸板生产设备 honeycomb board production equipment

将瓦楞原纸用胶粘结方法连接成空心立体正六边形的纸芯,并在其两面粘合面纸加工成纸板的设备。

15.9

塑料注射成型机 plastic injection moulding machine

将塑料颗粒配合料热融塑化,然后以一定的压力和速度,定时定量地注射到成型模具型腔中,经冷却定型,脱模取出,得到塑料注射制品的机器。

15.10

吹塑中空成型机 plastic blow moulding machine

将制好的型坯,从吹管导入压缩空气,把型坯吹胀到与模具内壁面贴合,冷却后成型的机器。

15.11

纸浆模塑生产设备 pulp molding production equipment

采用一定浓度的纸浆,通过与制件有相应外形的金属网状模具,滤除其水分,使纸质纤维沉积在金属网模具上,经脱水、烘干、脱模制得纸制品的生产设备。

中 文 索 引

英 文 索 引

A

B

C

D

E

F

G

H

I

L

M

N

P

R

W

ICS 55.020
A 80

中华人民共和国国家标准

GB/T 4122.3—2010
代替 GB/T 4122.3—1997

包装术语　第3部分：防护

Packaging terms—Part 3: Protection

2010-09-26 发布　　2011-03-01 实施

中华人民共和国国家质量监督检验检疫总局
中国国家标准化管理委员会　发布

前　言

GB/T 4122《包装术语》分为七个部分：

——第 1 部分：基础；

——第 2 部分：机械；

——第 3 部分：防护；

——第 4 部分：材料与容器；

——第 5 部分：检验与试验；

——第 6 部分：印刷；

——第 7 部分：包装与环境。

本部分为 GB/T 4122 的第 3 部分。

本部分代替 GB/T 4122.3—1997《包装术语　防护》。

本部分与 GB/T 4122.3—1997 相比主要变化如下：

——将结构作了适当的调整，补充了“防护包装技术与方法”章节；

——删除了“防护包装术语”、“防护包装设计与工艺术语”和“防护包装容器术语”章节，将其部分术语并入其他章节；

——增加了“氧浓度指示卡”等术语；

——删除了“防腐罩”等术语。

本部分由全国包装标准化技术委员会(SAC/TC 49)提出并归口。

本部分起草单位：中国包装联合会、深圳市美盈森环保包装技术有限公司、中国包装科研测试中心、中华人民共和国北京出入境检验检疫局。

本部分主要起草人：朱婧、蔡少龄、牛淑梅、赖志坚、唐树田、魏芳。

本部分所代替标准的历次版本发布情况为：

——GB/T 4122.3—1997。

包装术语　第3部分:防护

1　范围

GB/T 4122的本部分规定了防护包装技术术语和定义。

本部分适用于防护包装及防护包装的相关领域。

2　通用

2.1

防护包装　protective packaging

可以保护内装物从封闭包装到最终使用者打开包装为止的过程中不发生变质、损坏或损失。根据周围的环境对产品危害程度的不同和需要保护时间的长短,可使包装具有不同保护程度的一种包装方法。

2.2

防护包装技术与方法　protective packaging techniques and methods

保护内装物,使其不发生变质、损坏或损失的包装技术与方法。

2.3

防护包装材料　protective packaging materials

用于包装的,具有一种或多种防护性能的材料。

2.4

防护包装容器　protective packaging containers

对于内装物,具有一种或多种防护性能的包装容器。

2.5

刚性容器　rigid container

用相对不易变形的材料制成的包装容器,需要用工具和强力或高温才能改变其外形,所用的材料主要是金属或陶瓷及玻璃。

2.6

柔性包装容器　flexible container

在充填或取出内装物后,容器形状不发生变化的包装容器。

2.7

半刚性容器　container;semi-rigid

具有刚性容器的结构,但用人力能使之弯曲,而且当这个力量清除后不恢复原状的容器。

2.8

内包装容器　inner package container

内装物的初始包装容器。

2.9

外包装容器　exterior container

内装物最外层的包装容器。

3 防护包装技术与方法

3.1

防水包装 waterproof packaging

防止因水浸入包装件而影响内装物品质的包装方法。

3.2

防潮包装 moistureproof packaging

防止因潮气侵入包装件而影响内装物品质的包装方法。

3.3

防霉包装 mouldproof packaging

防止内装物长霉影响内装物品质的包装方法。

3.4

防静电包装 electrostaticsproof packaging

防止内装物的物品之间产生静电感应的包装方法。

3.5

防锈包装 rustproof packaging

防止内装物锈蚀的包装方法。

3.6

缓冲包装 cushioning packaging

在产品外表面周围放有能吸收冲击或振动能量的缓冲材料或其他缓冲部件,使产品不受物理损伤的包装方法。

3.7

防磁包装 magnetic field-resistant packaging

防止磁场干扰内装物品的包装方法。

3.8

防辐射包装 radiation resistant packaging

防止外界辐射线通过包装容器损害内装物品质的包装方法。

3.9

防虫包装 insect-resistant packaging

为保护内装物免受虫类侵害的包装方法。

3.10

封存包装 preservative packaging

封存内装物的包装方法。使用适当的方法,防止产品损坏,包括使用适当的防锈材料、包覆、裹包材料、衬垫材料、内容器、内包装标记等。

3.11

防尘包装 dustproof packaging

防止砂尘进入包装容器而影响内装物品质的包装方法。

3.12

防盗包装 pilfer proof packaging

防止内装物被盗及开启后留下明显痕迹的包装方法。

3.13

防伪包装 anti-fake packaging

用于防止内装物在运输、保管、交易或使用过程中被窃换和假冒的包装技术与包装方法。

3.14

防爆包装　explosion proof packaging

防止易爆性内装物发生爆炸的包装方法。

3.15

防燃包装　flameproof packaging

防止易燃性内装物发生燃烧的包装方法。

3.16

真空包装　vacuum packaging

将产品装入气密性包装容器，抽去容器内部的空气，使密封后的容器内达到预定的真空度的包装方法。

3.17

充气包装　gas packaging

将产品装入气密性包装容器，用惰性气体置换容器中原有空气的包装方法。

3.18

气调包装　modified atmospheres packaging

通过调节包装内的气体成分以防止内装物长霉影响内装物品质的一种包装方法。

3.19

保鲜包装　fresh-keeping packaging

在规定的储存条件下，不用罐头包装方式，而采用具有特殊性能的包装材料和(或)特殊结构的容器包装水果、蔬菜等食品，或对这类食品进行必要的化学、物理处理，使其在一定时间内保持色、香、味的包装方法。

3.20

无菌包装　aseptic packaging

将经过灭菌的食品(饮料、奶制品等)在无菌环境下，封装在经过灭菌的容器中，使其在常温下，不加防腐剂也能得到较长的货架寿命的包装。

3.21

隔热包装　heat insulation package

减少储运过程中包装件与外界环境的传热的包装方法。

3.22

速冻包装　deep frozen(quick-frozen) packaging

用耐冷、耐潮包装材料和速冻技术使冷冻内装物能在冷藏条件下较长时间储存的包装方法。

3.23

贴体包装　skin packaging

使包装的透明膜紧贴在产品周围，通过抽真空，将膜似皮肤一样紧贴在产品表面，形成保护层的包装方法。

3.24

收缩包装　shrink packaging

用收缩薄膜裹包产品或包装件，然后使薄膜收缩包紧产品或包装件的包装方法。

3.25

拉伸包装　stretch wrapping

将拉伸薄膜在常温下拉伸，对产品或包装件进行裹包的一种操作。多用于托盘货物的裹包。

3.26

防腐包装　asepticise packaging

用防腐剂施加到包装中，防止产品变质的包装方法。

4　防护包装材料

4.1

阻隔材料　barrier material

在一定大气温度和相对湿度的范围内，在一定强度上能防止水、油、水汽或某些气体渗透的一种材料。

4.2

吸湿材料 absorbent material

能吸收液体的材料，如吸墨水纸、纸巾、纸餐巾、海绵等等。

4.3

弹性材料　elastic material

被压缩到原始厚度的65％，反复10次后仍能恢复到原始厚度的90％以上的包装用缓冲材料。

4.4

加固材料　blocking material

把内装物互相撑牢或压紧的固定材料。

4.5

缓冲材料　cushion material

吸收冲击或震动能量的材料。

4.6

防锈材料　rust preventives

用于防止或减缓金属锈蚀的材料。

4.7

湿度指示卡　humidity indicator card

由浸透化学溶液的平滑的吸墨纸构成的湿度显示材料，它能以不同浓度的水蒸气存在的状态下改变颜色来指示相对湿度。

4.8

氧浓度指示卡　oxygen concentration indicator card

在一定温湿度条件下，反应氧气浓度指数，具有颜色变化的片剂。

4.9

吸附性材料　sorptive material

能吸收和滞留液体的材料。内容器一旦发生破损，泄漏出来的液体能迅速被吸附、滞留在该材料中。

4.10

气相缓蚀剂　vci

在常温下具有挥发性，且挥发出的气体能抑制或减缓金属大气腐蚀的物质。

4.11

气相防锈薄膜　vci film;volatile corrosion inhibitor film

含有或涂覆过气相缓蚀剂的单层或多层塑料薄膜。

4.12

可剥性塑料　strippable plastics

能在制品或包装物表面形成薄膜,需要时可剥除的可热浸或喷涂并以此为主要成分的材料。

中 文 索 引

英 文 索 引

A

B

C

D

E

F

G

H

I

ICS 55.020
A 80

中华人民共和国国家标准

GB/T 4122.4—2010
代替 GB/T 4122.4—2002,GB/T 13039—1991,GB/T 13040—1991

包装术语
第4部分:材料与容器

Packaging terms—
Part 4:Materials and containers

2010-09-26 发布 2011-03-01 实施

中华人民共和国国家质量监督检验检疫总局
中国国家标准化管理委员会 发布

前　言

GB/T 4122《包装术语》分为七个部分：

——第1部分：基础；

——第2部分：机械；

——第3部分：防护；

——第4部分：材料与容器；

——第5部分：检验与试验；

——第6部分：印刷；

——第7部分：包装与环境。

本部分为GB/T 4122的第4部分。

本部分代替GB/T 4122.4—2002《包装术语　木容器》、GB/T 13039—1991《包装术语　菱镁砼容器》、GB/T 13040—1991《包装术语　金属容器》。

本部分与GB/T 4122.4—2002、GB/T 13039—1991、GB/T 13040—1991相比主要变化如下：

——扩大了标准范围；

——按包装材质分类，将结构做了调整；

——删除了"设计与检验用术语"、"工艺术语"、"构件术语"和"辅助件术语"等；

——补充了"纸包装材料及容器"、"塑料包装材料及容器"、"玻璃包装容器"和"复合包装材料及容器"章节。

本部分由全国包装标准化技术委员会(SAC/TC 49)提出并归口。

本部分起草单位：中国包装联合会、无锡市前程木业包装有限公司、深圳市美盈森环保包装技术有限公司、中机生产力促进中心、中国包装科研测试中心、国家包装产品质量监督检验中心(广州)。

本部分主要起草人：王利、蔡少龄、徐平、黄雪、陈利科、牛淑梅、卢明。

本部分所代替标准的历次版本发布情况为：

——GB/T 7285—1993、GB/T 4122.4—2002；

——GB/T 13039—1991；

——GB/T 13040—1991。

包装术语
第4部分：材料与容器

1 范围

GB/T 4122的本部分规定了包装用材料及容器的术语及定义。

本部分适用于包装及与包装相关的领域。

2 通用术语

2.1

包装材料 packaging material

用于制造包装容器和构成产品包装的材料总称。

2.2

包装容器 packaging container

为储存、运输或销售而使用的盛装物品的容器总称。

3 木质包装材料及容器

3.1 木质包装材料

3.1.1

板材 board

宽度尺寸大于厚度尺寸四倍的木质材料。

3.1.2

方材 square timber

截面为正方形或近似于正方形的木质材料。

3.1.3

胶合板 plywood

由奇数层木质薄片或单板经粘合、热压而成，且相邻板片的木纹方向互相垂直的木质板材。

3.1.4

竹胶合板 plybamboo

用竹篾经过数层黏合模压成型的板材。

3.1.5

单板层积材 laminated veneer lumber，LVL

多层整幅（或经拼接）单板按顺纹为主组坯胶合而成的板材。

3.1.6

纤维板 fibre board

以纤维材料经添加一定的添加剂，经成型工艺制成的板材。

3.1.7

定向刨花板 oriented strand board

刨花铺装成型时，将拌胶刨花板按其纤维方向纵行排列，从而压制成的刨花板。

3.2 木质包装容器

3.2.1

木箱 wooden case

以木质材料或木质混合材料为原料制造成型的箱状包装容器。

3.2.2

普通木箱 common wooden case

用箱板、箱档构件制成的木箱。

3.2.3

滑木箱 skidded wooden case

采用滑木结构的底座,侧面和端面采用箱板、箱档制成的木箱。

3.2.4

框架木箱 wooden framed case

采用滑木结构的底座,侧面和端面采用框架式结构制成的木箱。

3.2.5

封闭箱 fully sheathed case

箱面用木质板材制成的封闭状的木箱。

3.2.6

花格箱 crate

箱面用木质板材制成的栅栏状的木箱。

3.2.7

钢丝捆扎箱 wirebound case

用钢丝将箱板连接组成各箱面,并用箱档加固的木箱。

3.2.8

胶合板箱 plywood case

以胶合板为主要材料做箱面制成的包装箱。

3.2.9

竹胶合板箱 case with plybamboo

以竹胶合板为主要材料制成的包装箱。

3.2.10

拼装式胶合板箱 assembled plywood case

以胶合板作为主要材料,箱体通过金属或其他材料制成,连接构件相互配合拼装而成的包装容器。

3.2.11

可拆卸木箱 dismountable wooden case

箱体可拆装,且不破坏各构件的完整性,并可重复使用的木箱。

3.2.12

木盒 wooden box

用木质板材制成的盒状包装容器。

3.2.13

木制底盘 wooden skid

用于敞装和无整体防护要求的大型产品或货物的放置、固定、起吊、搬运的整体框架式木结构件。

3.2.14

木托盘 wooden pallet

用于产品或货物的集装、堆码、搬运的平板式或箱式木构件。可进行双方向或四方向插取,单面或双面使用。经捆扎、裹包后与产品或货物构成单元运输包装件。

3.2.15

箱式托盘　box pallet

具有至少是3面的垂直侧板(满板、花格、网等)作为上部结构的托盘。

4　纸包装材料及容器

4.1　纸包装材料

4.1.1

涂布美术印刷纸(铜版纸)　coated art paper

以单层抄造的原纸涂布后,经压光整饰制成的高级印刷纸。

4.1.2

瓦楞原纸　corrugating medium paper

用于制造瓦楞纸板芯层的包装用纸。

4.1.3

瓦楞纸　fluted paper

瓦楞芯(原)纸经过起楞加工后形成有规律且永久性波纹的纸。

4.1.4

牛皮箱板纸　kraft liner

俗称牛皮卡纸。配浆中硫酸盐木浆占80%以上的,且正反面色泽相近的箱纸板。

4.1.5

瓦楞纸板　corrugated fibreboard

由一层或多层瓦楞纸黏合若干层纸或纸板之间,用于制造瓦楞纸箱的一种复合纸板。

4.1.6

蜂窝纸板　honeycomb fibreboard

由两层面纸与中间蜂窝纸芯胶黏而成的纸板。

4.1.7

白纸板　white board

以木浆、纸浆、草浆等原料制成的多层结构的白色挂面纸板。

4.1.8

黄纸板　yellow straw board

以草浆为主配以废纸浆为原料制成的纸板。

4.1.9

箱纸板　liner board

用于制造瓦楞纸板、固体纤维板或纸板盒等产品的表面材料。

4.2　纸包装容器

4.2.1

单瓦楞纸箱　single corrugated box

由单瓦楞纸板制成的纸箱。

4.2.2

双瓦楞纸箱　double corrugated box

由双瓦楞纸板制成的纸箱。

4.2.3

重型瓦楞纸箱　heavy duty corrugated box

内装物质量大于55 kg或综合尺寸大于2 500 mm,用于运输包装的瓦楞纸箱。

4.2.4

折叠纸盒 folding carton

将纸板模切压痕、折叠黏合后可折叠成片状，使用时可成型的纸板盒。

4.2.5

固定纸盒 setup cartons

将纸板裁切后，经扁钉或裱糊等方式制成，但不能折叠的纸板盒。

4.2.6

纸袋 paper sack

由一层或多层扁平纸质袋筒制成的至少有一端封闭的包装容器，也可与其他韧性材料复合以达到填装及货物流通环节所要求的性能。

4.2.7

纸板罐 fireboard can

采用纸板材料制成罐身，且一端已有端盖密封的包装容器。

4.2.8

复合罐 composite canister

由纸、铝、塑等复合材料加工成型的罐状包装容器。

4.2.9

纸桶 fibre drum

具有用纸或纸板加粘合剂制造的桶身和用相同材料或其他材料制造的桶底和桶盖的刚性圆桶，以便形成可靠堆码的包装容器。

4.2.10

纸基平托盘 paper flat pallets

用纸质材料做基材，经黏合联接、插接、钉合或一次成型工艺等制成的托盘。

4.2.11

纸护角 edgeboard

以纸或纸板为原料制成的用于保护包装件或产品的构件。

4.2.12

纸管 paper cores

主要由卷绕织物、薄膜、纸张、金属箔、胶片等卷状材料制成的圆柱形包装产品。

4.2.13

纸浆模塑制品 pulp molding product

以一定浓度的纸浆，加入适量的助剂，通过特定的方法形成的具有拟定几何形状与尺寸的产品。

5 塑料包装材料及容器

5.1 塑料包装材料

5.1.1

收缩薄膜 shrink film

能发生收缩，从而能长期紧裹物品，并能保持其形状的薄膜。

5.1.2

拉伸薄膜 stretch film

缠绕薄膜

具有较好的弹力、受拉力时可延伸的塑料薄膜。

5.1.3

复合薄膜 composite film;laminated film

由两层或多层不同类型的材料复合而成的包装材料。

5.1.4

珠光膜 pearl film

以聚丙烯树脂为主要原料,加入一定量的特种珠光母料,用平膜法经双向拉伸而成的薄膜。

5.1.5

消光膜 extinction film

以聚乙烯、聚丙烯、聚苯乙烯等树脂为主要原料,在一个表层加有聚乙烯和聚丙烯等共混料,用平膜法而制成的塑料薄膜。在加工过程中,在包装材料的表面添加了一层特殊装饰效果的消光层,可以消除膜面反光。

5.1.6

热转印膜 hot stamping foil for infusion bag

以塑料薄膜为基材,涂布可转印油墨而制成的热转印材料。

5.1.7

热打码色带 hot stamping ribbon

以塑料薄膜为基材,将其中一面涂布可转印油墨层后,经干燥、分切等工序而制成的热转印材料。

5.1.8

塑料片材 plastic sheet

以树脂为原料经成型加工制成的厚度为0.2 mm～0.7 mm的平面状材料。

5.1.9

塑料真空板 hollow plastic board

采用PE等塑料制成的格子状中空板材。

5.2 塑料包装容器

5.2.1

塑料箱 plastic box

以树脂为主要原料制造成型的箱状包装容器。

5.2.2

衬袋箱 bag-in-box

将塑料或复合材料制成封闭衬袋(一般带嘴)放在箱型包装容器内组成的组合包装容器,一般用于包装粉状或液体产品。

5.2.3

塑料周转箱 plastic circulating bin

重复使用的塑料箱。

5.2.4

钙塑瓦楞箱 plastic calp bin

以聚乙烯、聚丙烯等树脂为基料,添加碳酸钙、硫酸钙或亚硫酸钙等无机钙盐制成瓦楞板,再按瓦楞纸箱的制作方法制造成型的可折叠式塑料箱。

5.2.5

塑料桶 plastic drum

以树脂为主要原料制造成型的桶状包装容器。

5.2.6

塑料瓶 plastic bottle

以树脂为主要原料制造成型的瓶状包装容器。

5.2.7

聚酯瓶　polyester bottle

以聚对苯二甲酸乙二醇酯树脂为主要原料，经注塑、拉伸、吹塑成型的塑料瓶。

5.2.8

塑料编织袋　plastic woven bag

由塑料编织布制造成型的袋状包装容器，多用于包装粉末或颗粒状固体物料等。

5.2.9

塑料袋　plastic film sack

以塑料薄膜为主要原料经裁切、热合而制造成型的袋状包装容器。

6　金属包装材料及容器

6.1　金属包装材料

6.1.1

铝箔　aluminum foil

铝板经多次冷轧、退火加工成型的，厚度一般为 0.05 mm～0.07 mm 包装材料。

6.1.2

捆扎钢带　metal strip

用于纸箱、木箱、轻纺和化工产品以及金属材料等包装捆扎用的以普通碳素结构钢、优质碳素结构钢、低合金结构钢、合金结构钢所制成的钢带。

6.1.3

气雾罐用铝材　slugs of aluminium for aerosol cans

喷雾罐用铝材

适用于气雾罐用的，经冲压加工成圆形的铝材。

6.1.4

镀锡薄钢板　tinplate

俗称马口铁，是指两面镀有商业纯锡的冷轧低碳薄钢板或钢带。

6.2　金属包装容器

6.2.1

金属箱　metal box; metal case, metal chest

用金属材料制成的箱型容器。

6.2.2

金属桶　metal bucket

用金属材料制成的桶状容器。

6.2.3

钢桶　steel drum

用钢板制成的桶状包装容器。

6.2.4

开口钢桶　open head steel drum

顶盖可拆卸的钢桶。

6.2.5

闭口钢桶　tight head steel drum

顶盖上带有注入、排放口和透气口的钢桶，其顶盖和桶底永久固定在桶身。

6.2.6

钢桶封闭器　steel drum type closure

采用螺纹锁紧和桶塞封闭、封闭箍等方式，配合其他金属或合成的材料如合成橡胶零件，确保钢桶桶口密封的装置。

6.2.7

钢提桶　steel pails

以薄钢板为主要材料制成的，加有提手的金属桶。

6.2.8

钢塑复合桶　steek and plastic composite barrel

由钢桶壳和塑料桶胆组合而成的桶。

6.2.9

金属罐　metal can

用金属薄板加工成型的罐状容器。

6.2.10

两片罐　two-piece can

罐底和罐身用整块晋升薄板冲压拉拔成型，然后将罐身与罐盖连接而成的金属罐。

6.2.11

三片罐　three-piece can

分别将罐盖、罐底和罐身连接而成的金属罐。

6.2.12

气雾罐　aerosol can

用于盛装气雾剂产品的一次性使用的金属容器。使用时，气雾剂产品在预压的作用下，通过阀门按所控制的形态喷射出来。

6.2.13

皇冠盖　crown cap

一种金属盖，用组合软木或塑料衬里，盖边制成波纹型，与瓶口啮合密封。多用于封装碳酸气饮料和啤酒瓶等容器。

7　玻璃包装容器

7.1

玻璃瓶　glass bottle

以硅酸盐为主要原料制造成型的瓶状包装容器。

7.2

玻璃罐　glass jar

以硅酸盐为主要原料制造成型的罐状包装容器。

7.3

安瓿　ampoule

常用于存放注射用的药物以及疫苗、血清等的密封小瓶。

8　复合包装材料及容器

8.1　复合包装材料

8.1.1

纸/塑复合材料　paper/plastic consolidated materials

由纸、塑料两种材料复合在一起而形成的材料。

8.1.2

铝/塑复合材料 aluminium/plastic consolidated materials

由铝材、塑料两种材料复合在一起而形成的材料。

8.1.3

纸/铝/塑复合材料 paper/aluminium/plastic consolidated materials

由纸、铝材和塑料三种材料复合在一起而形成的材料。

8.1.4

塑/塑复合材料 plastic/plastic consolidated materials

由两种或两种以上塑料材料复合在一起而形成的材料。

8.2 复合包装容器

8.2.1

复合材料袋 consolidated materials sack

用两种或两种以上材料复合而成的袋。

8.2.2

蒸煮袋 retortable pouch

用挠性复合材料制成的盛装食品的袋,袋内封装食品后在高压釜中进行短时间杀菌,可放在沸水中加热。

中 文 索 引

英 文 索 引

ICS 55.020
A 80

中华人民共和国国家标准

GB/T 4122.5—2010
代替 GB/T 4122.5—2002

包装术语
第5部分:检验与试验

Packaging terms—Part 5: Inspection and test

2010-09-26 发布　　2011-03-01 实施

中华人民共和国国家质量监督检验检疫总局
中国国家标准化管理委员会　发布

前　言

GB/T 4122《包装术语》分为七个部分：

——第1部分：基础；

——第2部分：机械；

——第3部分：防护；

——第4部分：材料与容器；

——第5部分：检验与试验；

——第6部分：印刷；

——第7部分：包装与环境。

本部分为GB/T 4122的第5部分。

本部分代替GB/T 4122.5—2002《包装术语　检验与试验》。

本部分与GB/T 4122.5—2002相比主要变化如下：

——将结构作了适当的调整，将“检验与试验的内容参数术语”章节名称改为“检验与试验的其他术语”；

——增加了“危险物冲击试验”、“桥架式冲击试验”、“集中冲击试验”、“风淋试验”、“温湿度冲击试验”、“温湿度交变试验”等术语；

——删除了“包装质量检验”、“包装型式检验”、“六角滚筒试验机”等术语。

本部分由全国包装标准化技术委员会(SAC/TC 49)提出并归口。

本部分起草单位：中国包装联合会、无锡市前程木业包装有限公司、深圳市美盈森环保包装技术有限公司、中国包装科研测试中心。

本部分主要起草人：牛淑梅、蔡少龄、徐平、朱婧、韩雪山。

本部分所代替标准的历次版本发布情况为：

——GB/T 4122.5—2002。

包装术语
第5部分：检验与试验

1 范围

GB/T 4122的本部分规定了产品运输包装领域检验与试验方面的术语及其定义。

本部分适用于产品运输包装领域检验与试验。

2 通用

2.1

包装检验 package inspection

对包装的特性进行检测、测量、计量，并将这些特性与规定的要求进行比较和评价的过程。

2.2

包装试验 package test

对包装件所使用的包装材料和包装容器的防护质量以及包装方法等，进行的某种或各种专项试验的过程。

3 试验

3.1

运输包装件基本试验 basic tests of transport package

用以评定运输包装件在流通过程中各种性能的试验。

3.2

压力试验 compression test

将试验样品放置在压力试验机上，以一定的速度在其顶部(或底部)均匀施加压力，用以评定试验样品承受外部压力的能力及包装对内装物保护能力的试验。

3.3

堆码试验 stacking test

在试验样品上施加一定载荷，用以评定试验样品承受堆积静载的能力及包装对内装物保护能力的试验。

3.4

跌落试验 drop test

将试验样品按规定高度垂直跌落于坚硬、平整的水平面上，用以评定试验样品承受垂直冲击的能力及包装对内装物保护能力的试验。

3.5

垂直冲击试验 vertical impact test

将试验样品固定在垂直冲击试验机台面上，按其规定的波形、加速度和脉冲持续时间进行冲击，用以评定试验样品承受垂直冲击的能力及包装对内装物保护能力的试验。

3.6

危险物冲击试验 hazard impact test

用一定形状和质量的危险物，以一定的冲击速度，冲击包装件的特定位置，用以评定包装件抵抗集中冲击载荷的能力。

3.7

桥架式冲击试验　bridge impact test

将长型包装件的末端支撑，利用跌落试验机，使一定形状和质量的危险物冲击包装件的中心位置，用以评定长型包装件抵抗桥架式冲击的能力。

3.8

集中冲击试验　concentrated impact test

用规定形状、材质和质量的冲击物，对完全满装运输包装件进行冲击，试验形式可为跌落冲击和摇摆冲击，用以评定包装件抵抗外界集中载荷的能力。

3.9

重复冲击试验　repetitive shock test

通过对振动台输入固定位移振幅，对试验样品进行周期性冲击试验。一般振幅设置在 25 mm，频率为 2 Hz～5 Hz，振动试验台周围需要有围栏等，保证试样在进行垂直运动的同时，不会从试验台上掉落。

3.10

水平冲击试验　horizontal impact test

使试验样品按预定状态以预定的速度与一个同速度方向垂直的挡板相撞，用以评定试验样品承受水平冲击的能力及包装对内装物保护能力的试验。

3.10.1

斜面冲击试验　incline impact test

将试验样品按预定的状态，与水平面呈一定角度放置，以预定的速度撞击一个与速度方向相垂直的平面挡板，用以评定试验样品承受水平冲击的能力及包装对内装物保护能力的试验。

3.10.2

吊摆试验　pendulum test

将放置试验样品的悬挂式平台沿着以悬线为半径的圆弧提到一定高度，然后自由释放，冲击一竖直表面，用以评定试验样品承受水平冲击的能力及包装对内装物保护能力的试验。

3.11

可控水平冲击试验　controlled horizontal impact test

使试验样品按预定状态以预定的速度与一个同速度方向相垂直的冲击座相撞，并按冲击座上脉冲程序装置规定的波形、加速度和脉冲持续时间进行冲击，用以评定试验样品承受水平冲击的能力及包装对内装物保护能力的试验。

3.12

碰撞试验　bump test

连续冲击

采用直接安装或过渡结构的安装方法，将试验样品紧固在碰撞台(冲击试验机)上，按规定的峰值加速度，脉冲持续时间，脉冲主要频率和碰撞次数进行碰撞，用以评定试验样品在运输过程中承受多次重复性机械碰撞的耐冲击强度及包装对内装物保护能力的试验。

3.13

滚动试验　rolling test

将试验样品的每一侧面按规定顺序在坚硬、平整的水平面上进行翻滚，用以评定试验样品承受滚动的能力及包装对内装物保护能力的试验。

3.14

振动试验　vibration test

将试验样品放在振动试验机台面上，使其在一定的时间内按规定的振动波形、振动加速度和频率进行振动，用以评定试验样品承受振动的能力及包装对内装物保护能力的试验。

3.14.1

定频振动试验　constant frequency vibration test

将试验样品放在振动试验机台面上，使其在一定的时间内按规定的波形、振动加速度和定频条件进行振动，用以评定试验样品承受定频振动的能力及包装对内装物保护能力的试验。

3.14.2

变频振动试验　variable frequency vibration test

将试验样品放在振动试验机台面上，使其在一定的时间内按规定的波形、振动加速度和变频条件进行振动，用以评定试验样品承受变频振动的能力及包装对内装物保护能力的试验。

3.14.3

随机振动试验　random vibration test

将试验样品放在振动试验机台面上，使其在一定的时间的振动过程中，质点运动周期没有规律，并且过程永不精确重复，进行只能用统计方法来研究的非周期性振动，用以评定试验样品承受随机振动的能力及包装对内装物保护能力的试验。

3.14.4

车辆模拟振动试验　vehicle simulate vibration test

将试验样品放在振动试验机台面上，并按运输过程中车辆振动的方式设定波形、振动加速度和频率等条件，使试验样品在规定时间内振动，用以评定试验样品承受车辆模拟振动的能力及包装对内装物保护能力的试验。

3.15

起吊试验　hoisting test

将试验样品吊起并按规定要求左、右、上、下运行，用以评定试验样品承受吊运的能力及包装对内装物保护能力的试验。

3.16

倾翻试验　toppling test

将试验样品按预定状态放置在冲击台面上，在其重心上方的适当位置，逐渐施加水平力使其沿底棱自由倾翻，用于评定试验样品倾翻时承受冲击的能力和包装对内装物的保护能力。

3.17

单元货物稳定性试验　unit loads stability test

按单元货物的流通环境因素对单元货物进行相应试验，用以评定包装件适应流通环境的能力及包装对内装物保护能力的综合试验。

3.18

夹紧搬运试验　clamp handle test

挤压夹持

采用特殊的铲叉夹紧装置，对单元货物相对两边施加足够压力的搬运试验。

3.19

推、拉搬运试验　push and pull handle test

采用特殊的铲叉夹紧装置或采用其他适宜的方式，推、拉装有单元货物的滑板到货物平板上的搬运试验。

3.20

耐候试验　weather resistance test

将试验样品按规定要求置于耐候试验室(箱)内，用以评定试验样品承受外界气候条件变化的能力及包装对内装物保护能力的试验。

3.20.1

高温试验　high temperature test

将试验样品按规定温度和时间置于高温试验室(箱)内,用以评定试验样品承受高温气候环境的能力及包装对内装物保护能力的试验。

3.20.2

低温试验　low temperature test

将试验样品按规定温度和时间置于低温试验室(箱)内,用以评定试验样品承受低温气候环境的能力及包装对内装物保护能力的试验。

3.20.3

温湿度交变试验　temperature and humidity alternate change test

将试验样品按规定温湿度和时间,置于温湿度试验室(箱)内,用以评定试验样品承受温湿度交变气候环境的能力及包装对内装物保护能力的试验。

3.20.4

温湿度冲击试验　temperature and humidity rapid change test

将试验样品按规定温湿度变化和时间,置于温湿度试验室(箱)内,用以评定试验样品承受温湿度剧变的能力及包装对内装物保护能力的试验。

3.21

低气压试验　low pressure test

将试验样品按规定时间和大气压力置于低压箱内,用以评定试验样品承受低气压的能力和包装对内装物保护能力的试验。

3.22

喷淋试验　water spray test

将试验样品在规定条件下按规定时间和喷水量进行喷淋,用以评定试验样品对淋雨的抗御能力及包装对内装物保护能力的试验。

3.23

风淋试验　wind and rain test

将试验样品在规定条件下按规定时间、风级和喷水量进行带风淋雨试验,用以评定试验样品对带风淋雨的抗御能力及包装对内装物保护能力的试验。

3.24

浸水试验　water immersion test

将试验样品完全浸入水中,保持一定的时间后取出,用以评定试验样品承受水浸害的能力及包装对内装物保护能力的试验。

3.25

渗漏试验　leakage test

将试验样品放入真空室的水槽内,在规定时间内改变真空室的真空度,用以评定试验样品的渗透程度及密封性能的试验。

3.26

长霉试验　mould growth test

将试验样品置于具有特定温、湿度并充以适量雾状孢子悬浮液的试验室(箱)内,用以评定试验样品承受霉菌侵袭的能力及包装对内装物保护能力的试验。

3.27

盐雾试验　salt spary test

将试验样品置于具有特定温、湿度并充以雾状氯化钠溶液的试验室(箱)内,用以评定试验样品承受大气腐蚀的能力及包装对内装物保护能力的试验。

3.28

透湿度试验　water vapour permeability test

在规定温度与时间下,使试验样品内外侧保持一定的水蒸气压差,用以评定试验样品透湿的能力及包装对内装物保护能力的试验。

3.29

透水性试验　water permeability test

在规定温度与时间下,使试验样品内外侧保持一定的水压差,用以评定试验样品透水的能力及包装对内装物保护能力的试验。

3.30

气密试验　air-tight test

将试验样品充气至预定压力,浸没于水中或涂一薄层规定的液体,检查有无气泡产生而判定样品有无渗漏,用以评定试验样品的密封特性。

3.31

液压试验　hydraulic test;pressure test

包装容器内灌装一定量液体,施加一定的压力,并保持一定时间,检查有无泄漏,用以评定包装容器的渗漏性能。

4　试验设备与器具

4.1

温湿度箱　the box of temperature and permeability

温湿度室

以设备和控制装置创造特定的温、湿度的条件,使其保持在规定的允许误差之内,并可以连续记录温度和湿度,以满足试验需要。

4.2

低气压试验箱　the box of low pressure

以设备和控制装置创造低气压环境条件,以满足试验需要。

4.3

盐雾试验箱　the box of salt spray

以设备和控制装置创造特定温、湿度并充以雾状氯化钠溶液的环境条件,以满足试验需要。

4.4

加载装置　exert load set

对试验样品加以一定载荷的装置或设备。

4.5

喷淋装置　water spray set

能满足一定速率的喷水量,喷水充分均匀,喷头高度有调节,并与试验样品顶部之间保持一定距离的试验装置。

4.6

浸水装置　water immersion set

具有足够的容积的水箱,试验时使试验样品全部浸于水中,试验样品顶面沉入水面以下的距离应不小于 100 mm 的试验装置。

4.7

冲击台　impact table

具有符合规定的平面,并有足够的体积、质量和硬度,试验时不移动、不变形。

4.8

垂直冲击机 vertical impact test machine

用于模拟产品在实际环境中所受的冲击,考核产品在冲击环境下功能的可靠性和结构的完好性的试验设备。

4.9

斜面冲击试验机 bevelimpact test machine

由有具体规定的钢轨道、台车和挡板组成,用于进行包装件斜面冲击试验。

4.10

吊摆冲击试验机 pendulum impact test machine

由有具体规定的悬吊装置和挡板组成,用于进行包装件吊摆冲击试验。

4.11

可控水平冲击试验机 controlled horizontal impact tester

由台车、冲击座和脉冲程序试验装置组成,用于进行可控制水平冲击试验。

4.12

碰撞试验台 collide table

应为有具体规定的垂直平面、表面的任何 1 cm^2 的面积上承受 1 568 N (160 kgf)的负荷时,变形应不大于 0.25 mm,以满足试验样品刀口面的点接触要求。

4.13

振动试验机 vibration test machine

应能表示振动试验的强度,如频率、加速度、位移幅值,振动时间等参数的试验设备。

4.14

跌落试验设备 drop test set

用于进行跌落试验的设备,包括跌落试验机、传感器以及数据记录和存储装置。

4.15

压力试验机 compression test machine

由电动机驱动,机械传动或液压传动,能通过一个或两个压板以一定的相对速度匀速移动施加压力的试验设备。

4.16

挤压夹持设备 extrusion and holding equipment

对单元货物进行挤压夹持试验的设备,包括试验车以及铲叉夹紧装置。

4.17

记录装置 take note set

自动记录试验数值的设备。

4.18

运输环境记录仪 transportation environmental recorder

运输流通环境中冲击、振动、温湿度数据的采集、记录和分析设备。

5 检验与试验的其他术语

5.1

试验样品 specimen sample

按检验规程抽取的产品。

5.2

试验部位标识 identification of testing parts

对试验样品用数字标示出检验或试验部位以方便记录和判定。

5.3

温湿度调节处理　temperature and humidity conditionning

将试验样品置于温湿度调节处理箱(室)里,在稳定的温湿度环境下,经过一定的时间处理。

5.4

危害因素　hazard factor

运输包装件在流通系统中所预计经历的各种损害。

5.5

流通系统　distribution system

运输包装件从生产厂家到用户手中所经历的储存、运输、装卸、销售的全部操作过程。

5.6

试验大纲　test schedules

为确定试验样品在模拟流通系统中的性能,而制定的试验程序文件。一般分单项试验大纲和多项试验大纲。

5.7

定量数据　quantitative data

检验或测量一个产品包装件的特性时所用的特定数量、数值或幅度,用以评定试验项目。

5.8

信息记录　information recorded

产品包装试验中完成试验大纲所规定的各项记录。

5.9

试验强度值　test intensity value

根据不同运输包装件在经历特定的流通系统而确定的试验强度基本值。

中 文 索 引

英 文 索 引

U

V

W

ICS 55.020
A 80

中华人民共和国国家标准

GB/T 4122.6—2010
代替 GB/T 13483—1992

包装术语 第6部分:印刷

Packaging terms—Part 6:Printing

2010-09-26 发布
2011-03-01 实施

中华人民共和国国家质量监督检验检疫总局
中国国家标准化管理委员会 发布

前　言

GB/T 4122《包装术语》分为七个部分：

——第1部分：基础；

——第2部分：机械；

——第3部分：防护；

——第4部分：材料与容器；

——第5部分：检验与试验；

——第6部分：印刷；

——第7部分：包装与环境。

本部分为GB/T 4122的第6部分。

本部分代替GB/T 13483—1992《包装术语　印刷》。

本部分与GB/T 13483—1992相比主要变化如下：

——对标准结构作了整体调整，分为："承印材料预处理"、"包装印刷方式"、"包装印刷工艺"和"包装印后加工工艺"四类；

——对保留术语及定义进行更新。

本部分由全国包装标准化技术委员会(SAC/TC 49)提出并归口。

本部分起草单位：中国包装联合会、深圳市美盈森环保包装技术有限公司、北京印刷学院。

本部分主要起草人：许文才、王利、葛峰、蔡少龄、魏芳。

本部分所代替标准的历次版本发布情况为：

——GB/T 13483—1992。

包装术语
第6部分：印刷

1 范围

GB/T 4122的本部分规定了包装印刷术语及定义。

本部分适用于包装印刷行业及相关领域。

2 通用术语

2.1

包装印刷　package printing

以包装材料、包装制品、标签材料等为承印对象的印刷。

2.2

包装印刷工艺　printing technology of package

在包装材料、包装制品、标签材料上实现印刷的各种规范、程序和操作方法。

2.3

包装印后加工工艺　post-press finishing technology of package

使包装印刷品获得所要求的形状和使用性能的生产工序。

3 承印材料预处理

3.1

等离子体处理　plasma treatment

通过放电装置将电离的电子或离子打到承印物表面，打开承印物表面的长分子链，同时增加表面粗糙度，以增加承印物表面附着力的工艺方法。

3.2

电晕处理　corona treatment

属于等离子放电的一种，利用高频率的高电压在承印物表面进行放电，使承印物表面分子氧化和极化，增加表面粗糙度，以提高承印物表面附着力的工艺方法。

3.3

化学处理　chemical treatment

利用化学溶液作为氧化剂，对承印物表面进行处理，使承印物表面分子氧化和极化，增加表面粗糙度，以提高承印物表面附着力的工艺方法。

3.4

光化学处理　light treatment

利用紫外线等光源照射高聚物承印材料表面，使其分子发生裂解、交联和氧化，以提高承印物表面附着力的工艺方法。

3.5

涂层处理　coating treatment

在承印物表面涂布附着力较强的材料，以提高承印物表面附着力的工艺方法。

3.6

防静电处理　**anti-electronic treatment**

通过在材料中加入防静电剂或使用静电消除器处理静电等方法，去除承印物静电的工艺方法。

4　包装印刷方式

4.1

平版印刷　**planographic printing**

印版的图文部分和非图文部分几乎处于同一平面的印刷方式。

4.2

凸版印刷　**relief printing**

用图文部分高于非图文部分的印版进行印刷的方式。分为直接凸版印刷和间接凸版印刷。

4.2.1

柔性版印刷　**flexographic printing**

用弹性凸印版将油墨转移到承印物表面的印刷方式。

4.3

凹版印刷　**gravure printing; recess printing**

印版的图文部分低于非图文部分的印刷方式。

4.4

孔版印刷　**permeographic printing**

印版在图文区域漏墨而非图文区域不漏墨的印刷方式。

4.4.1

网版印刷　**screen printing**

印版在图文部分呈筛网状开孔的孔板印刷方式。

4.5

数字印刷　**digital printing**

使用数据文件控制相应设备，将呈色剂或色料(如：油墨)直接转移到承印物上的复制过程。

4.5.1

喷墨印刷　**ink jet printing**

根据计算机的指令将细微的墨滴导向承印物的一定部位，使之产生可视图文的无接触印刷方式。

4.6

组合印刷　**component printing**

将两种或两种以上的印刷方式组合在一条生产线上的印刷方式。

5　包装印刷工艺

5.1

纸包装印刷　**paper packaging printing**

以纸质材料为承印物的印刷工艺。

5.1.1

纸张印刷　**paper printing**

以克重低于 200 g 的纸质材料为承印物的印刷工艺。

5.1.2

纸板印刷　**paperboard printing**

以克重为 200 g 或 200 g 以上的卡纸或纸板为承印物的印刷工艺。

5.2

塑料包装印刷　plastic packaging printing

以塑料薄膜、塑料板及塑料制品等为承印物的印刷工艺。

5.3

金属包装印刷　metal packaging printing

以金属板或金属制品为承印物的印刷工艺。

5.4

玻璃印刷　glass printing

以玻璃板或玻璃制品为承印物的印刷工艺。

5.5

标签印刷　label printing

以标签材料为承印物的印刷工艺。

5.6

软管印刷　collapsible tube printing

利用弹性橡皮层转印图像原理，以软管为承印物的印刷工艺。

6　包装印后加工工艺

6.1

覆膜　film laminating

将透明塑料薄膜通过规定的工艺涂布胶水后粘贴到印品表面，起保护及改变印刷品光泽的工艺方法。

6.2

上光　varnishing

在印品表面涂布透明光亮材料的工艺方法。

6.3

烫印　hot fill stamping

借助一定压力，将金属箔或颜料箔烫印到纸(纸板)、塑料印刷品或其他承印物表面的工艺方法。

6.4

扫金　bronzing

在印品表面规定部位涂一层薄而均匀的粘性油墨，经金粉涂布、抛光、清洁等工艺过程，将金属粉末附着于印品表面，以实现金属光泽效果的工艺方法。

6.5

压凹凸　embossing

用凹凸两块印版，将印刷品压出浮雕状图像的加工工艺方法。

6.6

模切　die cutting

用模具将印刷品切成所需形状的工艺方法。

6.7

开槽　slotting

利用规定的刀具和机器，切出纸箱摇盖缝隙的加工工艺方法。

6.8

粘合　gluing

使用粘合剂进行纸盒或纸箱接合的工艺方法。

6.9

钉合　stitching

用金属钉沿搭接部分中线钉合，采用斜钉或横钉方式进行纸箱接合的工艺方法。

6.10

复合　lamination

通过胶粘剂涂布和加压方式，把两层或两层以上的材料粘合在一起而形成一种新材料的工艺方法。

6.11

分切　slitting

把宽度大的卷材或卷状产品进行纵向裁切成所需宽度的分卷的工艺方法。

6.12

复卷　rewinding

软包装材料通过收卷机的张力控制辊、展平辊、压紧辊，最后缠绕在收卷机卷芯上的工艺方法。

中 文 索 引

英 文 索 引

ICS 29.240.30
K 32

中华人民共和国国家标准

GB/T 4205—2010/IEC 60447:2004
代替 GB/T 4205—2003

人机界面标志标识的基本和安全规则 操作规则

Basic and safety principles for man-machine interface(MMI), marking and identification—Actuating principles

(IEC 60447:2004,IDT)

2011-01-14 发布　　2011-07-01 实施

中华人民共和国国家质量监督检验检疫总局
中国国家标准化管理委员会　发布

前　言

本标准等同采用 IEC 60447:2004(第 3 版)《人机界面标志标识的基本和安全规则　操作规则》(英文版)。

本标准是对 GB/T 4205—2003《人机界面(MMI)　操作规则》的修订。

本标准与 GB/T 4205—2003 相比,有如下技术性修改:

——标准名称作了改动;

——增加术语“报文 message”,源自 IEC 60050(721);

——对特殊国家的状况进行了编辑性修改;

——增加了旋转操作件的要求;

——增加了用屏幕显示的设备的操作要求。

本标准代替 GB/T 4205—2003。

本标准的附录 A 为规范性附录,附录 B 为资料性附录。

本标准由全国电气安全标准化技术委员会提出并归口。

本标准主要起草单位:机械工业北京电工技术经济研究所、机械科学研究总院、深圳市华测检测技术股份有限公司、深圳市标准技术研究院、机械工业北京仪器仪表综合研究所。

本标准主要起草人:郭汀、曾雁鸿、方晓燕、朱平、温利峰、史学玲、李霞、李波。

本标准代替标准的历次版本发布情况为:

——GB/T 4205—1984;

——GB/T 4205—2003。

引　言

本基础安全出版物供有关技术委员会在制定相关标准时采用，除非缺少这些标准时才单独使用。

在不涉及安全考虑的情况下，允许有关技术委员会在本安全基础标准的框架内，参照 GB/T 16499《安全出版物的编写及基础安全出版物和多专业共用安全出版物的应用导则》和 GB/T 20000.4《标准化工作指南　第 4 部分：标准中涉及安全的内容》制定个别例外条款。

电气设备及程序在正常状态下运行和故障时的维修等，都离不开各种操作(器)件。

在现代化设备中，操作件沿某一方向的运动仅是其操作方式之一。除此之外，按功能键或字母数字键形式设置的操作件或数据输入器件或其他型式的操作件(如光笔、触摸屏、鼠标等)，通常都用于计算机处理的设备中。

各种操作件作为人机界面的一部分，它们在操作者与设备或机器之间对话的重要性，是各不相同的。

当涉及到安全(例如当一种不正确的操作可能导致危险时，或者当起重机械或传送装置处在频繁、快速操作)时，特别是对于那些由不熟练的人员操作设备时，标准化就显得特别重要。

本标准对人机工程方面的问题也作了考虑。

人机界面标志标识的基本和安全规则
操作规则

1 范围

本标准规定了对与电气设备相关的、构成人机界面一部分的手动操作件一般操作规则，其目的是：

——通过设备的安全运行，提高其安全性(如对人身、财产、环境)；

——便于操作者进行正常的和实时的操作。

本标准规定的各种规则不仅适用于电气设备、机械设备或成套装置正常情况下操作，也适用于故障和紧急情况下的操作。

本标准作为一般应用，其操作件可从单一操作件(如按钮)到由电气和非电气设备组成的大型装置或中央过程控制站一部分的多种操作件。

本标准在某一操作件的功能与其操作方向，或与其他操作件的位置之间，建立起相应关系。

在无特殊规定的情况下，本标准也可用于除手以外的人体其他部分所操纵的操作器件(如脚踏器件)。

2 规范性引用文件

下列文件中的条款通过本标准的引用而成为本标准的条款。凡是注日期的引用文件，其随后所有的修改单(不包括勘误的内容)或修订版均不适用于本标准，然而，鼓励根据本标准达成协议的各方研究是否可使用这些文件的最新版本。凡是不注日期的引用文件，其最新版本适用于本标准。

GB/T 4025 人-机界面标志标识的基本和安全规则 指示器及操作器的编码规则(GB/T 4025—2003,IEC 60073:1996,IDT)

GB/T 16499 安全出版物的编写及基础安全出版物和多专业共用安全出版物的应用导则(GB/T 16499—2008,IEC 导则 104:1997,NEQ)

GB/T 20000.4 标准化工作指南 第4部分:标准中涉及安全的内容(GB/T 20000.4—2003,IEC 导则 51:1999,MOD)

IEC 60050(441):1984 国际电工词汇(IEV) 第441章:开关设备,控制设备和熔断器

IEC 60050(721) 国际电工技术词汇(IEV) 第721章:电报、传真和数据通信

3 术语和定义

下列术语和定义适用于本标准。

3.1

操作(器)件 actuator

操作系统中接受人员操作的部件。

注1：操作件的形式有：手柄、旋钮、推压钮、推—推按钮、推—拉按钮、滚轮、插杆、鼠标器、光笔、键盘、触摸屏等。

注2：操作器件的定义是依据 IEV 441-15-22，但本标准中只限于人工操作器件。

3.1.1

单功能操作件 monofunction actuator

只与一种最终效应(例如通过操作件的动作方向或配置实现)相关的一个或一组操作件。

3.1.2

多功能操作件　multifunction actuator

分别与多种最终效应(例如通过操作件的动作方向或配置实现)交替相关的一个或一组操作件。

3.2

键盘　keyboard

按特定形式设计的键(如打字键或功能键)的配置。

3.2.1

数字键盘　numeric keyboard

代表数字的键的配置。

3.2.2

字母数字键盘　alphanumeric keyboard

代表一组字符的键的配置。如：

——拉丁字母表(从 A～Z)；

——数字(从 0～9)；

——非印刷性图域；

——标点符号及其他所需图形符号。

3.2.3

功能键盘　function keyboard

代表某些设备、机器、功能或命令的键的配置。

3.3

人机界面　man-machine interface (MMI)

在操作人员与设备之间提供直接对话并能使操作人员控制和监视设备运行的设备部件。

注：这种部件可能包括手动操作件、指示器件及屏幕。

3.4

信号　signal

视觉、听觉和触觉方式传递的信息。

3.4.1

视觉信号　visual signal

由亮度、对比度、颜色、形状、尺寸或位置方式传递的信息。

3.4.2

听觉信号　audible signal

通过音调、频率或间歇等方式传递的来自声源的信息。

3.4.3

触觉信号　tactile signal

通过振动、力、表面粗糙度、形状或位置方式传递的信息。

3.5

可见显示终端　visual display terminal (VDT)

系用户与计算机系统相互联系的外部设备。它包括可见显示单元(VDU)和向计算机输入信息的手段(通常是键盘)两部分。该术语还包括支持该终端需要的任何其他电子设备，如鼠标器、光笔和轨道球等。

3.6

XY-VDU 控制器　XY-VDU controller

可在屏幕上选择某一特定区域的可自由移动的操作件，此特定区域代表一台设备或一条指令。

注：该操作件可以是操纵杆、鼠标器、轨迹球、光笔和触摸屏等。

3.7

报文　message

作为一个实体，从发送机传送给接收机的一组字符和功能控制系列，其中，字符的排列由发送机来确定。

[IEV 721-09-01]

4　一般要求

4.1　基本规则

4.1.1　应在设备设计的初期阶段，特别是在同一工厂或装置内部采用本标准所规定的操作件的操作规则、配置和操作顺序，并以单一含义使用这些规则，以免产生混淆。操作件的种类、型式、尺寸及其配置，应满足预期的功能以及操作条件等方面的要求。还应考虑操作人员的技能、可操作性的限制、人机工程以及防止意外操作等要求。所用信号要满足用户完成监控任务的需要。

注：相关标准见参考文献。

4.1.2　在所有规定条件下，操作件应能明确无误地识别（见第6章），并应配置得有利于安全和实时操作。

4.1.3　指令应由规定的操作件以规定的操作运行方式去执行，要采取措施减少无意操作。

4.1.4　操作人员的操作，不应导致设备或过程条件的不确定性或危险状态。要采取措施避免无意的、不确定的或危险状态发生。

4.1.5　操作件及其相关指示器，应按照本标准的规则，最好是按其功能关系配置。

4.1.6　用于人机界面的对话方法，应考虑与任务有关的人机工程方面。

4.1.7　为了避免操作人员误操作的后果，建议采取下列措施：

——规定命令的优先次序（如停止优先于启动）；

——简化操作件的操作顺序（如通过自动化）；

——控制联锁（如双手控制）；

——在减少危险的状态下启动（如减少移动、降低速度、降低压力、减小公差）。

4.1.8　为了过程、机器或设备的控制，操作件应按照其操作或功能的相互关系合理地组合。这些规则应在过程、机器或设备的全部操作范围内，始终如一地应用。

操作件的配置应易于识别，并有利于将由于人员的过失所引起的误操作的可能性减至最低。

应采用下列一个或几个组合规则：

——按功能或相互关系组合；

——按使用顺序组合；

——按使用频率组合；

——按优先次序组合；

——按操作程序（正常或应急）组合；

——按工厂或机器的分布模式组合。

组合规则应与培训时用户所建立的系统智能模式相一致。

相同功能的所有起动操作件应与停止操作件的位置相关。

面板、控制器和指示器应避免镜象对称分布。

相关的操作件组应按照优先顺序布置，如：

最高优先：顶或左；

最低优先：底或右。

4.1.9　旋转操作件应安装得能防止固定部件旋转。自身摩擦力不应太大。

4.2 操作顺序

采用下列三步规则，以表征操作件的操作顺序及其指示：

——第一步：选择功能、设备或器件；

——第二步：选择相应命令；

——第三步：执行命令。

上述三步规则可以用于下列场合：

a) 对于单独的操作件组合：每一组合仅与一种功能或一种设备相对应，包括执行命令(单功能)。此类应用的实例如图1所示。

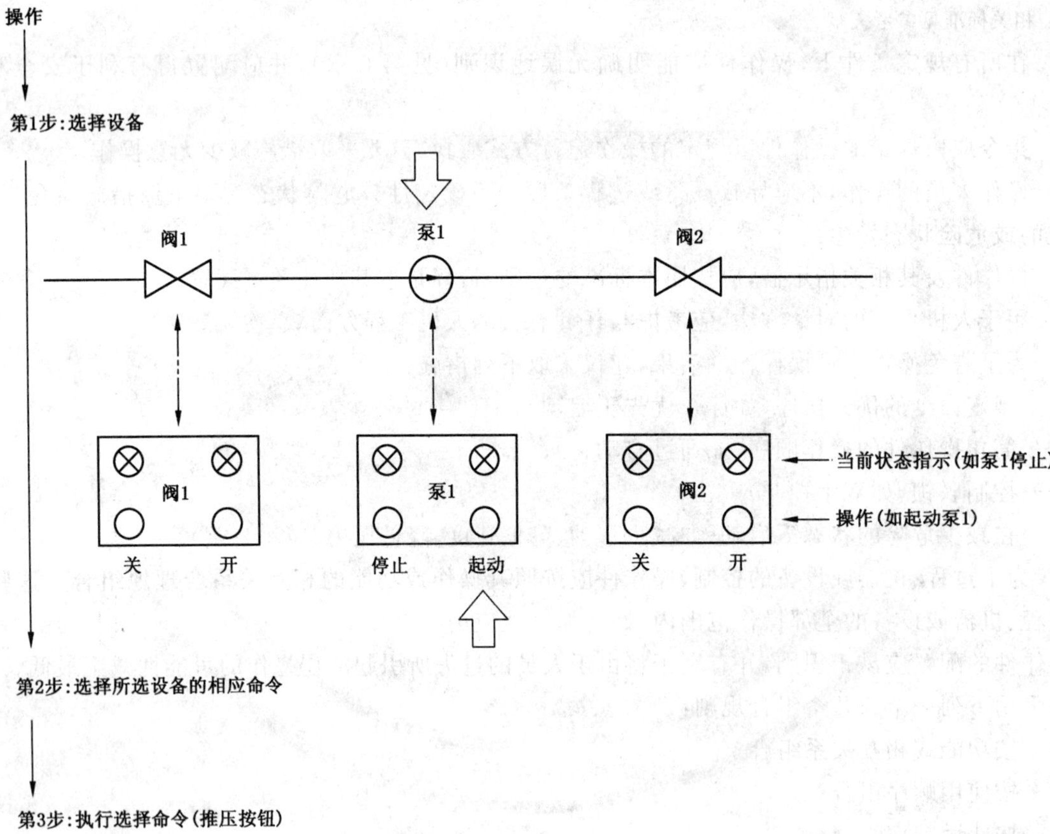

图1 单功能应用的三步操作顺序

b) 对于两个操作件组合：第一组操作件用于选择功能、设备或器件，第二组操作件用于选择相应命令。与这两组操作件分立的附加操作件用于执行命令(多功能)。其应用实例如图2所示。

需要指出所选设备的当前状态，这是执行下一命令的前提。每一操作步骤都需要确认。命令执行完毕后，应尽快地将命令的最终效应清晰、明确地予以确认。

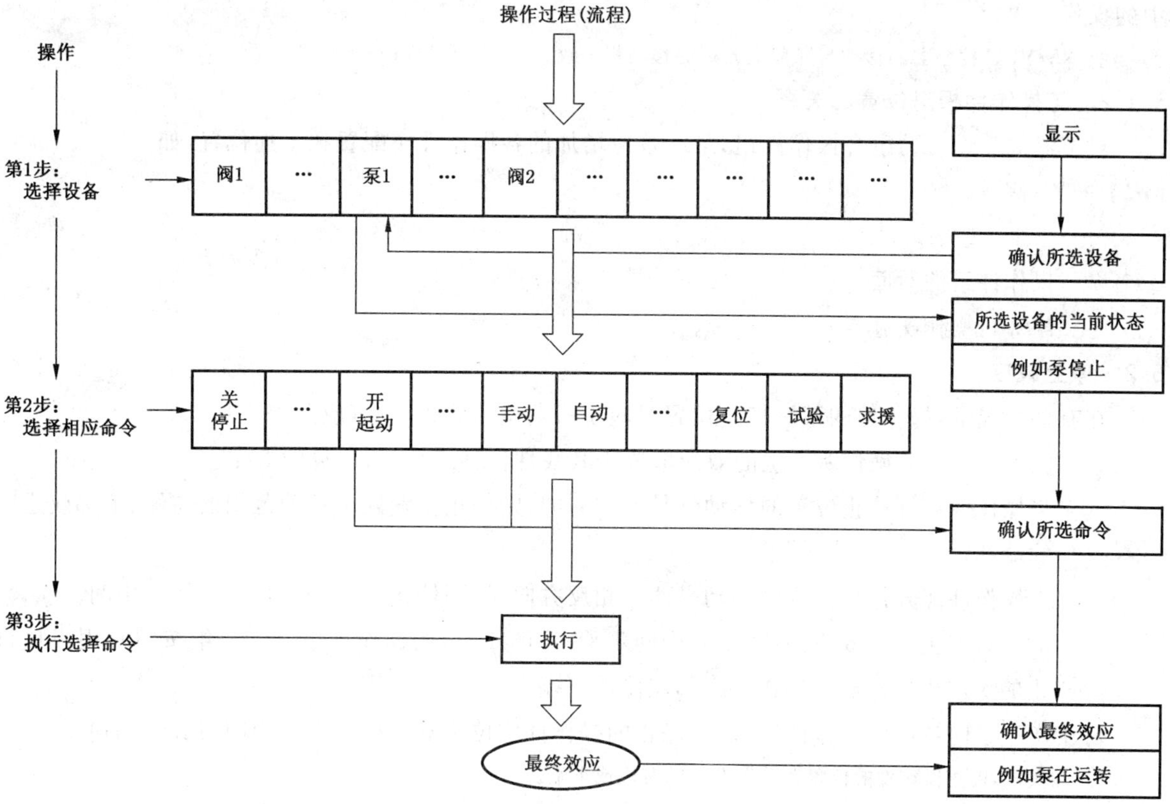

图 2　多功能应用的三步操作顺序

5　操作与效应

无论是按操作件的操作(移动)方向，还是按操作件的相关位置，操作系统的操作都应尽可能与所需要的最终效应相一致。

操作件的操作所产生的最终效应(多数情况是物理的或机械的效应)，通常可分成下面两类(多数情况下是相反的)(见 5.1)：

——增加效应；

——减小效应(见表 A.2)。

但在很多情况下，操作件的最终效应是不能分类的(见 5.4)。

5.1　产生相反效应的操作

用下列任一方法(见 7.1)可实现有两种相反效应的操作：

a)　用具有两个操作方向的一个操作件(如手轮)。

b)　用一组操作件，其中每一操作件只有一个操作方向(如按钮)。

5.1.1　与操作件操作方向(移动)的关系

当操作件按下列方向操作或移动时，其最终效应增加，如：

——从左向右；

——从下向上；

——顺时针方向；

——离开操作者(推—拉按钮在拉的情况下除外,见 7.2)。

相反动作时其效应应当减少。

当最终效应是操作者见得到的动作时,建议手的操作移动方向与预定的动作方向相同(见表 A.1 中的操作方向)。

注:XY-VDU 控制器的移动与屏幕上光标的移动相一致。

5.1.2 与操作件相对位置的关系

对控制同一设备的组合操作件组,最终效应增加的各操作件应配置在下述位置,如:

——右侧;

——上部;或

——操作件组的后面。

(见表 A.1:操作实施点)。

5.2 停止效应

在有些情况下,操作件的某一特定位置对应于所期望的停止效应(应急停止见 5.3):

a) 假若操作件的操作所产生的效应取决于其线性位移或角位移(见图 3):

——当操作件离开停止位置的移动仅是单方向的,则停止位置处于移动范围的左侧、下部或逆时针的端部;

——当操作件离开停止位置的移动是两个相反方向时,则停止位置处在移动范围的中间。

b) 对于只产生一种效应(有或没有中间步骤,见图 4 左)的操作件组,(如一组按钮),用来执行停止的操作件应位于该操作件组的左侧或下端。

对于产生双向效应的操作件组,执行停止的操作件应位于双向操作件的中间(见图 4 右)。

注:在美国,停止操作件的位置在操作件组的右边或下端。

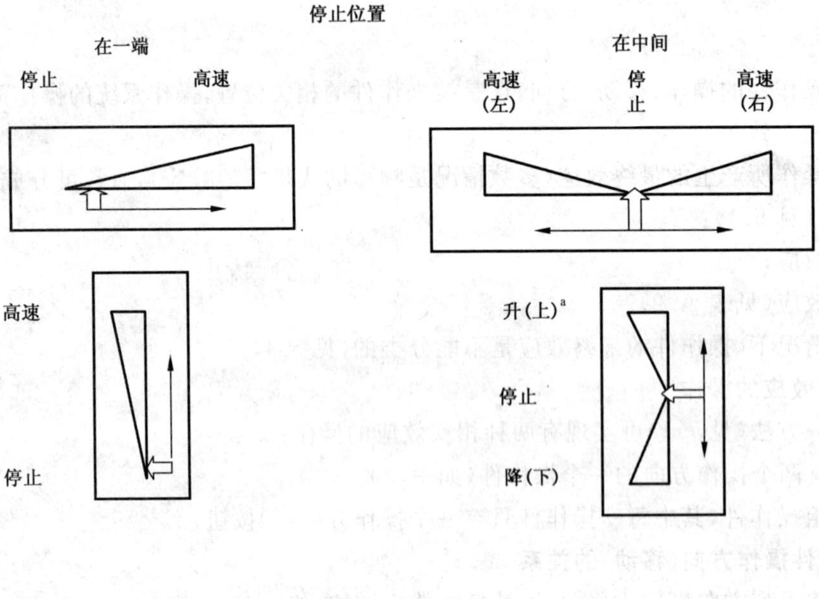

[a] 用于本标准的目的,如果操作件是垂直运动,仅有这一种最终效应。

图 3 滑动操作件的停止位置(线性位移示例)

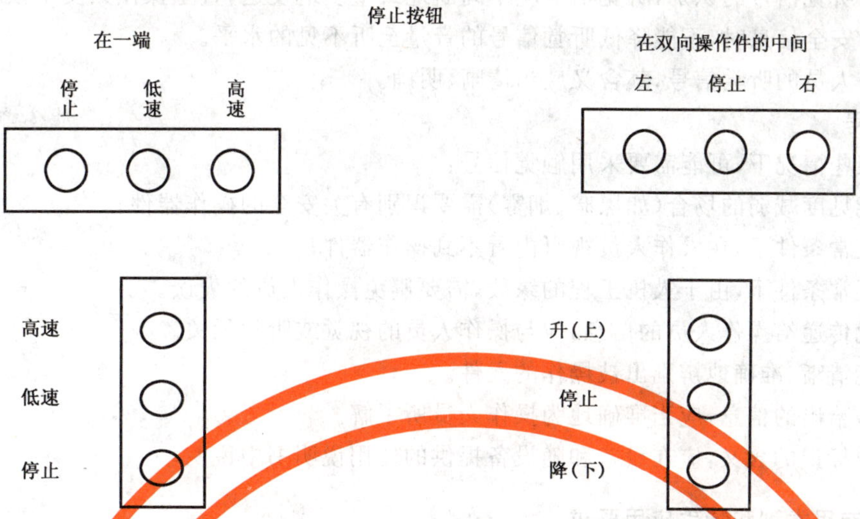

图 4　作为一套操作件一部分的停止按钮

5.3　应急停止操作件

应急停止操作件是为了产生停止效应而设置的一种特殊操作件，其目的是为了防止对机器或工作过程造成危害。

对应急停止操作件的要求：

——应急停止功能在任何时候应是有效的；

——应急停止操作件的设置应保证易于接近和无危险操作；

——操作时，系统应保持在操作状态，直至被人工复位；

——操作件应清晰可见和易于辨认。

如果操作件是按钮，则应急停止功能应以推压此按钮的方式来实现。

注：对于所用颜色的具体要求(例如对于应急停止操作件及与其直接相关的背景色)见 GB/T 4025。

5.4　仅产生一种效应的操作件

在许多情况下，一个操作件只对应一种最终效应，如：复位、试验、求援、报警和确认。

用这种操作件所给指令产生的最终效应不能分为增加和减少效应。此种操作件的配置应符合 4.1 的基本规则。

6　操作件的识别要求

有关安全的操作件，应借助操作件上或其附近的可见信息(按适用的标准中的图形符号、颜色和文字符号)辨认。

注：相关标准见参考文献。

还可以按 GB/T 4025 使用触觉信号或听觉信号。这些标识应易于被感知，且其含义和最终效应、与操作件之间的相互关系以及与位置的相关关系(如果有这种关系的话)不能有任何含糊。

6.1　视觉信号

为了便于观察，在操作运行期间，视觉信号应处在操作人员的视野范围内。

一个视觉信号宜有一种含义，在特定条件下可有不同的含义。在特定安全含义情况下，操作件的颜色及其背景色(如果有的话)应遵守 GB/T 4025 的规定。

6.2　听觉信号

听觉信号可以作为对操作件的操作，特别是对例行操作的响应信号。不宜用听觉信号作为识别操作件的唯一方法。

若使用听觉信号，其音质和音量应能适应于环境噪声的水平，并可传到操作人员预计操作的位置。

为保证对听觉信号的识别，听觉信号应不间断地或重复地发送，直至操作人员干预时为止。当听觉信号用于指示安全信息时，不能降低听觉信号的音量至听不见的水平。

发至操作人员的听觉信号，其含义应当清晰、明确。

6.3 触觉信号

在下述某些情况下，可能需要采用触觉信号：

——在能见度减弱的场合(如黑暗、烟雾)需要识别有关安全的操作器件；

——在正常条件下，在操作人员视野内看不到操作器件；

——在正常条件下，由于人机工程的缘故，需要避免操作人员的失误。

通过触觉传递给操作人员的信息，应与操作人员的视觉或听觉无关。

触觉应能清晰、准确地辨别出被操作的元件。

触觉信号给出的信息，应当准确地为操作人员所了解。

每一触觉标识的含义，应在设备和随设备提供的使用说明书中说明。

7 操作件的专用类型和特殊应用要求

7.1 起动/停止组合控制的单个操作件

在仅需用一个操作件(如按钮)实现两个相反效应时，所使用的操作件可用于非安全功能的场合。

在使用这种操作件时宜有一个恒定信号，以指示有关设备或机器的状态，便于预测后续命令的最终效应。

7.2 推—拉按钮

应考虑推—拉按钮的操作方向与其安装面的关系：

——离开安装面或拉按钮时，最终效应增加，如图5所示。

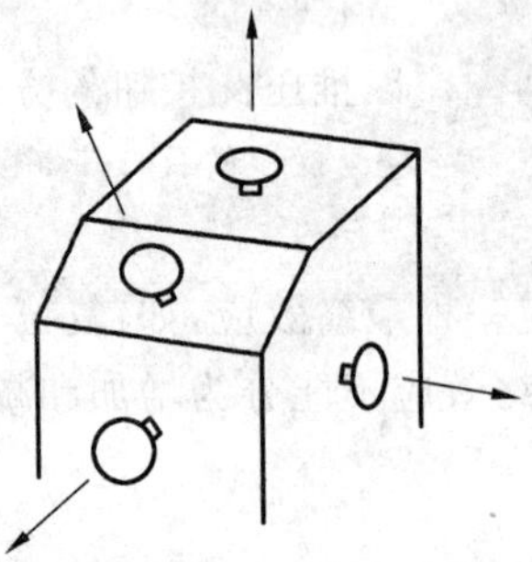

注：图中箭头方向为增加最终效应的方向。

图5 推—拉按钮

——朝着安装面或压按钮时，最终效应减少。

注：推—拉急停按钮应符合本标准，"推"启动动作"停"，"拉"终止动作"停"。

7.3 上升和下降操作杆

图6是用操作件(如操作杆)使物体上升和下降的常用和推荐采用的方法。实际操作时手是向前或向后水平方向移动的。

图6 水平安装的操作杆的升降

7.4 脚踏操作件

对用于起动器件的脚踏操作件的结构和装配应使误踏减至最少。

脚应被导入，例如通过机械护罩。

对于应急停止脚踏操作件，踏板不得装配机械护罩。

7.5 数字/字母数字键

使用这些键作为操作件时需要有一个编码系统，该系统的一个或相继使用的多个键与某些特定命令或功能相对应。这个编码系统应清晰、明确，便于使用人员对编码过程的掌握。

该编码系统应在有关文件中清晰地说明。

绝不能在与安全有关的命令或需要快速操作的功能中使用数字/字母数字键。

7.6 功能键

构成键盘一部分的功能键，由键或按钮组成，它们在特定的应用中用以启动特定的功能或命令。这些键通常是与重复使用的功能有关。其有关命令或所配置的功能必须与第5章的要求相一致。

操作结果应显示。

功能键的用途，应在操作件上、操作件附近及在有关文件中清楚地予以标明。

7.7 可见显示单元(VDU)上的敏感区域(操作件)

当操作件是显示屏幕上的一个敏感区域时(例如借助光标、光笔或用手触摸起动)，应满足下列要求。

注：进一步的要求在参考文献所列标准中。

7.7.1 每个敏感区域的尺寸特别是触及范围应足够大，以使操作人员可以快速准确地进行辨认，同时便于配置有关的操作手段。

7.7.2 有关安全功能的区域应大于一般功能的区域，同时在此安全功能的区域与其他操作件之间，应有备用或空余位置(水平的或垂直的)。

7.7.3 应采取措施防止因偶然触及敏感区域的无意影响所引起的不确定性或危险状态。

注：例如，可采用下列方法：

——双手操作；

——采用启动(操作)器件；

——当手指从屏幕表面适当位置移开而不是压下时，起动命令；

——要求操作者通过第二个操作确认。

7.7.4 所选设备、机器或命令与选择区域之间的图像确认应明确，最好在同一位置。

7.7.5 操作指令应由分离的操作件或同一操作件第二个操作发出。要有防止无意“双击”的措施。

7.7.6 对专门的安全意义的应用，显示屏幕所用颜色应符合GB/T 4025。

7.7.7 显示时紧急停止功能不能被5.3的要求取代。

注：国家法规可禁止在VDU上执行“紧急操作”。

附 录 A
（规范性附录）
操作与其所产生的最终效应之间的相互关系和分类

表 A.1 操作的分类

<table>
<tr><td rowspan="2">操作件的类别</td><td rowspan="2" colspan="2">操作类别</td><td colspan="2">操作 方向</td></tr>
<tr><td>组 1</td><td>组 2</td></tr>
<tr><td>手轮、手柄、旋钮等</td><td colspan="2">旋转</td><td>顺时针 ↷</td><td>逆时针 ↶</td></tr>
<tr><td rowspan="3">基本上是线性运动的把手、拉杆、推—拉按钮等[a]</td><td colspan="2">垂直运动</td><td>↑ 向上</td><td>↓ 向下</td></tr>
<tr><td rowspan="2">水平运动</td><td>右—左</td><td>向右 →</td><td>向左 ←</td></tr>
<tr><td>向前—向后[b]</td><td>离开操作人员 ⊗</td><td>面向操作人员 ⊙</td></tr>
<tr><td rowspan="2">操作件组的类别</td><td rowspan="2" colspan="2">操作类别</td><td colspan="2">操作实施点</td></tr>
<tr><td>组 1</td><td>组 2</td></tr>
<tr><td rowspan="2">具有双向效应的一组手柄、按钮、推拉杆、拉线等</td><td>一个在另一个之上</td><td rowspan="2">压、拉等</td><td>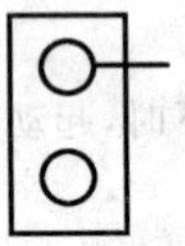
操作上方操作件</td><td>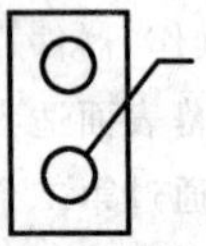
操作下方操作件</td></tr>
<tr><td>一个在另一个旁边</td><td>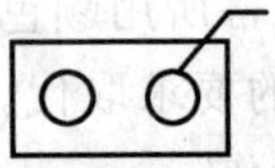
操作右方操作件</td><td>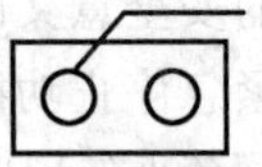
操作左方操作件</td></tr>
<tr><td>操作件组的类别</td><td colspan="2">操作类别</td><td colspan="2">操作分类</td></tr>
<tr><td>带 XY-VDU 控制器的 VDT</td><td colspan="2">移动和操作（点击）</td><td colspan="2" rowspan="3">操作方向和作用点：不分类[c]</td></tr>
<tr><td>键盘</td><td colspan="2">键入</td></tr>
<tr><td>敏感区域</td><td colspan="2">碰触</td></tr>
</table>

[a] 推—拉按钮见 7.2。

[b] 上升和下降拉杆见 7.3。

[c] 尽可能用表 A.1 上半部规则。

表 A.2 最终效应的分类

效应的类别	最终效应	
物理量(电压、电流、功率、速度、频率、温度、亮度)的改变	组 1	组 2
	增加	减少
状态的变化	投入运行 起动 加速 闭合电路[a] 点燃	退出运行 停止 制动 开断电路[b] 熄灭
受控物体或运载工具相对于其主轴的移动	向上[c] 向右 向前	向下[c] 向左 向后
相对于操作者的移动	离开操作者[c]	面向操作者[c]

[a] 如果有接地电路,应同时断开此电路。

[b] 如果有接地电路,应同时接通此电路。

[c] 上升和下降拉杆见 7.3。

附 录 B
（资料性附录）
单功能操作（器）件的典型示例

B.1 操作件的种类

表B.1示出了操作件的典型示例，其中每个图形中的箭头表示已被分类并产生最终效应（按表A.2）的各种操作。

操作方向是由人站在操作地点面向操作件来决定的。表B.1各图中的操作地点是由图号位置表示的。

B.1.1 旋转

将旋转手柄与角度指示器结合在一起，其运动常被认为是旋转（见表B.1中的例15）。

从三个主坐标之一向另一主坐标轴的运动，被认为是旋转（如表B.1的例13）。

B.1.2 线性运动

实际上是上平行于某一主轴的运动，即均衡地分布在另一轴的两边、其允许角运动的总量不超过120度的运动，称为线性运动（如22、23、24、32、33、34、42、43和44）。

当角位移较小（如21、31、41和51），或是仅仅当旋转操作件的外圆有一小部分是可触及或可视的，例如有一部分是处在外壳内的手轮或是一旋钮隐藏于槽后时（如25和35），这种操作件也被认为是线性运动操作件。

表B.1 几种形式操作件运动方向的示例

运动[a]					
角（旋转）	线性				操作件组
	垂直[b]	水平:向一侧[b]	水平:前一后[b]	不同方向组合[b]	
 11	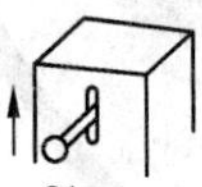 21	 31	 41	 51	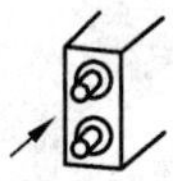 61
 12	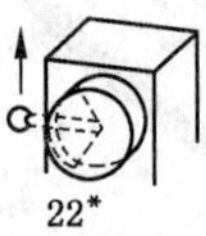 22*	 32*	 42*		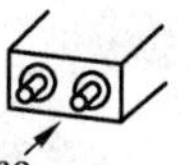 62
 13	 23*	 33*	 43*		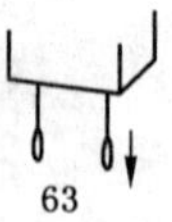 63
 14	 24*	 34*	 44*		
 15	 25	 35			

表 B.1（续）

运动[a]					
角（旋转）	线性				操作件组
	垂直[b]	水平：向一侧[b]	水平：前—后[b]	不同方向组合[b]	
 16					
 17					
 18					

[a] 表中图号所示位置即操作人员所在位置，箭头与组 1 的操作相对应。

[b] 某些时候，角（旋转）运动可认为是线性的，见 B.1.2。

参 考 文 献

[1] ISO 9241 办公用视觉显示终端(VDTS)的人类工效学要求
[2] ISO 9355-1 显示和控制指示器设计的人类工效学要求 第1部分:显示和控制指示器人机交流
[3] ISO 11064 控制中心的人类工效学设计

ICS 77.150.10
H 61

中华人民共和国国家标准

GB/T 4294—2010
代替 GB/T 4294—1997

氢氧化铝

Aluminium hydroxide

2011-01-14 发布　　2011-11-01 实施

中华人民共和国国家质量监督检验检疫总局
中国国家标准化管理委员会　发布

前　言

本标准代替 GB/T 4294—1997《氢氧化铝》。

本标准与 GB/T 4294—1997 相比，主要变化如下：

——取消了 AH-3 牌号；

——牌号 AH-1 标注了用作干法氟化铝的生产原料的要求，即“水分（附着水）≤6%，小于 45 μm 粒度的质量分数≤15%”；

——牌号 AH-2 中的 Fe_2O_3 含量由≤0.03%改为≤0.02%，Na_2O 含量由≤0.5%改为≤0.40%；

——烧失量（灼减）由≤35%改为（34.5±0.5）%；

——水分（附着水）由≤14%改为≤12%；

——增加重金属元素定期监控分析要求，即 $w(Cd+Hg+Pb+Cr^{6+}+As)\leqslant 0.010\%$。

本标准由中国有色金属工业协会提出。

本标准由全国有色金属标准化技术委员会归口。

本标准负责起草单位：中国铝业股份有限公司山东分公司、河南未来铝业有限公司。

本标准主要起草人：李林海、钟沂姝、蒋涛、杨开国、李福强、李红、高洁。

本标准所代替版本的历次发布情况为：

——GB/T 4294—1984；

——GB/T 4294—1997。

氢 氧 化 铝

1 范围

本标准规定了氢氧化铝[$Al(OH)_3$]的要求、试验方法、检验规则及标志、包装、运输、贮存。

本标准适用于生产无机铝盐、阻燃填料及生产其他特种氧化铝制品用原料氢氧化铝。

2 规范性引用文件

下列文件中的条款通过本标准的引用而成为本标准的条款。凡是注日期的引用文件，其随后所有的修改单(不包括勘误的内容)或修订版均不适用于本标准，然而，鼓励根据本标准达成协议的各方研究是否可使用这些文件的最新版本。凡是不注日期的引用文件，其最新版本适用于本标准。

GB/T 6609.22 氧化铝化学分析方法和物理性能测定方法 取样

GB/T 6609.23 氧化铝化学分析方法和物理性能测定方法 试样的制备和贮存

GB/T 6609.28 氧化铝化学分析和物理性能测定方法 小于 60 μm 的细粉末粒度分布的测定 湿筛法

GB/T 8170 数值修约规则与极限数值的表示和判定

YS/T 534(所有部分) 氢氧化铝化学分析方法

YS/T 667.1 化学品氧化铝化学分析方法 第1部分：填料用氢氧化铝及拟薄水铝石中镉、铬、钒含量的测定 电感耦合等离子体发射光谱法

YS/T 667.2 化学品氧化铝化学分析方法 第2部分：填料用氢氧化铝及拟薄水铝石中砷、汞、铅含量的测定 氢化物发生-电感耦合等离子体发射光谱法

3 要求

3.1 产品牌号

氢氧化铝按化学成分和物理性能分为两个牌号：AH-1、AH-2。

3.2 化学成分和物理性能

氢氧化铝的化学成分和物理性能应符合表1的规定。表中数值按 GB/T 8170 的规定进行修约和判定。

表 1

牌号	化学成分(质量分数)[b]/%					物理性能
	Al_2O_3[c] 不小于	杂质含量，不大于			烧失量(灼减)	水分(附着水)/% 不大于
		SiO_2	Fe_2O_3	Na_2O		
AH-1[a,d]	余量	0.02	0.02	0.40	34.5±0.5	12
AH-2[d]	余量	0.04	0.02	0.40	34.5±0.5	12

a 用作干法氟化铝的生产原料时，要求水分(附着水)不大于6%，小于 45 μm 粒度的质量分数≤15%。

b 化学成分按在 110 ℃±5 ℃下烘干 2 h 的干基计算。

c Al_2O_3 含量为100%减去表中所列杂质含量总和以及灼减后的余量。

d 重金属元素 $w(Cd+Hg+Pb+Cr^{6+}+As)\leqslant 0.010\%$，供方可不做常规分析，但应监控其含量。

3.3 外观质量

氢氧化铝为白色粉状或砂状晶体，不应有夹杂物。

3.4 其他要求

需方有特殊要求时由供需双方协商。

4 试验方法

4.1 化学成分

4.1.1 氢氧化铝中 SiO_2、Fe_2O_3、Na_2O、烧失量(灼减)按 YS/T 534.2～534.5 的规定进行测定。

4.1.2 氢氧化铝中重金属元素 Pb、Cd、Hg、Cd、Cr^{6+}、As 按 YS/T 667.1～667.2 的规定进行检验。

4.2 物理性能

4.2.1 水分(附着水)按 YS/T 534.1 的规定进行检验。

4.2.2 小于 45 μm 粒度的质量分数按 GB/T 6609.28 的规定进行检验，但试料烘干温度改为 110 ℃±5 ℃。

4.3 外观质量

外观质量采用目视法检验。

5 检验规则

5.1 检查和验收

5.1.1 氢氧化铝应由供方技术监督部门进行检验，保证产品质量符合本标准的规定，并填写产品质量证明书。

5.1.2 需方应对收到的产品按本标准的规定进行检验。如检验结果与本标准的规定不符时，应在收到产品之日起 1 个月内向供方提出，由供需双方协商解决。如需仲裁，仲裁取样在需方共同进行。

5.2 组批

氢氧化铝应成批提交检验，每批应由同一牌号的产品组成，每批重量不应超过 2 000 t。

5.3 检验项目

每批氢氧化铝应进行化学成分、物理性能及外观质量的检验。

5.4 取样

5.4.1 生产取样

供方可在生产过程中选取代表性样品，并作为出厂检验依据。

5.4.2 仲裁取样

氢氧化铝仲裁取样和制样按 GB/T 6609.22 和 GB/T 6609.23 的规定进行。

5.5 检验结果的判定

5.5.1 化学成分、物理性能检验结果与本标准的规定不符时，判定该批不合格。

5.5.2 外观质量不合格时由供需双方协商。

6 标志、包装、运输和贮存

6.1 标志

包装袋上应标明：

a） 产品名称；

b） 标准编号；

c） 产品批号；

d） 净重；

e） 生产厂名称及地址。

6.2 包装

包装袋用复合塑料编织袋。需方对产品包装有特殊要求时，可由供需双方协商确定。

6.3 运输

产品发运时，车厢内应清扫干净并铺衬防污染材料。不同牌号的产品不得混装。

6.4 贮存

产品应分批堆放在清洁、干燥的仓库内，不得污染。

6.5 质量证明书

每批产品应附质量证明书，其上注明：

a) 生产厂名称；

b) 产品名称和牌号；

c) 批号、净重；

d) 分析检验结果及技术监督部门印记；

e) 本标准编号；

f) 生产日期。

7 合同内容

本标准所列材料的订货合同应包括下列内容：

a) 产品名称；

b) 牌号；

c) 净重；

d) 本标准编号；

e) 其他。

ICS 65.020.20
B 61

中华人民共和国国家标准

GB 4404.2—2010
代替 GB 4404.2—1996,GB 4404.3—1999

粮食作物种子　第2部分:豆类

Seed of food crops—Part 2:Legume

2011-01-14 发布　　2012-01-01 实施

中华人民共和国国家质量监督检验检疫总局
中国国家标准化管理委员会　发布

前　言

GB 4404 的本部分的全部技术内容为强制性。

GB 4404《粮食作物种子》分为以下几个部分：

——第 1 部分：禾谷类；

——第 2 部分：豆类；

——第 3 部分：荞麦；

——第 4 部分：燕麦；

……

本部分为 GB 4404 的第 2 部分。本部分代替 GB 4404.2—1996《粮食作物种子　豆类》和GB 4404.3—1999《粮食作物种子　赤豆、绿豆》。

本部分与 GB 4404.2—1996 和 GB 4404.3—1999 相比，主要变化如下：

——明确了适用范围；

——修订了术语和定义；

——修改了大豆种子净度和水分的要求；

——修改了蚕豆、赤豆、绿豆种子净度的要求；

——取消了包装、运输、贮藏的引用规定；

——修订了检验规则。

本部分由中华人民共和国农业部提出。

本部分由全国农作物种子标准化技术委员会(SAC/TC 37)归口。

本部分起草单位：全国农业技术推广服务中心、农业部农作物种子质量监督检验测试中心(沈阳)、农业部大豆种子质量监督检验测试中心(哈尔滨)、农业部小麦玉米种子质量监督检验测试中心、农业部农作物种子质量监督检验测试中心(合肥)、河北省种子管理总站、吉林省种子管理总站、四川省种子站、云南省种子管理站、甘肃省种子管理总站。

本部分主要起草人：赵建宗、王汝宝、滕开琼、孔令传、孙波、傅友兰、王万双、班秀丽、苏秀、黄正仙、常宏。

本部分所代替标准的历次版本发布情况为：

——GB 4404—1984；

——GB 4404.2—1996；

——GB 4404.3—1999。

粮食作物种子　第2部分:豆类

1　范围

GB 4404 的本部分规定了大豆[*Glycine max*(L.)Merr]、蚕豆[*Vicia faba* L.]、赤豆[*Vigna angularis*(Willd)Ohwi & Ohashi]和绿豆[*Vigna radiata*(L.)Wilczek]种子的质量要求、检验方法和检验规则。

本部分适用于中华人民共和国境内生产、销售的上述豆类种子,涵盖包衣种子和非包衣种子。

2　规范性引用文件

下列文件中的条款通过 GB 4404 的本部分的引用而成为本部分的条款。凡是注日期的引用文件,其随后所有的修改单(不包括勘误的内容)或修订版均不适用于本部分,然而,鼓励根据本部分达成协议的各方研究是否可使用这些文件的最新版本。凡是不注日期的引用文件,其最新版本适用于本部分。

GB/T 3543(所有部分)　农作物种子检验规程

GB 20464　农作物种子标签通则

3　术语和定义

下列术语和定义适用于 GB 4404 的本部分。

3.1

原种　basic seed

用育种家种子繁殖的第一代至第三代,经确认达到规定质量要求的种子。

3.2

大田用种　qualified seed

用原种繁殖的第一代至第三代或杂交种,经确认达到规定质量要求的种子。

4　质量要求

4.1　总则

种子质量要求由质量指标和质量标注值组成。质量指标包括品种纯度、净度、发芽率、水分;质量标注值应真实,并符合 4.2 的规定。

4.2　质量标准

4.2.1　大豆

大豆种子质量应符合表 1 的最低要求。

表 1　　%

作物种类	种子类别	品种纯度 不低于	净度(净种子) 不低于	发芽率 不低于	水　分 不高于
大豆	原种	99.9	99.0	85	12.0
	大田用种	98.0			
注:长城以北和高寒地区的大豆种子水分允许高于 12.0%,但不能高于 13.5%。长城以南的大豆种子(高寒地区除外)水分不得高于 12.0%。					

4.2.2 蚕豆

蚕豆种子质量应符合表2的最低要求。

表2

%

作物种类	种子类别	品种纯度 不低于	净度(净种子) 不低于	发芽率 不低于	水分 不高于
蚕豆	原种	99.9	99.0	90	12.0
	大田用种	97.0			

4.2.3 赤豆

赤豆种子质量应符合表3的最低要求。

表3

%

作物种类	种子类别	品种纯度 不低于	净度(净种子) 不低于	发芽率 不低于	水分 不高于
赤豆(红小豆)	原种	99.0	99.0	85	13.0
	大田用种	96.0			

4.2.4 绿豆

绿豆种子质量应符合表4的最低要求。

表4

%

作物种类	种子类别	品种纯度 不低于	净度(净种子) 不低于	发芽率 不低于	水分 不高于
绿豆	原种	99.0	99.0	85	13.0
	大田用种	96.0			

5 检验方法

净度分析、发芽试验、水分测定、真实性和品种纯度检测应执行GB/T 3543的规定。

6 检验规则

6.1 扦样

扦样方法和种子批的确定应执行GB/T 3543的规定。

6.2 质量判定规则

质量判定规则执行GB 20464的规定。

ICS 65.020.20
B 21

中华人民共和国国家标准

GB 4404.3—2010
代替 GB 4404.4—1999

粮食作物种子 第3部分:荞麦

Seed of food crops—Part 3: Buckwheat

2011-01-14 发布 2012-01-01 实施

中华人民共和国国家质量监督检验检疫总局
中国国家标准化管理委员会 发布

前　言

GB 4404 的本部分的全部技术内容为强制性。

GB 4404《粮食作物种子》分为以下几个部分：

——第 1 部分：禾谷类；

——第 2 部分：豆类；

——第 3 部分：荞麦；

——第 4 部分：燕麦；

……

本部分为 GB 4404 的第 3 部分。

本部分代替 GB 4404.4—1999《粮食作物种子　荞麦》。

本部分与 GB 4404.4—1999 相比，主要变化如下：

——修订了定义和术语；

——将荞麦分为苦荞麦和甜荞麦两种类型；

——修改了甜荞麦原种和大田用种的纯度要求；

——取消了包装、运输、贮藏的引用规定；

——修订了检验规则。

本部分由中华人民共和国农业部提出。

本部分由全国农作物种子标准化技术委员会(SAC/TC 37)归口。

本部分起草单位：全国农业技术推广服务中心、农业部谷物品质监督检验测试中心、农业部农作物种子质量监督检验测试中心(太原)、农业部农作物种子质量监督检验测试中心(西安)、河北省种子管理总站、内蒙古自治区种子管理站。

本部分主要起草人：金石桥、胡学旭、梁志杰、王圆荣、张英、刘志芳、邓澍。

本部分所代替标准的历次版本发布情况为：

——GB 4404.4—1999。

粮食作物种子　第3部分：荞麦

1　范围

GB 4404的本部分规定了苦荞麦[*Fagopyrum tataricum* (L.)Gaertn]和甜荞麦[*Fagopyrum esculentum* Moench]种子的质量要求、检验方法和检验规则。

本部分适用于中华人民共和国境内生产、销售的上述荞麦种子，涵盖包衣种子和非包衣种子。

2　规范性引用文件

下列文件中的条款通过GB 4404的本部分的引用而成为本部分的条款。凡是注日期的引用文件，其随后所有的修改单(不包括勘误的内容)或修订版均不适用于本部分，然而，鼓励根据本部分达成协议的各方研究是否可使用这些文件的最新版本。凡是不注日期的引用文件，其最新版本适用于本部分。

GB/T 3543(所有部分)　农作物种子检验规程

GB 20464　农作物种子标签通则

3　术语和定义

下列术语和定义适用于GB 4404的本部分。

3.1

原种　basic seed

用育种家种子繁殖的第一代至第三代，经确认达到规定质量要求的种子。

3.2

大田用种　qualified seed

用原种繁殖的第一代至第三代或杂交种，经确认达到规定质量要求的种子。

4　质量要求

4.1　总则

种子质量要求由质量指标和质量标注值组成。质量指标包括品种纯度、净度、发芽率、水分；质量标注值应真实，并符合4.2的规定。

4.2　质量标准

荞麦种子质量应符合表1的最低要求。

表1

%

作物种类	种子类别	品种纯度 不低于	净度(净种子) 不低于	发芽率 不低于	水　分 不高于
苦荞麦	原 种	99.0	98.0	85	13.5
	大田用种	96.0			
甜荞麦	原 种	95.0	98.0	85	13.5
	大田用种	90.0			

5　检验方法

净度分析、发芽试验、水分测定、真实性和品种纯度检测应执行GB/T 3543的规定。

6 检验规则

6.1 扦样

扦样方法和种子批的确定应执行 GB/T 3543 的规定。

6.2 质量判定规则

质量判定规则应执行 GB 20464 的规定。

ICS 65.020.20
B 21

中华人民共和国国家标准

GB 4404.4—2010
代替 GB 4404.5—1999

粮食作物种子　第4部分:燕麦

Seed of food crops—Part 4:Oats

2011-01-14 发布　　　　2012-01-01 实施

中华人民共和国国家质量监督检验检疫总局
中国国家标准化管理委员会　发布

前言

GB 4404 的本部分的全部技术内容为强制性。

GB 4404《粮食作物种子》分为以下几个部分：

——第 1 部分：禾谷类；

——第 2 部分：豆类；

——第 3 部分：荞麦；

——第 4 部分：燕麦；

……

本部分为 GB 4404 的第 4 部分。

本部分代替 GB 4404.5—1999《粮食作物种子　燕麦》。

本部分与 GB 4404.5—1999 相比，主要变化如下：

——明确了适用范围；

——修订了定义和术语；

——修改了燕麦大田用种的纯度要求；

——取消了包装、运输、贮藏的引用规定；

——修订了检验规则。

本部分由中华人民共和国农业部提出。

本部分由全国农作物种子标准化技术委员会(SAC/TC 37)归口。

本部分起草单位：全国农业技术推广服务中心、农业部谷物品质监督检验测试中心、农业部农作物种子质量监督检验测试中心(太原)、农业部农作物种子质量监督检验测试中心(西安)、河北省种子管理总站、内蒙古自治区种子管理站。

本部分主要起草人：赵建宗、胡学旭、刘青、冯铸、史桂琴、谢华峰、刘占平。

本部分所代替标准的历次版本发布情况为：

——GB 4404.5—1999。

粮食作物种子　第4部分：燕麦

1　范围

GB 4404的本部分规定了燕麦(*Avena sativa* L.)种子的质量要求、检验方法和检验规则。

本部分适用于中华人民共和国境内生产、销售的上述燕麦种子，涵盖包衣种子和非包衣种子。

2　规范性引用文件

下列文件中的条款通过GB 4404的本部分的引用而成为本部分的条款。凡是注日期的引用文件，其随后所有的修改单(不包括勘误的内容)或修订版均不适用于本部分，然而，鼓励根据本部分达成协议的各方研究是否可使用这些文件的最新版本。凡是不注日期的引用文件，其最新版本适用于本部分。

GB/T 3543(所有部分)　农作物种子检验规程

GB 20464　农作物种子标签通则

3　术语和定义

下列术语和定义适用于GB 4404的本部分。

3.1

原种　basic seed

用育种家种子繁殖的第一代至第三代，经确认达到规定质量要求的种子。

3.2

大田用种　qualified seed

用常规原种繁殖的第一代至第三代或杂交种，经确认达到规定质量要求的种子。

4　质量要求

4.1　总则

种子质量要求由质量指标和质量标注值组成。质量指标包括品种纯度、净度、发芽率、水分；质量标注值应真实，并符合4.2的规定。

4.2　质量标准

燕麦种子最低质量要求见表1。

表1　%

作物种类	种子类别	品种纯度 不低于	净度(净种子) 不低于	发芽率 不低于	水　分 不高于
燕　麦	原　种	99.0	98.0	85	13.0
	大田用种	97.0			

5　检验方法

净度分析、发芽试验、水分测定、真实性和品种纯度检测应执行GB/T 3543的规定。

6 检验规则

6.1 扦样

扦样方法和种子批的确定应执行 GB/T 3543 的规定。

6.2 质量判定规则

质量判定规则应执行 GB 20464 的规定。

ICS 77.150.40
H 62

中华人民共和国国家标准

GB/T 4435—2010
代替 GB/T 4435—1984

镍及镍合金棒

Nickel and nickel alloys bars

2011-01-14 发布

2011-11-01 实施

中华人民共和国国家质量监督检验检疫总局
中国国家标准化管理委员会 发布

前言

本标准代替GB/T 4435—1984《镍及镍铜合金棒》。

本标准与GB/T 4435—1984相比，主要变动如下：

——增加了N4、NCu30-3-05、NMn5、N5、N7、N8、NCu30七个牌号；参照美国标准，纳入了NMn5（NO2211）的力学性能。

——冷加工棒材的规格由原来的5 mm～40 mm扩展到3 mm～65 mm；热加工棒材的规格由原来的32 mm～60 mm扩展到6 mm～254 mm。

——将棒材直径允许偏差的要求在原标准的基础上进行了提升。

本标准使用重新起草法参考美国ASTM B160—2005《镍棒》、ASTM B637—2006《高温用时效强化镍合金棒、锻件、锻坯》、ASTM B865—2004《时效强化镍铜铝合金棒、杆、线、锻件和锻坯》和日本JIS H 4553—1999《镍及镍合金棒材》编制。本标准与ASTM B160—2005、ASTM B637—2006、ASTM B865—2004、JIS H 4553—1999的一致性程度为非等效。

本标准由全国有色金属标准化技术委员会(SAC/TC 243)归口。

本标准负责起草单位：中铝沈阳有色金属加工有限公司。

本标准参加起草单位：宝钛集团有限公司。

本标准主要起草人：刘刚、董艳霞、韩淑敏、张桂敏、郭树昆、王淑琴、王永梅。

本标准所代替标准的历次版本发布情况为：

——GB/T 4435—1984。

镍及镍合金棒

1 范围

本标准规定了镍及镍合金棒材的要求、试验方法、检验规则和标志、包装、运输、贮存和质量证明书及合同(或订货单)等内容。

本标准适用于电子、化工等领域使用的镍及镍合金圆形棒材。

2 规范性引用文件

下列文件对于本文件的应用是必不可少的。凡是注日期的引用文件,仅注日期的版本适用于本文件。凡是不注日期的引用文件,其最新版本(包括所有的修改单)适用于本文件。

GB/T 228—2002 金属材料 室温拉伸试验方法

GB/T 5235—2007 加工镍及镍合金 化学成分和产品形状

GB/T 8647(所有部分) 镍化学分析方法

GB/T 8888 重有色金属加工产品的包装、标志、运输和储存

GB/T 26303.2 铜及铜合金加工材外形尺寸检测方法 第2部分:棒、线、型材

YS/T 325 镍铜合金化学分析方法

YS/T 336 铜、镍及其合金管材和棒材断口检验法

3 要求

3.1 产品分类

3.1.1 牌号、状态和规格

棒材的牌号、状态和规格应符合表1的规定。

表1 牌号、状态和规格

牌号	状态	直径/mm	长度/mm
N4、N5、N6、N7、N8、NCu28-2.5-1.5、NCu30-3-0.5、NCu40-2-1、NMn5、NCu30、NCu35-1.5-1.5	Y(硬) Y_2(半硬) M(软)	3～65	300～6 000
	R(热加工)	6～254	
注:经双方协商,可供应其他规格棒材,具体要求应在合同中注明。			

3.1.2 标记示例

产品标记按产品名称、牌号、状态、规格和标准编号的顺序表示,标记示例如下:

示例 1：用 N6 制造的、供应状态为 R、普通级、直径为 40 mm、长度为 2 000 mm 的圆形棒材，标记为：

棒 N6 R　ϕ40×2 000　GB/T 4435—2010

示例 2：用 NCu40-2-1 制造的、供应状态为 Y、高精级、直径为 15 mm 的圆形棒材，标记为：

棒 NCu40-2-1 Y 高　ϕ15×L　GB/T 4435—2010

3.2　化学成分

棒材的化学成分应符合 GB/T 5235 的规定。

3.3　外形尺寸及其允许偏差

3.3.1　冷加工棒的直径及允许偏差应符合表 2 的规定。

表 2　冷加工棒材的直径及其允许偏差　　单位为毫米

直　径	允许偏差	
	高精级(±)	普通级(±)
3～6	0.03	0.05
>6～10	0.04	0.06
>10～18	0.05	0.08
>18～30	0.06	0.10
>30～50	0.09	0.13
>50～65	0.12	0.16
注：当要求单向偏差时，其值为表中数值的 2 倍；当要求棒材的直径为高精级允许偏差时，应在合同中注明，否则按普通级供货。		

3.3.2　热加工棒的直径及其允许偏差应符合表 3 的规定。

表 3　热加工棒的直径及其允许偏差　　单位为毫米

直　径	允许偏差				
	挤压		热轧		锻造
	高精级(±)	普通级(±)	+	−	
6～15	0.60	0.80	0.60	0.50	±1.00
>15～30	0.75	1.00	0.70	0.50	±1.50
>30～50	1.00	1.20	1.50	1.00	±2.00
>50～80	1.20	1.55	2.00	1.00	±3.00
>80～120	1.55	2.00	2.20	1.20	±3.50
>120～160	—	—	—	—	±5.00
>120～200	—	—	—	—	±6.50
>200～254	—	—	—	—	±7.00
注：当要求单向偏差时，其值为表中数值的 2 倍；当要求棒材的直径为高精级允许偏差时，应在合同中注明，否则按普通级供货。					

3.3.3 长度

棒材的直径为 3 mm～30 mm 时，供应的长度为 1 000 mm～6 000 mm，直径为 30 mm～254 mm，供应的长度为 300 mm～6 000 mm，长度允许偏差为＋15 mm，倍尺长度应加入锯切分段时的锯切量，每一锯切量为＋5 mm。定尺或倍尺长度应在不定尺范围内，并在合同中注明，否则按不定尺长度供货。

3.3.4 直度

棒材的直度（软态棒材除外）应符合表 4 的规定。

表 4 棒材的直度

单位为毫米

长度	直径≤20		直径＞20	
	全长直度	每米直度	全长直度	每米直度
＜1 000	≤3	—	≤5	—
≥1 000～2 000	≤3×长度(m)/1 m	≤3	≤5×长度(m)/1 m	≤5
＞2 000～6 000	≤4×长度(m)/1 m	≤4	≤6×长度(m)/1 m	≤6

3.3.5 棒材的圆度不得超过其直径允许偏差之半。

3.3.6 棒材端部应锯切平整，检验断口的端面可保留。

3.4 力学性能

棒材的力学性能应符合表 5 的规定。

表 5 棒材的力学性能

牌号	状态	直径/mm	抗拉强度 R_m/(N/mm²)	伸长率 A/%
			不小于	
N4、N5、N6、N7、N8	Y	3～20	590	5
		＞20～30	540	6
		＞30～65	510	9
	M	3～30	380	34
		＞30～65	345	34
	R	32～60	345	25
		＞60～254	345	20
NCu28-2.5-1.5	Y	3～15	665	4
		＞15～30	635	6
		＞30～65	590	8
	Y_2	3～20	590	10
		＞20～30	540	12
	M	3～30	440	20
		＞30～65	440	20
	R	6～254	390	25

表 5（续）

牌号	状态	直径/mm	抗拉强度 R_m/(N/mm^2)	伸长率 A/%
			不小于	
NCu30-3-0.5	Y	3～20	1 000	15
		>20～40	965	17
		>40～65	930	20
	R	6～254	实测	实测
	M	3～65	895	20
NCu40-2-1	Y	3～20	635	4
		>20～40	590	5
	M	3～40	390	25
	R	6～254	实测	实测
NMn5	M	3～65	345	40
	R	32～254	345	40
NCu30	R	76～152	550	30
		>152～254	515	30
	M	3～65	480	35
	Y	3～15	700	8
	Y_2	3～15	580	10
		>15～30	600	20
		>30～65	580	20
NCu35-1.5-1.5	R	6～254	实测	实测

3.5 内部质量

棒材断口应致密、无缩尾，并符合 YS/T 336 中对气孔、夹杂和分层等缺陷的规定。

3.6 表面质量

3.6.1 棒材表面应光滑、清洁，不允许有裂纹、起皮、气泡、夹杂物和环状痕等缺陷。

3.6.2 棒材表面允许有局部的、深度不超过该公称直径负偏差的麻点、划伤、凹坑、黑斑和压伤等；热处理后的棒材允许表面有非粗糙的氧化皮存在；棒材表面允许有轻微的矫直痕、氧化色、发暗、水迹、油迹等。

4 试验方法

4.1 化学成分的仲裁分析方法

纯镍的化学成分仲裁分析方法按 GB/T 8647 的规定执行，镍铜合金的化学成分仲裁分析方法按

YS/T 325 的规定执行，其他镍合金的化学成分仲裁分析方法由供需双方协商解决。

4.2 外形尺寸及其允许偏差测量方法

棒材的外形尺寸及其允许偏差按 GB/T 26303.2 的规定进行测量。

4.3 室温力学性能检验方法

棒材的室温拉伸试验按 GB/T 228 的规定执行。试样编号为 R3、R4、R5、R6、R7、R8。

4.4 内部质量检验方法

棒材内部质量的检验按 YS/T 336 的规定进行。

注：经双方协商，内部质量检验也可采用超声波探伤或低倍方法进行检验。

4.5 表面质量检验方法

产品的表面质量用目视进行检验。

5 检验规则

5.1 检查和验收

5.1.1 棒材应由供方检验部门进行检验，保证产品质量符合本标准及合同(或订货单)的规定，并填写质量证明书。

5.1.2 需方对收到的产品按本标准及合同(或订货单)的规定进行检验，检验结果与本标准及合同(或订货单)的规定不符时，应以书面形式向供方提出，由供需双方协商解决。属于表面质量及尺寸偏差的异议，应在收到产品之日起一个月内提出；其他质量异议，应在收到产品三个月内提出。如需仲裁，仲裁取样应由供需双方共同进行。

5.2 组批

棒材应成批提交验收，每批应由同一牌号、状态和规格的产品组成。每批重量应不大于 5 000 kg。

5.3 检验项目

每批产品应进行化学成分、外形尺寸及其允许偏差、力学性能、内部质量和表面质量的检验。

5.4 取样

产品取样应符合表 6 的规定。

表 6 取 样

检验项目	取样规定	要求的章条号	试验方法
化学成分	供方每炉(需方每批)取一个试样	3.2	4.1
外形尺寸及其允许偏差	逐根	3.3	4.2
力学性能	每批任取二根，每根取一个试样	3.4	4.3
内部质量	每批任取二根，每根取一个试样	3.5	4.4
表面质量	逐根	3.6	4.5

5.5 检验结果的判定

5.5.1 化学成分检验不合格时，判该批产品不合格。

5.5.2 棒材外形尺寸及其允许偏差、表面质量检验不合格时，判该根产品不合格。

5.5.3 当力学性能、内部质量试验结果中有试样不合格时，应从该批产品(包括原检验不合格的那根棒材)中另取双倍数量的试样进行重复试验。重复试验结果全部合格，则判该批产品合格。若重复试验结果仍不合格，则判该批产品不合格或逐根检验，合格品交货。

6 标志、包装、运输、贮存和质量证明书

产品的标志、包装、运输、贮存和质量证明书应符合 GB/T 8888 的规定。

7 合同(或订货单)内容

订购本标准所列材料的合同(或订货单)应包括下列内容：

a) 产品名称；
b) 牌号；
c) 状态；
d) 规格；
e) 产品重量(或根数)和件数；
f) 尺寸精度；
g) 本标准编号；
h) 其他。

中华人民共和国国家标准

GB 4479.1—2010

食品安全国家标准
食品添加剂　苋菜红

2010-12-21 发布　　2011-02-21 实施

中华人民共和国卫生部 发布

前　言

本标准代替 GB 4479.1—1999《食品添加剂　苋菜红》。

本标准与 GB 4479.1—1999 相比，主要变化如下：

——增加了安全提示；

——取消了≥60.0%的质量规格；

——水不溶物指标由≤0.30%修改为≤0.20%；

——修改了鉴别试验的方法；

——分光光度比色法平行测定的允许差由 2.0%修改为 1.0%；

——增加了未反应中间体指标和检测方法；

——增加了未磺化芳族伯胺（以苯胺计）指标和检测方法；

——砷（As）的检测方法由化学限量法修改为原子吸收法；

——取消了重金属（以 Pb 计）的质量规格；

——增加了铅（Pb）指标和检测方法。

本标准的附录 A、附录 B 和附录 C 为规范性附录，附录 D 为资料性附录。

本标准所代替标准的历次版本发布情况为：

——GB 4479.1—1986、GB 4479.1—1996、GB 4479.1—1999。

食品安全国家标准

食品添加剂 苋菜红

1 范围

本标准适用于1-萘胺-4-磺酸钠经重氮化后与2-萘酚-3,6-二磺酸钠偶合而制得的食品添加剂苋菜红。

2 规范性引用文件

本标准中引用的文件对于本标准的应用是必不可少的。凡是注日期的引用文件,仅所注日期的版本适用于本标准。凡是不注日期的引用文件,其最新版本(包括所有的修改单)适用于本标准。

3 化学名称、结构式、分子式和相对分子质量

3.1 化学名称

3-羟基-4-(4-偶氮萘磺酸)2,7-萘二磺酸三钠盐

3.2 结构式

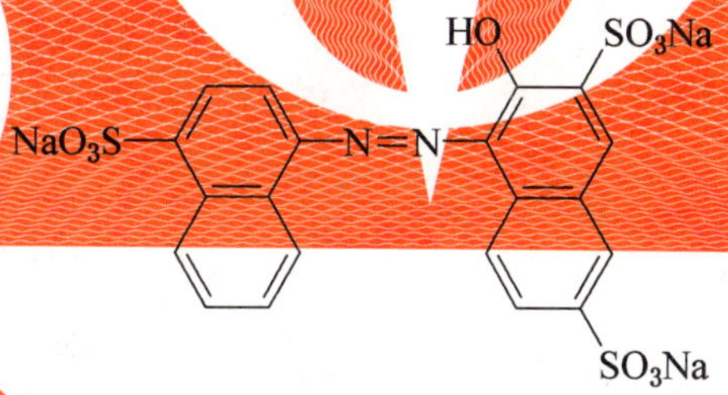

3.3 分子式

$C_{20}H_{11}N_2Na_3O_{10}S_3$

3.4 相对分子质量

604.48(按2007年国际相对原子质量)

4 技术要求

4.1 感官要求:应符合表1的规定。

表1 感官要求

项 目	要 求	检 验 方 法
色泽	红褐色至暗红褐色	自然光线下采用目视评定
组织状态	粉末或颗粒	

4.2 理化指标:应符合表2的规定。

表2 理化指标

项目		指标	检验方法
苋菜红,w/%	≥	85.0	附录A中A.4
干燥减量、氯化物(以NaCl计)及硫酸盐(以Na_2SO_4计)总量,w/%	≤	15.0	附录A中A.5
水不溶物,w/%	≤	0.20	附录A中A.6
副染料,w/%	≤	3.0	附录A中A.7
未反应中间体总和,w/%	≤	0.50	附录A中A.8
未磺化芳族伯胺(以苯胺计),w/%	≤	0.01	附录A中A.9
砷(As)/(mg/kg)	≤	1.0	附录A中A.10
铅(Pb)/(mg/kg)	≤	10.0	附录A中A.11

附 录 A
（规范性附录）
检 验 方 法

A.1 安全提示

本标准试验方法中使用的部分试剂具有毒性或腐蚀性，按相关规定操作，操作时需小心谨慎。若溅到皮肤上应立即用水冲洗，严重者应立即治疗。在使用挥发性酸时，要在通风橱中进行。

A.2 一般规定

本标准所用试剂和水，在没有注明其他要求时，均指分析纯试剂和 GB/T 6682—2008 规定的三级水。试验中所需标准溶液、杂质标准溶液、制剂及制品在没有注明其他规定时，均按 GB/T 601、GB/T 602、GB/T 603 规定配制和标定。

A.3 鉴别试验

A.3.1 试剂和材料

A.3.1.1 硫酸。

A.3.1.2 乙酸铵溶液：1.5 g/L。

A.3.2 仪器和设备

A.3.2.1 分光光度计。

A.3.2.2 比色皿：10 mm。

A.3.3 鉴别方法

应满足如下条件：

A.3.3.1 称取约 0.1 g 试样（精确至 0.01 g），溶于 100 mL 水中，显红色澄清溶液。

A.3.3.2 称取约 0.2 g 试样（精确至 0.01 g），加 20 mL 硫酸，溶液显紫色，取此液 2 滴～3 滴加入 5 mL 水中显红色。

A.3.3.3 称取约 0.1 g 试样（精确至 0.01 g），溶于 100 mL 乙酸铵溶液中，取此溶液 1 mL，加乙酸铵溶液配至 100 mL，该溶液的最大吸收波长为 520 nm±2 nm。

A.4 苋菜红的测定

A.4.1 三氯化钛滴定法（仲裁法）

A.4.1.1 方法提要

在酸性介质中，苋菜红中的偶氮基被三氯化钛还原分解，按三氯化钛标准滴定溶液的消耗量，计算其含量。

A.4.1.2　试剂和材料

A.4.1.2.1　柠檬酸三钠。

A.4.1.2.2　三氯化钛标准滴定溶液：$c(TiCl_3)=0.1$ mol/L(现用现配，配制方法见附录 B)。

A.4.1.2.3　钢瓶装二氧化碳。

A.4.1.3　仪器和设备

三氯化钛滴定法的装置图见图 A.1。

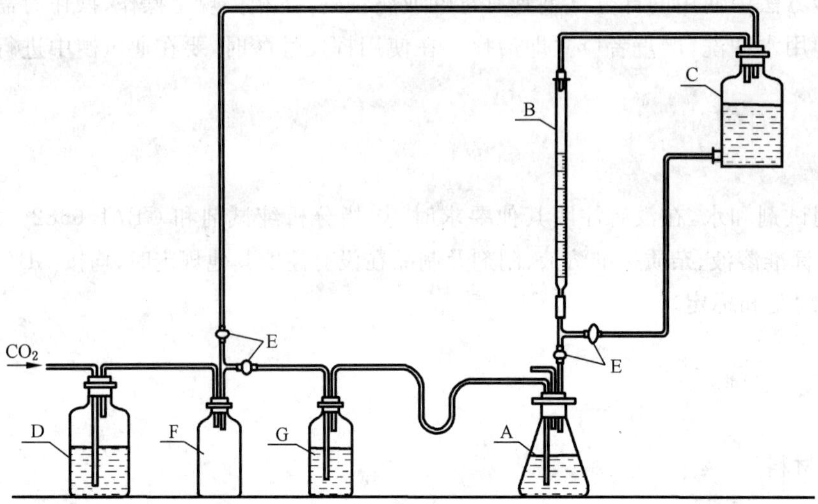

A——锥形瓶(500 mL)；

B——棕色滴定管(50 mL)；

C——包黑纸的下口玻璃瓶(2 000 mL)；

D——装有 100 g/L 碳酸铵溶液和 100 g/L 硫酸亚铁溶液等量混合液的容器(5 000 mL)；

E——活塞；

F——空瓶；

G——装有水的洗气瓶。

图 A.1　三氯化钛滴定法的装置图

A.4.1.4　分析步骤

称取约 0.5 g 试样(精确至 0.000 1 g)，置于 500 mL 锥形瓶中，溶于 50 mL 煮沸并冷却至室温的水中，加入 15 g 柠檬酸三钠和 150 mL 煮沸的水，振荡溶解后，按图 A.1 装好仪器，在液面下通入二氧化碳的同时，加热沸腾，并用三氯化钛标准滴定溶液滴定使其固有颜色消失为终点。

A.4.1.5　结果计算

苋莱红以质量分数 w_1 计，数值用%表示，按公式(A.1)计算：

$$w_1=\frac{c(V/1\,000)(M/4)}{m_1}\times 100\% \quad \cdots\cdots(A.1)$$

式中：

c ——三氯化钛标准滴定溶液浓度的准确数值，单位为摩尔每升(mol/L)；

V——滴定试样耗用的三氯化钛标准滴定溶液体积的准确数值，单位为毫升(mL)；

M——苋菜红的摩尔质量数值，单位为克每摩尔(g/mol)[$M(C_{20}H_{11}N_2Na_3O_{10}S_3)=604.48$]；

m_1——试样的质量数值，单位为克(g)。

计算结果表示到小数点后1位。

平行测定结果的绝对差值不大于1.0%(质量分数)，取其算术平均值作为测定结果。

A.4.2 分光光度比色法

A.4.2.1 方法提要

将试样与已知含量的苋菜红标准品分别用水溶解，用乙酸铵溶液稀释定容后，在最大吸收波长处，分别测其吸光度值，计算其含量。

A.4.2.2 试剂和材料

A.4.2.2.1 乙酸铵溶液：1.5 g/L。

A.4.2.2.2 苋菜红标准品：≥85.0%(质量分数，按A.4.1测定)。

A.4.2.3 仪器和设备

A.4.2.3.1 分光光度计。

A.4.2.3.2 比色皿：10 mm。

A.4.2.4 苋菜红标样溶液的配制

称取约0.5 g苋菜红标准品(精确到0.000 1 g)，溶于适量水中，移入1 000 mL容量瓶中，加水稀释至刻度，摇匀。吸取10 mL，移入500 mL容量瓶中，加乙酸铵溶液稀释至刻度，摇匀，备用。

A.4.2.5 苋菜红试样溶液的配制

称量与操作方法同A.4.2.4标样溶液的配制。

A.4.2.6 分析步骤

将苋菜红标样溶液和苋菜红试样溶液分别置于10 mm比色皿中，同在最大吸收波长处用分光光度计测定各自的吸光度值，用乙酸铵溶液作参比液。

A.4.2.7 结果计算

苋菜红以质量分数w_1计，数值用%表示，按公式(A.2)计算：

$$w_1=\frac{Am_0}{A_0m}\times w_0 \qquad \cdots\cdots(A.2)$$

式中：

A——苋菜红试样溶液的吸光度值；

m_0——苋菜红标准品质量的数值，单位为克(g)；

A_0——苋菜红标样溶液的吸光度值；

m——试样质量的数值，单位为克(g)；

w_0——苋菜红标准品的质量分数，%。

计算结果表示到小数点后1位。

平行测定结果的绝对差值不大于1.0%(质量分数)，取其算术平均值作为测定结果。

A.5 干燥减量、氯化物(以 NaCl 计)及硫酸盐(以 Na_2SO_4 计)总量的测定

A.5.1 干燥减量的测定

A.5.1.1 分析步骤

称取约 2 g 试样(精确至 0.001 g),置于已在 135 ℃±2 ℃恒温干燥箱恒量的称量瓶中,在 135 ℃±2 ℃恒温干燥箱中烘至恒量。

A.5.1.2 结果计算

干燥减量的质量分数以 w_2 计,数值用%表示,按公式(A.3)计算:

$$w_2 = \frac{m_2 - m_3}{m_2} \times 100\% \qquad \text{(A.3)}$$

式中:

m_2——试样干燥前质量的数值,单位为克(g);

m_3——试样干燥至恒量的质量数值,单位为克(g)。

计算结果表示到小数点后 1 位。

平行测定结果的绝对差值不大于 0.2%(质量分数),取其算术平均值作为测定结果。

A.5.2 氯化物(以 NaCl 计)的测定

A.5.2.1 试剂和材料

A.5.2.1.1 硝基苯。

A.5.2.1.2 活性炭;767 针型。

A.5.2.1.3 硝酸溶液:1+1。

A.5.2.1.4 硝酸银溶液:$c(AgNO_3)=0.1$ mol/L。

A.5.2.1.5 硫酸铁铵溶液:

配制方法:称取约 14 g 硫酸铁铵,溶于 100 mL 水中,过滤,加 10 mL 硝酸,贮存于棕色瓶中。

A.5.2.1.6 硫氰酸铵标准滴定溶液:$c(NH_4CNS)=0.1$ mol/L。

A.5.2.2 试样溶液的配制

称取约 2 g 试样(精确至 0.001 g),溶于 150 mL 水中,加约 15 g 活性炭,温和煮沸 2 min~3 min,加入 1 mL 硝酸溶液,不断摇动均匀,放置 30 min(其间不时摇动)。用干燥滤纸过滤。如滤液有色,则再加 5 g 活性炭,不时摇动下放置 1 h,再用干燥滤纸过滤(如仍有色则更换活性炭重复操作至滤液无色)。每次以水 10 mL 洗活性炭三次,滤液合并移至 200 mL 容量瓶中,加水至刻度,摇匀。用于氯化物和硫酸盐含量的测定。

A.5.2.3 分析步骤

移取 50 mL 试样溶液,置于 500 mL 锥形瓶中,加 2 mL 硝酸溶液和 10 mL 硝酸银溶液(氯化物含量多时要多加些)及 5 mL 硝基苯,剧烈摇动至氯化银凝结,加入 1 mL 硫酸铁铵溶液,用硫氰酸铵标准滴定溶液滴定过量的硝酸银到终点并保持 1 min,同时以同样方法做一空白试验。

A.5.2.4 结果计算

氯化物(以 NaCl 计)以质量分数 w_3 计,数值用%表示,按公式(A.4)计算:

$$w_3=\frac{c_1[(V_1-V_0)/1\ 000]M_1}{m_4(50/200)}\times100\% \qquad (A.4)$$

式中：

c_1 ——硫氰酸铵标准滴定溶液浓度的准确数值，单位为摩尔每升(mol/L)；

V_1 ——滴定空白溶液耗用硫氰酸铵标准滴定溶液体积的准确数值，单位为毫升(mL)；

V_0 ——滴定试样溶液耗用硫氰酸铵标准滴定溶液体积的准确数值，单位为毫升(mL)；

M_1 ——氯化钠的摩尔质量数值，单位为克每摩尔(g/mol)[M_1(NaCl)=58.4]；

m_4 ——试样质量的数值，单位为克(g)。

计算结果表示到小数点后1位。

平行测定结果的绝对差值不大于0.3%(质量分数)，取其算术平均值作为测定结果。

A.5.3 硫酸盐(以 Na_2SO_4 计)的测定

A.5.3.1 试剂和材料

A.5.3.1.1 氢氧化钠溶液：2 g/L。

A.5.3.1.2 盐酸溶液：1+1 999。

A.5.3.1.3 氯化钡标准滴定溶液：$c(1/2BaCl_2)$=0.1 mol/L(配制方法见附录C)。

A.5.3.1.4 酚酞指示液：10 g/L。

A.5.3.1.5 玫瑰红酸钠指示液：称取0.1 g玫瑰红酸钠，溶于10 mL水中(现用现配)。

A.5.3.2 分析步骤

吸取25 mL试样溶液(A.5.2.2)，置于250 mL锥形瓶中，加1滴酚酞指示液，滴加氢氧化钠溶液呈粉红色，然后滴加盐酸溶液至粉红色消失，摇匀，溶解后在不断摇动下用氯化钡标准滴定溶液滴定，以玫瑰红酸钠指示液作外指示液，反应液与指示液在滤纸上交汇处呈现玫瑰红色斑点并保持2 min不褪色为终点。

同时以相同方法做空白试验。

A.5.3.3 结果计算

硫酸盐(以 Na_2SO_4 计)以质量分数 w_4 计，数值用%表示，按公式(A.5)计算：

$$w_4=\frac{c_2[(V_2-V_3)/1\ 000](M_2/2)}{m_4(25/200)}\times100\% \qquad (A.5)$$

式中：

c_2 ——氯化钡标准滴定溶液浓度的准确数值，单位为摩尔每升(mol/L)；

V_2 ——滴定试样溶液耗用氯化钡标准滴定溶液体积的准确数值，单位为毫升(mL)；

V_3 ——滴定空白溶液耗用氯化钡标准滴定溶液体积的准确数值，单位为毫升(mL)；

M_2 ——硫酸钠的摩尔质量的数值，单位为克每摩尔(g/mol)[$M_2(Na_2SO_4)$=142.04]；

m_4 ——试样质量的数值，单位为克(g)。

计算结果表示到小数点后1位。

平行测定结果的绝对差值不大于0.2%(质量分数)，取其算术平均值作为测定结果。

A.5.4 干燥减量、氯化物(以 NaCl 计)及硫酸盐(以 Na_2SO_4 计)总量的结果计算

干燥减量和氯化物(以 NaCl 计)及硫酸盐(以 Na_2SO_4 计)的总量以质量分数 w_5 计，数值用%表示，按公式(A.6)计算：

$$w_5 = w_2 + w_3 + w_4 \qquad\qquad (A.6)$$

式中：

w_2——干燥减量的质量分数，%；

w_3——氯化物(以 NaCl 计)的质量分数，%；

w_4——硫酸盐(以 Na_2SO_4 计)的质量分数，%。

计算结果表示到小数点后 1 位。

A.6 水不溶物的测定

A.6.1 仪器和设备

A.6.1.1 玻璃砂芯坩埚：G4，孔径为 5 μm～15 μm。

A.6.1.2 恒温干燥箱。

A.6.2 分析步骤

称取约 3 g 试样(精确至 0.001 g)，置于 500 mL 烧杯中，加入 50 ℃～60 ℃热水 250 mL，使之溶解，用已在 135 ℃±2 ℃烘至恒量的玻璃砂芯坩埚过滤，并用热水充分洗涤到洗涤液无色，在 135 ℃±2 ℃恒温干燥箱中烘至恒量。

A.6.3 结果计算

水不溶物以质量分数 w_6 计，数值用%表示，按公式(A.7)计算：

$$w_6 = \frac{m_6}{m_5} \times 100\% \qquad\qquad (A.7)$$

式中：

m_6——干燥后水不溶物质量的数值，单位为克(g)；

m_5——试样质量的数值，单位为克(g)。

计算结果表示到小数点后 2 位。

平行测定结果的绝对差值不大于 0.05%(质量分数)，取其算术平均值作为测定结果。

A.7 副染料的测定

A.7.1 方法提要

用纸上层析法将各组分分离，洗脱，然后用分光光度法定量。

A.7.2 试剂和材料

A.7.2.1 无水乙醇。

A.7.2.2 正丁醇。

A.7.2.3 丙酮溶液：1+1。

A.7.2.4 氨水溶液：4+96。

A.7.2.5 碳酸氢钠溶液：4 g/L。

A.7.3 仪器和设备

A.7.3.1 分光光度计。

A.7.3.2 层析滤纸：1 号中速，150 mm×250 mm。

A.7.3.3 层析缸：ϕ240 mm×300 mm。

A.7.3.4 微量进样器：100 μL。

A.7.3.5 纳氏比色管：50 mL 有玻璃磨口塞。

A.7.3.6 玻璃砂芯漏斗：G3，孔径为 15 μm～40 μm。

A.7.3.7 50 mm 比色皿。

A.7.3.8 10 mm 比色皿。

A.7.4 分析步骤

A.7.4.1 纸上层析条件

A.7.4.1.1 展开剂：正丁醇＋无水乙醇＋氨水溶液＝6＋2＋3。

A.7.4.1.2 温度：20 ℃～25 ℃。

A.7.4.2 试样溶液的配制

称取 1 g 试样（精确至 0.001 g），置于烧杯中，加入适量水溶解后，移入 100 mL 容量瓶中，稀释至刻度，摇匀备用，该试样溶液浓度为 1%。

A.7.4.3 试样洗出液的制备

用微量进样器吸取 100 μL 试样溶液，均匀地注在离滤纸底边 25 mm 的一条基线上，成一直线，使其在滤纸上的宽度不超过 5 mm，长度为 130 mm，用吹风机吹干。将滤纸放入装有预先配制好展开剂的层析缸中展开，滤纸底边浸入展开剂液面下 10 mm，待展开剂前沿线上升至 150 mm 或直到副染料分离满意为止。取出层析滤纸，用冷风吹干。

用空白滤纸在相同条件下展开，该空白滤纸应与上述步骤展开用的滤纸在同一张滤纸上相邻部位裁取。

副染料纸上层析示意图见图 A.2。

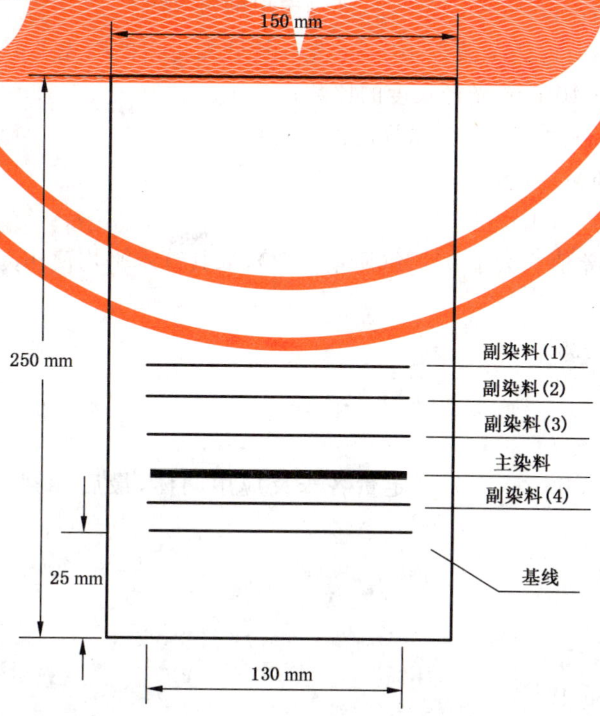

图 A.2 副染料纸上层析示意图

将展开后取得的各个副染料和在空白滤纸上与各副染料相对应的部位的滤纸按同样大小剪下，并剪成约 5 mm×15 mm 的细条，分别置于 50 mL 的纳氏比色管中，准确加入 5 mL 丙酮溶液，摇动 3 min～5 min 后，再准确加入 20 mL 碳酸氢钠溶液，充分摇动，然后分别在 G3 玻璃砂芯漏斗中自然过滤，滤液应澄清，无悬浮物。分别得到各副染料和空白的洗出液。在各自副染料的最大吸收波长处，用 50 mm 比色皿，将各副染料的洗出液在分光光度计上测定各自的吸光度值。

在分光光度计上测定吸光度时，以 5 mL 丙酮溶液和 20 mL 碳酸氢钠溶液的混合液作参比液。

A.7.4.4 标准溶液的配制

吸取 6 mL 1%的试样溶液移入 100 mL 容量瓶中，稀释至刻度，摇匀，该溶液为标准溶液。

A.7.4.5 标准洗出液的制备

用微量进样器吸取标准溶液 100 μL，均匀地点注在离滤纸底边 25 mm 的一条基线上，用吹风机吹干。将滤纸放入装有预先配制好展开剂的层析缸中展开，待展开剂前沿线上升 40 mm，取出用冷风吹干，剪下所有展开的染料部分，按 A.7.4.3 的方法进行萃取操作，得到标准洗出液。用 10 mm 比色皿在最大吸收波长处测吸光度值。

同时用空白滤纸在相同条件下展开，按相同方法操作后测洗出液的吸光度值。

A.7.4.6 结果计算

副染料的含量以质量分数 w_7 计，数值用%表示，按公式(A.8)计算：

$$w_7=\frac{[(A_1-b_1)+\cdots\cdots+(A_n-b_n)]/5}{(A_s-b_s)(100/6)}\times S \qquad \text{(A.8)}$$

式中：

$A_1 \cdots A_n$ ——各副染料洗出液以 50 mm 光径长度测定出的吸光度值；

$b_1 \cdots b_n$ ——各副染料对照空白洗出液以 50 mm 光径长度测定出的吸光度值；

A_s ——标准洗出液以 10 mm 光径长度测定出的吸光度值；

b_s ——标准对照空白洗出液以 10 mm 光径长度测定出的吸光度值；

5 ——折算成以 10 mm 光径长度的比数；

100/6 ——标准洗出液折算成 1%试样溶液的比数；

S ——试样的质量分数，%。

计算结果表示到小数点后 1 位。

平行测定结果的绝对差值不大于 0.2%(质量分数)，取其算术平均值作为测定结果。

A.8 未反应中间体总和的测定

A.8.1 方法提要

采用反相液相色谱法，用外标法分别定量各未反应中间体，最后计算未反应中间体总和的质量分数。

A.8.2 试剂和材料

A.8.2.1 甲醇。

A.8.2.2 乙酸铵溶液：2 g/L。

A.8.2.3 1-萘胺-4-磺酸钠。

A.8.2.4 7-羟基-1,3-萘二磺酸钠。

A.8.2.5 3-羟基-2,7-萘二磺酸钠。

A.8.2.6 6-羟基-2-萘磺酸钠。

A.8.2.7 7-羟基-1,3,6-萘三磺酸钠。

A.8.3 仪器和设备

A.8.3.1 液相色谱仪:输液泵—流量范围 0.1 mL/min~5.0 mL/min,在此范围内其流量稳定性为±1%;检测器-多波长紫外分光检测器或具有同等性能的紫外分光检测器。

A.8.3.2 色谱柱:长为 150 mm,内径为 4.6 mm 的不锈钢柱,固定相为 C_{18}、粒径 5 μm。

A.8.3.3 色谱工作站或积分仪。

A.8.3.4 超声波发生器。

A.8.3.5 定量环:20 μL。

A.8.4 色谱分析条件

A.8.4.1 检测波长:238 nm。

A.8.4.2 柱温:30 ℃。

A.8.4.3 流动相:A,乙酸铵溶液;B,甲醇;

浓度梯度:A(100)比 B(0)保持 5 min,再 50 min 线性浓度梯度从 A(100)比 B(0)至 A(70)比 B(30)。

A.8.4.4 流量:1.0 mL/min。

A.8.4.5 进样量:20 μL。

可根据仪器不同,选择最佳分析条件,流动相应摇匀后用超声波发生器进行脱气。

A.8.5 试样溶液的配制

称取约 0.1 g 苋菜红试样(精确至 0.000 1 g),加乙酸铵溶液溶解并定容至 100 mL。

A.8.6 标准溶液的配制

分别称取约 0.01 g(精确至 0.000 1 g)已于真空干燥器中干燥 24 h 后的 1-萘胺-4-磺酸钠、7-羟基-1,3-萘二磺酸钠、3-羟基-2,7-萘二磺酸钠、6-羟基-2-萘磺酸钠、7-羟基-1,3,6-萘三磺酸钠。用乙酸铵溶液分别溶解并定容至 100 mL。然后分别吸取 10.0 mL、5.0 mL、2.0 mL、1.0 mL 上述各标准溶液,用乙酸铵溶液定容至 100 mL。配制成系列标准溶液。

A.8.7 分析步骤

在本标准 A.8.4 规定的色谱分析条件下,分别用微量注射器吸取试样溶液及系列标准溶液注入并充满定量环进行色谱检测,待最后一个组分流出完毕,进行结果处理。测定各标准溶液物质的峰面积,分别绘制成各标准曲线。测定试样溶液中的 1-萘胺-4-磺酸钠、7-羟基-1,3-萘二磺酸钠、3-羟基-2,7-萘二磺酸钠、6-羟基-2-萘磺酸钠、7-羟基-1,3,6-萘三磺酸钠的峰面积,根据各标准曲线求出各自未反应中间体的质量分数。色谱图见附录 D。

A.8.8 结果计算

未反应中间体的总和以质量分数 w_{13} 计,数值用%表示,按公式(A.9)计算:

$$w_{13} = w_8 + w_9 + w_{10} + w_{11} + w_{12} \qquad \text{(A.9)}$$

式中:

w_8 ——1-萘胺-4-磺酸钠的质量分数,%;

w_9——7-羟基-1,3-萘二磺酸钠的质量分数,%；

w_{10}——3-羟基-2,7-萘二磺酸钠的质量分数,%；

w_{11}——6-羟基-2-萘磺酸钠的质量分数,%；

w_{12}——7-羟基-1,3,6-萘三磺酸钠的质量分数,%。

A.9 未磺化芳族伯胺(以苯胺计)的测定

A.9.1 方法提要

以乙酸乙酯萃取出试样中未磺化芳族伯胺成分,将萃取液和苯胺标准溶液分别经重氮化和偶合后再测定各自生成染料的吸光度予以比较与判别。

A.9.2 试剂和材料

A.9.2.1 乙酸乙酯。

A.9.2.2 盐酸溶液:1+10。

A.9.2.3 盐酸溶液:1+3。

A.9.2.4 溴化钾溶液:500 g/L。

A.9.2.5 碳酸钠溶液:200 g/L。

A.9.2.6 氢氧化钠溶液:40 g/L。

A.9.2.7 氢氧化钠溶液:4 g/L。

A.9.2.8 R 盐溶液:20 g/L。

A.9.2.9 亚硝酸钠溶液:3.52 g/L。

A.9.2.10 苯胺标准溶液:0.100 0 g/L。

配制:用小烧杯称取 0.500 0 g 新蒸馏的苯胺,移至 500 mL 容量瓶中,以 150 mL 盐酸溶液(1+3)分三次洗涤烧杯,并入 500 mL 容量瓶中,水稀释至刻度。移取 25 mL 该溶液至 250 mL 容量瓶中,水定容。此溶液苯胺浓度为 0.100 0 g/L。

A.9.3 仪器和设备

A.9.3.1 可见分光光度计。

A.9.3.2 比色皿:40 mm。

A.9.4 试样萃取溶液的配制

称取约 2.0 g 试样(精确至 0.001 g)于 150 mL 烧杯中,加 100 mL 水和 5 mL 氢氧化钠溶液(40 g/L),在温水浴中搅拌至完全溶解。将此溶液移入分液漏斗中,少量水洗净烧杯。每次以 50 mL 乙酸乙酯萃取两次,合并萃取液。以 10 mL 氢氧化钠溶液(4 g/L)洗涤乙酸乙酯萃取液,除去痕量色素。再每次以 10 mL 盐酸溶液(1+3)对乙酸乙酯溶液反萃取三次。合并该盐酸萃取液,然后用水稀释至 100 mL,摇匀。此溶液为试样萃取溶液。

A.9.5 标准对照溶液的制备

吸取 2.0 mL 苯胺标准溶液至 100 mL 容量瓶中,用盐酸溶液(1+10)稀释至刻度,混合均匀,此为标准对照溶液。

A.9.6 重氮化偶合溶液的制备

吸取 10 mL 试样萃取溶液,移入透明洁净的试管中,浸入盛有冰水混合物的烧杯内冷却 10 min。

在试管中加入 1 mL 溴化钾溶液及 0.5 mL 亚硝酸钠溶液，稍用力摇匀后仍置于冰水浴中冷却 10 min，进行重氮化反应。另取一个 25 mL 容量瓶移入 1 mL R 盐溶液和 10 mL 碳酸钠溶液。将上述试管中的苯胺重氮盐溶液加至盛有 R 盐溶液的容量瓶中，边加边略振摇容量瓶，用少许水洗净试管一并加入容量瓶中，再以水定容。充分混匀后在暗处放置 15 min。该溶液为试样重氮化偶合溶液。

标准重氮化偶合溶液的制备，吸取 10 mL 标准对照溶液，其余步骤同上。

A.9.7　参比溶液的制备

吸取 10 mL 盐酸溶液(1+10)、10 mL 碳酸钠溶液及 1 mL R 盐溶液于 25 mL 容量瓶中，水定容。该溶液为参比溶液。

A.9.8　分析步骤

将标准重氮化偶合溶液和试样重氮化偶合溶液分别置于比色皿中，在 510 nm 波长处用分光光度计测定各自的吸光度 A_a、A_b，以 A.9.7 作参比溶液。

A.9.9　结果判定

$A_b \leqslant A_a$ 即为合格。

A.10　砷的测定

A.10.1　方法提要

苋菜红经湿法消解后，制备成试样溶液，用原子吸收光谱法测定砷的含量。

A.10.2　试剂和材料

A.10.2.1　硝酸。
A.10.2.2　硫酸溶液：1+1。
A.10.2.3　硝酸-高氯酸混合溶液：3+1。
A.10.2.4　砷(As)标准溶液：按 GB/T 602 配制和标定后，再根据使用的仪器要求进行稀释配制成含砷相应浓度的三种标准溶液。
A.10.2.5　氢氧化钠溶液：1 g/L。
A.10.2.6　硼氢化钠溶液：8 g/L(溶剂为 1 g/L 的氢氧化钠溶液)。
A.10.2.7　盐酸溶液：1+10。
A.10.2.8　碘化钾溶液：200 g/L。

A.10.3　仪器和设备

A.10.3.1　原子吸收光谱仪。
A.10.3.2　仪器参考条件：砷空心阴极灯分析线波长：193.7 nm；狭缝：0.5 nm～1.0 nm；灯电流：6 mA～10 mA。
A.10.3.3　载气流速：氩气 250 mL/min。
A.10.3.4　原子化器温度：900 ℃。

A.10.4　分析步骤

A.10.4.1　试样消解

称取约 1 g 试样(精确至 0.001 g)，置于 250 mL 三角或圆底烧瓶中，加 10 mL～15 mL 硝酸和

2 mL 硫酸溶液，摇匀后用小火加热赶出二氧化氮气体，溶液变成棕色，停止加热，放冷后加入 5 mL 硝酸-高氯酸混合液，强火加热至溶液透明或微黄色，如仍不透明，放冷后再补加 5 mL 硝酸-高氯酸混合溶液，继续加热至溶液透明无色或微黄色并产生白烟（避免烧干出现炭化现象），停止加热，放冷后加水 5 mL 加热至沸，除去残余的硝酸-高氯酸（必要时可再加水煮沸一次），继续加热至发生白烟，保持 10 min，放冷后移入 100 mL 容量瓶（若溶液出现浑浊、沉淀或机械杂质应过滤），用盐酸溶液稀释定容。

同时按相同的方法制备空白溶液。

A.10.4.2　测定

量取 25 mL 消解后的试样溶液至 50 mL 容量瓶，加入 5 mL 碘化钾溶液，用盐酸溶液稀释定容，摇匀，静置 15 min。

同时按相同的方法以空白溶液制备空白测试液。

开启仪器，待仪器及砷空心阴极灯充分预热，基线稳定后，用硼氢化钠溶液作氢化物还原发生剂，以标准空白、标准溶液、样品空白测试液及样品溶液的顺序，按电脑指令分别进样。测试结束后电脑自动生成工作曲线及扣除样品空白后的样品溶液中砷浓度，输入样品信息（如：名称、称样量、稀释体积等），即自动换算出试样中砷的含量。

平行测定结果的绝对差值不大于 0.1 mg/kg，取其算术平均值作为测定结果。

A.11　铅的测定

A.11.1　方法提要

苋莱红经湿法消解后，制备成试样溶液，用原子吸收光谱法测定铅的含量。

A.11.2　试剂和材料

A.11.2.1　铅（Pb）标准溶液：按 GB/T 602 配制和标定后，再根据使用的仪器要求进行稀释配制成含铅相应浓度的三种标准溶液。

A.11.2.2　氢氧化钠溶液：1 g/L。

A.11.2.3　硼氢化钠溶液：8 g/L（溶剂为 1 g/L 的氢氧化钠溶液）。

A.11.2.4　盐酸溶液：1＋10。

A.11.3　仪器和设备

A.11.3.1　原子吸收光谱仪。

A.11.3.2　仪器参考条件：GB 5009.12—2010 中第三法火焰原子吸收光谱法。

A.11.4　分析步骤

可直接采用 A.10.4.1 的试样溶液和空白溶液。

按 GB 5009.12—2010 中第三法火焰原子吸收光谱法操作。

平行测定结果的绝对差值不大于 1.0 mg/kg，取其算术平均值作为测定结果。

附 录 B
（规范性附录）
三氯化钛标准滴定溶液的配制方法

B.1 试剂和材料

B.1.1 盐酸。

B.1.2 硫酸亚铁铵。

B.1.3 硫氰酸铵溶液：200 g/L。

B.1.4 硫酸溶液：1+1。

B.1.5 三氯化钛溶液。

B.1.6 重铬酸钾标准滴定溶液：$c(1/6K_2Cr_2O_7)=0.1$ mol/L，按 GB/T 602 配制与标定。

B.2 仪器和设备

见图 A.1。

B.3 三氯化钛标准滴定溶液的配制

B.3.1 配制

取 100 mL 三氯化钛溶液和 75 mL 盐酸，置于 1 000 mL 棕色容量瓶中，用新煮沸并已冷却到室温的水稀释至刻度，摇匀，立即倒入避光的下口瓶中，在二氧化碳气体保护下贮藏。

B.3.2 标定

称取约 3 g（精确至 0.000 1 g）硫酸亚铁铵，置于 500 mL 锥形瓶中，在二氧化碳气流保护作用下，加入 50 mL 新煮沸并已冷却的水，使其溶解，再加入 25 mL 硫酸溶液，继续在液面下通入二氧化碳气流作保护，迅速准确加入 35 mL 重铬酸钾标准滴定溶液，然后用需标定的三氯化钛标准溶液滴定到接近计算量终点，立即加入 25 mL 硫氰酸铵溶液，并继续用需标定的三氯化钛标准溶液滴定到红色转变为绿色，即为终点。整个滴定过程应在二氧化碳气流保护下操作，同时做一空白试验。

B.3.3 结果计算

三氯化钛标准溶液的浓度以 $c(TiCl_3)$ 计，单位以摩尔每升（mol/L）表示，按公式（B.1）计算：

$$c(TiCl_3)=\frac{cV_1}{V_2-V_3} \qquad \text{(B.1)}$$

式中：

c ——重铬酸钾标准滴定溶液浓度的准确数值，单位为摩尔每升（mol/L）；

V_1——重铬酸钾标准滴定溶液体积的准确数值，单位为毫升（mL）；

V_2——滴定被重铬酸钾标准滴定溶液氧化成高钛所用去的三氯化钛标准滴定溶液体积的准确数值，单位为毫升（mL）；

V_3——滴定空白用去三氯化钛标准滴定溶液体积的准确数值，单位为毫升(mL)。

计算结果表示到小数点后 4 位。

以上标定需在分析样品时即时标定。

附 录 C
（规范性附录）
氯化钡标准溶液的配制方法

C.1 试剂和材料

C.1.1 氯化钡。

C.1.2 氨水。

C.1.3 硫酸标准滴定溶液：$c(1/2H_2SO_4)=0.1$ mol/L，按 GB/T 601 配制与标定。

C.1.4 玫瑰红酸钠指示液（称取 0.1 g 玫瑰红酸钠，溶于 10 mL 水中，现用现配）。

C.1.5 广范 pH 试纸。

C.2 配制

称取 12.25 g 氯化钡，溶于 500 mL 水，移入 1 000 mL 容量瓶中，稀释至刻度，摇匀。

C.3 标定方法

吸取 20 mL 硫酸标准滴定溶液，置于 250 mL 锥形瓶中，加 50 mL 水，并用氨水中和到广范 pH 试纸为 8，然后用氯化钡标准滴定溶液滴定，以玫瑰红酸钠指示液作外指示液，反应液与指示液在滤纸上交汇处呈现玫瑰红色斑点且保持 2 min 不褪色为终点。

C.4 结果计算

氯化钡标准滴定溶液浓度以 $c(1/2BaCl_2)$ 计，单位以摩尔每升（mol/L）表示，按公式（C.1）计算：

$$c\left(\frac{1}{2}BaCl_2\right)=\frac{c_1V_4}{V_5} \qquad \text{(C.1)}$$

式中：

c_1——硫酸标准滴定溶液浓度的准确数值，单位为摩尔每升（mol/L）；

V_4——硫酸标准滴定溶液体积的准确数值，单位为毫升（mL）；

V_5——消耗氯化钡标准滴定溶液体积的准确数值，单位为毫升（mL）。

计算结果表示到小数点后 4 位。

附 录 D
（资料性附录）
苋菜红液相色谱示意图和各组分保留时间

D.1 苋菜红液相色谱示意图见图 D.1。

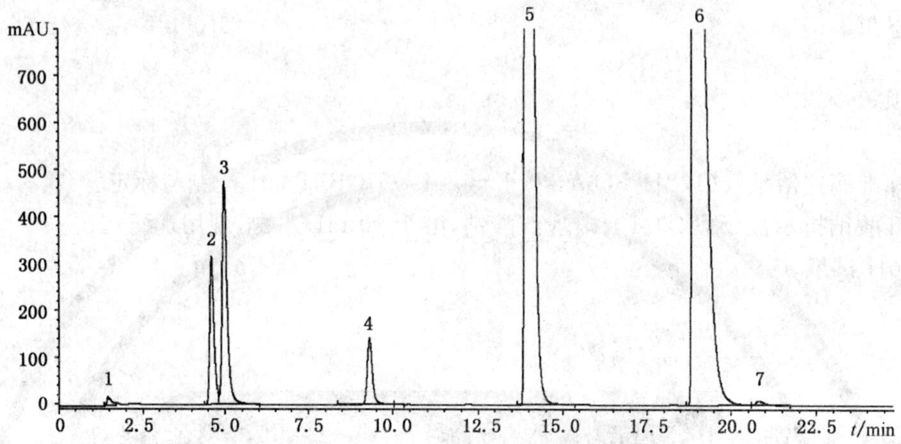

1——6-羟基-1,3,6-萘三磺酸钠；

2——7-羟基-1,3-萘二磺酸钠；

3——3-羟基-2,7-萘二磺酸钠；

4——1 萘胺-4-磺酸钠；

5——6-羟基-2-萘磺酸钠；

6——苋菜红；

7——未知物。

图 D.1 苋菜红液相色谱示意图

D.2 苋菜红各组分保留时间见表 D.1。

表 D.1 苋菜红各组分保留时间

峰号	组 分 名 称	保留时间/min
1	6-羟基-1,3,6-萘三磺酸钠	2.44
2	7-羟基-1,3-萘二磺酸钠	4.59
3	3-羟基-2,7-萘二磺酸钠	4.97
4	1 萘胺-4-磺酸钠	9.29
5	6-羟基-2-萘磺酸钠	13.92
6	苋菜红	18.88
注：不同仪器、不同分离柱、甚至不同时间进样各组分的保留时间均会有所不同，但各组分的洗脱顺序是不变的。		

中华人民共和国国家标准

GB 4481.1—2010

食品安全国家标准
食品添加剂　柠檬黄

2010-12-21 发布　　2011-02-21 实施

中华人民共和国卫生部　发布

前　言

本标准代替 GB 4481.1—1999《食品添加剂　柠檬黄》。

本标准与 GB 4481.1—1999 相比，主要变化如下：

——增加了安全提示；

——取消了≥60.0％的质量规格，将≥85.0％的指标修改为≥87.0％；

——干燥减量、氯化物和硫酸盐总量指标由≤15.0％修改为≤13.0％，并修改了检测方法；

——水不溶物指标由≤0.30％修改为≤0.20％；

——修改了鉴别试验的方法；

——分光光度比色法平行测定允许差由≤2.0％修改为≤1.0％；

——增加了未磺化芳族伯胺（以苯胺计）指标和检测方法；

——增加了对氨基苯磺酸、1-(4′-磺酸基苯基)-3-羧基-5-吡唑啉酮二钠盐、1-(4′-磺酸基苯基)-3-羧酸甲(乙)酯基-5-吡唑啉酮钠盐、4,4′-(重氮亚氨基)二苯磺酸二钠盐等未反应中间体及副产物指标和检测方法；

——砷(As)的检测方法由化学限量法修改为原子吸收法；

——取消了重金属(以 Pb 计)的质量规格；

——增加了铅(Pb)指标和检测方法；

——增加了汞(Hg)指标和检测方法。

本标准的附录 A、附录 B 和附录 C 为规范性附录，附录 D 为资料性附录。

本标准所代替标准的历次版本发布情况为：

——GB 4481.1—1984，GB 4481.1—1999。

食品安全国家标准

食品添加剂　柠檬黄

1　范围

本标准适用于由对氨基苯磺酸重氮化后与1-(4′-磺酸基苯基)-3-羧基甲(乙)酯-5-吡唑啉酮偶合并水解或由对氨基苯磺酸重氮化后与1-(4′-磺酸基苯基)-3-羧基-5-吡唑啉酮偶合而制得的食品添加剂柠檬黄。

2　规范性引用文件

本标准中引用的文件对于本标准的应用是必不可少的。凡是注日期的引用文件，仅所注日期的版本适用于本标准。凡是不注日期的引用文件，其最新版本(包括所有的修改单)适用于本标准。

3　化学名称、结构式、分子式、相对分子质量

3.1　化学名称

1-(4′-磺酸基苯基)-3-羧基-4-(4′-磺酸苯基偶氮基)-5-吡唑啉酮三钠盐

3.2　结构式

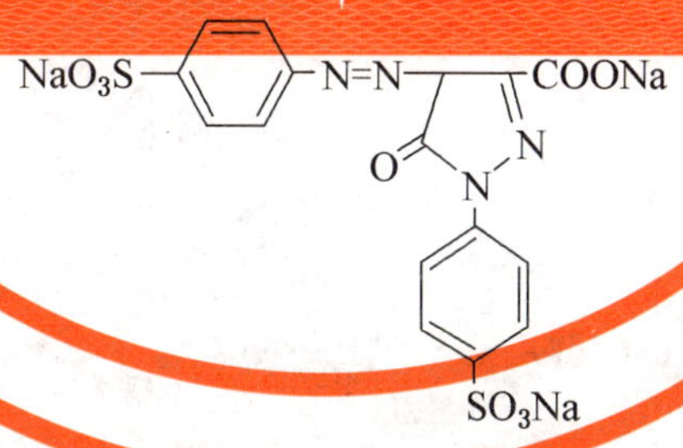

3.3　分子式

$C_{16}H_{9}N_{4}Na_{3}O_{9}S_{2}$

3.4　相对分子质量

534.36(按2007年国际相对原子质量)

4　技术要求

4.1　感官要求：应符合表1的规定。

表 1 感官要求

项 目	要 求	检 验 方 法
色泽	橙黄或亮橙色	自然光线下采用目视评定
组织状态	粉末或颗粒	

4.2 理化指标:应符合表2的规定。

表 2 理化指标

项 目		指 标	检验方法
柠檬黄,w/%	≥	87.0	附录A中A.4
干燥减量、氯化物(以 NaCl 计)及硫酸盐(以 $NaSO_4$ 计)总量,w/%	≤	13.0	附录A中A.5
水不溶物,w/%	≤	0.20	附录A中A.6
对氨基苯磺酸钠,w/%	≤	0.20	附录A中A.7
1-(4′-磺酸基苯基)-3-羧基-5-吡唑啉酮二钠盐,w/%	≤	0.20	附录A中A.8
1-(4′-磺酸基苯基)-3-羧酸甲(乙)酯基-5-吡唑啉酮钠盐,w/%	≤	0.10	附录A中A.9
4,4′-(重氮亚氨基)二苯磺酸二钠盐,w/%	≤	0.05	附录A中A.10
未磺化芳族伯胺(以苯胺计),w/%	≤	0.01	附录A中A.11
副染料,w/%	≤	1.0	附录A中A.12
砷(As)/(mg/kg)	≤	1.0	附录A中A.13
铅(Pb)/(mg/kg)	≤	10.0	附录A中A.14
汞(Hg)/(mg/kg)	≤	1.0	附录A中A.15

附 录 A
（规范性附录）
检 验 方 法

A.1 安全提示

本标准试验方法中使用的部分试剂具有毒性或腐蚀性，按相关规定操作，操作时需小心谨慎。若溅到皮肤上应立即用水冲洗，严重者应立即治疗。在使用挥发性酸时，要在通风橱中进行。

A.2 一般规定

本标准所用试剂和水，在没有注明其他要求时，均指分析纯试剂和 GB/T 6682—2008 规定的三级水。试验中所需标准溶液、杂质标准溶液、制剂及制品在没有注明其他规定时，均按 GB/T 601、GB/T 602、GB/T 603 规定配制和标定。

A.3 鉴别试验

A.3.1 试剂和材料

A.3.1.1 硫酸。

A.3.1.2 乙酸铵溶液：1.5 g/L。

A.3.2 仪器和设备

A.3.2.1 分光光度计。

A.3.2.2 比色皿：10 mm。

A.3.3 鉴别方法

应满足如下条件：

A.3.3.1 称取约 0.1 g 试样（精确至 0.01 g），溶于 100 mL 水中，显黄色澄清溶液。

A.3.3.2 称取约 0.1 g 试样（精确至 0.01 g），加硫酸 10 mL 后显黄色，取此液 2 滴～3 滴加入 5 mL 水中显黄色。

A.3.3.3 称取约 0.1 g 试样（精确至 0.01 g），溶于 100 mL 乙酸铵溶液中，取此溶液 1 mL，加乙酸铵溶液配至 100 mL，该溶液的最大吸收波长为 428 nm±2 nm。

A.4 柠檬黄的测定

A.4.1 三氯化钛滴定法（仲裁法）

A.4.1.1 方法提要

在酸性介质中，柠檬黄中的偶氮基被三氯化钛还原分解，按三氯化钛标准滴定溶液的消耗量，计算其含量。

A.4.1.2 试剂和材料

A.4.1.2.1 酒石酸氢钠。

A.4.1.2.2 三氯化钛标准滴定溶液：$c(TiCl_3)=0.1$ mol/L(现用现配，配制方法见附录 B)。

A.4.1.2.3 钢瓶装二氧化碳。

A.4.1.3 仪器和设备

三氯化钛滴定法的装置图见图 A.1。

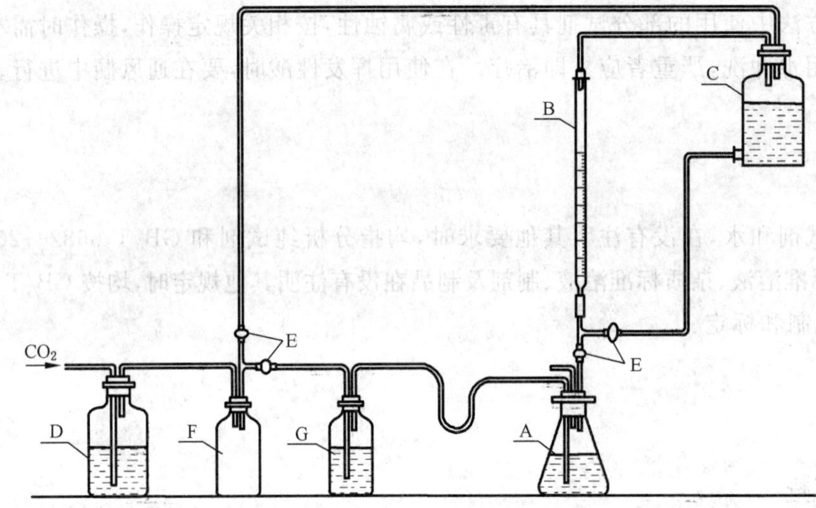

A——锥形瓶(500 mL)；

B——棕色滴定管(50 mL)；

C——包黑纸的下口玻璃瓶(2 000 mL)；

D——装有 100 g/L 碳酸铵溶液和 100 g/L 硫酸亚铁溶液等量混合液的容器(5 000 mL)；

E——活塞；

F——空瓶；

G——装有水的洗气瓶。

图 A.1 三氯化钛滴定法的装置图

A.4.1.4 分析步骤

称取约 0.5 g 试样(精确至 0.000 1 g)，置于 500 mL 锥形瓶中，溶于 50 mL 煮沸并冷却至室温的水中，加入 15 g 酒石酸氢钠和 150 mL 沸水，振荡溶解后，按图 A.1 装好仪器，在液面下通入二氧化碳的同时，加热沸腾，用三氯化钛标准滴定溶液滴定使其固有颜色消失为终点。

A.4.1.5 结果计算

柠檬黄以质量分数 w_1 计，数值用%表示，按公式(A.1)计算：

$$w_1=\frac{c(V/1\,000)(M/4)}{m_1}\times 100\% \qquad \text{(A.1)}$$

式中：

c ——三氯化钛标准滴定溶液浓度的准确数值，单位为摩尔每升(mol/L)；

V ——滴定试样耗用的三氯化钛标准滴定溶液体积的准确数值，单位为毫升(mL)；

M——柠檬黄的摩尔质量数值，单位为克每摩尔(g/mol)[$M(C_{16}H_9N_4Na_3O_9S_2)=534.36$]；

m_1——试样的质量数值,单位为克(g)。

计算结果表示到小数点后1位。

平行测定结果的绝对差值不大于1.0%(质量分数),取其算术平均值作为测定结果。

A.4.2 分光光度比色法

A.4.2.1 方法提要

将试样与已知含量的柠檬黄标准品分别用水溶解,用乙酸铵溶液稀释定容后,在最大吸收波长处,分别测其吸光度值,计算其含量。

A.4.2.2 试剂和材料

A.4.2.2.1 乙酸铵溶液:1.5 g/L。

A.4.2.2.2 柠檬黄标准品:≥87.0%(质量分数、按A.4.1测定)。

A.4.2.3 仪器和设备

A.4.2.3.1 分光光度计。

A.4.2.3.2 比色皿:10 mm。

A.4.2.4 柠檬黄标样溶液的配制

称取约0.25 g柠檬黄标准品(精确到0.000 1 g),溶于适量水中,移入1 000 mL容量瓶中,加水稀释至刻度,摇匀。吸取10 mL,移入500 mL容量瓶中,加乙酸铵溶液稀释至刻度,摇匀,备用。

A.4.2.5 柠檬黄试样溶液的配制

称量与操作方法同A.4.2.4标样溶液的配制。

A.4.2.6 分析步骤

将柠檬黄标样溶液和柠檬黄试样溶液分别置于10 mm比色皿中,同在最大吸收波长处用分光光度计测定各自的吸光度值,用乙酸铵溶液作参比液。

A.4.2.7 结果计算

柠檬黄以质量分数 w_1 计,数值用%表示,按公式(A.2)计算:

$$w_1 = \frac{Am_0}{A_0 m} \times w_0 \qquad \text{(A.2)}$$

式中:

A ——柠檬黄试样溶液的吸光度值;

m_0——柠檬黄标准品质量的数值,单位为克(g);

A_0——柠檬黄标样溶液的吸光度值;

m ——试样质量的数值,单位为克(g);

w_0——柠檬黄标准品的质量分数,%。

计算结果表示到小数点后1位。

平行测定结果的绝对差值不大于1.0%(质量分数),取其算术平均值作为测定结果。

A.5 干燥减量、氯化物(以 NaCl 计)及硫酸盐(以 Na_2SO_4 计)总量的测定

A.5.1 干燥减量的测定

A.5.1.1 分析步骤

称取约 2 g 试样(精确至 0.001 g),置于已在 135 ℃±2 ℃恒温干燥箱恒量的称量瓶中,在 135 ℃±2 ℃恒温干燥箱中烘至恒量。

A.5.1.2 结果计算

干燥减量的质量分数以 w_2 计,数值用%表示,按公式(A.3)计算:

$$w_2 = \frac{m_2 - m_3}{m_2} \times 100\% \qquad \text{(A.3)}$$

式中:

m_2——试样干燥前质量的数值,单位为克(g);

m_3——试样干燥至恒量的质量数值,单位为克(g)。

计算结果表示到小数点后 1 位。

平行测定结果的绝对差值不大于 0.2%(质量分数),取其算术平均值作为测定结果。

A.5.2 氯化物(以 NaCl 计)的测定

A.5.2.1 试剂和材料

A.5.2.1.1 硝基苯。

A.5.2.1.2 活性炭:767 针型。

A.5.2.1.3 硝酸溶液:1+1。

A.5.2.1.4 硝酸银溶液:$c(AgNO_3)=0.1$ mol/L。

A.5.2.1.5 硫酸铁铵溶液:

配制方法:称取约 14 g 硫酸铁铵,溶于 100 mL 水中,过滤,加 10 mL 硝酸,贮存于棕色瓶中。

A.5.2.1.6 硫氰酸铵标准滴定溶液:$c(NH_4CNS)=0.1$ mol/L。

A.5.2.2 试样溶液的配制

称取约 2 g 试样(精确至 0.001 g),溶于 150 mL 水中,加约 15 g 活性炭,温和煮沸 2 min~3 min,加入 1 mL 硝酸溶液,不断摇动均匀,放置 30 min(其间不时摇动)。用干燥滤纸过滤。如滤液有色,则再加 5 g 活性炭,不时摇动下放置 1 h,再用干燥滤纸过滤(如仍有色则更换活性炭重复操作至滤液无色)。每次以水 10 mL 洗活性炭三次,滤液合并移至 200 mL 容量瓶中,加水至刻度,摇匀。用于氯化物和硫酸盐含量的测定。

A.5.2.3 分析步骤

移取 50 mL 试样溶液,置于 500 mL 锥形瓶中,加 2 mL 硝酸溶液和 10 mL 硝酸银溶液(氯化物含量多时要多加些)及 5 mL 硝基苯,剧烈摇动至氯化银凝结,加入 1 mL 硫酸铁铵溶液,用硫氰酸铵标准滴定溶液滴定过量的硝酸银到终点并保持 1 min,同时以同样方法做一空白试验。

A.5.2.4 结果计算

氯化物(以 NaCl 计)以质量分数 w_3 计,数值用%表示,按公式(A.4)计算:

$$w_3=\frac{c_1[(V_1-V_0)/1\ 000]M_1}{m_4(50/200)}\times 100\% \quad\cdots\cdots\cdots\cdots\cdots\cdots(A.4)$$

式中：

c_1 ——硫氰酸铵标准滴定溶液浓度的准确数值，单位为摩尔每升(mol/L)；

V_1 ——滴定空白溶液耗用硫氰酸铵标准滴定溶液体积的准确数值，单位为毫升(mL)；

V_0 ——滴定试样溶液耗用硫氰酸铵标准滴定溶液体积的准确数值，单位为毫升(mL)；

M_1——氯化钠的摩尔质量数值，单位为克每摩尔(g/mol)[$M_1(NaCl)=58.4$]；

m_4 ——试样质量的数值，单位为克(g)。

计算结果表示到小数点后1位。

平行测定结果的绝对差值不大于0.3%(质量分数)，取其算术平均值作为测定结果。

A.5.3 硫酸盐(以 Na_2SO_4 计)的测定

A.5.3.1 试剂和材料

A.5.3.1.1 氢氧化钠溶液：2 g/L。

A.5.3.1.2 盐酸溶液：1+1 999。

A.5.3.1.3 氯化钡标准滴定溶液：$c(1/2BaCl_2)=0.1$ mol/L(配制方法见附录C)。

A.5.3.1.4 酚酞指示液：10 g/L。

A.5.3.1.5 玫瑰红酸钠指示液：称取0.1 g玫瑰红酸钠，溶于10 mL水中(现用现配)。

A.5.3.2 分析步骤

吸取25 mL试样溶液(A.5.2.2)，置于250 mL锥形瓶中，加1滴酚酞指示液，滴加氢氧化钠溶液呈粉红色，然后滴加盐酸溶液至粉红色消失，摇匀，溶解后在不断摇动下用氯化钡标准滴定溶液滴定，以玫瑰红酸钠指示液作外指示液，反应液与指示液在滤纸上交汇处呈现玫瑰红色斑点并保持2 min不褪色为终点。

同时以相同方法做空白试验。

A.5.3.3 结果计算

硫酸盐(以 Na_2SO_4 计)以质量分数 w_4 计，数值用%表示，按公式(A.5)计算：

$$w_4=\frac{c_2[(V_2-V_3)/1\ 000](M_2/2)}{m_4(25/200)}\times 100\% \quad\cdots\cdots\cdots\cdots\cdots\cdots(A.5)$$

式中：

c_2 ——氯化钡标准滴定溶液浓度的准确数值，单位为摩尔每升(mol/L)；

V_2 ——滴定试样溶液耗用氯化钡标准滴定溶液体积的准确数值，单位为毫升(mL)；

V_3 ——滴定空白溶液耗用氯化钡标准滴定溶液体积的准确数值，单位为毫升(mL)；

M_2——硫酸钠的摩尔质量的数值，单位为克每摩尔(g/mol)[$M_2(Na_2SO_4)=142.04$]；

m_4 ——试样质量的数值，单位为克(g)。

计算结果表示到小数点后1位。

平行测定结果的绝对差值不大于0.2%(质量分数)，取其算术平均值作为测定结果。

A.5.4 干燥减量、氯化物(以NaCl计)及硫酸盐(以 Na_2SO_4 计)总量的结果计算

干燥减量和氯化物(以NaCl计)及硫酸盐(以 Na_2SO_4 计)的总量以质量分数 w_5 计，数值用%表示，按公式(A.6)计算：

$$w_5 = w_2 + w_3 + w_4 \qquad \cdots\cdots(A.6)$$

式中：

w_2——干燥减量的质量分数，%；

w_3——氯化物(以 NaCl 计)的质量分数，%；

w_4——硫酸盐(以 Na_2SO_4 计)的质量分数，%。

计算结果表示到小数点后 1 位。

A.6 水不溶物的测定

A.6.1 仪器和设备

A.6.1.1 玻璃砂芯坩埚：G4，孔径为 5 μm～15 μm。

A.6.1.2 恒温干燥箱。

A.6.2 分析步骤

称取约 3 g 试样(精确至 0.001 g)，置于 500 mL 烧杯中，加入 50 ℃～60 ℃热水 250 mL，使之溶解，用已在 135 ℃±2 ℃烘至恒量的玻璃砂芯坩埚过滤，并用热水充分洗涤到洗涤液无色，在 135 ℃±2 ℃恒温干燥箱中烘至恒量。

A.6.3 结果计算

水不溶物以质量分数 w_6 计，数值用%表示，按公式(A.7)计算：

$$w_6 = \frac{m_6}{m_5} \times 100\% \qquad \cdots\cdots(A.7)$$

式中：

m_6——干燥后水不溶物质量的数值，单位为克(g)；

m_5——试样质量的数值，单位为克(g)。

计算结果表示到小数点后 2 位。

平行测定结果的绝对差值不大于 0.05%(质量分数)，取其算术平均值作为测定结果。

A.7 对氨基苯磺酸钠的测定

A.7.1 方法提要

采用反相液相色谱法，用外标法进行定量，计算对氨基苯磺酸钠的质量分数。

A.7.2 试剂和材料

A.7.2.1 甲醇。

A.7.2.2 对氨基苯磺酸钠。

A.7.2.3 乙酸铵溶液：2 g/L。

A.7.3 仪器和设备

A.7.3.1 高效液相色谱仪：输液泵-流量范围 0.1 mL/min～5.0 mL/min，在此范围内其流量稳定性为±1%；检测器-多波长紫外分光检测器或具有同等性能的紫外分光检测器。

A.7.3.2 色谱柱：长为 150 mm，内径为 4.6 mm 的不锈钢柱，固定相为 C_{18}，粒径 5 μm。

A.7.3.3 色谱工作站或积分仪。

A.7.3.4 超声波发生器。

A.7.3.5 定量环:20 μL。

A.7.3.6 微量注射器:20 μL～100 μL。

A.7.4 色谱分析条件

A.7.4.1 检测波长:254 nm。

A.7.4.2 柱温:40 ℃。

A.7.4.3 流动相:A,乙酸铵溶液;B,甲醇;

浓度梯度:40 min 线性浓度梯度从 A(95)比 B(5)至 A(50)比 B(50)。

A.7.4.4 流量:1 mL/min。

A.7.4.5 进样量:20 μL。

可根据仪器不同,选择最佳分析条件,流动相应摇匀后用超声波发生器进行脱气。

A.7.5 试样溶液的配制

称取 0.1 g 试样(精确至 0.000 1 g),加乙酸铵溶液溶解,稀释至 100 mL,此为试样溶液。

A.7.6 标准溶液的配制

称取 0.01 g(精确至 0.000 1 g)已置于真空干燥器中干燥 24 h 后的对氨基苯磺酸钠,用乙酸铵溶液溶解,稀释至 100 mL。吸取上述溶液 10 mL,加乙酸铵溶液稀释至 100 mL 后分别吸取 2.5 mL、2.0 mL、1.0 mL 此溶液,再用乙酸铵溶液分别稀释定容至 100 mL,作为系列标准溶液。

A.7.7 分析步骤

在 A.7.4 规定的色谱分析条件下,分别用微量注射器吸取试样溶液及各系列标准溶液注入并充满定量环进行色谱检测,待最后一个组分流出完毕,进行结果处理。测定系列标准溶液中对氨基苯磺酸钠的峰面积,绘制成标准曲线。测定试样溶液中对氨基苯磺酸钠的峰面积,根据标准曲线计算对氨基苯磺酸钠的含量。色谱图见附录 D。

A.8 1-(4′-磺酸基苯基)-3-羧基-5-吡唑啉酮二钠盐的测定

A.8.1 方法提要

采用反相液相色谱法,用外标法进行定量,计算 1-(4′-磺酸基苯基)-3-羧基-5-吡唑啉酮二钠盐的质量分数。

A.8.2 试剂和材料

A.8.2.1 1-(4′-磺酸基苯基)-3-羧基-5-吡唑啉酮二钠盐。

A.8.2.2 其余同 A.7.2。

A.8.3 仪器和设备

同 A.7.3。

A.8.4　试样溶液的配制

同 A.7.5。

A.8.5　标准溶液的配制

称取约 0.01 g(精确至 0.000 1 g)已置于真空干燥器中干燥 24 h 后的 1-(4′-磺酸基苯基)-3-羧基-5-吡唑啉酮二钠盐，用乙酸铵溶液溶解，稀释定容至 100 mL。吸取上述溶液 10 mL，加乙酸铵溶液稀释定容至 100 mL。分别吸取 2.5 mL、2.0 mL、1.0 mL，再用乙酸铵溶液准确稀释定容至 100 mL，作为系列标准溶液。

A.8.6　色谱分析条件

同 A.7.4。

A.8.7　分析步骤

在 A.8.6 规定的色谱分析条件下，分别用微量注射器吸取试样溶液及各系列标准溶液注入并充满定量环进行色谱检测，待最后一个组分流出完毕，进行结果处理。测定系列标准溶液中 1-(4′-磺酸基苯基)-3-羧基-5-吡唑啉酮二钠盐的峰面积，绘制成标准曲线。测定试样溶液中 1-(4′-磺酸基苯基)-3-羧基-5-吡唑啉酮二钠盐的峰面积，根据标准曲线计算 1-(4′-磺酸基苯基)-3-羧基-5-吡唑啉酮二钠盐的含量。色谱图见附录 D。

A.9　1-(4′-磺酸基苯基)-3-羧酸甲(乙)酯基-5-吡唑啉酮钠盐的测定

A.9.1　方法提要

采用反相液相色谱法，用外标法进行定量，计算 1-(4′-磺酸基苯基)-3-羧酸甲(乙)酯基-5-吡唑啉酮钠盐的质量分数。

A.9.2　试剂和材料

A.9.2.1　1-(4′-磺酸基苯基)-3-羧酸甲(乙)酯基-5-吡唑啉酮钠盐。

A.9.2.2　其余同 A.7.2。

A.9.3　仪器和设备

同 A.7.3。

A.9.4　试样溶液的配制

同 A.7.5。

A.9.5　标准溶液的配制

称取约 0.01 g(精确至 0.000 1 g)已置于真空干燥器中干燥 24 h 后的 1-(4′-磺酸基苯基)-3-羧酸甲(乙)酯基-5-吡唑啉酮钠盐，用乙酸铵溶液溶解，稀释定容至 100 mL。吸取 10 mL 上述溶液，加乙酸铵溶液，稀释定容至 100 mL 后分别吸取 10.0 mL、5.0 mL、2.0 mL、1.0 mL，再用乙酸铵溶液稀释定容至 100 mL，作为系列标准溶液。

A.9.6 色谱分析条件

同 A.7.4。

A.9.7 分析步骤

在 A.9.6 规定的色谱分析条件下，分别用微量注射器吸取试样溶液及各系列标准溶液注入并充满定量环进行色谱检测，待最后一个组分流出完毕，进行结果处理。测定系列标准溶液中 1-(4′-磺酸基苯基)-3-羧酸甲(乙)酯基-5-吡唑啉酮钠盐的峰面积，绘制成标准曲线。测定试样溶液中 1-(4′-磺酸基苯基)-3-羧酸甲(乙)酯基-5-吡唑啉酮钠盐的峰面积，根据标准曲线计算 1-(4′-磺酸基苯基)-3-羧酸甲(乙)酯基-5-吡唑啉酮钠盐的含量。色谱图见附录 D。

A.10 4,4′-(重氮亚氨基)二苯磺酸二钠盐的测定

A.10.1 方法提要

采用反相液相色谱法，用外标法进行定量，计算 4,4′-(重氮亚氨基)二苯磺酸二钠盐的质量分数。

A.10.2 试剂和材料

A.10.2.1 4,4′-(重氮亚氨基)二苯磺酸二钠盐。

A.10.2.2 其余同 A.7.2。

A.10.3 仪器和设备

同 A.7.3。

A.10.4 试样溶液的配制

同 A.7.5。

A.10.5 标准溶液的配制

称取约 0.01 g(精确至 0.000 1 g)已置于真空干燥器中干燥 24 h 后的 4,4′-(重氮亚氨基)二苯磺酸二钠盐，用乙酸铵溶液溶解，稀释定容至 100 mL。吸取 10 mL 上述溶液，加乙酸铵溶液，稀释定容至 100 mL 后分别吸取 10.0 mL、5.0 mL、2.0 mL、1.0 mL，再用乙酸铵溶液稀释定容至 100 mL，作为系列标准溶液。

A.10.6 色谱分析条件

A.10.6.1 检测波长：358 nm。

A.10.6.2 其他同 A.7.4。

A.10.7 分析步骤

在 A.10.6 规定的色谱分析条件下，分别用微量注射器吸取试样溶液及各系列标准溶液注入并充满定量环进行色谱检测，待最后一个组分流出完毕，进行结果处理。测定系列标准溶液中 4,4′-(重氮亚氨基)二苯磺酸二钠盐的峰面积，绘制成标准曲线。测定试样溶液中 4,4′-(重氮亚氨基)二苯磺酸二钠盐的峰面积，根据标准曲线计算 4,4′-(重氮亚氨基)二苯磺酸二钠盐的含量。色谱图见附录 D。

A.11 未磺化芳族伯胺(以苯胺计)的测定

A.11.1 方法提要

以乙酸乙酯萃取出试样中未磺化芳族伯胺成分,将萃取液和苯胺标准溶液分别经重氮化和偶合后再测定各自生成染料的吸光度予以比较与判别。

A.11.2 试剂和材料

A.11.2.1 乙酸乙酯。
A.11.2.2 盐酸溶液:1+10。
A.11.2.3 盐酸溶液:1+3。
A.11.2.4 溴化钾溶液:500 g/L。
A.11.2.5 碳酸钠溶液:200 g/L。
A.11.2.6 氢氧化钠溶液:40 g/L。
A.11.2.7 氢氧化钠溶液:4 g/L。
A.11.2.8 R盐溶液:20 g/L。
A.11.2.9 亚硝酸钠溶液:3.52 g/L。
A.11.2.10 苯胺标准溶液:0.100 0 g/L。

配制:用小烧杯称取0.500 0 g新蒸馏的苯胺,移至500 mL容量瓶中,以150 mL盐酸溶液(1+3)分三次洗涤烧杯,并入500 mL容量瓶中,水稀释至刻度。移取25 mL该溶液至250 mL容量瓶中,水定容。此溶液苯胺浓度为0.100 0 g/L。

A.11.3 仪器和设备

A.11.3.1 可见分光光度计。
A.11.3.2 比色皿:40 mm。

A.11.4 试样萃取溶液的配制

称取约2 g试样(精确至0.001 g)于150 mL烧杯中,加100 mL水和5 mL氢氧化钠溶液(40 g/L),在温水浴中搅拌至完全溶解。将此溶液移入分液漏斗中,少量水洗净烧杯。每次以50 mL乙酸乙酯萃取两次,合并萃取液。以10 mL氢氧化钠溶液(4 g/L)洗涤乙酸乙酯萃取液,除去痕量色素。再每次以10 mL盐酸溶液(1+3)对乙酸乙酯溶液反萃取三次。合并该盐酸萃取液,然后用水稀释至100 mL,摇匀。此溶液为试样萃取溶液。

A.11.5 标准对照溶液的制备

吸取2.0 mL苯胺标准溶液至100 mL容量瓶中,用盐酸溶液(1+10)稀释至刻度,混合均匀,此为标准对照溶液。

A.11.6 重氮化偶合溶液的制备

吸取10 mL试样萃取溶液,移入透明洁净的试管中,浸入盛有冰水混合物的烧杯内冷却10 min。在试管中加入1 mL溴化钾溶液及0.5 mL亚硝酸钠溶液,稍用力摇匀后仍置于冰水浴中冷却10 min,进行重氮化反应。另取一个25 mL容量瓶移入1 mL R盐溶液和10 mL碳酸钠溶液。将上述试管中的苯胺重氮盐溶液加至盛有R盐溶液的容量瓶中,边加边略振摇容量瓶,用少许水洗净试管一并加入容量瓶中,再以水定容。充分混匀后在暗处放置15 min。该溶液为试样重氮化偶合溶液。

标准重氮化偶合溶液的制备，吸取 10 mL 标准对照溶液，其余步骤同上。

A.11.7 参比溶液的制备

吸取 10 mL 盐酸溶液(1+10)、10 mL 碳酸钠溶液及 1 mL R 盐溶液于 25 mL 容量瓶中，水定容。该溶液为参比溶液。

A.11.8 分析步骤

将标准重氮化偶合溶液和试样重氮化偶合溶液分别置于比色皿中，在 510 nm 波长处用分光光度计测定各自的吸光度 A_a、A_b，以 A.11.7 作参比溶液。

A.11.9 结果判定

$A_b \leqslant A_a$ 即为合格。

A.12 副染料的测定

A.12.1 方法提要

用纸上层析法将各组分分离，洗脱，然后用分光光度法定量。

A.12.2 试剂和材料

A.12.2.1 无水乙醇。
A.12.2.2 正丁醇。
A.12.2.3 丙酮溶液：1+1。
A.12.2.4 氨水溶液：4+96。
A.12.2.5 碳酸氢钠溶液：4 g/L。

A.12.3 仪器和设备

A.12.3.1 分光光度计。
A.12.3.2 层析滤纸：1 号中速，150 mm×250 mm。
A.12.3.3 层析缸：φ240 mm×300 mm。
A.12.3.4 微量进样器：100 μL。
A.12.3.5 纳氏比色管：50 mL 有玻璃磨口塞。
A.12.3.6 玻璃砂芯漏斗：G3，孔径为 15 μm～40 μm。
A.12.3.7 50 mm 比色皿。
A.12.3.8 10 mm 比色皿。

A.12.4 分析步骤

A.12.4.1 纸上层析条件

A.12.4.1.1 展开剂：正丁醇+无水乙醇+氨水溶液=6+2+3。
A.12.4.1.2 温度：20 ℃～25 ℃。

A.12.4.2 试样溶液的配制

称取约 1 g 试样(精确至 0.001 g)，置于烧杯中，加入适量水溶解后，移入 100 mL 容量瓶中，稀释至刻度，摇匀备用，该试样溶液浓度为1%。

A.12.4.3 试样洗出液的制备

用微量进样器吸取100 μL试样溶液，均匀地注在离滤纸底边25 mm的一条基线上，成一直线，使其在滤纸上的宽度不超过5 mm，长度为130 mm，用吹风机吹干。将滤纸放入装有预先配制好展开剂的层析缸中展开，滤纸底边浸入展开剂液面下10 mm，待展开剂前沿线上升至150 mm或直到副染料分离满意为止。取出层析滤纸，用冷风吹干。

用空白滤纸在相同条件下展开，该空白滤纸应与上述步骤展开用的滤纸在同一张滤纸上相邻部位裁取。

副染料纸上层析示意图见图A.2。

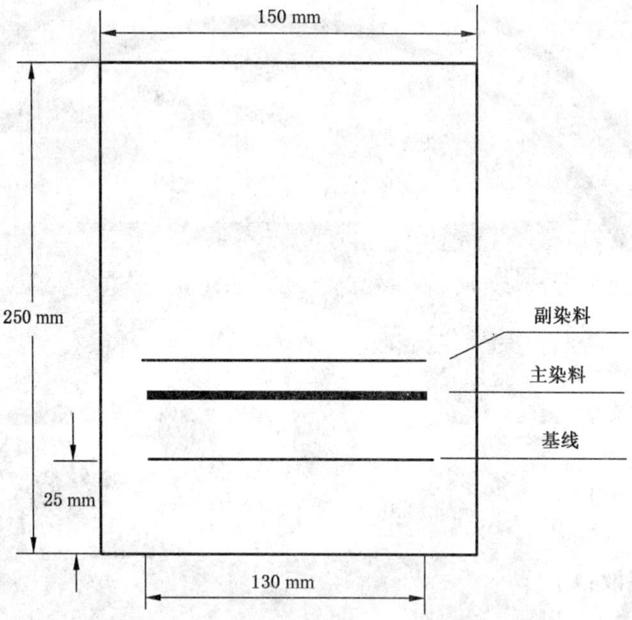

图A.2 副染料纸上层析示意图

将展开后取得的各个副染料和在空白滤纸上与各副染料相对应的部位的滤纸按同样大小剪下，并剪成约5 mm×15 mm的细条，分别置于50 mL的纳氏比色管中，准确加入丙酮溶液5 mL，摇动3 min～5 min后，再准确加入20 mL碳酸氢钠溶液，充分摇动，然后分别在G3玻璃砂芯漏斗中自然过滤，滤液应澄清，无悬浮物。分别得到各副染料和空白的洗出液。在各自副染料的最大吸收波长处，用50 mm比色皿，将各副染料的洗出液在分光光度计上测定各自的吸光度值。

在分光光度计上测定吸光度值时，以5 mL丙酮溶液和20 mL碳酸氢钠溶液的混合液作参比液。

A.12.4.4 标准溶液的配制

吸取2 mL 1%的试样溶液移入100 mL容量瓶中，稀释至刻度，摇匀，该溶液为标准溶液。

A.12.4.5 标准洗出液的制备

用微量进样器吸取100 μL标准溶液，均匀地点注在离滤纸底边25 mm的一条基线上，用吹风机吹干。将滤纸放入装有预先配制好展开剂的层析缸中展开，待展开剂前沿线上升40 mm，取出用冷风吹干，剪下所有展开的染料部分，按A.12.4.3方法进行操作，得到标准洗出液。用10 mm比色皿在最大吸收波长处测吸光度值。

同时用空白滤纸在相同条件下展开,按相同方法操作后测空白洗出液的吸光度值。

A.12.4.6 结果计算

副染料以质量分数 w_7 计,数值用%表示,按公式(A.8)计算:

$$w_7=\frac{[(A_1-b_1)+\cdots\cdots+(A_n-b_n)]/5}{(A_s-b_s)(100/2)}\times S \qquad \text{(A.8)}$$

式中:

$A_1\cdots A_n$ ——各副染料洗出液以 50 mm 光径长度测定出的吸光度值;

$b_1\cdots b_n$ ——各副染料对照空白洗出液以 50 mm 光径长度测定出的吸光度值;

A_s ——标准洗出液以 10 mm 光径长度测定出的吸光度值;

b_s ——标准对照空白洗出液以 10 mm 光径长度测定出的吸光度值;

5 ——折算成以 10 mm 光径长度的比数;

100/2 ——标准洗出液折算成 1%试样溶液的比数;

S ——试样的质量分数,%。

计算结果表示到小数点后 1 位。

平行测定结果的绝对差值不大于 0.2%(质量分数),取其算术平均值作为测定结果。

A.13 砷的测定

A.13.1 方法提要

柠檬黄经湿法消解后,制备成试样溶液,用原子吸收光谱法测定砷的含量。

A.13.2 试剂和材料

A.13.2.1 硝酸。

A.13.2.2 硫酸溶液:1+1。

A.13.2.3 硝酸-高氯酸混合溶液:3+1。

A.13.2.4 砷(As)标准溶液:按 GB/T 602 配制和标定后,再根据使用的仪器要求进行稀释配制成含砷相应浓度的三种标准溶液。

A.13.2.5 氢氧化钠溶液:1 g/L。

A.13.2.6 硼氢化钠溶液:8 g/L(溶剂为 1 g/L 的氢氧化钠溶液)。

A.13.2.7 盐酸溶液:1+10。

A.13.2.8 碘化钾溶液:200 g/L。

A.13.3 仪器和设备

A.13.3.1 原子吸收光谱仪。

A.13.3.2 仪器参考条件:砷空心阴极灯分析线波长:193.7 nm;狭缝:0.5 nm～1.0 nm;灯电流:6 mA～10 mA。

A.13.3.3 载气流速:氩气 250 mL/min。

A.13.3.4 原子化器温度:900 ℃。

A.13.4 分析步骤

A.13.4.1 试样消解

称取约 1 g 试样(精确至 0.001 g),置于 250 mL 三角或圆底烧瓶中,加 10 mL～15 mL 硝酸和

2 mL硫酸溶液，摇匀后用小火加热赶出二氧化氮气体，溶液变成棕色，停止加热，放冷后加入5 mL硝酸-高氯酸混合液，强火加热至溶液透明或微黄色，如仍不透明，放冷后再补加5 mL硝酸-高氯酸混合溶液，继续加热至溶液透明无色或微黄色并产生白烟(避免烧干出现炭化现象)，停止加热，放冷后加水5 mL加热至沸，除去残余的硝酸-高氯酸(必要时可再加水煮沸一次)，继续加热至发生白烟，保持10 min，放冷后移入100 mL容量瓶(若溶液出现浑浊、沉淀或机械杂质应过滤)，用盐酸溶液稀释定容。

同时按相同的方法制备空白溶液。

A.13.4.2 测定

量取25 mL消解后的试样溶液至50 mL容量瓶，加入5 mL碘化钾溶液，用盐酸溶液稀释定容，摇匀，静置15 min。

同时按相同的方法以空白溶液制备空白测试液。

开启仪器，待仪器及砷空心阴极灯充分预热，基线稳定后，用硼氢化钠溶液作氢化物还原发生剂，以标准空白、标准溶液、样品空白测试液及样品溶液的顺序，按电脑指令分别进样。测试结束后电脑自动生成工作曲线及扣除样品空白后的样品溶液中砷浓度，输入样品信息(如：名称、称样量、稀释体积等)，即自动换算出试样中砷的含量。

平行测定结果的绝对差值不大于0.1 mg/kg，取其算术平均值作为测定结果。

A.14 铅的测定

A.14.1 方法提要

柠檬黄经湿法消解后，制备成试样溶液，用原子吸收光谱法测定铅的含量。

A.14.2 试剂和材料

A.14.2.1 铅(Pb)标准溶液：按GB/T 602配制和标定后，再根据使用的仪器要求进行稀释配制成含铅相应浓度的三种标准溶液。

A.14.2.2 氢氧化钠溶液：1 g/L。

A.14.2.3 硼氢化钠溶液：8 g/L(溶剂为1 g/L的氢氧化钠溶液)。

A.14.2.4 盐酸溶液：1+10。

A.14.3 仪器和设备

A.14.3.1 原子吸收光谱仪。

A.14.3.2 仪器参考条件：GB 5009.12—2010中第三法火焰原子吸收光谱法。

A.14.4 分析步骤

可直接采用A.13.4.1的试样溶液和空白溶液。

按GB 5009.12—2010中第三法火焰原子吸收光谱法操作。

平行测定结果的绝对差值不大于1.0 mg/kg，取其算术平均值作为测定结果。

A.15 汞的测定

A.15.1 方法提要

柠檬黄经微波或回流消解后，制备成试样溶液，用原子吸收光谱法测定汞的含量。

A.15.2 试剂和材料

A.15.2.1 汞(Hg)标准溶液:按 GB/T 602 配制和标定后,再稀释配制成 1 mL 含汞 0.5 μg、1 μg、2 μg 的三种标准溶液。

A.15.2.2 硝酸。

A.15.2.3 过氧化氢。

A.15.2.4 氢氧化钠溶液:1 g/L。

A.15.2.5 硼氢化钠溶液:8 g/L(溶剂为 1 g/L 的氢氧化钠溶液)。

A.15.2.6 盐酸溶液:1+10。

A.15.3 仪器和设备

A.15.3.1 原子吸收光谱仪。

A.15.3.2 仪器参考条件:汞空心阴极灯分析线波长:253.7 nm;狭缝:0.5 nm;灯电流:6 mA。

A.15.3.3 载气流速:氩气 200 mL/min。

A.15.3.4 原子化器温度:常温。

A.15.4 分析步骤

A.15.4.1 微波消解

称取约 0.1 g 试样(精确至 0.001 g),置于消解罐中,加入 10 mL 硝酸和 2 mL 过氧化氢,盖好安全阀后,将消解罐置于微波炉中,10 min 内升温至 130 ℃,停留 2 min 后再 5 min 升温至 150 ℃,停留 3 min 后再 5 min 升温至 180 ℃,保温 10 min。待完全冷却后将试样转移至 25 mL 容量瓶中(若溶液出现浑浊、沉淀或机械杂质应过滤),用盐酸溶液稀释定容。

A.15.4.2 回流消解

参考 GB/T 5009.17—2003 中第二法冷原子吸收光谱法中的回流消解。

同时按相同的方法制备空白溶液,作为空白参比液。

A.15.4.3 测定

开启仪器,待仪器及汞空心阴极灯充分预热,基线稳定后,用硼氢化钠溶液作氢化物还原发生剂,以标准空白、标准溶液、样品空白及样品溶液的顺序,按电脑指令分别进样。测试结束后电脑自动生成工作曲线及扣除样品空白后的样品溶液中汞浓度,输入样品信息(如:名称、称样量、稀释体积等),即自动换算出试样中汞的含量。

平行测定结果的绝对差值不大于 0.1 mg/kg,取其算术平均值作为测定结果。

附 录 B
（规范性附录）
三氯化钛标准滴定溶液的配制方法

B.1 试剂和材料

B.1.1 盐酸。

B.1.2 硫酸亚铁铵。

B.1.3 硫氰酸铵溶液：200 g/L。

B.1.4 硫酸溶液：1+1。

B.1.5 三氯化钛溶液。

B.1.6 重铬酸钾标准滴定溶液：$c(1/6K_2Cr_2O_7)=0.1$ mol/L，按 GB/T 602 配制与标定。

B.2 仪器和设备

见图 A.1。

B.3 三氯化钛标准滴定溶液的配制

B.3.1 配制

取 100 mL 三氯化钛溶液和 75 mL 盐酸，置于 1 000 mL 棕色容量瓶中，用煮沸并已冷却到室温的水稀释至刻度，摇匀，立即倒入避光的下口瓶中，在二氧化碳气体保护下贮藏。

B.3.2 标定

称取约 3 g（精确至 0.000 1 g）硫酸亚铁铵，置于 500 mL 锥形瓶中，在二氧化碳气流保护作用下，加入 50 mL 煮沸并已冷却的水，使其溶解，再加入 25 mL 硫酸溶液，继续在液面下通入二氧化碳气流作保护，迅速准确加入 35 mL 重铬酸钾标准滴定溶液，然后用需标定的三氯化钛标准溶液滴定到接近计算量终点，立即加入 25 mL 硫氰酸铵溶液，并继续用需标定的三氯化钛标准溶液滴定到红色转变为绿色，即为终点。整个滴定过程应在二氧化碳气流保护下操作，同时做一空白试验。

B.3.3 结果计算

三氯化钛标准溶液的浓度以 $c(TiCl_3)$ 计，单位以摩尔每升（mol/L）表示，按公式（B.1）计算：

$$c(\mathrm{TiCl_3})=\frac{cV_1}{V_2-V_3} \qquad \cdots\cdots (B.1)$$

式中：

c ——重铬酸钾标准滴定溶液浓度的准确数值，单位为摩尔每升（mol/L）；

V_1——重铬酸钾标准滴定溶液体积的准确数值，单位为毫升（mL）；

V_2——滴定被重铬酸钾标准滴定溶液氧化成高钛所用去的三氯化钛标准滴定溶液体积的准确数值，单位为毫升（mL）；

V_3——滴定空白用去三氯化钛标准滴定溶液体积的准确数值,单位为毫升(mL)。

计算结果表示到小数点后 4 位。

以上标定需在分析样品时即时标定。

附　录　C
（规范性附录）
氯化钡标准溶液的配制方法

C.1　试剂和材料

C.1.1　氯化钡。
C.1.2　氨水。
C.1.3　硫酸标准滴定溶液：$c(1/2H_2SO_4)=0.1$ mol/L，按 GB/T 601 配制与标定。
C.1.4　玫瑰红酸钠指示液（称取 0.1 g 玫瑰红酸钠，溶于 10 mL 水中，现用现配）。
C.1.5　广范 pH 试纸。

C.2　配制

称取 12.25 g 氯化钡，溶于 500 mL 水，移入 1 000 mL 容量瓶中，稀释至刻度，摇匀。

C.3　标定方法

吸取 20 mL 硫酸标准滴定溶液，置于 250 mL 锥形瓶中，加 50 mL 水，并用氨水中和到广范 pH 试纸为 8，然后用氯化钡标准滴定溶液滴定，以玫瑰红酸钠指示液作外指示液，反应液与指示液在滤纸上交汇处呈现玫瑰红色斑点且保持 2 min 不褪色为终点。

C.4　结果计算

氯化钡标准滴定溶液浓度的以 $c(1/2BaCl_2)$ 计，单位以摩尔每升（mol/L）表示，按公式（C.1）计算：

$$c\left(\frac{1}{2}BaCl_2\right)=\frac{c_1V_4}{V_5} \qquad \cdots\cdots(C.1)$$

式中：
c_1——硫酸标准滴定溶液浓度的准确数值，单位为摩尔每升（mol/L）；
V_4——硫酸标准滴定溶液体积的准确数值，单位为毫升（mL）；
V_5——消耗氯化钡标准滴定溶液体积的准确数值，单位为毫升（mL）。
计算结果表示到小数点后 4 位。

附 录 D
（资料性附录）
柠檬黄液相色谱示意图和各组分保留时间

D.1 柠檬黄液相色谱示意图见图 D.1。

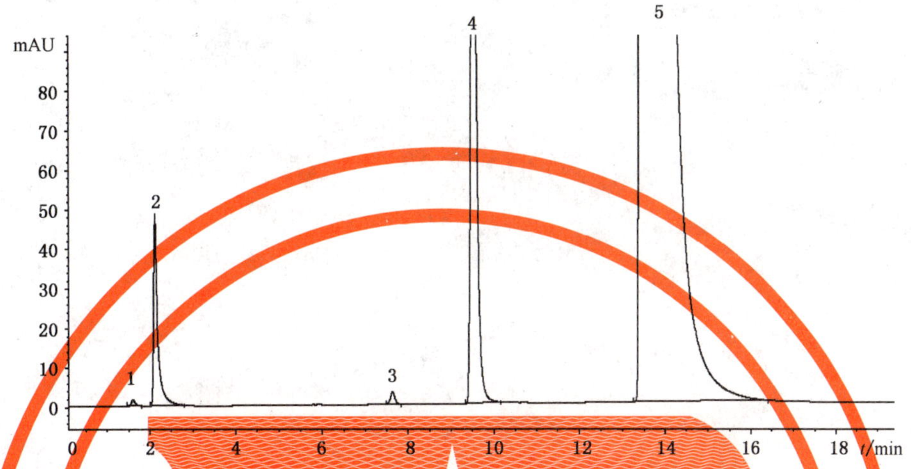

1——1-(4′-磺酸基苯基)-3-羧基-5-吡唑啉酮二钠盐；
2——对氨基苯磺酸钠；
3——未知物；
4——1-(4′-磺酸基苯基)-3-羧酸甲(乙)酯基-5-吡唑啉酮钠盐；
4,4′-(重氮亚氨基)二苯磺酸二钠盐；
5——柠檬黄。

图 D.1 柠檬黄液相色谱示意图

D.2 柠檬黄各组分保留时间见表 D.1。

表 D.1 柠檬黄各组分保留时间

峰号	组分名称	保留时间/min
1	1-(4′-磺酸基苯基)-3-羧基-5-吡唑啉酮二钠盐	1.589
2	对氨基苯磺酸钠	2.109
3	1-(4′-磺酸基苯基)-3-羧酸甲(乙)酯基-5-吡唑啉酮钠盐 4,4′-(重氮亚氨基)二苯磺酸二钠盐	9.50 12.5
4	柠檬黄	13.46
注：不同仪器、不同分离柱、甚至不同时间进样各组分的保留时间均会有所不同，但各组分的洗脱顺序是不变的。		

中华人民共和国国家标准

GB 4481.2—2010

食品安全国家标准
食品添加剂 柠檬黄铝色淀

2010-12-21 发布　　　　2011-02-21 实施

中华人民共和国卫生部 发布

前　言

本标准代替 GB 4481.2—1999《食品添加剂　柠檬黄铝色淀》。

本标准与 GB 4481.2—1999 相比，主要技术变化如下：

——增加了安全提示；

——修改了鉴别试验的方法；

——分光光度比色法平行测定的允许差由 2%修改为 1.0%；

——取消了氯化物（以 NaCl 计）及硫酸盐（以 Na_2SO_4 计）指标；

——砷（As）的检测方法由化学限量法修改为原子吸收法；

——取消了重金属（以铅计）质量规格；

——增加了铅（Pb）指标和检测方法；

——钡（Ba）的检测方法修改为硫酸钡沉淀限量比色法。

本标准的附录 A 和附录 B 为规范性附录。

本标准所代替标准的历次版本发布情况为：

——GB 4481.2—1999。

食品安全国家标准
食品添加剂　柠檬黄铝色淀

1　范围

本标准适用于由食品添加剂柠檬黄和氢氧化铝作用生成的食品添加剂柠檬黄铝色淀。

2　规范性引用文件

本标准中引用的文件对于本标准的应用是必不可少的。凡是注日期的引用文件，仅所注日期的版本适用于本标准。凡是不注日期的引用文件，其最新版本(包括所有的修改单)适用于本标准。

3　分子式和相对分子质量

3.1　分子式

$C_{16}H_9N_4Na_3O_9S_2$

3.2　相对分子质量

534.36(按 2007 年国际相对原子质量)

4　技术要求

4.1　感官要求：应符合表 1 的规定。

表 1　感官要求

项　　目	要　　求	检验方法
色泽	黄色	自然光线下采用目视评定
组织状态	粉末	

4.2　理化指标：应符合表 2 的规定。

表 2　理化指标

项　　目		指　　标	检验方法
柠檬黄(以钠盐计)，w/%	≥	10.0	附录 A 中 A.4
干燥减量，w/%	≤	30.0	附录 A 中 A.5
盐酸和氨水中不溶物，w/%	≤	0.5	附录 A 中 A.6

表 2（续）

项　　目		指　　标	检验方法
副染料，w/%	≤	0.5	附录 A 中 A.7
砷(As)/(mg/kg)	≤	3.0	附录 A 中 A.8
铅(Pb)/(mg/kg)	≤	10.0	附录 A 中 A.9
钡(Ba)，w/%	≤	0.05	附录 A 中 A.10

附 录 A
（规范性附录）
检 验 方 法

A.1 安全提示

本标准试验方法中使用的部分试剂具有毒性或腐蚀性，按相关规定操作，操作时需小心谨慎。若溅到皮肤上应立即用水冲洗，严重者应立即治疗。在使用挥发性酸时，要在通风橱中进行。

A.2 一般规定

本标准所用试剂和水，在没有注明其他要求时，均指分析纯试剂和 GB/T 6682—2008 规定的三级水。试验中所需标准溶液、杂质标准溶液、制剂及制品在没有注明其他规定时，均按 GB/T 601、GB/T 602、GB/T 603 规定配制和标定。

A.3 鉴别试验

A.3.1 试剂和材料

A.3.1.1 硫酸。

A.3.1.2 硫酸溶液：1＋20。

A.3.1.3 盐酸溶液：1＋3。

A.3.1.4 氢氧化钠溶液：100 g/L。

A.3.1.5 乙酸铵溶液：1.5 g/L。

A.3.1.6 活性炭。

A.3.2 仪器和设备

A.3.2.1 分光光度计。

A.3.2.2 比色皿：10 mm。

A.3.3 鉴别方法

应满足如下条件：

A.3.3.1 称取试样约 0.1 g，加 5 mL 硫酸，在 50 ℃～60 ℃水浴中不时地摇动，加热约 5 min 时，溶液呈黄色。冷却后，取上层澄清液 2 滴～3 滴，加 5 mL 水，溶液呈黄色。

A.3.3.2 称取试样约 0.1 g，加 5 mL 硫酸溶液，在水浴中加热溶解，充分搅匀后，加乙酸铵溶液配至 100 mL，溶液不澄清时进行离心分离。然后取此液 1 mL～10 mL，加乙酸铵溶液配至 100 mL，使测定的吸光度值在 0.2～0.7 范围内，此溶液的最大吸收波长为 428 nm±2 nm。

A.3.3.3 称取试样约 0.1 g，加入 10 mL 盐酸溶液，在水浴中加热，使其大部分溶解。加 0.5 g 活性炭，充分摇匀，冷却后过滤。取无色滤液，加氢氧化钠溶液中和后，呈现铝盐反应。

A.4 柠檬黄铝色淀的测定

A.4.1 三氯化钛滴定法(仲裁法)

A.4.1.1 方法提要

在酸性介质中,柠檬黄铝色淀溶解转成色素,其偶氮基被三氯化钛还原分解,按三氯化钛标准滴定溶液的消耗量,计算其含量。

A.4.1.2 试剂和材料

A.4.1.2.1 酒石酸氢钠。

A.4.1.2.2 三氯化钛标准滴定溶液:$c(TiCl_3)$=0.1 mol/L(现用现配,配制方法见附录B)。

A.4.1.2.3 钢瓶装二氧化碳。

A.4.1.3 仪器和设备

三氯化钛滴定法的装置图见图A.1。

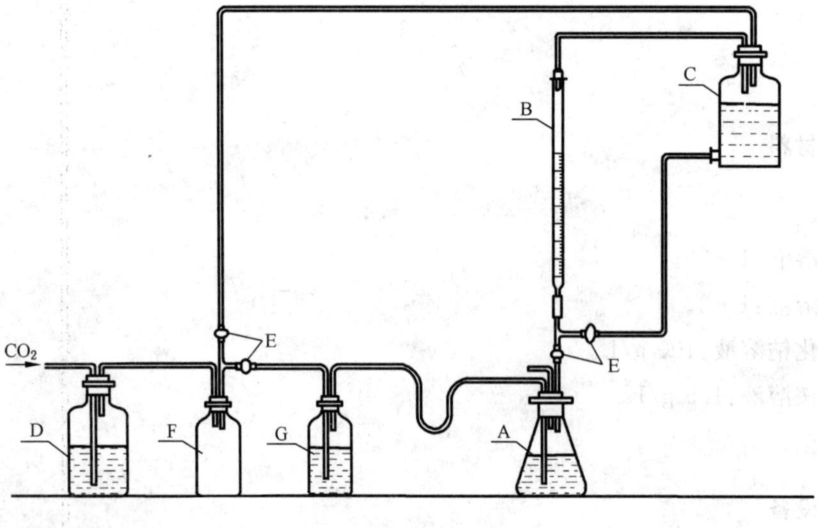

A——锥形瓶(500 mL);

B——棕色滴定管(50 mL);

C——包黑纸的下口玻璃瓶(2 000 mL);

D——装有100 g/L碳酸铵溶液和100 g/L硫酸亚铁溶液等量混合液的容器(5 000 mL);

E——活塞;

F——空瓶;

G——装有水的洗气瓶。

图A.1 三氯化钛滴定法的装置图

A.4.1.4 分析步骤

称取约1.0 g试样(精确至0.000 1 g),置于500 mL锥形瓶中,加入30 g酒石酸氢钠和200 mL沸水,剧烈振荡溶解后,按图A.1装好仪器,在液面下通入二氧化碳的同时,用三氯化钛标准滴定溶液滴定使其固有颜色消失为终点。

A.4.1.5 结果计算

柠檬黄铝色淀(以钠盐计)以质量分数 w_1 计,数值用%表示,按公式(A.1)计算:

$$w_1 = \frac{c(V/1\,000)(M/4)}{m_1} \times 100\% \quad \cdots\cdots(A.1)$$

式中:

c ——三氯化钛标准滴定溶液浓度的准确数值,单位为摩尔每升(mol/L);

V ——滴定试样耗用的三氯化钛标准滴定溶液体积的准确数值,单位为毫升(mL);

M ——柠檬黄铝色淀的摩尔质量数值,单位为克每摩尔(g/mol)[$M(C_{16}H_9N_4Na_3O_9S_2)=534.36$];

m_1——试样的质量数值,单位为克(g)。

计算结果表示到小数点后1位。

平行测定结果的绝对差值不大于1.0%(质量分数),取其算术平均值作为测定结果。

A.4.2 分光光度比色法

A.4.2.1 方法提要

将试样与已知含量的柠檬黄标准品在分别在水介质或水中溶解,用乙酸铵溶液稀释定容后,在最大吸收波长处,分别测其吸光度值,计算其含量。

A.4.2.2 试剂和材料

A.4.2.2.1 酒石酸氢钠。

A.4.2.2.2 乙酸铵溶液:1.5 g/L。

A.4.2.2.3 柠檬黄标准品:≥87.0%(质量分数,按A.4.1测定)。

A.4.2.3 仪器和设备

A.4.2.3.1 分光光度计。

A.4.2.3.2 比色皿:10 mm。

A.4.2.4 柠檬黄标样溶液的配制

称取约0.25 g柠檬黄标准品(精确到0.000 1 g),溶于适量水中,移入1 000 mL容量瓶中,加水稀释至刻度,摇匀。吸取10 mL,移入500 mL容量瓶中,加乙酸铵溶液稀释至刻度,摇匀,备用。

A.4.2.5 柠檬黄铝色淀试样溶液的配制

称取约0.5 g试样(精确至0.000 1 g),加入20 mL水和2 g酒石酸氢钠,加热至80 ℃~90 ℃,溶解后移入1 000 mL容量瓶中,用水稀释至刻度,摇匀。吸取10 mL移入500 mL容量瓶中,再用水稀释至刻度,摇匀。

A.4.2.6 分析步骤

将柠檬黄标样溶液和柠檬黄铝色淀试样溶液分别置于10 mm比色皿中,同在最大吸收波长处用分光光度计测定各自的吸光度值,用乙酸铵溶液作参比液。

A.4.2.7 结果计算

柠檬黄铝色淀以质量分数 w_1 计,数值用%表示,按公式(A.2)计算:

$$w_1 = \frac{Am_0}{A_0 m} \times w_0 \quad \cdots\cdots\cdots\cdots\cdots\cdots\cdots\cdots\cdots(A.2)$$

式中：

A——柠檬黄铝色淀试样溶液的吸光度值；

m_0——柠檬黄标准品质量的数值，单位为克(g)；

w_0——柠檬黄标准品的质量分数，%；

A_0——柠檬黄标样溶液的吸光度值；

m——试样质量的数值，单位为克(g)。

计算结果表示到小数点后1位。

平行测定结果的绝对差值不大于1.0%(质量分数)，取其算术平均值作为测定结果。

A.5 干燥减量的测定

A.5.1 分析步骤

称取约2 g试样(精确至0.001 g)，置于已在135 ℃±2 ℃恒温干燥箱中恒量的称量瓶中，在135 ℃±2 ℃恒温干燥箱中烘至恒量。

A.5.2 结果计算

干燥减量的质量分数以w_2计，数值用%表示，按公式(A.3)计算：

$$w_2 = \frac{m_2 - m_3}{m_2} \times 100\% \quad \cdots\cdots\cdots\cdots\cdots\cdots\cdots\cdots\cdots(A.3)$$

式中：

m_2——试样干燥前质量的数值，单位为克(g)；

m_3——试样干燥至恒量的质量数值，单位为克(g)。

计算结果表示到小数点后1位。

平行测定结果的绝对差值不大于0.2%(质量分数)，取其算术平均值作为测定结果。

A.6 盐酸和氨水中不溶物的测定

A.6.1 试剂和材料

A.6.1.1 盐酸。

A.6.1.2 盐酸溶液：3+7。

A.6.1.3 氨水溶液：4+96。

A.6.1.4 硝酸银溶液：$c(AgNO_3)=0.1$ mol/L。

A.6.2 仪器和设备

A.6.2.1 玻璃砂芯坩埚：G4，孔径为5 μm～15 μm。

A.6.2.2 恒温干燥箱。

A.6.3 分析步骤

称取约2 g试样(精确至0.001 g)，置于600 mL烧杯中，加20 mL水和20 mL盐酸，充分搅拌后加入300 mL热水，搅匀，盖上表面皿，在70 ℃～80 ℃水浴中加热30 min，冷却，用已在135 ℃±2 ℃烘至恒量的G4玻璃砂芯坩埚过滤，用约30 mL水将烧杯中的不溶物冲洗到G4玻璃砂芯坩埚中，至洗液无色后，先用100 mL氨水溶液洗涤，后用10 mL盐酸溶液洗涤，再用水洗涤至洗涤液用硝酸银溶液检验无白色沉淀，然后在135 ℃±2 ℃恒温干燥箱中烘至恒量。

A.6.4 结果计算

盐酸和氨水中不溶物以质量分数 w_6 计，数值用%表示，按公式(A.4)计算：

$$w_6 = \frac{m_5}{m_4} \times 100\% \qquad \cdots\cdots(A.4)$$

式中：

m_5——干燥后不溶物质量的数值，单位为克(g)；

m_4——试样质量的数值，单位为克(g)。

计算结果表示到小数点后两位。

平行测定结果的绝对差值不大于0.10%(质量分数)，取其算术平均值作为测定结果。

A.7 副染料的测定

A.7.1 方法提要

用纸上层析法将各组分分离，洗脱，然后用分光光度法定量。

A.7.2 试剂和材料

A.7.2.1 无水乙醇。

A.7.2.2 正丁醇。

A.7.2.3 酒石酸氢钠。

A.7.2.4 丙酮溶液：1+1。

A.7.2.5 氨水溶液：4+96。

A.7.2.6 碳酸氢钠溶液：4 g/L。

A.7.3 仪器和设备

A.7.3.1 分光光度计。

A.7.3.2 层析滤纸：1号中速，150 mm×250 mm。

A.7.3.3 层析缸：ϕ240 mm×300 mm。

A.7.3.4 微量进样器：100 μL。

A.7.3.5 纳氏比色管：50 mL有玻璃磨口塞。

A.7.3.6 玻璃砂芯漏斗：G3，孔径为15 μm～40 μm。

A.7.3.7 50 mm比色皿。

A.7.3.8 10 mm比色皿。

A.7.4 分析步骤

A.7.4.1 纸上层析条件

A.7.4.1.1 展开剂：正丁醇+无水乙醇+氨水溶液=6+2+3。

A.7.4.1.2 温度：20 ℃～25 ℃。

A.7.4.2 试样溶液的配制

称取约2 g试样(精确至0.001 g)。置于烧杯中，加入适量水和5 g酒石酸氢钠，加热溶解后，移入

100 mL 容量瓶中，稀释至刻度，摇匀备用，该试样溶液浓度为 2%。

A.7.4.3 试样洗出液的制备

用微量进样器吸取 100 μL 试样溶液，均匀地注在离滤纸底边 25 mm 的一条基线上，成一直线，使其在滤纸上的宽度不超过 5 mm，长度为 130 mm，用吹风机吹干。将滤纸放入装有预先配制好展开剂的层析缸中展开，滤纸底边浸入展开剂液面下 10 mm，待展开剂前沿线上升至 150 mm 或直到副染料分离满意为止。取出层析滤纸，用冷风吹干。

用空白滤纸在相同条件下展开，该空白滤纸必须与上述步骤展开用的滤纸在同一张滤纸上相邻部位裁取。

副染料纸上层析示意图见图 A.2。

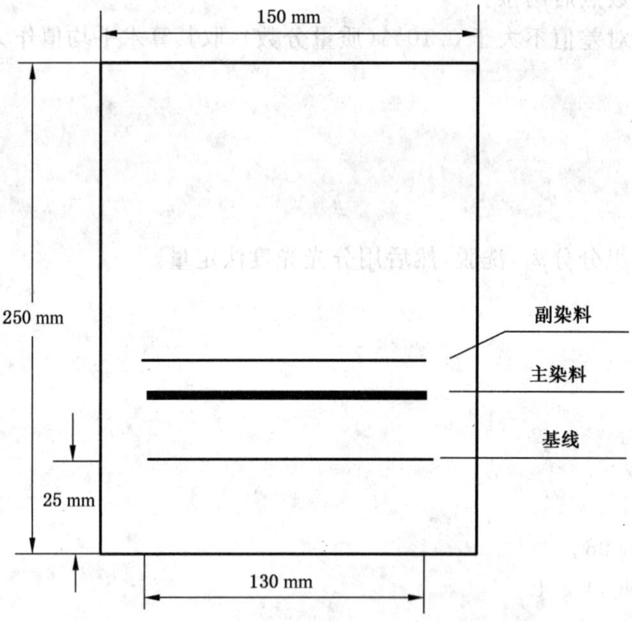

图 A.2 副染料纸上层析示意图

将展开后取得的各个副染料和在空白滤纸上与各副染料相对应的部位的滤纸按同样大小剪下，并剪成约 5 mm×15 mm 的细条，分别置于 50 mL 的纳氏比色管中，准确加入丙酮溶液 5 mL，摇动 3 min～5 min 后，再准确加入 20 mL 碳酸氢钠溶液，充分摇动，然后分别在 G3 玻璃砂芯漏斗中自然过滤，滤液应澄清，无悬浮物。分别得到各副染料和空白的洗出液。在各自副染料的最大吸收波长处，用 50 mm 比色皿，将各副染料的洗出液在分光光度计上测定各自的吸光度值。

在分光光度计上测定吸光度值时，以 5 mL 丙酮溶液和 20 mL 碳酸氢钠溶液的混合液作参比液。

A.7.4.4 标准溶液的配制

吸取 6 mL 2%的试样溶液移入 100 mL 容量瓶中，稀释至刻度，摇匀，该溶液为标准溶液。

A.7.4.5 标准洗出液的制备

用微量进样器吸取 100 μL 标准溶液，均匀地点注在离滤纸底边 25 mm 的一条基线上，用吹风机吹干。将滤纸放入装有预先配制好展开剂的层析缸中展开，待展开剂前沿线上升 40 mm，取出用冷风吹干，剪下所有展开的染料部分，按 A.7.4.3 方法进行萃取操作，得到标准洗出液。用 10 mm 比色皿在最大吸收波长处测吸光度值。

同时用空白滤纸在相同条件下展开，按相同方法操作后测洗出液的吸光度值。

A.7.4.6 结果计算

副染料以质量分数 w_7 计，数值用%表示，按公式(A.5)计算：

$$w_7=\frac{[(A_1-b_1)+\cdots\cdots+(A_n-b_n)]/5}{(A_s-b_s)(100/6)}\times S \qquad \cdots\cdots(A.5)$$

式中：

$A_1\cdots,A_n$ ——各副染料洗出液以 50 mm 光径长度测定出的吸光度值；

$b_1\cdots,b_n$ ——各副染料对照空白洗出液以 50 mm 光径长度测定出的吸光度值；

A_s ——标准洗出液以 10 mm 光径长度测定出的吸光度值；

b_s ——标准对照空白洗出液以 10 mm 光径长度测定出的吸光度值；

5 ——折算成以 10 mm 光径长度的比数；

100/6 ——标准洗出液折算成 2%试样溶液的比数；

S ——试样的质量分数，%。

计算结果表示到小数点后 1 位。

平行测定结果的绝对差值不大于 0.2%(质量分数)，取其算术平均值作为测定结果。

A.8 砷的测定

A.8.1 方法提要

柠檬黄铝色淀经湿法消解后，制备成试样溶液，用原子吸收光谱法测定砷的含量。

A.8.2 试剂和材料

A.8.2.1 硝酸。

A.8.2.2 硫酸溶液：1+1。

A.8.2.3 硝酸-高氯酸混合溶液：3+1。

A.8.2.4 砷(As)标准溶液：按 GB/T 602 配制和标定后，再根据使用的仪器要求进行稀释配制成含砷相应浓度的三种标准溶液。

A.8.2.5 氢氧化钠溶液：1 g/L。

A.8.2.6 硼氢化钠溶液：8 g/L(溶剂为 1 g/L 的氢氧化钠溶液)。

A.8.2.7 盐酸溶液：1+10。

A.8.2.8 碘化钾溶液：200 g/L。

A.8.3 仪器和设备

A.8.3.1 原子吸收光谱仪。

A.8.3.2 仪器参考条件：砷空心阴极灯分析线波长：193.7 nm；狭缝：0.5 nm～1.0 nm；灯电流：6 mA～10 mA。

A.8.3.3 载气流速：氩气 250 mL/min。

A.8.3.4 原子化器温度：900 ℃。

A.8.4 分析步骤

A.8.4.1 试样消解

称取约 1 g 试样(精确至 0.001 g)，置于 250 mL 三角或圆底烧瓶中，加 10 mL～15 mL 硝酸和

2 mL 硫酸溶液，摇匀后用小火加热赶出二氧化氮气体，溶液变成棕色，停止加热，放冷后加入 5 mL 硝酸-高氯酸混合液，强火加热至溶液透明或微黄色，如仍不透明，放冷后再补加 5 mL 硝酸-高氯酸混合溶液，继续加热至溶液透明无色或微黄色并产生白烟（避免烧干出现炭化现象），停止加热，放冷后加水 5 mL 加热至沸，除去残余的硝酸-高氯酸（必要时可再加水煮沸一次），继续加热至发生白烟，保持 10 min，放冷后移入 100 mL 容量瓶（若溶液出现浑浊、沉淀或机械杂质应过滤），用盐酸溶液稀释定容。

同时按相同的方法制备空白溶液。

A.8.4.2 测定

量取 25 mL 消解后的试样溶液至 50 mL 容量瓶，加入 5 mL 碘化钾溶液，用盐酸溶液稀释定容，摇匀，静置 15 min。

同时按相同的方法以空白溶液制备空白测试液。

开启仪器，待仪器及砷空心阴极灯充分预热，基线稳定后，用硼氢化钠溶液作氢化物还原发生剂，以标准空白、标准溶液、样品空白测试液及样品溶液的顺序，按电脑指令分别进样。测试结束后电脑自动生成工作曲线及扣除样品空白后的样品溶液中砷浓度，输入样品信息（名称、称样量、稀释体积等），即自动换算出试样中砷的含量。

平行测定结果的绝对差值不大于 0.1 mg/kg，取其算术平均值作为测定结果。

A.9 铅的测定

A.9.1 方法提要

柠檬黄铝色淀经湿法消解后，制备成试样溶液，用原子吸收光谱法测定铅的含量。

A.9.2 试剂和材料

A.9.2.1 铅（Pb）标准溶液：按 GB/T 602 配制和标定后，再根据使用的仪器要求进行稀释配制成含铅相应浓度的三种标准溶液。

A.9.2.2 氢氧化钠溶液：1 g/L。

A.9.2.3 硼氢化钠溶液：8 g/L（溶剂为 1 g/L 的氢氧化钠溶液）。

A.9.2.4 盐酸溶液：1＋10。

A.9.3 仪器和设备

A.9.3.1 原子吸收光谱仪。

A.9.3.2 仪器参考条件：GB 5009.12—2010 中第三法火焰原子吸收光谱法。

A.9.4 分析步骤

可直接采用 A.8.4.1 的试样溶液和空白溶液。

按 GB 5009.12—2010 中第三法火焰原子吸收光谱法操作。

平行测定结果的绝对差值不大于 1.0 mg/kg，取其算术平均值作为测定结果。

A.10 钡的测定

A.10.1 方法提要

柠檬黄铝色淀经干法消解处理后，制备成试样溶液，与钡标准溶液比较，作硫酸钡的浊度限量试验。

A.10.2 试剂和材料

A.10.2.1 硫酸。

A.10.2.2 无水碳酸钠。

A.10.2.3 盐酸溶液:1+3。

A.10.2.4 硫酸溶液:1+19。

A.10.2.5 钡标准溶液:氯化钡($BaCl_2 \cdot 2H_2O$)177.9 mg,用水溶解并定容至 1 000 mL。每毫升含有 0.1 毫克的钡(0.1 mg/mL)。

A.10.3 试样溶液的配制

称取约 1 g 试样(精确至 0.001 g),放于白金坩埚或陶瓷坩埚中,加少量硫酸润湿,徐徐加热,尽量在低温下使之几乎全部炭化。放冷后,再加 1 mL 硫酸,慢慢加热至几乎不发生硫酸蒸气为止,放入高温炉中,于 800 ℃灼烧 3 h。冷却后,加无水碳酸钠 5 g 充分混合,加盖后放入高温炉中,于 860 ℃灼烧 15 min,冷却后,加水 20 mL,在水浴上加热,将熔融物溶解。冷却后过滤,用水洗涤滤纸上的残渣至洗涤液不呈硫酸盐反应为止。然后将纸上的残渣与滤纸一起移至烧杯中,加 30 mL 盐酸溶液,充分摇匀后煮沸。冷却后过滤,用 10 mL 水洗涤滤纸上的残渣。将洗涤液与滤液合并,在水浴上蒸发至干。加 5 mL 水使残渣溶解,必要时过滤,加 0.25 mL 盐酸溶液,充分混合后,再加水配至 25 mL 作为试样溶液。

A.10.4 标准比浊溶液的配制

取 5 mL 钡标准溶液,加 0.25 mL 盐酸溶液。加水至 25 mL,作为标准比浊溶液。

A.10.5 分析步骤

在试样溶液和标准比浊溶液中各加 1 mL 硫酸溶液混合,放置 10 min 时,试样溶液混浊程度不得超过标准比浊溶液,即为合格。

附　录　B
（规范性附录）
三氯化钛标准滴定溶液的配制方法

B.1　试剂和材料

B.1.1　盐酸。

B.1.2　硫酸亚铁铵。

B.1.3　硫氰酸铵溶液：200 g/L。

B.1.4　硫酸溶液：1+1。

B.1.5　三氯化钛溶液。

B.1.6　重铬酸钾标准滴定溶液：$c(1/6K_2Cr_2O_7)=0.1$ mol/L，按 GB/T 602 配制与标定。

B.2　仪器和设备

见图 A.1。

B.3　三氯化钛标准滴定溶液的配制

B.3.1　配制

取 100 mL 三氯化钛溶液和 75 mL 盐酸，置于 1 000 mL 棕色容量瓶中，用煮沸并已冷却到室温的水稀释至刻度，摇匀，立即倒入避光的下口瓶中，在二氧化碳气体保护下贮藏。

B.3.2　标定

称取约 3 g（精确至 0.000 1 g）硫酸亚铁铵，置于 500 mL 锥形瓶中，在二氧化碳气流保护作用下，加入 50 mL 煮沸并已冷却的水，使其溶解，再加入 25 mL 硫酸溶液，继续在液面下通入二氧化碳气流作保护，迅速准确加入 35 mL 重铬酸钾标准滴定溶液，然后用需标定的三氯化钛标准溶液滴定到接近计算量终点，立即加入 25 mL 硫氰酸铵溶液，并继续用需标定的三氯化钛标准溶液滴定到红色转变为绿色，即为终点。整个滴定过程应在二氧化碳气流保护下操作，同时做一空白试验。

B.3.3　结果计算

三氯化钛标准溶液的浓度以 $c(TiCl_3)$ 计，单位以摩尔每升（mol/L）表示，按公式（B.1）计算：

$$c(\mathrm{TiCl_3})=\frac{cV_1}{V_2-V_3} \qquad \text{(B.1)}$$

式中：

c ——重铬酸钾标准滴定溶液浓度的准确数值，单位为摩尔每升（mol/L）；

V_1——重铬酸钾标准滴定溶液体积的准确数值，单位为毫升（mL）；

V_2——滴定被重铬酸钾标准滴定溶液氧化成高钛所用去的三氯化钛标准滴定溶液体积的准确数值，单位为毫升（mL）；

V_3——滴定空白用去三氯化钛标准滴定溶液体积的准确数值，单位为毫升(mL)。

计算结果表示到小数点后 4 位。

以上标定需在分析样品时即时标定。

ICS 83.060
G 40

中华人民共和国国家标准

GB/T 4497.1—2010/ISO 6528-1:1992
代替 GB/T 4497—1984

橡胶　全硫含量的测定
第1部分:氧瓶燃烧法

Rubber—Determination of total sulfur content—
Part 1:Oxygen combustion flask method

(ISO 6528-1:1992,IDT)

2011-01-14 发布　　　　2011-12-01 实施

中华人民共和国国家质量监督检验检疫总局
中国国家标准化管理委员会　发布

前　言

本标准按照 GB/T 1.1—2009 给出的规则起草。

GB/T 4497《橡胶　全硫含量的测定》分为三部分：

——第 1 部分：氧瓶燃烧法；

——第 2 部分：过氧化钠熔融法；

——第 3 部分：熔炉燃烧法。

本部分为 GB/T 4497 的第 1 部分。

本部分代替 GB/T 4497—1984《硫化橡胶全硫含量的测定　氧瓶燃烧法》。

本部分与 GB/T 4497—1984 相比主要变化如下：

——修改了标准号及标准名称；

——增加了前言；

——增加了警告词；

——对标准滴定液作了修改，将氯化钡改用为高氯酸钡(见 3.4,1984 年版的 2.3.5)；

——对标准吸收液作了修改，将浓度为 1%过氧化氢吸收液改用为浓度为 2%的过氧化氢和过氧化氢-盐酸两种吸收液(见 3.1.1 和 3.1.2,1984 年版的 2.3.1)；

——对滴定前所加醇试剂作了修改，将所加的乙醇修改为 2-丙醇(见 3.3,1984 年版的 2.2.3)；

——增加了样品的制备(见第 5 章)；

——增加了试验报告的内容(见第 9 章)。

本部分等同采用 ISO 6528-1:1992《橡胶　全硫含量的测定　第 1 部分：氧瓶燃烧法》(英文版)。

本部分由中国石油和化学工业联合会提出。

本部分由全国橡标委通用试验方法分技术委员会(SAC/TC 35/SC 2)归口。

本部分的主要起草单位：北京橡胶工业研究设计院。

本部分的主要起草人：苍飞飞、丁晓英、瓮子良、纪波。

橡胶 全硫含量的测定
第1部分:氧瓶燃烧法

警告:使用本国家标准的人员应有正规实验室工作的实践经验,本部分并未指出所有可能的安全问题,使用者有责任采用适当的安全和健康措施,并保证符合国家的有关法律法规的规定。

1 范围

GB/T 4497 的本部分规定了用氧瓶燃烧法测定橡胶中全硫含量的方法。

本部分适用于测定除含硫酸钡的橡胶和橡胶产品中的全硫含量。

本部分规定的方法适用于以下各种橡胶中全硫含量的测定:天然橡胶、氯丁橡胶、丁苯橡胶、顺丁橡胶 、异戊橡胶、丁基橡胶、三元乙丙橡胶、丁腈橡胶、硬质橡胶以及上述橡胶的并用橡胶。

本部分规定的方法对存在铅、锑、锌、钡和钙化合物的试样,结果通常偏低。如果钙以碳酸钙形式存在,可以通过改变吸收液而得到可靠的试验结果。

2 原理

在盛有过氧化氢吸收液且充满氧气的燃烧瓶中引燃试样,其中有机物的碳、氢被氧化,硫的氧化物被过氧化氢溶液吸收转化为硫酸,有时吸收液需通过离子交换柱以除去干扰离子。吸收液以钍试剂或钍试剂和次甲基蓝为指示剂,用高氯酸钡标准溶液滴定。

3 试剂和材料

除非另有规定,使用的试剂均为分析纯试剂,实验用水为蒸馏水或同等纯度的水。

注:描述了两种制备指示剂的方法(3.8),分析工作者可以根据本人的经验,实验装备和实验要求选择最适合的方法制备指示剂。

3.1 吸收液

3.1.1 过氧化氢,2%(质量分数)吸收液:将1体积30%的过氧化氢用蒸馏水稀释至15体积。

警告:30%的过氧化氢溶液对皮肤有很大的腐蚀性,操作时应戴橡胶或塑料手套和护目镜。

3.1.2 过氧化氢-盐酸混合溶液:将4体积30%的过氧化氢用蒸馏水稀释至60体积再加5体积的盐酸(ρ_{20}=1.18 g/mL)混合均匀。

3.2 盐酸溶液,$c(HCl)$=0.5 mol/L。

3.3 2-丙醇。

3.4 高氯酸钡标准滴定溶液,$c[Ba(ClO_4)_2]$=0.01 mol/L。

3.4.1 配制:用200 mL蒸馏水溶解3.363 g无水高氯酸钡。用盐酸溶液(3.2)调pH值至3.5。用2-丙醇稀释至1 L。

3.4.2 标定:

称量0.10 g无水硫酸钠(精确至0.1 mg)用10 mL蒸馏水溶解于100 mL容量瓶中,用蒸馏水稀释至刻度。

准确吸取10 mL此溶液至一小烧瓶或烧杯中,加40 mL 2-丙醇使溶液中醇的体积分数为80%。并按7.3.3的规定滴定。

高氯酸钡标准溶液浓度c(mol/L)按式(1)计算:

$$c=\frac{0.1\times m_1\times 1\,000}{142.06\times V_s} \qquad \cdots\cdots(1)$$

式中:

m_1——无水硫酸钠的质量,单位为克(g);

V_s——滴定所需的高氯酸钡溶液的体积,单位为毫升(mL)。

3.4.3 贮存:高氯酸钡溶液在贮存时易分解,使用时要根据情况经常进行标定。

3.5 阳离子交换树脂:环上含有磺酸基的强酸型离子交换树脂。装柱(见4.6)以前,将树脂放于盛有蒸馏水的烧杯中使之吸水而膨胀。

树脂使用前和再生以后,检查下面的要求(因为树脂交换干扰离子的能力大,每次可用5次~10次,然后再再生):

a) 用15 mL水将10 mL 0.02 mol/L的硫酸溶液彻底洗脱(用钍溶液检验是否存在硫酸根)。

b) 离子交换树脂应具有交换0.1 g锌的能力,因为锌在橡胶分析中是最常见的干扰离子。

再生方法:将10 mL 2 mol/L的盐酸溶液(3.6),以每秒2~3滴的速度通过树脂层,然后用20 mL蒸馏水以较快速度洗涤树脂层,钍试剂检测至最后洗涤液无硫酸根为止。

3.6 盐酸溶液,$c(HCl)=2$ mol/L。

3.7 氧气:从钢瓶中用一适合的出口引到氧燃烧瓶(4.1)中。

3.8 指示剂:有两种类型的指示剂都适用于本部分即钍试剂(见3.8.1)和钍试剂/次甲基兰混合指示剂(3.8.2)。钍试剂应呈均匀红色粉末。其水溶液为透明橙黄色。

3.8.1 质量分数为0.2%的钍试剂溶液:0.2 g钍试剂溶于100 mL水中。

3.8.2 钍试剂/次甲基兰混合指示剂。

3.8.2.1 质量分数为0.5%的钍试剂溶液:0.5 g钍试剂溶于100 mL水中。

3.8.2.2 质量分数为0.012%的次甲基兰溶液:0.012 g次甲基兰溶于100 mL水中。

3.9 硝酸钾溶液:4 g/L;0.4 g硝酸钾溶于100 mL蒸馏水中。

3.10 包试样的黑纸或白纸

注1:纸通常剪成图1的形状,为能用于更小的铂筐中,也可剪成图2的形状。

虽然大多数市场上销售的纸都易于燃烧,但包试样用纸可以由滤纸剪成并用硝酸钾溶液(3.9)来浸渍以帮助橡胶的燃烧,倾去多余的溶液并在100 ℃下干燥滤纸。如果使用这种处理过的滤纸,燃烧后应按7.3.2.2规定操作。

注2:如果用电子引燃装置引燃时,无须用图1和图2那样形状的纸。

注3:用红外引燃时,黑纸更易引燃。

图中标示为近似尺寸,单位为毫米

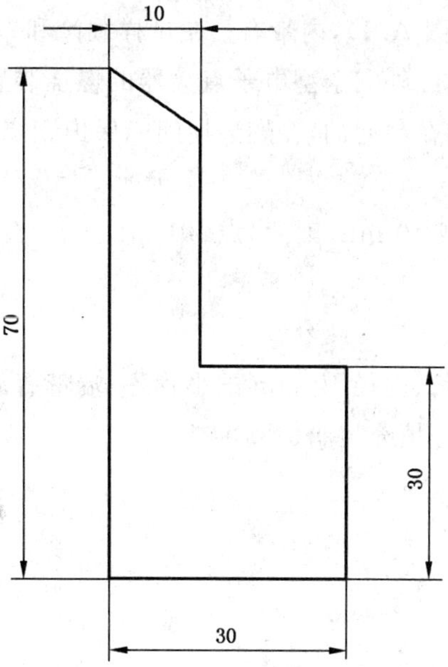

图 1　包裹试样的纸片形状

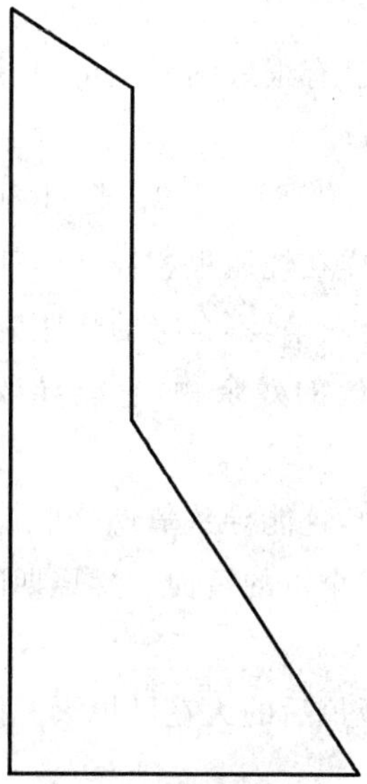

图 2　包裹试样的纸片形状(用于较小的铂筐)

4 仪器

实验室常用的仪器及以下仪器:

4.1 氧燃烧瓶:1 L厚壁烧瓶(见图A.1),内带有一铂试样载筐和一个强放电夹子或固定装置。

4.2 燃烧装置:密闭安全柜,带有红外安全型电子点火器的燃烧装置或酒精灯(见图A.2)。最好的是红外点火器,因为它是整套装置装在一起的,在燃烧期间能保护燃烧瓶,为了安全操作,所有的仪器应按制造商的说明进行操作。

4.3 微量滴定管:容量为5 mL或10 mL,刻度为0.01 mL。

4.4 磁力搅拌器。

4.5 高强度灯(可选)。

4.6 阳离子交换柱:约170 mm长、内径10 mm的小管,一端带有旋阀或烧结玻璃轮盘。管子底部填充约10 mm的玻璃纤维,其余部分填充树脂(3.5)。

4.7 分析天平:精度为0.1 mg。

5 样品的制备

5.1 将试样在实验室开炼胶机上过辊使之均匀。

5.2 由于试样量少,橡胶和用来包裹的纸应避免污染。使用镊子夹取试样和纸以减少被污染的危险。

6 安全措施

氧燃烧瓶在许多实验室里使用多年已有很好的安全记录。只要严格遵守安全措施,就不会有爆炸的危险。

6.1 试样量超过80 mg时不能用1 L的燃烧瓶测试。超过80 mg试样可以用更大的烧瓶,但在同一烧瓶和同一吸收液上多次燃烧和大的试样在烧瓶里燃烧同样都是充分的也是安全的。

6.2 氧燃烧瓶在使用以前应检查是否有缺陷,不合格的烧瓶应弃用。

6.3 氧燃烧瓶内不应有有机溶剂和蒸气的残余物,它能导致爆炸。用来清洗的溶剂应用水反复冲洗掉。

6.4 由于有机物质迅速燃烧会产生压力,这能导致氧燃烧瓶爆炸,因此燃烧应在安全罩内进行。在火焰接近试样以前,操作者的手和脸应在安全罩的后面。燃烧期间应戴手套和面罩,因此极力推荐使用设备齐全有安全系统的房间。

6.5 燃烧过程应放在安全罩里进行直至最后的火花已熄灭。因为会形成微小的真空,所以移动烧瓶应戴手套和面罩。

7 试验步骤

7.1 试样

称取40 mg~80 mg的试样,放入1 L的氧燃烧瓶,当硫含量超过4%(质量分数)时,应适当减少试样量。

7.2 仪器的准备

如果碳酸钙不存在，在氧燃烧瓶(4.1)中放 5 mL 过氧化氢(3.1.1)吸收液。如果怀疑碳酸钙存在，在燃烧瓶中放 5 mL 的过氧化氢-盐酸混合溶液(3.1.2)吸收液。若用搅拌棒，将搅拌棒放在氧燃烧瓶中。用纸(见 3.10)包裹试样(7.1)并折叠以便试样被完全包上，将它放在螺旋状的铂丝中或铂筐里时包裹纸的伸出部分应在铂丝或铂筐上面，不允许包裹纸因吸到吸收液而变湿。

从贮氧钢瓶(见 3.7)插一小管到烧瓶的底部，通氧至少 30 s(避免溅起吸收液)。迅速抽出氧气管，用带燃烧装置并能严密封住瓶口的塞子或固紧装置盖上烧瓶。

7.3 测定

7.3.1 燃烧

氧燃烧瓶放在安全罩内，伸长的滤纸放在红外引燃器聚焦线上，确保滤纸不接触烧瓶的内壁。如用电子引燃器，应将氧烧瓶中的点火器与相应线路连接。

点燃滤纸使之燃烧完全，当试样和纸完全燃尽后，将氧燃烧瓶从安全罩中移出并检查炭黑沉积物，如果有炭黑存在，应重新试验(燃烧的目的是在高温状态下，使滤纸和试样能完全燃烧)。

当燃烧完成后，如使用搅拌器，把密封的氧燃烧瓶放在磁力搅拌器(4.4)上，搅拌 1 h。如不用搅拌器，把氧燃烧瓶放置 2 h，让吸收液充分吸收燃烧生成的气体，可不时摇动氧燃烧瓶加快吸收。

7.3.2 消除干扰物质

7.3.2.1 如果没有干扰离子，将氧燃烧瓶中的吸收液倒入 250 mL 的烧杯或烧瓶中，用 5 mL 蒸馏水洗氧燃烧瓶的内壁和样品夹持器。并将洗涤液收集在同一 250 mL 的烧杯或烧瓶中，再重复洗两次。吸收液和洗涤液收集在一个 100 mL 锥形瓶中煮沸，让过量的过氧化氢分解，让溶液蒸发到(5～10)mL 然后进行滴定。

7.3.2.2 如有干扰离子，将溶液通过阳离子交换柱(4.6)。让溶液以每秒 2～3 滴的速度通过交换柱，滴到 250 mL 烧瓶中。调节旋阀。每次用 5 mL 蒸馏水洗涤烧瓶内壁、瓶塞和铂筐共三次，每次洗涤液依次通过交换柱收集在同一容器中，洗涤最后可在压力或真空下进行。

7.3.3 滴定

7.3.3.1 在烧瓶中加一定量的 2-丙醇使溶液中醇的体积分数为 70%～90%，放入搅拌棒，并将烧瓶置于搅拌器上。

7.3.3.2 若用钍试剂溶液(见 3.8.1)，加 2～3 滴钍试剂溶液，若使用高强度灯(4.5)，将燃烧瓶或烧杯放在高强度灯光束上。用高氯酸钡标准溶液(3.4)滴定待测溶液，用微量滴定管(4.3)逐滴地滴定到终点(呈稳定的粉红色)。读取高氯酸钡标准滴定溶液的体积，精确到 0.01 mL。快接近终点时，每 2 s～3 s 加入一滴并每加一滴后都要混合完全。

7.3.3.3 如用钍试剂/次甲基兰溶液(见 3.8.2)加一滴钍试剂溶液(见 3.8.2.1)和足够的次甲基兰(见 3.8.2.2)溶液直到溶液的颜色由橙色变为黄色。不要加过量的次甲基兰，它能使溶液带有绿色。用高氯酸钡溶液(见 3.4)由微量滴定管(4.3)逐滴地滴定至终点(呈稳定的粉红色)。读取高氯酸钡溶液的体积精确到 0.01 mL。快接近终点时，每 2 s～3 s 加入一滴并每加一滴后都要混合完全。

7.4 空白试验

不加试样,重复以上所有操作步骤。

8 结果表示

8.1 计算

全硫含量以硫的质量分数 w_S 计,按式(2)计算:

$$w_S=\frac{(V_t-V_b)\times 0.032\,1\times c}{m_2}\times 100\% \quad \cdots\cdots(2)$$

式中:

V_b ——空白试验所需高氯酸钡标准滴定溶液的体积,单位为毫升(mL);

V_t ——滴定试样所需高氯酸钡标准滴定溶液的体积,单位为毫升(mL);

c ——高氯酸钡标准滴定溶液的浓度,单位为摩尔每升(mol/L);

m_2 ——试样的质量,单位为克(g);

0.032 1 ——相当于 1 mmol 的硫的质量,单位为克每毫摩(g/mmol)。

每次计算的结果精确到 0.01%。

只要满足重现性要求,可取两次测定的算术平均值作为测定的结果。平均值精确至全硫的 0.05%。

8.2 重现性

同一操作者所获得的两次测定结果应符合表 1。

表 1 数据的重现性

全硫的质量分数/%	与平均值的偏差
<1	±0.1
1~5	±0.2
>5	±0.3

例如:测定结果 1:全硫的质量分数:2.8%。

2:全硫的质量分数:3.2%。

平均值:全硫的质量分数:3.0%。

测定结果是有效的,因为两次测定结果与平均值 3.0%的偏差不超过±0.2%。

9 试验报告

试验报告应包括下列内容:

a） 鉴别样品所需的所有细节；

b） 使用标准；

c） 测定过程中任何可能影响试验结果与所规定操作程序出现的偏差和不正常的偶发事件；

d） 两次测定结果的平均值。

附　录　A
（资料性附录）
参考用氧燃烧瓶

见图 A.1 和图 A.2。

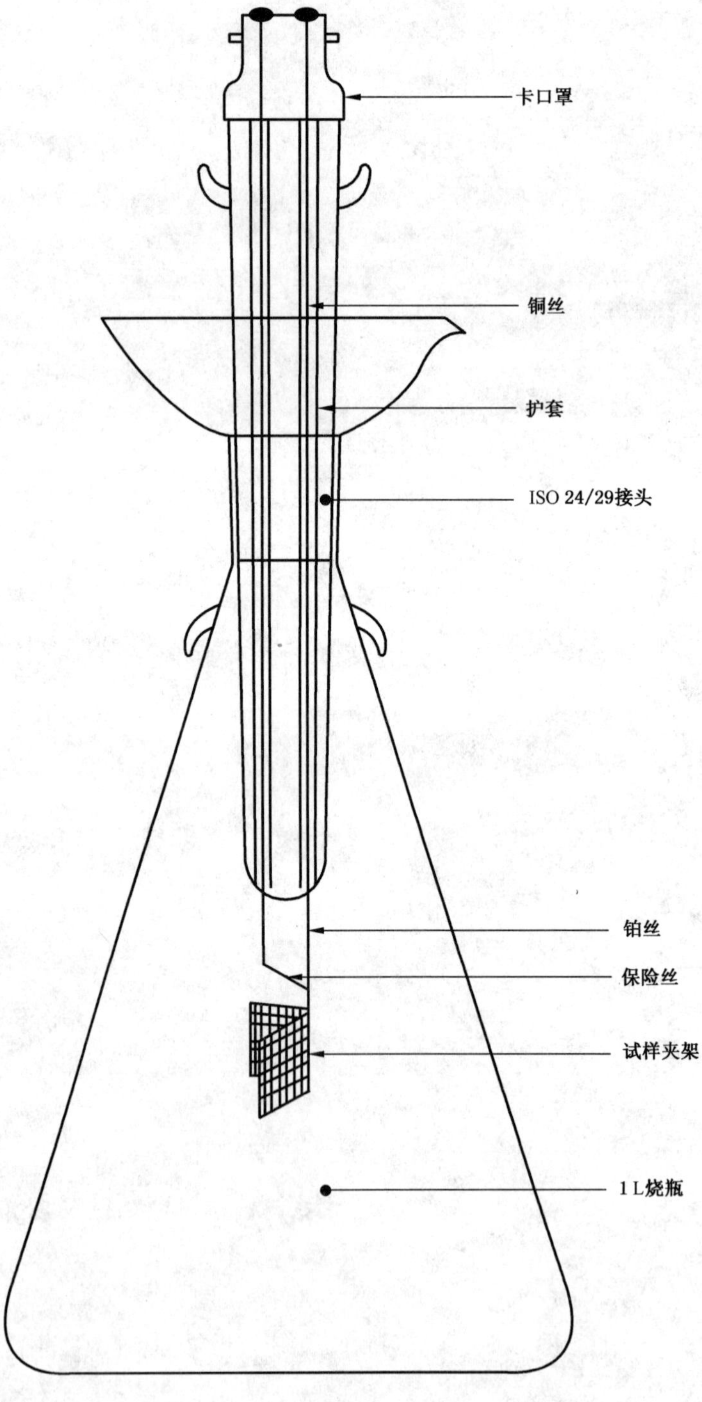

图 A.1　氧瓶燃烧法测定硫含量的典型燃烧装置

单位为毫米

图 A.2　用于氧瓶燃烧法的典型燃烧元件

ICS 75.140
E 43

中华人民共和国国家标准

GB/T 4508—2010
代替 GB/T 4508—1999

沥青延度测定法

Standard test method for ductility of bitumen

2011-01-10 发布 2011-05-01 实施

中华人民共和国国家质量监督检验检疫总局
中国国家标准化管理委员会 发布

前　言

本标准修改采用美国材料与试验协会标准 ASTM D 113:1999《沥青延度测定法》(英文版)。

本标准根据 ASTM D 113:1999 重新起草。

本标准与 ASTM D 113:1999 的主要技术性差异如下:

——本标准删除了引用文件中 ASTM C 670、ASTM E 1、ASTM E 11 三个引用文件(见 ASTM D 113:1999 第 2 章);

——因不属于国家标准内容,本标准删除意义和用途(见 ASTM D 113:1999 第 3 章);

——因为过筛的过程可能会影响样品延度性质,所以本标准删除了样品过筛的相关内容(见 ASTM D 113:1999 中 5.1);

——化样温度会影响样品延度性质,化样时间与样品质量有关,所以本标准增加加热温度和加热时间的限制,即"石油沥青加热温度不超过预计石油沥青软化点 90 ℃;煤焦油沥青样品加热温度不超过煤焦油沥青预计软化点 60 ℃。样品的加热时间在不影响样品性质和在保证样品充分流动的基础上尽量短。"(见本版本的 5.2);

——为了正确判断样品平行数据的有效性和正确报告分析数据,本标准报告中增加了对三次测定值的限制要求。即"若三次测定值在其平均值的 5%内,取平行测定三个结果的平均值作为测定结果。若三次测定值不在其平均值的 5%以内,但其中两个较高值在平均值的 5%之内,则弃去最低测定值,取两个较高值的平均值作为测定结果,否则重新测定。"(见本版本的第 7 章);

——为了便于标准精密度的使用,本标准将 ASTM D 113:1999 中的以图的形式表示的重复性和再现性修转化为具体的数字(见本版本的第 8 章,ASTM D 113:1999 中 7.1)。

本标准与 ASTM D 113:1999 章条变化如下:

——将 1.1 中"沥青试件在一定温度下以一定速度拉伸至断裂时的长度,试件应符合按 5.1 规定的尺寸。非经特殊说明,试验温度为 25 ℃±0.5 ℃,拉伸速度为 5 cm/min±0.25 cm/min。"内容移至本标准第 3 章方法概要中;

——本标准删除 ASTM D 113:1999 中第 3 章意义和用途;

——本标准增加第 3 章方法概要;

——本标准删除 ASTM D 113:1999 中第 8 章;

——本标准将 ASTM D 113:1999 中第 5 章实验步骤分为两章,分别为第 5 章准备工作和第 6 章实验步骤;其他章节号作相应改动。

本标准与 ASTM D 113:1999 相比编辑性修改内容如下:

——删除所有括号中的非 SI 单位制,保留 SI 单位制(见正文)。

本标准代替 GB/T 4508—1999《沥青延度测定法》。

本标准与 GB/T 4508—1999 的主要变化内容如下:

——本标准将 GB/T 4508—1999 范围中"1.1 沥青试件在一定温度下以一定速度拉伸至断裂时的长度,试件应符合按 5.1 规定的尺寸。非经特殊说明,试验温度为 25 ℃±0.5 ℃,拉伸速度为 5 cm/min±0.25 cm/min。"移动到本标准第 3 章方法概要中;

——本标准将 1999 年版第 1 章范围中"1.2 本标准适用于测定石油沥青的延度,也适用于测定煤焦油沥青的延度。"改为"本标准适用于沥青材料延度的测定。";

——本标准删除 GB/T 4508—1999 中第 4 章意义和用途。后续章节号作相应变动;

——本标准删除了 GB/T 4508—1999 中第 4 章仪器和材料中"5.5　筛孔为 0.3～0.5 mm 的金属

网”,并将后续章节号作相应变动;

——本标准删除了样品加热时间的限制,改为“样品的加热时间在不影响样品性质和在保证样品充分流动的基础上尽量短。”(见本版的5.2);

——将6.2中样品加热温度限制改为“焦油沥青加热温度不超过预计软化点60 ℃,石油沥青不超过预计软化点90 ℃。”(见本版的5.2);

——本标准将GB/T 4508—1999中5.4注的内容改为“如果延度试样放在25 ℃标准的针入度浴中进行恒温时,上述温度计可用GB/T 4509中所规定的温度计代替”(见本版的4.4);

——将GB/T 4508—1999中5.7支撑板中“金属板或玻璃板”改为“黄铜板”;

——将GB/T 4508—1999中“试样拉成锥形”改为“将试样拉成锥形或线形或柱形”。(见本版的6.3,GB/T 4508—1999的7.3);

——本标准删除了1999年版5.2中“把熔化了的样品过筛”。

本标准由全国石油产品和润滑剂标准化技术委员会提出。

本标准由全国石油产品和润滑剂标准化技术委员会石油沥青分技术委员会归口。

本标准起草单位:中国石油大学(华东)重质油研究所。

本标准主要起草人:张小英、车金良。

本标准所代替标准的历次版本发布情况为:

——GB/T 4508—1984、GB/T 4508—1999。

沥青延度测定法

警告——本标准没有规定有关安全方面的问题，如果需要，使用者有责任在使用前制定出适当的人身安全防护措施。

1 范围

本标准规定了沥青延度的测定方法。

本标准适用于沥青材料延度的测定。

2 规范性引用文件

下列文件中的条款通过本标准的引用而成为本标准的条款。凡是注日期的引用文件，其随后所有的修改单(不包括勘误的内容)或修订版均不适用于本标准，然而，鼓励根据本标准达成协议的各方研究是否可使用这些文件的最新版本。凡是不注日期的引用文件，其最新版本适用于本标准。

GB/T 4509 沥青针入度测定法

GB/T 5304 石油沥青薄膜烘箱试验法

3 方法概要

将熔化的试样注入专用模具中，先在室温冷却，然后放入保持在试验温度下的水浴中冷却，用热刀削去高出模具的试样，把模具重新放回水浴，再经一定时间，然后移到延度仪中进行试验。记录沥青试件在一定温度下以一定速度拉伸至断裂时的长度。试件应符合按 5.1 规定的尺寸。非经特殊说明，试验温度为 25 ℃±0.5 ℃，拉伸速度为 5 cm/min±0.25 cm/min。

4 仪器与材料

4.1 模具：模具应按图 1 中所给样式进行设计。试件模具由黄铜制造，由两个弧形端模和两个侧模组成，组装模具的尺寸变化范围如图 1 所示。

4.2 水浴：水浴能保持试验温度变化不大于 0.1 ℃，容量至少为 10 L，试件浸入水中深度不得小于 10 cm，水浴中设置带孔搁架以支撑试件，搁架距水浴底部不得小于 5 cm。

4.3 延度仪：对于测量沥青的延度来说，凡是能够满足 6.1 中规定的将试件持续浸没于水中，能按照一定的速度拉伸试件的仪器均可使用。该仪器在启动时应无明显的振动。

4.4 温度计：0 ℃～50 ℃，分度为 0.1 ℃和 0.5 ℃各一支。

注：如果延度试样放在 25 ℃标准的针入度浴中进行恒温时，上述温度计可用 GB/T 4509 中所规定的温度计代替。

4.5 隔离剂：以质量计，由两份甘油和一份滑石粉调制而成。

4.6 支撑板：黄铜板，一面应磨光至表面粗糙度为 *Ra*0.63。

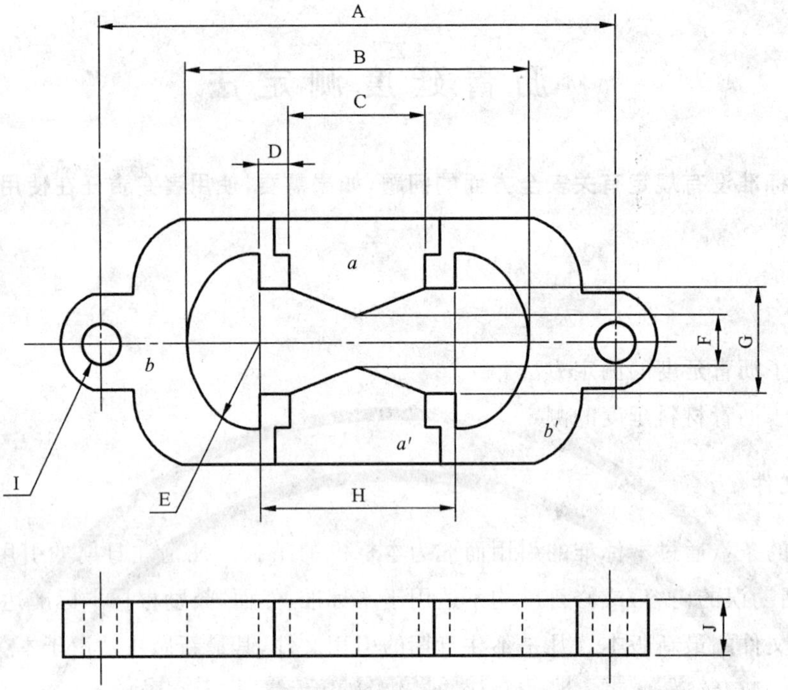

A——两端模环中心点距离 111.5 mm～113.5 mm；

B——试件总长 74.54 mm～75.5 mm；

C——端模间距 29.7 mm～30.3 mm；

D——肩长 6.8 mm～7.2 mm；

E——半径 15.75 mm～16.25 mm；

F——最小横断面宽 9.9 mm～10.1 mm；

G——端模口宽 19.8 mm～20.2 mm；

H——两半圆心间距离 42.9 mm～43.1 mm；

I——端模孔直径 6.54 mm～6.7 mm；

J——厚度 9.9 mm～10.1 mm。

图 1 延度仪模具

5 准备工作

5.1 将模具组装在支撑板上，将隔离剂涂于支撑板表面及图 1 中的侧模的内表面，以防沥青沾在模具上。板上的模具要水平放好，以便模具的底部能够充分与板接触。

5.2 小心加热样品，充分搅拌以防局部过热，直到样品容易倾倒。石油沥青加热温度不超过预计石油沥青软化点 90 ℃；煤焦油沥青样品加热温度不超过煤焦油沥青预计软化点 60 ℃。样品的加热时间在不影响样品性质和在保证样品充分流动的基础上尽量短。将熔化后的样品充分搅拌之后倒入模具中，在组装模具时要小心，不要弄乱了配件。在倒样时使试样呈细流状，自模的一端至另一端往返倒入，使试样略高出模具，将试件在空气中冷却 30 min～40 min，然后放在规定温度的水浴中保持 30 min 取出，用热的直刀或铲将高出模具的沥青刮出，使试样与模具齐平。

5.3 恒温：将支撑板、模具和试件一起放入水浴中，并在试验温度下保持 85 min～95 min，然后从板上取下试件，拆掉侧模，立即进行拉伸试验。

6 试验步骤

6.1 将模具两端的孔分别套在实验仪器的柱上，然后以一定的速度拉伸，直到试件拉伸断裂。拉伸速度允许误差在±5%以内，测量试件从拉伸到断裂所经过的距离，以 cm 表示。试验时，试件距水面和水底的距离不小于 2.5 cm,并且要使温度保持在规定温度的±0.5 ℃范围内。

6.2 如果沥青浮于水面或沉入槽底时,则试验不正常。应使用乙醇或氯化钠调整水的密度,使沥青材料既不浮于水面,又不沉入槽底。

6.3 正常的试验应将试样拉成锥形或线形或柱形,直至在断裂时实际横断面面积接近于零或一均匀断面。如果三次试验得不到正常结果,则报告在该条件下延度无法测定。

7 报告

若三个试件测定值在其平均值的 5%内,取平行测定三个结果的平均值作为测定结果。若三个试件测定值不在其平均值的 5%以内,但其中两个较高值在平均值的 5%之内,则弃去最低测定值,取两个较高值的平均值作为测定结果,否则重新测定。

8 精密度

8.1 重复性

同一操作者在同一实验室使用同一实验仪器对在不同时间同一样品进行试验得到的结果不超过平均值的 10%(置信度 95%)。

8.2 再现性

不同操作者在不同实验室用相同类型的仪器对同一样品进行试验得到的结果不超过平均值的 20%(置信度 95%)。

ICS 75.140
E 43

中华人民共和国国家标准

GB/T 4509—2010
代替 GB/T 4509—1998

沥青针入度测定法

Standard test method for penetration of bitumen

2011-01-10 发布　　　　2011-05-01 实施

中华人民共和国国家质量监督检验检疫总局
中国国家标准化管理委员会　发布

前　言

本标准修改采用美国 ASTM D5:2006《沥青针入度测定法》(英文版)。

本标准根据 ASTM D5:2006 重新起草。

本标准与 ASTM D5:2006 相比技术性修改内容如下：

——本标准删除 ASTM D5:2006 第 2 章引用文献 2.1 中 ASTM E 1、ASTM E 77 、ASTM E 1137/E 1137M、ASTM E 2251 的引用文件，删除 2.2 中 ANSI Standard:B46.1 和 2.3 ISO Standard 468 引用文件；

——因不属于国家标准内容，本标准删除 ASTM D5:2006 第 4 章意义和用途；

——根据针入度皿尺寸越大，对样品性质的影响越小。所以本标准将针入度皿的直径和深度尺寸要求均改为相应的最小尺寸(见本版的 5.3，ASTM D5:2006 版 6.3)；

——为了便于标准的应用，本标准将 ASTM D5:2006 中精密度以公式计算方式修改为数据范围方式(见本版中第 9 章，ASTM D5:2006 中的第 11 章)；

——为了更准确测量样品的针入度，本标准将 ASTM D5:2006 的 11.1 中 250～500 针入度范围划分为 250～350、350～500 两个范围，并将平行实验结果的取舍应满足的要求分别改为 8 和 20。(见本版的 8.1，ASTM D5:2006 中的 11.1)；

——因不属于国家标准内容，本标准删除 ASTM D5:2006 中第 12 章关键词。

本标准与 ASTM D5:2006 相比章条变化如下：

——删除 ASTM D5:2006 中第 4 章意义和用途；

——本标准将 ASTM D5:2006 中第 8 章试验条件与第 4 章方法概要合并为第 4 章；

——删除 ASTM D5:2006 中第 12 章；

——其他章节号作相应改动。

本标准与 ASTM D5:2006 相比编辑性修改内容如下：删除所有括号中的非 SI 单位制，保留 SI 单位制(见正文)。

本标准代替 GB/T 4509—1998《沥青针入度测定法》。

本标准与 GB/T 4509—1998 的相比主要变化如下：

——本标准增加了长针的内容(见本版 5.2.1，GB/T 4509—1998 标准 6.2.1)；

——本标准增加了针入度小于 40 的针入度皿尺寸的要求(见本版 5.3，GB/T 4509—1998 标准 6.3)；

——本标准中增加“或满足此准确度、精度和灵敏度的测温装置均可用。”的内容(见本版 5.7，GB/T 4509—1998 中 6.7)；

——本标准中增加“如果测试时针入度仪是在水浴中，则直接将试样皿放在浸在水中的支架上，使试样完全浸在水中。如果实验时针入度仪不在水浴中，”的内容(见本版的 7.2，GB/T 4509—1998 的 8.2)；

——本标准增加“当针入度超过 200 时，每个试样皿中扎一针，三个试样皿得到三个数据。或者每个试样至少用三根针，每次试验用的针留在试样中，直到三根针扎完时再将针从试样中取出。但是这样测得的针入度的最高值和最低值之差，不得超过 9.1 中的规定。”(见本版 7.5，GB/T 4509—1998 中 8.5)；

——本标准将“加热样品时间不多于 30 min，”改为“加热时间在保证样品充分流动的基础上尽量少。”(见本版 6.1，GB/T 4509—1998 中 7.1)；

——本标准增加了 350～500 范围针入度平行样品结果最大差值为 20 的要求(见本版 8.1，GB/T 4509—1998 标准 9.1)；

——删除 GB/T 4509—1998 标准第 4 章意义和用途一章。

本标准由全国石油产品和润滑剂标准化技术委员会提出。

本标准由全国石油产品和润滑剂标准化技术委员会石油沥青分技术委员会归口。

本标准起草单位：中国石油大学(华东)重质油研究所。

本标准主要起草人：张小英、高琦琳。

本标准所代替标准的历次版本发布情况为：

——GB/T 4509—1984、GB/T 4509—1998。

沥青针入度测定法

1 范围

本标准规定了针入度范围为(0～500)1/10 mm 的标准针、试样皿和其他试验条件。

本标准适用于测定针入度范围从(0～500)1/10 mm 的固体和半固体沥青材料的针入度。

注：用于本方法中的乳化沥青残留物样品的制备和试验，可以参考 SH/T 0099.4 试验方法。

2 规范性引用文件

下列文件中的条款通过本标准的引用而成为本标准的条款。凡是注日期的引用文件，其随后所有的修改单(不包括勘误的内容)或修改版均不适用于本标准，然而，鼓励根据本标准达成协议的各方研究是否可使用这些文件的最新版本。凡是不注日期的引用文件其最新版本适用于本标准。

GB/T 4507 沥青软化点测定法

SH/T 0099.4 乳化沥青蒸发残留物含量测定法

3 术语和定义

下列术语与定义适用于本标准。

3.1

针入度 penetration

在规定条件下，标准针垂直穿入沥青试样中的深度，以 1/10 mm 表示。

4 方法概要

沥青的针入度以标准针在一定的载荷、时间及温度条件下垂直穿入沥青试样的深度表示，单位为1/10 mm。除非另行规定，标准针、针连杆与附加砝码的总质量为(100±0.05)g，温度为(25±0.1)℃，时间为 5 s。特定试验可采用的其他条件如表 1 所示。

表 1

温度/℃	载荷/g	时间/s
0	200	60
4	200	60
46	50	5

特定试验，报告中应注明试验条件。

5 仪器

5.1 针入度仪

能使针连杆在无明显摩擦下垂直运动，并能指示穿入深度精确到 0.1 mm 的仪器均可使用。针连杆的质量为(47.5±0.05)g。针和针连杆的总质量为(50±0.05)g，另外仪器附有(50±0.05)g 和(100±0.05)g 的砝码各一个，可以组成(100±0.05)g 和(200±0.05)g 的载荷以满足试验所需的载荷条件。仪器设有放置平底玻璃皿的平台，并有可调水平的机构，针连杆应与平台垂直。仪器设有针连杆制动按钮，紧压按钮针连杆可以自由下落。针连杆要易于拆卸，以便定期检查其质量。

5.2 标准针

5.2.1 标准针应由硬化回火的不锈钢制造，钢号为440-C或等同的材料，洛氏硬度为54～60(见图1)，针长约50 mm，长针长约60 mm，所有针的直径为1.00 mm～1.02 mm。针的一端应磨成8.7°～9.7°的锥形。锥形应与针体同轴，圆锥表面和针体表面交界线的轴向最大偏差不大于0.2 mm，切平的圆锥端直径应在0.14 mm～0.16 mm之间，与针轴所成角度不超过2°。切平的圆锥面的周边应锋利没有毛刺。圆锥表面粗糙度的算术平均值应为0.2 μm～0.3 μm，针应装在一个黄铜或不锈钢的金属箍中。金属箍的直径为(3.20±0.05)mm，长度为(38±1)mm，针应牢固地装在箍里。针尖及针的任何其余部分均不得偏离箍轴1 mm以上。针箍及其附件总质量为(2.50±0.05)g。可以在针箍的一端打孔或将其边缘磨平，以控制质量。每个针箍上打印单独的标志号码。

5.2.2 为了保证试验用针的统一性，国家计量部门对针的检验结果应满足5.2.1的要求，对每一根针应附有国家计量部门的检验单。

单位为毫米

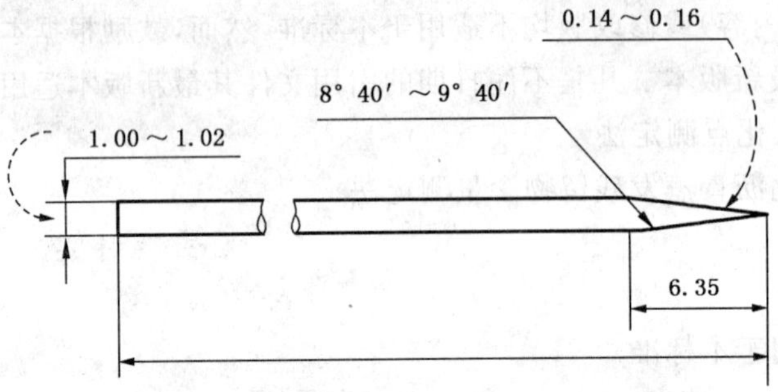

图1 沥青针入度试验用针

5.3 试样皿

应使用最小尺寸符合表2要求的金属或玻璃的圆柱型平底容器。

表2

针入度范围	直径/mm	深度/mm
小于40	33～55	8～16
小于200	55	35
200～350	55～75	45～70
350～500	55	70

5.4 恒温水浴

容量不少于10 L，能保持温度在试验温度下控制在±0.1 ℃范围内的水浴。水浴中距水底部50 mm处有一个带孔的支架，这一支架离水面至少有100 mm。如果针入度测定时在水浴中进行，支架应足够支撑针入度仪。在低温下测定针入度时，水浴中装入盐水。

注：水浴中建议使用蒸馏水，小心不要让表面活性剂、隔离剂或其他化学试剂污染水，这些物质的存在会影响针入度的测定值。建议测量针入度温度小于或等于0 ℃时，用盐调整水的凝固点，以满足水浴恒温的要求。

5.5 平底玻璃皿

平底玻璃皿的容量不小于350 mL，深度要没过最大的样品皿。内设一个不锈钢三角支架，以保证试样皿稳定。

5.6 计时器

刻度为0.1 s或小于0.1 s，60 s内的准确度达到±0.1 s的任何计时装置均可。直接连到针入度仪上的任何计时设备应进行精确校正以提供±0.1 s的时间间隔。

5.7 温度计

液体玻璃温度计，符合以下标准：刻度范围：−8 ℃～55 ℃，分度值为 0.1 ℃。或满足此准确度、精度和灵敏度的测温装置均可用。温度计或测温装置应定期按检验方法进行校正。

6 试验样品的制备

6.1 小心加热样品，不断搅拌以防局部过热，加热到使样品能够易于流动。加热时焦油沥青的加热温度不超过软化点的 60 ℃，石油沥青不超过软化点的 90 ℃。加热时间在保证样品充分流动的基础上尽量少。加热、搅拌过程中避免试样中进入气泡。

6.2 将试样倒入预先选好的试样皿中，试样深度应至少是预计锥入深度的 120%。如果试样皿的直径小于 65 mm，而预期针入度高于 200，每个实验条件都要倒三个样品。如果样品足够，浇注的样品要达到试样皿边缘。

6.3 将试样皿松松地盖住以防灰尘落入。在 15 ℃～30 ℃的室温下，小的试样皿（ϕ33 mm×16 mm）中的样品冷却 45 min～1.5 h，中等试样皿（ϕ55 mm×35 mm）中的样品冷却 1 h～1.5 h；较大的试样皿中的样品冷却 1.5 h～2.0 h，冷却结束后将试样皿和平底玻璃皿一起放入测试温度下的水浴中，水面应没过试样表面 10 mm 以上。在规定的试验温度下恒温，小试样皿恒温 45 min～1.5 h，中等试样皿恒温 1 h～1.5 h，更大试样皿恒温 1.5 h～2.0 h。

7 试验步骤

7.1 调节针入度仪的水平，检查针连杆和导轨，确保上面没有水和其他物质。如果预测针入度超过 350 应选择长针，否则用标准针。先用合适的溶剂将针擦干净，再用干净的布擦干，然后将针插入针连杆中固定。按试验条件选择合适的砝码并放好砝码。

7.2 如果测试时针入度仪是在水浴中，则直接将试样皿放在浸在水中的支架上，使试样完全浸在水中。如果实验时针入度仪不在水浴中，将已恒温到试验温度的试样皿放在平底玻璃皿中的三角支架上，用与水浴相同温度的水完全覆盖样品，将平底玻璃皿放置在针入度仪的平台上。慢慢放下针连杆，使针尖刚刚接触到试样的表面，必要时用放置在合适位置的光源观察针头位置使针尖与水中针头的投影刚刚接触为止。轻轻拉下活杆，使其与针连杆顶端相接触，调节针入度仪上的表盘读数指零或归零。

7.3 在规定时间内快速释放针连杆，同时启动秒表或计时装置，使标准针自由下落穿入沥青试样中，到规定时间使标准针停止移动。

7.4 拉下活杆，再使其与针连杆顶端相接触，此时表盘指针的读数即为试样的针入度，或自动方式停止锥入，通过数据显示设备直接读出锥入深度数值，得到针入度，用 1/10 mm 表示。

7.5 同一试样至少重复测定三次。每一试验点的距离和试验点与试样皿边缘的距离都不得小于 10 mm。每次试验前都应将试样和平底玻璃皿放入恒温水浴中，每次测定都要用干净的针。当针入度小于 200 时可将针取下用合适的溶剂擦净后继续使用。当针入度超过 200 时，每个试样皿中扎一针，三个试样皿得到三个数据。或者每个试样至少用三根针，每次试验用的针留在试样中，直到三根针扎完时再将针从试样中取出。但是这样测得的针入度的最高值和最低值之差，不得超过 9.1 中的规定。

8 报告

8.1 报告三次测定针入度的平均值，取至整数，作为实验结果。三次测定的针入度值相差不应大于表 3 中的数值。

表 3

1/10 mm

针入度	0～49	50～149	150～249	250～350	350～500
最大差值	2	4	6	8	20

8.2 如果误差超过了这一范围，利用6.2中的第二个样品重复试验。

8.3 如果结果再次超过允许值，则取消所有的试验结果，重新进行试验。

9 精密度和偏差

9.1 重复性：同一操作者在同一实验室用同一台仪器对同一样品测得的两次结果不超过平均值的4%。

9.2 再现性：不同操作者在不同实验室用同一类型的不同仪器对同一样品测得的两次结果不超过平均值的11%。

9.3 因为试验测定值由试验方法进行定义，本实验方法得到的数据没有偏差。

ICS 97.040.30
Y 61

中华人民共和国国家标准

GB 4706.17—2010/IEC 60335-2-34:2009
代替：GB 4706.17—2004

家用和类似用途电器的安全 电动机-压缩机的特殊要求

Household and similar electrical appliances—Safety—Particular requirements for motor-compressors

(IEC 60335-2-34:2009,IDT)

2011-01-14 发布　　2011-09-15 实施

中华人民共和国国家质量监督检验检疫总局
中国国家标准化管理委员会　发布

前　言

本部分的全部技术内容为强制性。

GB 4706《家用和类似用途电器的安全》由若干部分组成，第1部分为通用要求，其他部分为特殊要求。

本部分应与 GB 4706.1—2005《家用和类似用途电器的安全　第1部分：通用要求》配合使用。

本部分等同采用国际电工委员会 IEC 60335-2-34:2009(Ed4.2)《家用和类似用途电器的安全　第2-34部分：电动机-压缩机的特殊要求》。

为便于使用，本部分对 IEC 60335-2-34 作了下列编辑性修改：

——“第1部分”一词改为“GB 4706.1”；

——用小数点“.”代替用做小数点的“,”。

本部分代替 GB 4706.17—2004《家用和类似用途电器的安全　电动机-压缩机的特殊要求》。

本部分是对 GB 4706.17—2004《家用和类似用途电器的安全　电动机-压缩机的特殊要求》的修订。

本部分与 GB 4706.17—2004 的主要差异如下：

——IEC 前言的内容更改为 IEC 60335-2-34:2009(Ed4.2)版本的内容。

——范围中对“本部分涉及的及未涉及”内容修改为：

就实际情况而言，本标准涉及在器具中使用电动机-压缩机出现的普通危险，是在住宅和住宅周围环境中所有的人可能会遇到的。然而，一般来说本部分并未涉及：

- 无人照看的幼儿和残疾人使用器具；
- 幼儿玩耍器具的情况。

——范围中修改了“注5：对于具有跨临界制冷系统的器具，如果使用以 R744 作为制冷剂的电动机-压缩机配备有释放压力的装置，那么通过在最终器具上进行的试验来检查该装置是否符合要求。”

——增加了第2章“规范性引用文件”。

——第3章，3.104 中“电子保护系统”改称为“保护电子电路”。

——增加了 3.108、3.109、3.110 定义。

——取消了原第5章“空章”。

——第5章中，5.8.2 增加了“应以最高电压进行第 19.101 以及 19.103 的试验。”

——5.10 制造商需提供的资料中，增加了“在带有跨临界制冷系统的器具中所使用的压缩机，其高压侧的试验压力是否大于试验压力的最小值。”

——第6章中，增加了“电动机-压缩机依据由保护电子电路提供保护或不由保护电子电路提供保护进行分类。”的分类。

——取消了原第14章“空章”。并全部适用于通用标准。

——第19章中，19.11.2 增加了：如果必须进行该条的试验，则应该在形成最终产品的器具上进行。

增加了注101：在本部分中，是否进行此类试验不是强制的。

——19.11.3 修改为：该条用下述内容代替：

如果电动机-压缩机依据分类是由保护电子电路提供保护的，并且该保护电子电路符合第19章及附录 AA 要求，则按 19.11.2 中 a)～f)的要求，以模拟单一故障的方式重复进行

19.101，19.102，19.103 以及附录 AA 的试验。

然而，对于归类为需要进行附录 AA 试验的电动机-压缩机，如果在附录 AA 试验中电动机-压缩机保护系统不动作，则附录 AA 试验不用重复进行。对于归类为不需要进行附录 AA 试验的电动机-压缩机，附录 AA 试验也不用重复进行。

——19.11.4 增加了：如果必须进行该条的试验，则应该在形成最终产品的器具上进行。

增加了注 101：在本部分中，是否进行此类试验不是强制的。

——19.101 中，增加了“带有非自动复位热电动机-压缩机保护系统的电动机-压缩机”进行该条试验的要求。

增加了“不具有电动机-压缩机保护系统，仅仅由绕组的阻抗提供保护的电动机-压缩机”及“对于保护系统或者控制系统被设计为可使绕组永久断开的电动机-压缩机”进行该条试验的要求。

——19.102 中，增加了：“注 3：试验可以在一个单独的样机上进行。”

——19.103 中，增加了：“不带电动机-压缩机保护系统的电动机-压缩机运行 3 h。”

——19.104 中，分别增加了“在 19.101、19.103 试验以及按 19.102 启动电容和运转电容的开路试验结束时”及“在 19.101、19.103 试验以及按 19.102 启动电容和运转电容的短路试验结束时”的要求。

——第 22 章，22.7 增加了：“跨临界系统”和“非跨临界系统”的要求。

——增加了 22.101：用于跨临界制冷系统的电动机-压缩机，该电动机-压缩机在高压侧或排气管处具有压力释放装置时，在电动机-压缩机和压力释放装置之间除了管道之外不应有任何可以引起压降的关断装置或系统元件。

注：要求压力释放装置必须能由电动机-压缩机制造商或者器具制造商安装。

——第 23 章，23.8 增加了注 101：本条内容对壳体内绕组不适用。

——第 29 章，29.1 增加：除 29.1.1 和 29.1.4 的规定外，电动机-压缩机壳体内基本绝缘与功能绝缘的电气间隙不应小于表 16 的规定值。

——29.1.1 增加：当额定脉冲电压为 1 500 V 时，电动机-压缩机壳体内电气间隙不应小于1.0 mm。

——29.1.4 增加：当额定脉冲电压为 1 500 V 时，电动机-压缩机壳体内电气间隙不应小于 1.0 mm。绕组的漆包线与电动机或电动机热保护器的引出线之间不规定最小间隙。

——29.2 增加：电动机-压缩机壳体内的污染等级为 1。

——29.2.1 修改为：在表 17 注 2 中增加下列内容：此要求不适用于防腐蚀保护延伸到玻璃上方的玻璃绝缘接线端子。

——29.2.4 修改为：在表 18 注 2 中增加下列内容：此要求不适用于防腐蚀保护延伸到玻璃上方的玻璃绝缘接线端子。

本部分的附录 AA 为规范性附录。

本部分由中国轻工业联合会提出。

本部分由全国家用电器标准化技术委员会(SAC/TC 46)归口。

本部分主要起草单位：中国家用电器研究院、加西贝拉压缩机有限公司、广州电器科学研究院、黄石东贝电器股份有限公司、华意压缩机股份有限公司、扎努西电气机械天津压缩机有限公司、江苏白雪电器股份有限公司、杭州钱江制冷集团有限公司、广州冷机股份有限公司、上海珂纳电气机械有限公司、西安大金庆安压缩机有限公司、广东美芝制冷设备有限公司、上海日立电器有限公司、三菱电机(广州)压缩机有限公司、松下·万宝(广州)压缩机有限公司、大连三洋压缩机有限公司、沈阳华润三洋压缩机有限公司、西安庆安制冷设备股份有限公司、北京恩布拉科雪花压缩机有限公司、大金机电设备(苏州)有限公司、珠海凌达压缩机有限公司。

本部分主要起草人：马德军、牟欣强、龚清华、胡娟、杨贤飞、彭惠兰、黄卫华、刘庆利、吴春华、章国江、段国强、孙茹荣、贾伟强、杨泾涛、王幼寅、吴萍、炊军立、周英涛、姜华伟、汤亚林、李佳、纪高锋、陈炯。

本部分所代替标准的历次版本发布情况为：

——GB 4706.17—1988、GB 4706.17—1996、GB 4706.17—2004。

IEC 前言

1) IEC(国际电工委员会)是由所有国家的电工委员会(IEC 国家委员会)组成的世界范围内的标准化组织。IEC 的宗旨就是促进各国在电气和电子标准化领域的全面合作。鉴于以上的目的并考虑到其他活动的需要,IEC 还出版国际标准、技术规范、技术报告、公共可用规范(PAS)、导则(以下统称为 IEC 出版物)。整个制定工作由技术委员会来完成。任何对此技术问题感兴趣的 IEC 国家委员会都可以参加制定工作。与国际电工委员会有联系的国际、政府及非政府组织也可以参加这项工作。IEC 根据其与 ISO 达成的协议,与 ISO 在工作上紧密合作。
2) 因为每个技术委员会都有来自于各个对有关技术问题感兴趣的 IEC 国家委员会的代表,所以 IEC 对有关技术问题的正式决议或协议都尽可能的表达了国际性的一致意见。
3) IEC 出版物以推荐性的方式供国际上使用,并在此意义上被各国家委员会接受。在为了确保 IEC 出版物技术内容的准确性而做出任何合理的努力时,IEC 对其出版物被使用的方式以及任何最终用户(读者)的误解不负有任何责任。
4) 为了促进国际上的统一,IEC 希望各国委员会在本国情况允许的范围内采用 IEC 出版物的内容作为他们国家或地区的出版物。IEC 出版物与相应的国家或地区的出版物有差异的,应尽可能在后者中明确地指出。
5) IEC 规定了表示其认可的无标志程序,但并不表示对某一设备声称符合某一 IEC 出版物承担责任。
6) 所有的使用者应确保持有该出版物的最新版本。
7) IEC 或其管理者、雇员、服务人员或代理(包括独立专家、IEC 技术委员会和 IEC 国家委员会的成员)不应对使用或依靠本 IEC 出版物或其他 IEC 出版物造成的任何直接的或间接的人身伤害、财产损失或其他任何性质的伤害,以及源于本出版物之外的成本(包括法律费用)和支出承担责任。
8) 应注意在本出版物中列出的规范性引用文件。对于正确使用本出版物来讲,使用规范性引用文件是不可缺少的。
9) 本 IEC 出版物中的某些内容有可能涉及一些专利权问题,对此应引起注意。IEC 组织不负责识别任一或所有该类专利权问题。

IEC 60335 的本部分是由 IEC 第 61 技术委员会"家用和类似用途电器的安全"中的 61C"家用制冷器具"制定的。

本部分的本版基于 IEC 60335-2-34 在 2002 第 4 版[文件 61C/214/FDIS、61C/217/RVD]、增补件 1(2004)[文件 61C/283A/FDIS 和 61C/298/RVD]和增补件 2(2008)[文件 61C/431/FDIS 和 61C/435/RVD]制定。

技术内容与基础标准及其增补件内容一致,为方便使用者而制定。

本版为第 4.2 版。

页边加有垂直线的部分表明第 4 版的该部分被增补件 1 和增补件 2 所修改。

本部分应与 IEC 60335-1 的最新版本和增补件共同使用。本部分是基于 IEC 60335-1 的第 4 版(2001)制定的。

注 1:本部分中涉及到"第 1 部分",均指 IEC 60335-1。

本部分对 IEC 60335-1 的相应条款作了增补或修改,由此转换成本 IEC 标准:电动机-压缩机的安全要求。

本部分中未提到的第1部分的条款，应尽可能合理地使用。本部分中标有“增加”、“修改”或“代替”是对第1部分相应内容的调整。

注2：标准中采用下述编号方式：

——子条款、表、图从“101”开始编号的部分是对第1部分的补充；

——除非注解在新的子条款中或是第1部分包含注解，否则一律从101开始编号，包括被代替的章节和条款中的注解；

—— 新增的附录以AA、BB等编号。

注3：标准中使用下述字体：

——标准要求，roman正体；

——试验规范，roman斜体；

——注解，小号roman正体。

正文中的**黑体字**在第三章中定义，当定义中有形容词时，该形容词和所修饰的名词也应用黑体字。

一些国家存在下列差异：

——7.1：在某些电动机-压缩机上需要标出堵转电流（美国）；

——22.7：使用不同的试验压力（日本、美国）。

IEC委员会声明，本部分的第4版及其增补件的内容将保持不变，直至在IEC的网站 http://webstore.iec.ch 上公布最新版本。届时，本出版物将被：

——重新确认；

——废止；

——修订版本代替；或

——修改。

注4：委员会注意到，设备商和测试机构可能需要一定的过渡期来遵从IEC的新的、增补的或者修订的出版物，以使产品符合新标准的要求以及配备设备做新的或者修订的测试。

委员会推荐的各国在本国范围采用执行增补件2的期限为，出版之日后的12个月之后，36个月之前。

本出版物的双语版稍后出版。

家用和类似用途电器的安全
电动机-压缩机的特殊要求

1 范围

GB 4706.1－2005 的该章，用下述内容代替。

GB 4706 的本部分规定了家用和类似用途电动机-压缩机的安全。

本部分适用于家用和类似用途装置所用的，密闭式(全封闭式和半封闭式)电动机-压缩机及其保护装置和控制系统(如有的话)。其家用和类似用途的使用要符合相应装置的标准。本部分适用于额定电压单相不超过 250 V，三相不超过 480 V 的电动机-压缩机在正常使用时最严酷条件下单独试验。

注 1：装有电动机-压缩机的装置如下：

——电冰箱、食品冷冻箱和制冰机(GB 4706.13)；

——空调器、热泵和除湿机(GB 4706.32)；

——商用自动售货机和售卖机(GB 4706.72)；

——用于制冷、空气调节或加热用途或这些用途的组合而传递热量的由工厂制造的装配组件。

注 2：本部分并不取代装有电动机-压缩机器具的有关器具标准。但是，如果使用的电动机-压缩机机型符合本部分，上述器具标准中涉及到的电动机-压缩机试验则不必在器具或装配组件上进行。如果电动机-压缩机控制系统与器具的控制系统是一体的，则需要在器具上做附加试验。

就实际情况而言，本部分涉及在器具中使用电动机-压缩机存在的普通危险，是在住宅和住宅周围环境中所有的人可能会遇到的。然而，一般来说本部分并未涉及：

——无人照看的幼儿和残疾人使用器具；

——幼儿玩耍器具的情况。

注 3：应注意以下情况：

——用于车辆或船上的器具中所使用的电动机-压缩机，可能需要附加要求；

——在许多国家，附加要求由国家卫生部门、负责劳动保护的部门、国家供水部门和类似的部门规定。

注 4：本部分不适用于：

——专为工业用途而设计的电动机-压缩机；

——打算用于特殊场所的器具上的电动机-压缩机，例如腐蚀性或易爆环境(尘埃、蒸汽或煤气)。

注 5：对于具有跨临界制冷系统的器具，如果使用以 R744 作为制冷剂的电动机—压缩机配备有释放压力的装置，那么通过在最终器具上进行的试验来检查该装置是否符合要求。

2 规范性引用文件

下列文件中的条款通过 GB 4706 的本部分的引用而成为本部分的条款。凡是注日期的引用文件，其随后所有的修改单(不包括勘误的内容)或修订版均不适用于本部分，然而，鼓励根据本部分达成协议的各方研究是否可使用这些文件的最新版本。凡是未注日期的引用文件，其最新版本适用于本部分。

GB 4706.1—2005 的该章除下述内容外，均适用。

修改：

GB/T 3667.1　交流电动机电容器　第 1 部分：总则　性能、试验和定额　安全要求　安装和运行导则(GB/T 3667.1—2005，IEC 60252-1:2001，IDT)

3 术语和定义

下列术语和定义适用于 GB 4706 的本部分。

GB 4706.1—2005 的该章除下述内容外，均适用。

3.101

电动机-压缩机　motor-compressor

一个由压缩机的机械结构和电动机组成的，压缩机和电动机封闭在同一个密封的壳体内，且没有外轴封，电动机运行在有润滑或没有润滑的制冷剂气体中。壳体可以用熔焊或铜焊来永久性密封（全封闭型电动机-压缩机），也可以用填料接头来密封（半封闭型电动机-压缩机）。也可以包括一个接线盒、一个接线盒盖和其他电气组件或一个电子控制系统。此后，无论是全封闭型电动机-压缩机还是半封闭型电动机-压缩机均使用“电动机-压缩机”这个术语。

3.102

壳体　housing

电动机和压缩机的密闭壳体，装有压缩机机械装置和电动机，并且承受制冷剂压力。

3.103

电动机热保护器　thermal motor-protector

为防止电动机-压缩机由于过载和不能正常启动而引起过热，嵌入或装在电动机-压缩机上的自动控制装置。由电动机-压缩机的电流控制并对下面单个或全部参数敏感：

——电动机-压缩机的温度；

——电动机-压缩机的电流。

注：当温度下降到复位温度时可以复位（手动或自动）。

3.104

电动机-压缩机保护系统　motor-compressor protection system

电动机热保护器及其附加组件（如果有的话）、或保护电子电路全部地或部分地从电动机-压缩机控制系统分离或与其组合，明确地用于防止电动机-压缩机由于过载和不能正常启动而引起过热。这个控制传导电动机-压缩机的电流，并对下面单个或全部参数敏感：

——电动机-压缩机的温度；

——电动机-压缩机的电流。

3.105

电动机-压缩机控制系统　motor-compressor control system

系统包含一个或几个电气或电子部件、或电子线路，用来提供至少以下一种功能：

——电动机-压缩机启动控制；

——电动机-压缩机制冷能力的控制。

3.106

启动继电器　application relay

与电动机-压缩机线路为一体的或结合的电气控制装置，用来控制单相电动机-压缩机的启动。

3.107

应用分类　application category

背压与电动机-压缩机运行时的蒸发温度范围有关。

就本部分而言，按蒸发温度范围分为下列几个应用类别：

——低背压（LBP）表示蒸发温度范围从等于或低于－35 ℃至－15 ℃；

——中背压（MBP）表示蒸发温度范围从在－20 ℃至 0 ℃；

——高背压（HBP）表示蒸发温度范围从－5 ℃至等于或高于＋15 ℃。

3.108

跨临界制冷系统　transcritical refrigeration system

一种制冷系统，其高压侧的压力大于在热力学平衡中其制冷剂气、液能够共存时的压力。

3.109

设计压力　design pressure ;DP

跨临界制冷系统中的仪表压力，专用于制冷系统的高压侧。

3.110

压力释放装置　pressure relief device

一种对压力敏感的装置，当制冷系统中的压力超出该装置预先设定的压力值时，自动的进行减压。

注：此装置无法由用户进行预先设定。

4　一般要求

GB 4706.1—2005 的该章内容，均适用。

5　试验的一般条件

GB 4706.1—2005 的该章除下述内容外，均适用。

5.2　增加：

为了进行第 19 章的试验至少需要一个另外的样品，也许需要准备更多的样品。

为了进行第 22.7 的试验，需要两个壳体样品。

5.7　代替：

试验应在 20 ℃±5 ℃的环境温度下进行。

5.8.2　增加：

带有自复位电动机-压缩机保护系统并设计为多个额定电压的电动机-压缩机应以最高电压进行第 19.101 以及 19.103 的试验。

5.10　增加：

除了进行第 19 章的试验需要另外一个或几个样品外，其他的试验都在一个样品上进行，该样品应充灌了润滑油，必要时还要加注气态制冷剂。该样品除了转子由制造商锁住之外，必须配有制造商规定的电动机-压缩机保护系统、启动继电器、启动电容、运行电容和控制系统(如有的话)。

制造商或代理机构应提供被测电动机-压缩机的下列资料：

——绕组绝缘的类型(合成绝缘材料或纤维素绝缘材料)。

——制冷剂的特性：

a)　单一成分制冷剂至少应有下列中的一项：

- 化学名称；
- 化学分子式；
- 制冷剂编号。

b)　混合制冷剂至少应有下列中的一项：

- 每一组分的化学名称和名义配比；
- 每一组分的化学分子式和名义配比；
- 每一组分的制冷剂编号和名义配比；
- 混合制冷剂的编号。

——如果还没有充油的，应给出润滑油的型号和充注量。

——应用类别或依照分类需进行附录 AA 试验的电动机-压缩机的应用类别。

——电源软线是否可以直接连接在电动机-压缩机的接线端子上。

——在带有跨临界制冷系统的器具中所使用的压缩机，其高压侧的试验压力是否大于试验压力的最小值。

5.11　代替：

对于被用于器具内的电动机-压缩机，且电源软线是直接连接到电动机-压缩机接线端子上，此类电动机-压缩机的试验样品应配有电源软线。

注 101：试验所需的另外样品不需要再提供电源线。

5.101 含有曲轴箱加热器的电动机-压缩机应按电动器具试验。

6 分类

GB 4706.1—2005 的该章除下述内容外，均适用。

6.101 电动机-压缩机依据其分类进行有附录 AA 的试验或无附录 AA 的试验。

如果装有电动机-压缩机保护系统或电动机-压缩机控制系统（如果有的话）的电动机-压缩机能运行至产生最大制冷量，且与仅作为器具部件的任何输入传感器无关，则进行附录 AA 的试验。

注：电动机-压缩机应依据其分类进行无附录 AA 的试验，且电动机-压缩机的保护系统或控制系统（如果有的话）作为器具内的一个完整系统，应根据相应的器具标准进行发热试验。

通过以下方面检查其合格性：

——由于电动机-压缩机试验有附录 AA，本部分的试验包括了附录 AA 试验；

——由于电动机-压缩机试验无附录 AA，本部分的试验则不包括附录 AA 试验。

不应将使用 R744 制冷剂的电动机-压缩机划分到需要进行附录 AA 试验的类别中。

6.102 电动机-压缩机应依据其分类

——用于器具的电源软线直接与电动机-压缩机接线端子连接的；

——不用于器具的电源软线直接与电动机-压缩机接线端子连接的。

注 1：电动机-压缩机可依据是否提供用于电源软线连接所必要的外部元件分为两种情况。

注 2：电动机-压缩机用于器具电源软线直接与其接线端子上连接，也可用于没有电源软线直接与其接线端子连接。

注 3：如果电动机-压缩机使用时，未装有相应的元件或使用与制造商规定的不一致的元件，应按照器具标准进行附加试验。

通过视检和相关试验确定其是否合格。

6.103 电动机-压缩机依据由保护电子电路提供保护或不由保护电子电路提供保护进行分类。

注：此处不排除最终产品上的保护电子电路。

通过视检和相关试验确定其是否合格。

7 标志和说明

GB 4706.1—2005 的该章除下述内容外，均适用。

7.1 修改：

额定输入功率或额定电流不需要标出。

7.5 该条内容不适用。

7.7 该条内容不适用。

7.12 除 7.12.1 适用外，其余不适用。

7.13 该条内容不适用。

8 对易触及带电部件的保护

GB 4706.1—2005 的该章内容，均适用。

9 电动器具的启动

GB 4706.1—2005 的该章内容，不适用。

10 输入功率和电流

GB 4706.1—2005 的该章内容，不适用。

11 发热

GB 4706.1—2005 的该章内容,不适用。

注 101:对于电动机-压缩机,GB 4706.1—2005 的该章内容包含在附录 AA 中。

12 空章

13 工作温度下的泄漏电流和电气强度

除 19.104 试验需要的 13.3 外,GB 4706.1—2005 的该章其他内容,不适用。

14 瞬态过电压

GB 4706.1—2005 的该章内容,均适用。

15 耐潮湿

GB 4706.1—2005 的该章除下述内容外,均适用。

15.3 增加:

注 101:具有玻璃绝缘接线端子且没有任何外部控制装置、外装式保护器或其他元件的电动机-压缩机不需要进行此试验。

16 泄漏电流和电气强度

GB 4706.1—2005 的该章内容,均适用。

17 变压器和相关电路的过载保护

GB 4706.1—2005 的该章内容,均适用。

18 耐久性

GB 4706.1—2005 的该章内容,不适用。

19 非正常工作

GB 4706.1—2005 的该章除下述内容外,均适用。

19.1 修改:

由下述内容代替试验说明:

电动机-压缩机应进行 19.101、19.102、19.103 规定试验。另外,假如由于 6.101 分类的要求,还应进行附录 AA 规定的试验。

带有电子电路的电动机-压缩机应进行 19.11 和 19.12 规定的试验。

每次只模拟一种非正常状况。

通过 19.13 检查 19.11 和 19.12 试验的合格性。通过 19.104 检查 19.101、19.102 和 19.103 试验的合格性。通过附录 AA 检查附录 AA 试验的合格性。

19.2 至 19.10 不适用。

19.11.2 修改:

如果必须进行该条的试验,则应该在形成最终产品的器具上进行。

注 101:在本部分中,是否进行此类试验不是强制的。

19.11.3 代替:

如果电动机-压缩机依据分类是由保护电子电路提供保护的，并且该保护电子电路符合第19章及附录AA要求，则按19.11.2中a)～f)的要求，以模拟单一故障的方式重复进行19.101，19.102，19.103以及附录AA的试验。

然而，对于归类为需要进行附录AA试验的电动机-压缩机，如果在附录AA试验中电动机-压缩机保护系统不动作，则附录AA试验不用重复进行。对于归类为不需要进行附录AA试验的电动机-压缩机，附录AA试验也不用重复进行。

19.11.4 增加：

如果必须进行该条的试验，则应该在形成最终产品的器具上进行。

注101：在本部分中，是否进行此类试验不是强制的。

19.101 把电动机-压缩机和电动机-压缩机保护系统，连同在转子锁住的状态下运行所用的组件，接到图101所示的回路中，并且按5.8.2规定额定电压供电。

注1：符合第24章的要求的组件在本试验不进行评价。

带有非自动复位热电动机-压缩机保护系统的电动机-压缩机，电动机-压缩机保护系统需要工作到足够的动作次数，该动作次数能够确保不再发生连续自动循环。该动作次数不能小于3次，并应尽可能快地进行，延迟时间不应大于6 s。

如果因为保护系统或者控制系统的固有特性使得延迟时间大于6 s，则允许用该延迟时间进行试验。

保护系统的所有电动机械元件要在符合电动机-压缩机实际工作状况的负载或相应的负载甚至更大的负载情况下分别进行总共工作50个循环的试验。

对于带自动复位电动机-压缩机保护系统的电动机-压缩机，电动机-压缩机保护系统允许连续循环工作进行15 d或至少完成了2 000个循环，取其较长者。

不具有电动机-压缩机保护系统，仅仅由绕组的阻抗提供保护的电动机-压缩机，将其连接到图101所示的电路中，并由额定电压供电。设计为多额定电压的电动机-压缩机在最高额定电压下进行试验。

在转子堵转试验的首个72 h结束时，电动机-压缩机承受16.3的电气强度试验。

对于带有自动复位电动机-压缩机保护系统的电动机-压缩机，如果在15 d内没有完成保护系统的2 000个循环，满足下面条件时试验可以结束：

——在试验的第12 d和第15 d记录壳体温度，如果在这3 d内温度的增加没有超过5 K，试验可以结束。如果温度的增加超过5 K，试验则要继续进行，直到连续3 d内的温度增加不超过5 K，或电动机-压缩机保护系统完成了2 000个循环，取其先出现者；

——在使用符合第24章线路要求的元件时，至少电流和功率因数不能超过在进行本章试验的测量值。

注2：如果送检的电动机-压缩机、自动复位电动机-压缩机保护系统组合使用超过一种的制冷剂，只进行一个15 d的试验，由电动机-压缩机制造商选定制冷剂。

注3：这些试验过程可以修改，如果需要的话，用以评价电动机-压缩机保护系统特殊的或独特的特性。

带自动复位电动机-压缩机保护系统的电动机-压缩机并且设计为多额定电压，要在最低额定电压试验3 h。

注4：在最低额定电压时，试验可以使用一个单独的样机。

对于保护系统或者控制系统被设计为可使绕组永久断开的电动机-压缩机，将电动机-压缩机和电动机-压缩机保护系统(如果有)连同所有元件结合起来在转子锁住的状态下重新通电。应尽可能在中断时间最小值为6 s的情况下，重复该动作过程10次。如果因为保护系统或者控制系统的固有特性使得延迟时间长于6 s，则允许用更长的中断时间进行该试验。

如果电动机-压缩机设计为多额定电压时，那么要在所有额定电压下进行该试验。

如果电动机-压缩机设计为一个电压范围时，那么要在最低电压和最高电压下分别进行该试验。

不带电动机-压缩机保护系统的电动机-压缩机，按上述条件通电 15 d。在试验的第 12 d 和第 15 d 记录壳体温度，如果在这 3 d 内温度的增加没有超过 5 K，试验可以结束。

19.102 在下列条件重复 19.101 的试验，非自动复位电动机-压缩机保护系统进行一次，或自动复位电动机-压缩机保护系统最少 3 h：

——启动电容和运行电容一次开路一个；

——启动电容和运行电容短路一次短路一个，除非它们已经过试验符合 GB/T 3667.1 防护等级 P2 的试验要求。

注 1：电容器开路时，从线路中去除了启动绕组的电动机-压缩机，不需要进行电容器开路的试验。

注 2：对于带自动复位电动机-压缩机保护系统并且设计为多额定电压的电动机-压缩机，不必在最低额定电压重复这一试验。

注 3：试验可以在一个单独的样机上进行。

19.103 把三相电动机-压缩机和电动机-压缩机保护系统，连同在堵转条件下运行的全部组件，连接到图 101 所示线路中以额定电压供电，但电动机-压缩机的一相在下面周期中断开：

——带自动复位电动机-压缩机保护系统的电动机-压缩机运行 3 h；

——带非自动复位电动机-压缩机保护系统的电动机-压缩机，直至电动机-压缩机保护系统出现第一次动作；

——不带电动机-压缩机保护系统的电动机-压缩机运行 3 h。

注：这个试验可以在单独的样机上进行。

19.104 当进行 19.101、19.102 和 19.103 试验时：

——电动机-压缩机保护系统应能工作；

——壳体温度和附件上易触及的表面温度不能超过 150 ℃；

—— 图 101 所示的泄漏电流断路器装置不动作；

——电动机-压缩机以及启动继电器和电动机-压缩机保护系统不能出现火焰、火花或熔化金属的现象。

在 19.101、19.103 试验以及按 19.102 启动电容和运转电容的开路试验结束时：

——外壳不应变形到不符合第 29 章规定的程度；

——电动机-压缩机保护系统应能动作；

——电动机-压缩机应进行：

- 按 16.2 规定的泄漏电流试验，试验电压施加在绕组和壳体之间；
- GB 4706.1 中 13.3 的电气强度试验。

在按 19.102 启动电容和运转电容的短路试验结束时：

——外壳不应变形到不符合第 29 章规定的程度；

——电动机-压缩机应进行：

- 按 16.2 规定的泄漏电流试验，试验电压施加在绕组和壳体之间；
- GB 4706.1 中 13.3 的电气强度试验。

——电动机-压缩机保护系统应能动作或者永久保持开路状态。

如果电动机-压缩机保护系统永久保持开路状态，应在另外 3 台样机上重复进行 19.102 的启动电容和运转电容的短路试验。试验结束时，这另外 3 台样机的保护系统都应永久保持开路状态。

注：这个试验可以在 3 台新的电动机-压缩机或者代替品上进行。电动机-压缩机应处于初始试验状态，而且带有同一型号的电动机-压缩机保护系统。

19.105 三相电动机-压缩机应充分保护防止初级单相故障。

注 1：初级单相故障是指三条进线中的一条与电动机-压缩机电源变压器的初级断开。

依据下面的试验检查其合格性。

将星形—三角形连接或三角形—星形连接的电动机-压缩机连接到一台供电变压器上，变压器输入电压等于其额定电压。调节变压器的输入电压使其输出电压等于电动机-压缩机的额定电压，然后断开变压器的输入电压三相中的一相，使最大电流从电动机-压缩机中未被保护的电机绕组中流过。

试验按下面周期持续进行：

——带有自动复位电动机-压缩机保护系统的电动机-压缩机，进行 24 h；

——带有非自动复位电动机-压缩机保护系统的电动机-压缩机，直到保护系统第一次动作。

设计为多额定电压的电动机-压缩机在每一个额定电压下试验。

然而，带有自动复位电动机-压缩机保护系统且设计为多额定电压的电动机-压缩机在最高额定电压下进行试验 24 h 并在最低额定电压下试验 3 h。

注 2：设计为多额定电压的电动机-压缩机在每一个额定电压试验中可以使用单独的样机。

在试验期间：

——壳体温度不能超过 150 ℃；

——电动机-压缩机绕组不应损坏；

——电动机-压缩机和电动机-压缩机保护系统不能出现火焰、火花或熔化金属的现象。

注 3：如果绕组开路或电动机-压缩机不能承受电气强度试验则认为电动机-压缩机绕组损坏。如果试验当中电流相对分配器上有了变化，或试验结束测得的电流与试验开始 3 h 后保护系统第一次动作电流的变化超过 5%，则认为带自动复位电动机-压缩机保护系统的电动机-压缩机损坏。

立即进行以下试验，电动机-压缩机应能承受 16.3 电气强度试验。

为了满足初级单相故障保护的需要，如果具有下列保护装置之一，三相电动机-压缩机则不进行 19.101、19.102 和 19.103 规定之外的试验：

——一个对三相供电的各相都有过流保护的保护装置，并随电动机-压缩机一起提供或使用由电动机-压缩机制造商指定的保护装置。

——一个电动机-压缩机电流敏感的电动机-压缩机保护系统，以匀称布局安装在星形连接的电动机-压缩机的中心点，当电动机的电流变化时至少两个绕组同时断开。

——一个电动机-压缩机保护系统，安装在电动机-压缩机每一绕组上，保护系统能切断电动机-压缩机供电接触器的控制供电的先导触头的线圈，至少对下列参数之一敏感：

- 电动机-压缩机的电流；
- 电动机-压缩机的温度。

20 稳定性和机械危险

GB 4706.1—2005 的该章内容，均适用。

21 机械强度

GB 4706.1—2005 的该章内容，均适用。

22 结构

GB 4706.1—2005 的该章除下述内容外，均适用。

22.2 该条内容不适用。

22.5 该条内容不适用。

22.7 该条用下述内容代替：

壳体应能承受超出正常使用时的压力。

依据以下试验进行检查。

高压侧的壳体应能承受同样的压力：

对非跨临界制冷系统，压力至少为制冷剂在 70 ℃时饱和蒸气压力的 3.5 倍，试验压力圆整至

0.5 MPa(5bar)。

注 101：计算 R-22(亚临界)试验压力的举例

70 ℃时饱和蒸气压力＝2.89 MPa(28.9 bar)

试验压力＝3.5×2.89 MPa(28.9 bar)

＝10.1 MPa(101 bar)

＝10.5 MPa(105 bar) 压力圆整至 0.5 MPa(5 bar)

对跨临界制冷系统，压力为设计压力的 3 倍，但不得小于表 101 中要求的最小试验压力。

注 102：一些制冷剂的试验压力值由表 101 给出，但表中给出的值对于某些用途来说不够大。

表 101 高压侧最小试验压力

制 冷 剂	制冷剂代号	试验压力 MPa	(bar)
非跨临界			
CCl_2F_2	R-12	6.0	(60)
CF_3CH_2F	R-134a	6.5	(65)
$CHCl_2F_2$	R-22	10.5	(105)
重量比 73.8% R-12 ＋ 26.2 % R-152a	R-500	10.0	(100)
重量比 48.8 % R-22 ＋ 51.2 % R-115	R-502	10.5	(105)
重量比 44 % R-125 ＋ 52 % R-143a ＋ 4 % R-134a	R-404A	10.0	(100)
重量比 50 % R-125 ＋ 50 % R-143a	R-507	11.0	(110)
重量比 25 % R-125 ＋ 52 % R-134a ＋ 23 % R-32	R-407C	10.5	(105)
重量比 50 % R-125 ＋ 50 % R-32	R-410A	15.0	(150)
跨临界			
CO_2	R-744	42	(420)

对亚临界和跨临界制冷系统，低压侧的壳体应能承受制冷剂在 20 ℃时饱和蒸气压力 5 倍的压力或 2.5 MPa(25bar)，两者中取大值，试验压力圆整至 0.2 MPa(2bar)。

注 103：计算 R-22(亚临界)试验压力的举例

20 ℃时饱和蒸汽压力＝0.81 MPa(8.1bar)

试验压力＝5×0.81 MPa(8.1bar)

＝4.05 MPa(40.5bar)

＝4.2 MPa(42bar)压力圆整至 0.2 MPa(2bar)

注 104：一些制冷剂的试验压力值由表 102 给出，但表中给出的值对于某些用途来说不够大。

表 102 低压侧最小试验压力

制 冷 剂	制冷剂代号	试验压力 MPa	(bar)
非跨临界			
CCl_2F_2	R-12	2.5	(25)
CF_3CH_2F	R-134a	2.5	(25)
$CHCl_2F_2$	R-22	4.2	(42)
重量比 73.8 % R-12 ＋ 26.2 % R-152a	R-500	2.9	(29)

表 102（续）

制冷剂	制冷剂代号	试验压力 MPa	(bar)
非跨临界			
重量比 48.8 % R-22 + 51.2 % R-115	R-502	4.5	(45)
重量比 44 % R-125 + 52 % R-143a + 4 % R-134a	R-404A	5.0	(50)
重量比 50 % R-125 + 50 % R-143a	R-507	5.5	(55)
重量比 25 % R-125 + 52 % R-134a + 23 % R-32	R-407C	4.0	(40)
重量比 50 % R-125 + 50 % R-32	R-410A	7.0	(70)
跨临界			
CO_2	R-744	28.6	286

注 105：有关制冷剂牌号详细数据可从 ANSI/ASHRAE 34 中获得。

对于混合制冷剂，饱和蒸气压力取其凝露点的压力。

对于从第二级直接排气的双级电动机-压缩机，其壳体应视为低压侧。

对于不从第二级直接排气的双级电动机-压缩机，其壳体应视为高压侧。

本试验在两台样机上进行，样机中注满液体，如水，排出空气，并接入水泵系统，逐渐增加压力直至达到试验所需压力，并保持 1 min，在这段时间内除了下述情况之外样品不应出现泄漏。

使用垫片密封的半封闭型电动机-压缩机，当壳体内压力超过要求试验压力的 40%时，允许在垫片处出现泄漏。

如果发生泄漏，要在另一台由制造商专门准备的避免垫片泄漏的样机上重复进行该试验。

对于使用旁通阀在预定压力差下将高压侧的压力释放到低压侧的半封闭型电动机-压缩机，即使在垫片处出现泄漏，壳体仍应能承受要求的试验压力。

注 106：所有压力均为表压。

22.9 增加：

电动机-压缩机壳体内的绝缘材料应与所用制冷剂和润滑油相容。

注 101：本要求依据由电动机-压缩机制造商提供的证明材料来证实。

22.14 该条内容不适用。

22.21 增加：

注 101：本要求只适用于电动机-压缩机的外部零件。

22.101 用于跨临界制冷系统的电动机-压缩机，该电动机-压缩机在高压侧或排气管处具有压力释放装置时，在电动机-压缩机和压力释放装置之间除了管道之外不应有任何可以引起压降的关断装置或系统元件。

注：要求压力释放装置必须能由电动机-压缩机制造商或者器具制造商安装。

通过视检确定其是否合格。

23 内部布线

GB 4706.1—2005 的该章除下述内容外，均适用。

23.8 增加：

注 101：本条内容对壳体内绕组不适用。

24 元件

GB 4706.1—2005 的该章除下述内容外，均适用。

24.1.2 增加：

——启动继电器； 100 000 次

——电动机-压缩机的自复位电动机热保护器； 2 000* 次

——电动机-压缩机的非自复位电动机热保护器。 50 次

25 电源连接和外部软线

仅在按 6.102 分类要求的情况下，GB 4706.1—2005 的该章除下述内容外，均适用。

25.1 增加：

——允许连接电源软线的一组接线端子。

25.7 该条内容不适用。

26 外部导线用接线端子

仅在按 6.102 分类要求的情况下，GB 4706.1—2005 的该章内容适用。

27 接地措施

GB 4706.1—2005 的该章除下述内容外，均适用。

27.1 增加：

仅当电动机-压缩机按 6.102 分类用于器具电源软线与电动机-压缩机接线端子直接连接时，需要接地端子。

28 螺钉和连接

GB 4706.1—2005 的该章内容，均适用。

29 电气间隙、爬电距离和固体绝缘

GB 4706.1—2005 的该章除下述内容外，均适用。

29.1 增加：

除 29.1.1 和 29.1.4 的规定外，电动机-压缩机壳体内基本绝缘与功能绝缘的电气间隙不应小于表 16的规定值。

29.1.1 增加：

当额定脉冲电压为 1 500 V 时，电动机-压缩机壳体内电气间隙不应小于 1.0 mm。

29.1.4 增加：

当额定脉冲电压为 1 500 V 时，电动机-压缩机壳体内电气间隙不应小于 1.0 mm。绕组的漆包线与电动机或电动机热保护器的引出线之间不规定最小间隙。

29.2 增加：

电动机-压缩机壳体内的污染等级为 1。

29.2.1 修改：

在表 17 注 2 中增加下列内容：

此要求不适用于防腐蚀保护延伸到玻璃上方的玻璃绝缘接线端子。

29.2.4 修改：

在表 18 注 2 中增加下列内容：

此要求不适用于防腐蚀保护延伸到玻璃上方的玻璃绝缘接线端子。

---

* 2 000 次或锁住转子的电动机-压缩机按 19.101 运行 15 d 时的值，取两者中较大者。

30 耐热和耐燃

除了下述内容之外，GB 4706.1—2005 的该章内容仅适用于壳体外的非金属和绝缘材料。

30.2.2 该条内容不适用。

31 防锈

GB 4706.1—2005 的该章仅适用于壳体外部的零件。

32 辐射、毒性和类似危险

GB 4706.1—2005 的该章内容，不适用。

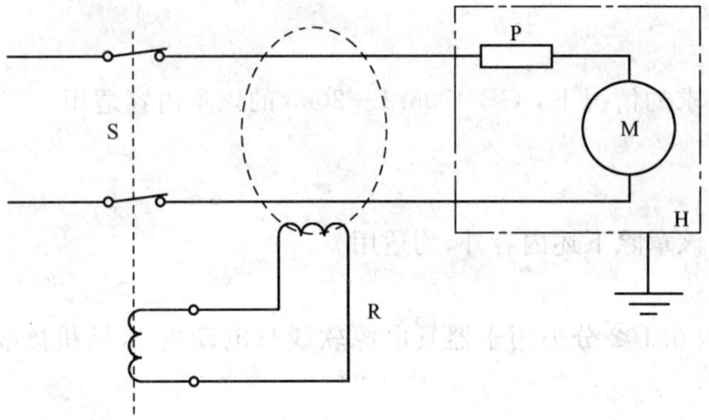

S——电源；

H——壳体；

R——泄漏电流装置，它能探测交流电或带直流元件的交流电；

最大 $I_{\Delta n}=30$ mA(r.m.s.)或直流电最大 $I_{\Delta n}=30$ mA；

P——电动机-压缩机保护系统(外置或内置)；

M——电动机-压缩机。

注 1：对于三相电动机-压缩机本线路必须修改。

注 2：注意接地系统的完整以保证泄漏电流装置的正常工作。

图 101 单相电动机-压缩机堵转试验的电源线路

附　录

除了下述内容之外，GB 4706.1—2005 的附录内容，均适用。

附　录　C
（规范性附录）
在电动机上进行的老化试验

GB 4706.1—2005 的该附录内容，不适用。

附　录　D
（规范性附录）
电动机热保护器

GB 4706.1—2005 的该附录内容，不适用。

附 录 AA
（规范性附录）
电动机-压缩机分类有附录AA分类试验的连续过载运行试验

AA.1 在进行本附录的试验之前，应先确认该电动机-压缩机经过了16.3的试验，然后在额定电压下用代用制冷回路按表AA.1给定的条件运行，在每个周期不小于2 h的条件下连续过载运行。

注1：对于多数电动机-压缩机能够用量热计或代用制冷回路（参照图AA.1的典型制冷回路）模拟实际制冷回路及其他对电动机-压缩机工作的相应影响。这样做，就能确定电动机的最高温度，其最高温度是通过送检的电动机-压缩机/电动机-压缩机保护系统的联合体来获得的。

注2：电动机-压缩机温度受吸气压力、排气压力、回气温度、环境温度和电动机-压缩机上方气流各参数变化的影响。通过一个普通等级的器具，用量热计或代用制冷回路一般能模拟上述参数的最大极限条件。

注3：使用附加冷却方式，如电动机-压缩机上的喷射冷却器或油冷却器管来降低电动机温度的电冰箱和冷冻箱，如果超过了附录AA.2中要求的温度限值，由于不可能准确地模拟附加冷却方式的效果，则可要求试验在其器具上进行。

注4：由于电动机-压缩机保护系统是电动机的限温装置，确定最终跳闸点并测量此时电动机的温度是证实电动机绕组最大极限温度所要求的。

注5：当按表AA.1应用分类对应的条件进行试验，如果电动机-压缩机的电动机绕组温度不超过附录AA.3中规定的最大值，则认为该电动机-压缩机/电动机-压缩机保护系统联合体符合相关标准，如GB 4706.13、GB 4706.32和GB 4706.72中对电动机绕组温度的要求。

AA.2 装有保护系统和控制系统的电动机-压缩机连接到图AA.1所示的代用制冷回路以最大额定电压的1.06倍为电源电压，并在表AA.1给定的条件下运行。如果电动机-压缩机的冷却能力是变化的，应将其调到最大值。这个试验要一直运行直至达到稳定状态。

注1：为了获得冷却能力的最大值，可能需要特别准备电动机-压缩机控制系统。

注2：在任何运行周期中，每间隔10 min在同一点连续3次读出的温度值相差不超过1 K，认为达到稳定的试验条件。

以额定电压的0.94倍为电源电压重复这一试验。

表AA.1 连续过载条件下运行的代用制冷回路条件

应用分类	蒸发温度/℃	冷凝温度/℃	环境温度/℃	回气温度/℃
低背压	−15	+65	+43	+43
中背压	0	+65	+43	+25
高背压	+12	+65	+43	+25

注3：表AA.1中的温度偏差是电动机-压缩机的环境温度、冷凝温度和回气温度±2 K，蒸发温度±1 K。

注4：对于某些电动机-压缩机，喷射冷却器或油冷却器以及电动机-压缩机上方的气流可由电动机-压缩机制造商推荐。

注5：蒸发温度和冷凝温度与所用制冷剂的饱和蒸气压力有关，由图AA.1所示的"吸气"和"排气"位置的标准压力来计算。对于混合制冷剂，其饱和蒸气压力由凝露点的压力获得。

注6：回气温度由图AA.1所示的吸气管上A点处的热电偶测量得出。

注7：电动机-压缩机过载试验在环境温度为43 ℃下进行，并非指该值作为GB 4706.1表3给出的温升的基准环境温度。

在试验期间

——测量温升且温升不应超过GB 4706.1表3中给出的值减去7 K后的温升限值；

——电动机-压缩机保护系统（如果有）不应动作导致电动机-压缩机与电源断开；

——壳体温度和附件上易触及的表面温度不应超过150 ℃。

注8：对于电动机-压缩机绕组，不同绝缘等级的绕组温度限值不适用。

AA.3 在附录AA.2的试验之后，立即进行下述的试验，在电动机-压缩机处于停止或运行状态时引导电动机-压缩机保护系统动作或达到稳定状态。

电动机-压缩机在按附录AA.2规定的条件运行，但电源电压降至为额定电压的0.85倍，直至电动机-压缩机保护系统动作或达到稳定状态。

如果电动机-压缩机保护系统不动作，就要按额定电压4%±1%的幅度减小电源电压，直至达到稳定状态。这个过程要一直持续到下列情况之一出现：

——电动机-压缩机保护系统动作；

——电动机-压缩机停止运行并达到稳定状态；

——电动机-压缩机在电源电压不能再进一步减少时仍继续运行并达到稳定状态。

注1：如果制冷能力受调节电压的影响，在试验过程中不应调节电动机-压缩机控制系统以保持试验最初时的制冷能力。

在上述三种情况的整个试验过程中，合成绝缘材料的电动机-压缩机绕组温度不应超过160 ℃，纤维素绝缘材料的电动机-压缩机绕组温度不应超过150 ℃。

注2：选定160 ℃和150 ℃这两个值，是考虑到GB 4706.13、GB 4706.32和GB 4706.72中对温度限值的规定：

——当电动机-压缩机保护系统可以动作时，说明电动机-压缩机绕组处于非正常状态；

——或当电动机-压缩机保护系统不动作时，说明电动机-压缩机绕组处于正常状态，则其允许最大温度限值为温度限值再加20 K。

注3：在试验结束时，应尽可能快地测量绕组电阻，并在其后以最短的时间间隔进行多次测量，画出对应于时间的电阻曲线，用该曲线查出开关断开的瞬时绕组电阻。

如果电动机-压缩机为单相设计并带有内装的电动机-压缩机保护系统，则应测量主绕组和启动绕组串联的总电阻。如果电动机-压缩机为三相设计并带有内装的电动机-压缩机保护系统，则必须首先确定跳闸点，然后重新运行并在电动机-压缩机保护系统跳闸之时测量断开时的电阻。如果用停机电阻法获得的数值与用电阻连续记录方法获得的温度值完全一致，也可以使用电阻连续记录法。

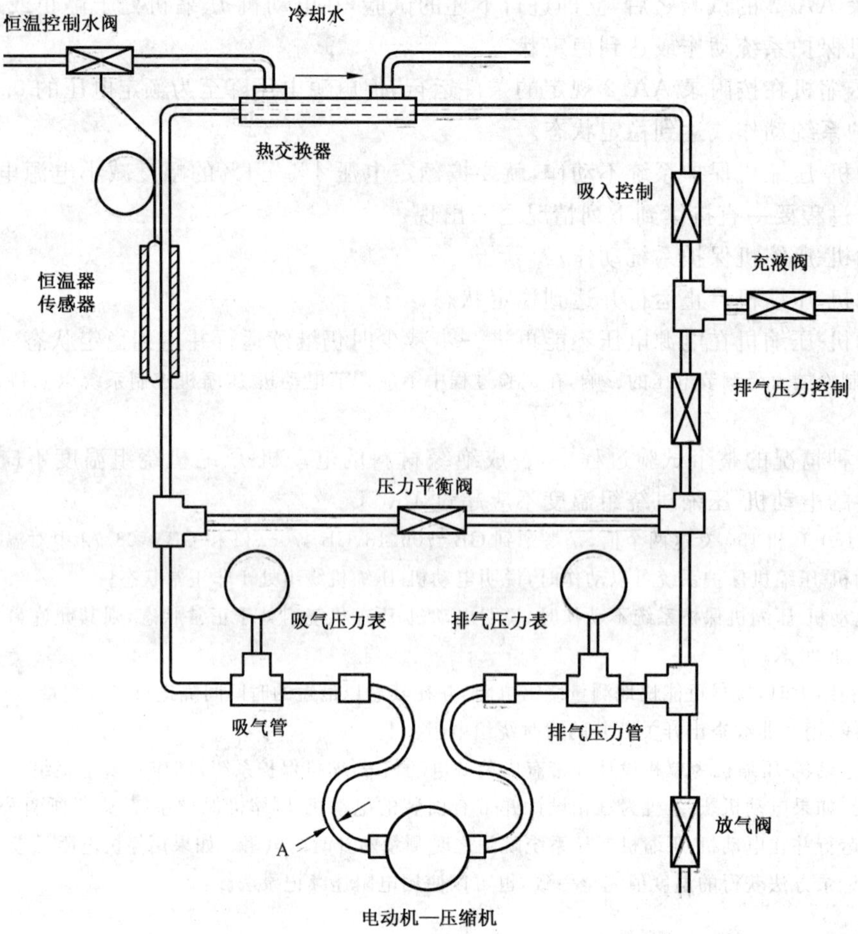

注 1：A 点是回气温度测量点——距壳体大约 300 mm。

注 2：完整的代用制冷系统可以放置在温度控制室(见表 AA.1)，或仅控制电动机-压缩机所需的环境温度。

注 3：附加零件，如排气管加热器或吸气加热器和冷却器如果需要可以加上，尽可能按表 AA.1 给出的规定温度和条件。一个可替换的干燥过滤器可以加在排气压力表和排气压力控制阀之间。

注 4：对于一些电动机-压缩机，减少电动机温度的另外方法，如油冷却器和电动机-压缩机上的气流，可以由电动机-压缩机制造商推荐，散热方式遵照电动机-压缩机制造商说明书的方法做。

注 5：按电动机-压缩机制造商的要求需要一个油分离器，按照电动机-压缩机制造商的推荐可以装在代用制冷系统中。

图 AA.1　代用制冷回路

参 考 文 献

GB 4706.1—2005 中的参考文献除下述内容外均适用：

GB 4706.13　家用和类似用途电器的安全　制冷器具、冰淇淋机和制冰机的特殊要求(GB 4706.13—2008,IEC 60335-2-24:2007,IDT)

GB 4706.32　家用和类似用途电器的安全　热泵、空调器和除湿机的特殊要求(GB 4706.32—2004,IEC 60335-2-40:1995,IDT)

GB 4706.72　家用和类似用途电器的安全　商用售卖机的特殊要求(GB 4706.72—2008,IEC 60335-2-75:2002,IDT)

ANSI/ASHRAE34:制冷剂的安全分类和命名

ISO 13732-1:热环境人体工程学　人体对应的接触表面的评估方法　第1部分:热表面

ICS 97.180
Y 69

中华人民共和国国家标准

GB 4706.58—2010
代替 GB 4706.58—2002

家用和类似用途电器的安全 水床加热器的特殊要求

Household and similar electrical appliances—Safety—Particular requirements for water-bed heaters

(IEC 60335-2-66:2008,MOD)

2011-01-14 发布

2011-09-15 实施

中华人民共和国国家质量监督检验检疫总局
中国国家标准化管理委员会 发布

前言

本部分的全部技术内容为强制性。

GB 4706《家用和类似用途电器的安全》由若干部分组成，第1部分为通用要求，其他部分为特殊要求。

本部分是 GB 4706 的第58部分。

本部分应与 GB 4706.1—2005《家用和类似用途电器的安全　第1部分：通用要求》配合使用。

本部分按照 GB/T 1.1—2009 给出的规则起草。

本部分修改采用国际电工委员会 IEC 60335-2-66:2008《家用和类似用途电器的安全　第2部分：水床加热器的特殊要求》，包括其增补件1(2008)。

本部分中写明"适用"的部分，表示 GB 4706.1—2005 中的相应条款适用于本部分；本部分中写明"代替"或"修改"的部分，以本部分为准；本部分中写明"增加"的部分，表示在 GB 4706.1—2005 中的相应条款中增加本部分的条款。

本部分做了下列编辑性修改：

——"第1部分"一词改为"GB 4706.1"；

——用小数点"."代替用做小数点的"，"。

本部分与 IEC 60335-2-66:2002 技术性差异及其原因：

本部分的章条编号	技术性差异	原　因
6.1	IEC 60335-2-66:2002 中的原文为"6.1 增加：Ⅲ类器具的额定电压不得超过 24V"。中国不允许0类、0Ⅰ类和Ⅰ类器具。	以适合中国国情。
—	删除 IEC 60335-2-66:2002 原文中的 22.102，其原文为"22.102 带有接地金属网的Ⅰ类器具应在金属网和易触及表面间适用附加绝缘"。	该条所述的Ⅰ类器具中国不适用。

本部分代替 GB 4706.58—2002《家用和类似用途电器的安全　水床加热器的特殊要求》。

本部分与 GB 4706.58—2002 的主要差异如下：

——范围中的表述有所不同。

——增加了规范性引用文件。

——修改了第7章标志和说明的内容，7.1 和 7.12 中内容顺序调整，增加了 7.101。

——增加了第14章瞬态过电压。

——取消了 GB 4706.58—2002 中的 29.2.1 和 29.2.2 对通用要求增加的内容，增加了 29.3。

请注意本文件的某些内容可能涉及专利。本文件的发布机构不承担识别这些专利的责任。

本部分由中国轻工业联合会提出。

本部分由全国家用电器标准化技术委员会(SAC/TC 46)归口。

本部分起草单位：深圳市检验检疫科学研究院、中国家用电器研究院、浙江省检验检疫科学技术研究院、上海出入境检验检疫局机电产品检测技术中心、浙江省质量技术监督检测研究院、宁波市产品质量监督检验研究院。

本部分主要起草人：陆清、吴蒙、卜萍萍、章稼新、王晓岭、鲍俊、谢晋雄、张栋。

本部分所代替标准的历次版本发布情况为：

——GB 4706.58—2002。

家用和类似用途电器的安全
水床加热器的特殊要求

1 范围

GB 4706.1—2005 的该章由下述内容代替：

GB 4706 的本部分规定了额定电压不超过 250 V，家用和类似用途的电水床加热器及其相关控制部件的安全。

不作为一般家用，但对公众仍可能引起危险的器具，例如打算在宾馆中使用的器具，也属于本部分的范围。

本部分所涉及的各种器具存在的普通危险，是在住宅和住宅周围环境中所有的人可能会遇到。

然而，一般来说本部分并未涉及：

——人们(包括幼儿)由于：

- 身体的，感知的或者精神的能力；或
- 经验和知识的缺乏。

在没有监督或指导的情况下不能安全使用器具时的危险；

——幼儿玩耍器具的情况。

注 101：注意以下情况：

——对于打算用在车辆、船舶或航空器上的器具，可能需要一些附加要求；

——附加要求由国家卫生部门、负责劳动保护的部门、国家供水部门和类似的部门规定。

注 102：本标准不适用于：

——医用器具(IEC 60601)；

——浸水使用的器具。

2 规范性引用文件

下列文件对于本文件的应用是必不可少的。凡是注日期的引用文件，仅注日期的版本适用于本文件。凡是不注日期的引用文件，其最新版本(包括所有的修改单)适用于本文件。

GB 4706.1—2005 的该章除下列内容外，均适用。

增加：

GB/T 10807 软质泡沫聚合材料 硬度的测定(压陷法)(GB/T 10807—2006，ISO 2439:1997，IDT)

3 术语和定义

下列术语和定义适用于本文件。

GB 4706.1—2005 的该章除下列内容外，均适用。

3.1.9 代替：

正常工作 normal operation

根据安装说明将加热器安装在水床垫下，使器具工作。

器具安放在与床垫尺寸一致的木质底架上。底架顶面为厚约 13 mm 的复合板，并由厚约 20 mm 的松木板支撑，高于地面 150 mm。木板拼装成矩形框架，并由一纵两横的木板分割成面积大致相等的六部分。

用一张厚约 25 mm 的开孔型聚醚泡沫海绵完全覆盖木质底架。聚醚材料的规格为：

——孔数目：每厘米 18^{+2}_{0}个；

——质量密度：$30^{+10\%}_{0}$ kg/m^3；

——硬度：根据 GB/T 10807，压痕 40%的力为 120 N～170 N。

注 101：如果说明中声明加热器不适于安装在软性支撑物上使用，则不用这种聚醚材料。

注 102：如果安装说明中另有说明，则应在聚醚层上再覆盖其他的材料。

加热器和所有控制装置一起放置在聚醚材料上。将一片 10 cm×20 cm 的水床垫底层材料，对折为 5 cm×20 cm 后，放置在加热器上表面最长边的约中间处，折痕与其最短边平行。

床垫放置在加热器上，充满水，并用厚约 36 mm 的与上述类似的聚醚材料完全覆盖。

3.101

水床加热器　water-bed heater

包含一个安装在外壳内的加热元件，并将在水床垫下使用的器具。

注 101：水床加热器可能包含在床垫的外罩内。

注 102：该器具可能配备一个需要在安装时定位其感应元件的温控器。

4　一般要求

GB 4706.1—2005 的该章适用。

5　试验的一般条件

GB 4706.1—2005 的该章除下列内容外，均适用。

5.3　增加：

第 11 章试验后立即进行 21.101 的试验。

6　分类

GB 4706.1—2005 的该章除下列内容外，均适用。

6.1　该条用下述内容代替：

在电击防护方面，器具应属于Ⅱ类或Ⅲ类。

Ⅲ类器具的额定电压不得超过 24 V。

通过视检和相关的试验确定其是否合格。

6.2　增加：

器具中非Ⅲ类的部件，如打算放置在水床垫下面使用，则至少应为 IPX7。

7　标志和说明

GB 4706.1—2005 的该章除下列内容外，均适用。

7.1　增加：

器具应标注以下内容：

——仔细阅读说明；
——在给床垫充水之前，应检查并确保加热器、床垫及任何外罩放置平整且没有折皱；
——加热器下面的支撑物应平整、连续且无锋利边缘；
——仅用于加热水床；
——适用时，标注“此面向上”；
——适用时，标明可拆卸控制部件的参考型号或规格。

7.12 增加：

说明应包含以下内容：
——适用时，加热器只能和器具上标注指明规格的可拆卸控制部件配合适用；
——器具不打算在医院使用；
——器具只用于加热水床；
——不得将针或钉等锋利物体插入器具内；
——带减小电容的泄漏电流和静电场的金属网的Ⅱ类器具的插头在插座中的定位方向。应给出检查定位的方法；

注 101：本条对带极性的插头不适用。

——床上用品不与加热器接触。

7.12.1 增加：

安装说明中应包含下列内容：
——加热器及其控制装置的详细安装方法。尤其应详细说明控制部件的所有温度感应元件的正确定位和安装方法，以确保该元件不易脱离既定位置；
——水床垫的最小尺寸及其容水的最小深度；
——如果加热器安装在软性支撑物上，应详细说明需要用的附加支撑材料；如果加热器不适于此种应用，应做出声明。

7.101 可拆卸控制部件应标注：
——额定电压或额定电压范围，单位：V；
——电源性质的符号，标有额定频率的除外；
——制造厂或责任承销商的名称、商标或识别标记；
——型号或规格；
——相关水床加热器的识别。

通过视检确定其是否合格。

8 对触及带电部件的防护

GB 4706.1—2005 的该章适用。

9 电动器具的启动

GB 4706.1—2005 的该章不适用。

10 输入功率和电流

GB 4706.1—2005 的该章适用。

11 发热

GB 4706.1—2005 的该章除下列内容外，均适用：

11.2 代替：

器具按照正常工作状态安装。

11.3 增加：

水床加热器表面的温升以及床垫的表面温度用连接在氧化铜或黄铜板上的细丝热电偶测量，铜板尺寸为 65 mm×65 mm×0.5 mm。

11.4 增加：

温控器的感应元件在安装后，如果其位置相对于加热器并不固定，则将温控器短路。

注 101：如果感应元件放置在加热器外壳之外且无固定措施，则认为它是未固定的。

11.7 代替：

器具工作至稳定状态建立。

11.8 增加：

水床加热器表面的温升不得超过 35 K，但折叠材料下的表面温升限值为 60 K。

11.101 器具的工作应保证不会对用户造成中暑的危险。

通过以下试验检查其是否合格。

器具根据 11.1 至 11.7 的规定工作，但不短路温控器。控制装置调至最低挡位。

水床垫的上表面温度不应超过 37 ℃。

12 空章

13 工作温度下的泄漏电流和电气强度

GB 4706.1—2005 的该章除下列内容外，均适用：

13.2 修改：

带有与带电部件相连的金属网的Ⅱ类器具的泄漏电流，当选择开关在其中一个位置时，不得超过 0.25 mA，在另一位置时，不得超过 0.75 mA。

14 瞬态过电压

GB 4706.1—2005 的该章适用。

15 耐潮湿

GB 4706.1—2005 的该章适用。

16 泄漏电流和电气强度

GB 4706.1—2005 的该章适用。

17 变压器和相关电路的过载保护

GB 4706.1—2005 的该章适用。

18 耐久性

GB 4706.1—2005 的该章不适用。

19 非正常工作

GB 4706.1—2005 的该章除下列内容外，均适用：

19.2 增加：

不带折叠水床垫材料进行试验。

排空水床垫中的水。

19.4 增加：

注 101：如果在第 11 章中已进行了短路温控器的试验，则不进行本试验。

19.13 增加：

水床加热器表面的温升不得超过 100 K。

试验不应影响器具对水的有害侵入的防护等级。

20 稳定性和机械危险

GB 4706.1—2005 的该章适用。

21 机械强度

GB 4706.1—2005 的该章除下列内容外，均适用：

21.101 如果器具的加热器安装在软性支撑物上，则该器具应能承受正常使用中可能受到的机械应力。

通过下列试验，检查其是否合格。

器具按照第 11 章的规定工作，但不使用聚醚材料覆盖物。

用图 101 所示的木块在最不利位置对水床垫施加 950 N±40 N 向下的力，以每分钟大约 30 次的频率，施加 25 000 次。

试验中，输入功率对试验开始时的功率值的偏离不应超过+5%和−10%。

试验后，加热器的损坏不应影响器具对本部分的符合性。

22 结构

GB 4706.1—2005 的该章除下列内容外，均适用：

22.101 具有与带电部件相连的金属网的Ⅱ类器具应带有指示插头已插入输出插座、泄漏电流已降至最小的方法。

通过视检和手动试验，检查其是否合格。

注 1：本要求不适用于带有极性的插头的器具。

注 2：指示方法可能要求手动操作。例如，某个表面被触及时，发光二极管会发光。

23 内部布线

GB 4706.1—2005 的该章除下列内容外，均适用：

23.5 增加：

天然橡胶不应用作内部布线的绝缘。

24 元件

GB 4706.1—2005 的该章除下列内容外，均适用：

24.2 修改：

器具在柔性软线上可以装有开关和控制单元。

24.101 热断路器应为非自复位型。

通过视检检查其是否合格。

25 电源连接和外部软线

GB 4706.1—2005 的该章除下列内容外，均适用：

25.5 增加：

可以使用Z型连接。

25.7 修改：

任何质量的器具均可以使用轻型聚氯乙烯护套软线。

25.15 修改：

不在距软线固定装置 20 mm 处，而是在尽量靠近固定装置的地方做标记。

不按照 GB 4706.1—2005 中表 12 规定的拉力和扭矩值，而是按照下列要求进行试验：

——互连软线的固定装置：

- 拉力：100 N；
- 扭矩：0.1 N·m。

——电源软线的固定装置：

- 拉力：60 N；
- 扭矩：0.1 N·m。

25.23 增加：

互连软线的绝缘应至少等效于普通聚氯乙烯护套软线（GB 5023.1，idt IEC 60227 的 53 号线）的绝缘。

26 外部导线用接线端子

GB 4706.1—2005 的该章适用。

27 接地措施

GB 4706.1—2005 的该章适用。

28 螺钉和连接

GB 4706.1—2005 的该章适用。

29 电气间隙、爬电距离和固体绝缘

GB 4706.1—2005 的该章除下列内容外，均适用：

29.3 增加：

如果绝缘是一层以上，加热器安装完毕后，绝缘不应被触及。

30 耐热和耐燃

GB 4706.1—2005 的该章除下列内容外，均适用：

30.1 增加：

加热器的外壳不进行试验。

30.2.2 不适用。

31 防锈

GB 4706.1—2005 的该章适用。

32 辐射、毒性和类似危险

GB 4706.1—2005 的该章适用。

单位为毫米

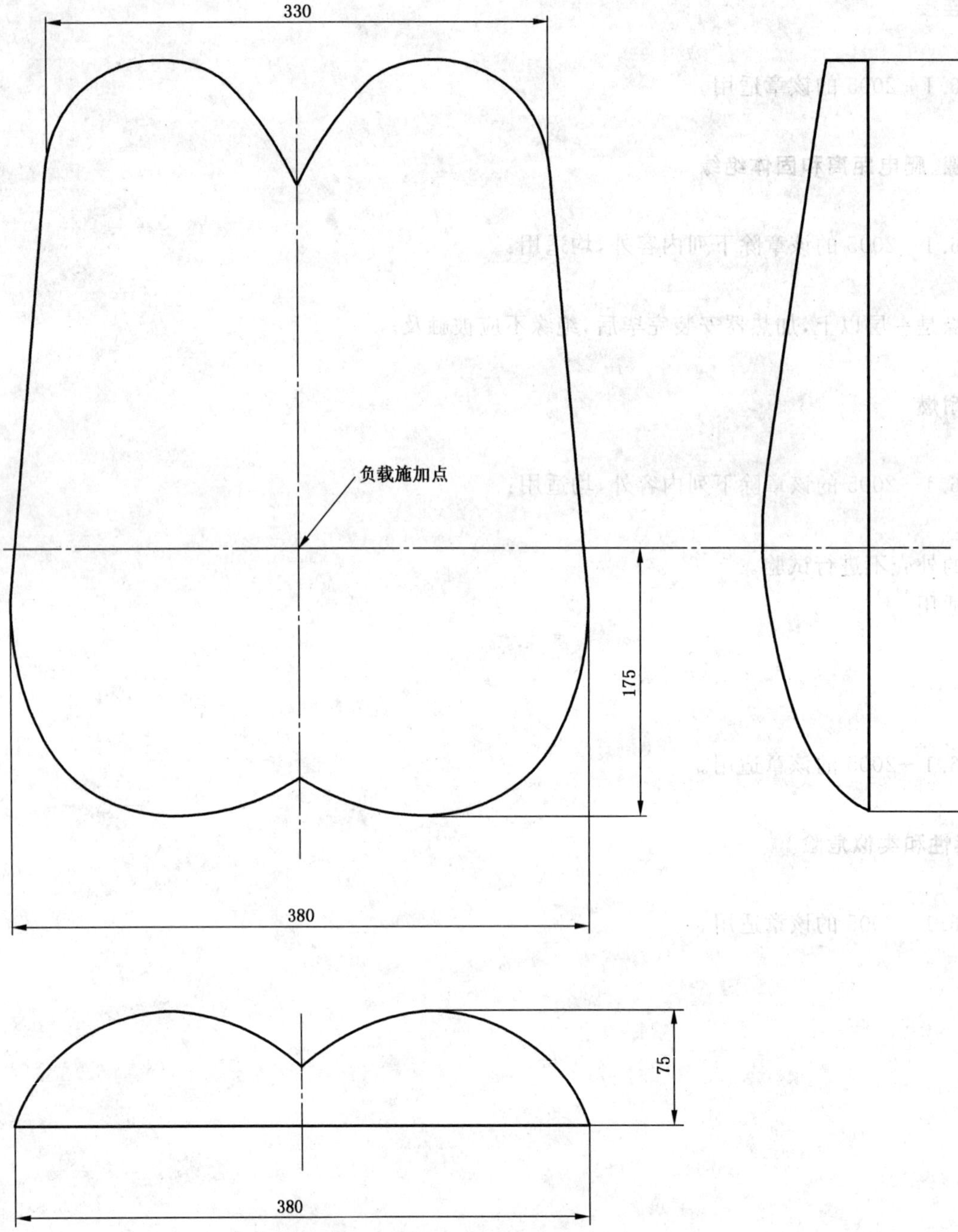

图 101 木块

附 录

GB 4706.1—2005 的附录适用。

参考文献

GB 4706.1—2005 的该章除下列内容外，均适用：
增加：
ISO 13732-1　热环境的人类工效学　对人类接触表面反应的评估方法　第 1 部分：热表面

ICS 97.120
Y 69

中华人民共和国国家标准

GB 4706.101—2010/IEC 60335-2-97:2009

家用和类似用途电器的安全 卷帘百叶门窗、遮阳篷、遮帘和类似设备的驱动装置的特殊要求

Household and similar electrical appliances—Safety—Particular requirements for drives for rolling shutters, awnings, blinds and similar equipment

(IEC 60335-2-97:2009,IDT)

2011-01-14 发布　　2011-09-15 实施

中华人民共和国国家质量监督检验检疫总局
中国国家标准化管理委员会　发布

前言

本部分的全部技术内容为强制性。

GB 4706《家用和类似用途电器的安全》由若干部分组成，第1部分为通用要求，其他部分为特殊要求。

本部分是GB 4706的第101部分。

本部分应与GB 4706.1—2005《家用和类似用途电器的安全　第1部分：通用要求》配合使用。

本部分按照GB/T 1.1—2009给出的规则起草。

本部分使用翻译法等同采用IEC 60335-2-97:2009《家用和类似用途电器的安全　第2部分：卷帘百叶门窗、遮阳篷、遮帘和类似设备的驱动装置的特殊要求》，包括其增补件1(2004)和增补件2(2008)。

本部分做了下列编辑性修改：

——“第1部分”一词改为“GB 4706.1”；

——用小数点“.”代替用作小数点的“,”。

请注意本文件的某些内容可能涉及专利。本文件的发布机构不承担识别这些专利的责任。

本部分由中国轻工业联合会提出。

本部分由全国家用电器标准化技术委员会(SAC/TC 46)归口。

本部分起草单位：深圳市检验检疫科学研究院、佛山市质量计量监督检测中心、浙江省检验检疫科学技术研究院、中国家用电器研究院、浙江省质量技术监督检测研究院、上海出入境检验检疫局机电产品检测技术中心、宁波市产品质量监督检验研究院。

本部分主要起草人：谢晋雄、欧卓鸿、王春、吴蒙、王晓岭、姜瀛洲、陈姗、索彦彦、张栋。

家用和类似用途电器的安全 卷帘百叶门窗、遮阳篷、遮帘和类似设备的驱动装置的特殊要求

1 范围

GB 4706.1—2005 的该章由下述内容代替:

GB 4706 的本部分规定了单相器具额定电压不超过 250 V,其他器具额定电压不超过 480 V 的家用和类似用途的卷动设备的电驱动装置的安全,如:百叶门窗、遮阳帘、遮阳篷。

带有弹簧控制的从动部件的设备的驱动装置也属于本部分的范围,如:有折叠支架的遮阳篷。

注 101:能被驱动的卷动设备举例:

——遮阳篷;

——遮帘;

——遮挡门和窗的格栅门窗;

——投影仪屏幕;

——遮挡门窗的百叶门窗。

实例如图 101 所示。

注 102:从动部件可能随驱动装置一起提供。

不作为一般家用,但对公众仍可能引起危险的器具,例如打算在商店、轻工业以及农场中由非专业人员使用的器具也属于本部分的范围。

本部分所涉及的器具存在的普通危险,是在住宅和住宅周围环境中所有的人可能会遇到的。然而,一般说来,本部分并未涉及幼儿玩耍器具的情况,即使幼儿可能在器具附近。

注 103:注意下述情况:

——对于打算用于车辆、船舶或航空器上的器具,可能需要附加要求;

——附加要求由国家卫生部门、负责劳动保护的部门和类似的部门规定。

注 104:本部分不适用于:

——住宅用垂直运动车库门的驱动装置(GB 4706.68,IEC 60335-2-95,IDT);

——闸门、房门和窗的驱动装置(GB 4706.98,IEC 60335-2-103,IDT);

——用于诸如飞机修理库等建筑物的或重工业建筑物的驱动装置;

——剧院幕布的驱动装置;

——滑动或滚轴国旗的驱动装置。

2 规范性引用文件

下列文件对于本文件的应用是必不可少的。凡是注日期的引用文件,仅注日期的版本适用于本文件。凡是不注日期的引用文件,其最新版本(包括所有的修改单)适用于本文件。

GB 4706.1—2005 的该章除下述内容外适用。

增加:

GB/T 2423.18　电工电子产品环境试验　第 2 部分:试验方法　试验 Kb:盐雾,交变(氯化钠溶液)(GB/T 2423.18—2000,IEC 60068-2-52:1996,IDT)

GB/T 5013.1　额定电压 450/750 V 及以下橡皮绝缘电缆　第 1 部分:一般要求(GB/T 5013.1—

2008,IEC 60245-1:2003,IDT)

3 术语和定义

下列术语和定义适用于本文件。

GB 4706.1—2005 的该章除下述内容外适用。

3.1.9 代替:

正常工作 normal operation

驱动装置在下述条件下工作:

——未提供从动部件的驱动装置在其额定力矩下工作;

——提供从动部件的驱动装置按照使用说明的要求连同从动部件工作。

3.101

驱动装置 drive

控制从动部件运动的电动机和其他元件。

注:元件的实例为齿轮、控制器和制动器。

3.102

从动部件 driven part

由驱动装置控制的运动部件,如:卷帘百叶门窗、遮阳篷、遮帘等。

3.103

额定转矩 rated torque

由制造商为驱动装置规定的转矩。

3.104

额定工作时间 rated operating time

由制造商为驱动装置规定的连续工作时间。

注:在连续工作期间内,驱动装置可能向反方向运动。

3.105

额定工作周期数 rated number of operating cycles

由制造商为驱动装置规定的连续不间断工作的周期数。

3.106

自动关断开关 biased-off switch

当动作构件释放时,自动返回断开位置的开关。

4 一般要求

GB 4706.1—2005 的该章适用。

5 试验的一般条件

GB 4706.1—2005 的该章除下列内容外适用。

5.101 增加:

装有管状电动机但未提供从动部件的驱动装置,使用图 102 所述的装置进行试验。

注:该装置在 20.101,20.102,20.103 的试验中被认为是从动部件。

6 分类

GB 4706.1—2005 的该章除下列内容外适用。

6.2 增加：

安装于户外的驱动装置的部件应至少为 IPX4。

7 标志和说明

GB 4706.1—2005 的该章除下列内容外适用。

7.1 增加：

未提供从动部件的驱动装置应标出：

——额定力矩，单位为牛米（N·m）；

——额定工作时间，单位为分钟（min），除非器具打算连续工作。

提供从动部件的驱动装置应标出额定工作周期数，预定连续工作的驱动装置除外。

7.12 增加：

带有从动部件的驱动装置应规定：不能超出额定工作周期数。

使用说明应规定下述内容：

警告：重要安全说明。必须遵循所有的说明以保障人身安全。保存这些说明。

使用说明应包括下述内容：

——不允许儿童玩耍固定控制器，将遥控器放置在远离儿童的地方；

——应经常检查是否有安装的不平衡以及电缆和弹簧磨损或损坏的迹象。如果需要修理或调整，应停止使用；

——如何使用手动释放装置的详细内容。

百叶门窗的使用说明还应包含以下内容：

——小心运动中的百叶门窗，在门窗彻底关闭前，人应远离；

——使用手动释放装置时应小心，因为由于弹簧的力量不足或断裂会使打开的百叶门窗迅速落下。

遮阳篷的使用说明应包括以下内容：

当进行邻近部位的保养时，如清洗窗户，不要使用遮阳篷。

自动控制的遮阳篷的使用说明应包括以下内容：

当进行邻近部位的保养时，如清洗窗户，切断供电。

修改：

涉及到身体、感知和智力不足或者缺乏经验和知识的人士（包括幼儿）时，使用说明不适用。

7.12.1 增加：

安装说明应规定下述内容：

警告：重要安全说明。必须遵循所有的说明，错误安装会导致严重伤人事故。

安装说明应标明驱动机构预定使用的从动部件的类型。

安装说明应详细说明驱动机构连接从动部件所必需的机械部件。

注 101：考虑到从动部件的变化，机械部件可以列在网站、目录或者类似的参考文献中。

安装说明应包括下述内容：

——安装前，移开所有不必要的线并中断所有带电工作不需要的设备；

——手动释放装置的动作构件的安装高度不应高于 1.8 m；

——自动关断开关的动作构件应定位于能够直接看到从动部件但远离运动部件的位置，安装在不低于 1.5 m 的高度；

——如果驱动装置预定安装在离地面或其他进入平面 2.5 m 及以上的地方，应标明该信息。

未提供从动部件的驱动机构的安装说明应包括下述内容：

——从动部件的特性应与额定力矩和额定工作时间相一致；

——管状驱动装置的最小管直径；

——如何组装从动部件，以及如何调整控制器。

遮阳篷的安装说明应标明完全打开的从动部件与所有固定物之间的水平距离应至少保持 0.4 m。

7.15 修改：

安装后管状驱动装置的标识可以被遮藏。

8 对触及带电部件的防护

GB 4706.1—2005 的该章除下述内容外适用。

8.2 修改：

如果需要借助工具实现调整，基本绝缘和用基本绝缘与带电部件隔开的部件在调整时可以被触及。

9 电动器具的启动

GB 4706.1—2005 的该章不适用。

10 输入功率和电流

GB 4706.1—2005 的该章除下述内容外适用。

10.1 修改：

输入功率是测得的最大值，而不是平均值，瞬间起动电流的影响忽略不计。

10.2 修改：

电流是测得的最大值，而不是平均值，瞬间起动电流忽略不计。

11 发热

GB 4706.1—2005 的该章除下述内容外适用。

11.7 代替：

对连续运行的驱动装置，要持续操作使其循环运行直至稳定状态建立。

其他驱动装置应遵循以下内容运行：

——未提供从动部件的驱动装置应按额定工作时间无间断运行，但不少于 4 min；

——提供从动部件的驱动装置应按额定工作周期数无间断运行，但不少于 2 个周期。

12 空章

13 工作温度下的泄漏电流和电气强度

GB 4706.1—2005 的该章适用。

14 瞬态过电压

GB 4706.1—2005 的该章适用。

15 耐潮湿

GB 4706.1—2005 的该章除下述内容外适用。

15.1.2 增加：

IPX4 管状驱动装置被安装在两端开口并且具有使用说明中指定最大直径的管子中。此管的长度是电机长度的 2 倍，并且按照正常使用时被安装在支架上。支架以 1 r/min 的速度旋转。

带有从动部件的驱动装置在从动部件完全打开的状态下进行试验，但在试验结束时，从动部件被完全收起。

16 泄漏电流和电气强度

GB 4706.1—2005 的该章适用。

17 变压器和相关电路的过载保护

GB 4706.1—2005 的该章适用。

18 耐久性

GB 4706.1—2005 的该章不适用。

19 非正常工作

GB 4706.1—2005 的该章除下述内容外适用。

19.9 不适用。

19.10 修改：

装有串激电机的驱动装置进行一次下降运行试验，而不是以可能达到的最低负载工作 1 min 进行试验。

19.13 增加：

每次试验结束后，器具应符合 20.101～20.104 的要求。

20 稳定性和机械危险

GB 4706.1—2005 的该章除下列内容外适用。

20.2 增加：

注 101：打算安装在离地面 2.5 m 以上的驱动装置的运动部件，其位置被认为是已经提供了足够的保护。

20.101 从动部件应能防止以危险方式打开。

通过下述试验确定其是否合格，试验时驱动装置从电源断开。

对驱动装置加载2倍额定力矩30 min。如果从动部件随驱动装置提供，则负载施加到从动部件上，其大小等于从动部件所施加的最大力。

注：最大力应在从动部件处于最不利位置的情况下测量。

由弹簧控制的从动部件完全收起，在打开的方向施加大小等于从动部件质量的力持续30 min。

从动部件的移动速度不应大于150 mm/s。

驱动装置以0.85倍的额定电压供电，重复进行试验。

20.102 驱动装置应能防止从动部件由于供电电压的降低以危险方式打开。

从动部件处于打开的位置时，驱动装置应能以低电压启动。

通过下述试验检查其是否合格。

驱动装置以额定电压供电，正常工作至少达到11.7规定的额定工作时间或周期数，当从动部件处于完全打开的位置时停止工作。然后允许驱动机构冷却至接近环境温度。

从动部件处于大约半打开位置，驱动装置以0.85倍的额定电压供电，操纵驱动装置直至从动部件完全打开。从动部件不应以不可控的方式打开。

15 s后，卷起从动部件。

然后驱动装置以0.9倍的额定电压供电，在卷起方向上的不同位置分10次启动来卷起从动部件。在连续的两次启动之间驱动装置可以暂停工作。

驱动装置应每次都能将从动部件完全卷起，而且保护装置不动作。

20.103 操作控制器停止打开运动应有效。

通过下述试验检查其是否合格。

驱动装置以额定电压供电，在打开的方向上正常工作，启动控制器。

从动部件应在100 mm内停止运动。

注：释放自动关断开关视为操作控制器。

20.104 带有从动部件的驱动装置工作时应防止打开运动时产生伤害。

如果驱动装置只由固定自动关断开关控制，或者从动部件完全打开时高度不低于1.8 m，则认为符合本要求。

对于屋顶和天花板上的卷帘百叶窗，应通过视检或20.104.1或20.104.2或20.104.3的试验检查其是否合格。对于其他器具，应通过视检或20.104.1或20.104.2的试验检查其是否合格。

20.104.1 器具以额定电压供电，在打开的方向正常工作。在完全打开的位置上方400 mm处放置障碍物。

测量从动部件底边施加的力。

障碍物置于完全打开位置以上100 mm处，重复试验。

产生的力不应超过：

——25 N，超过5 s；

——150 N，超过0.5 s。

注：不测量冲击力。

20.104.2 器具带组装在刚性框架上且垂直放置的从动部件上安装。从动部件的底边距离完全打开位置大约160 mm。对底边施加150 N向上的力。位移应至少40 mm。

20.104.3 器具以额定电压供电，在打开的方向正常工作。在完全打开的位置以上0.16 m处放置障碍物。当从动部件触及到障碍物时，驱动机构应能使从动部件停止运动，并在5 s内自动反方向运动。在此期间，产生的力不应超过：

——250 N，最初的2 s；

——150 N，随后的3 s；

——25 N，5 s之后。

自动反方向运动停止后，测量从动部件底边和障碍物之间的距离。

该距离应至少为 40 mm。

20.105 在驱动装置向任一方向运动的期间，如果没有用于停止功能的单独按钮，操作手动控制器应能使其停止。

如果驱动装置只有一个按钮控制运动，则再按一下按钮应使运动反向。

如果驱动装置有三个按钮控制运动，其中一个按钮应是停止按钮。

以上要求不适用于影响自动操作模式的控制器。

任何有停止功能的按钮不应使用钥匙才能停止驱动装置。

通过手动试验确定其是否合格。

21 机械强度

GB 4706.1—2005 的该章适用。

22 结构

GB 4706.1—2005 的该章除下述内容外适用。

22.40 不适用。

23 内部布线

GB 4706.1—2005 的该章适用。

24 元件

GB 4706.1—2005 的该章适用。

25 电源连接和外部软线

GB 4706.1—2005 的该章除下述内容外适用。

25.5 增加：

允许使用 Z 型连接。

25.7 增加：

室外使用的驱动装置的电源软线应是氯丁橡胶护套的，并且不应轻于普通氯丁护套软线(GB/T 5013.1，IEC 60245-1，IDT 的 57 号线)。

26 外部导线用接线端子

GB 4706.1—2005 的该章适用。

27 接地措施

GB 4706.1—2005 的该章适用。

28 螺钉和连接

GB 4706.1—2005 的该章适用。

29 电气间隙、爬电距离和固体绝缘

GB 4706.1—2005 的该章适用。

30 耐热和耐燃

GB 4706.1—2005 的该章除下列内容外适用。

30.2 增加：

由自动关断开关操作的驱动装置，30.2.2 适用。

其他驱动装置，30.2.3 适用。

30.2.3 不适用。

31 防锈

GB 4706.1—2005 的该章除下述内容外适用。

增加：

对于安装在室外的部件，通过 GB/T 2423.18 中严酷等级为 2 级的盐雾试验检查其是否合格。

在试验前，用淬硬的钢针刻划涂层。钢针的端部呈顶角为 40°的锥形，其尖端倒圆半径为 0.25 mm±0.02 mm。对钢针施加适当的负载，以使其沿轴向施加的力为 10 N±0.5 N。沿着涂层表面以约 20 mm/s 的速度拖动钢针，刻划 5 条划痕，划痕间距至少 5 mm，且距边缘至少 5 mm。

试验后，器具不应损坏到影响其符合本部分的程度，特别是第 8 章和第 27 章。涂层不应破裂或从金属表面松动。

32 辐射、毒性和类似危险

GB 4706.1—2005 的该章适用。

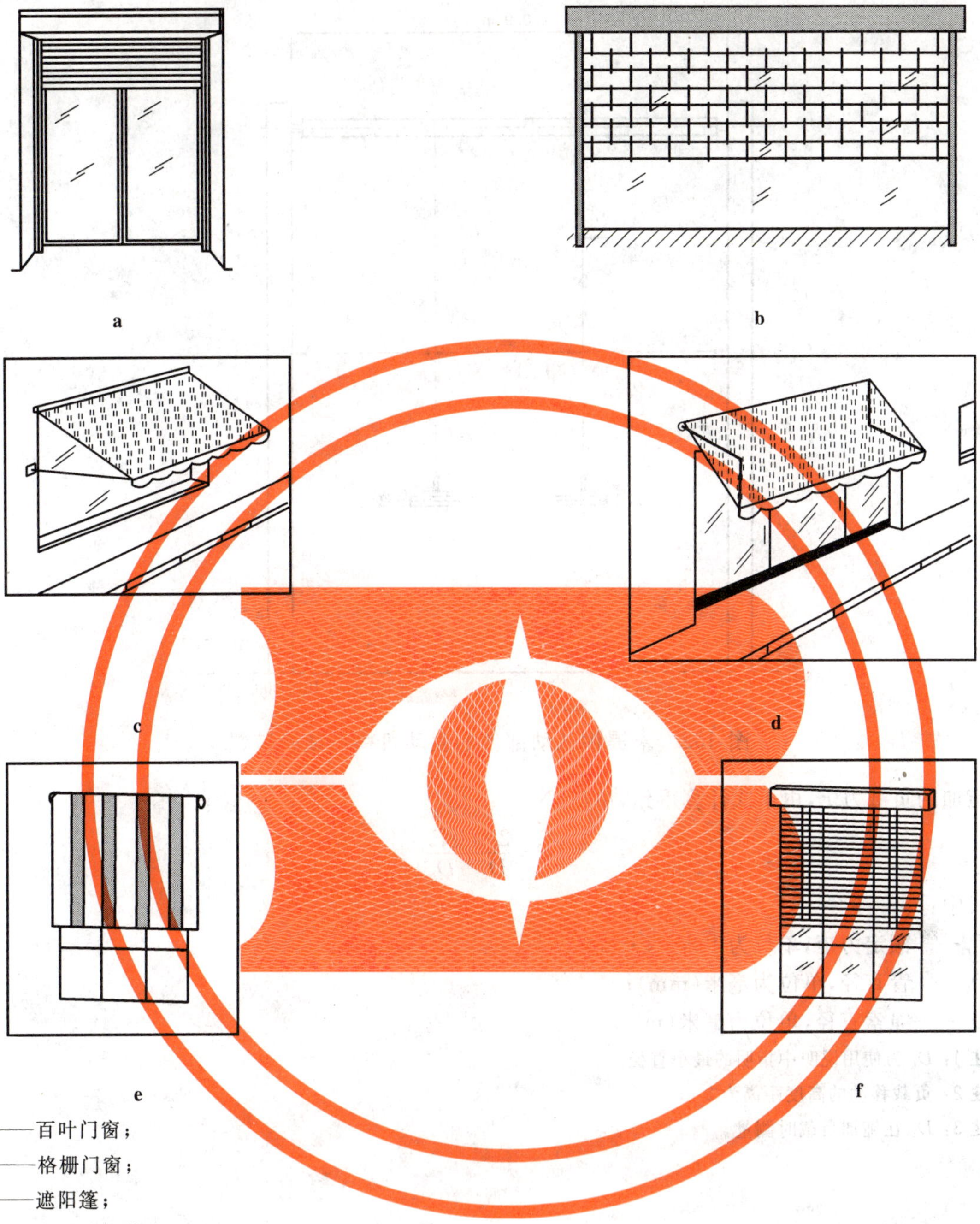

a——百叶门窗；

b——格栅门窗；

c——遮阳篷；

d——折叠遮阳篷；

e——遮帘；

f——百叶遮帘。

图 101　各种从动部件的示例

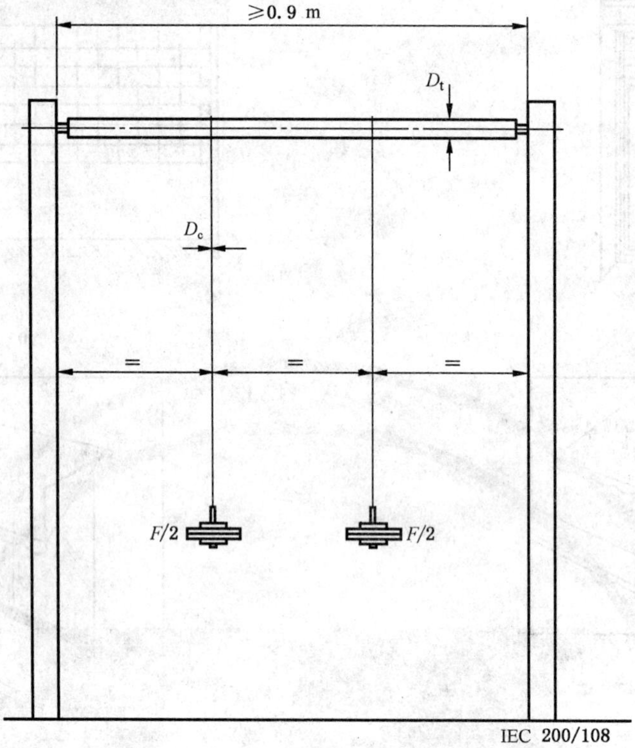

图 102 未提供从动部件的驱动机构的试验装置

施加的负载力 F，由下式计算得到，单位：N。

$$F=\frac{2\ 000T_r}{D_t+D_c}$$

式中：

T_r——额定力矩，单位为牛米（N·m）；

D_t——管直径，单位为毫米（mm）；

D_c——绳索直径，单位为毫米（mm）。

注 1：D_t 为使用说明中指明的最小直径。

注 2：负载移动的高度距离为 2 m。

注 3：D_c 在施加负载时测量。

附　录

GB 4706.1—2005 的附录除下列内容外适用。

附　录　C
（规范性附录）
在电动机上进行的老化试验

修改：

表 C.1 中的 p 值为 2 000。

参 考 文 献

GB 4706.1—2005 的参考文献除下述内容外适用：

增加：

GB 4706.68(idt IEC 60335-2-95)，家用和类似用途电器的安全：住宅用垂直运动车库门的驱动装置的特殊要求

GB 4706.98(idt IEC 60335-2-103)，家用和类似用途电器的安全：闸门、房门和窗的的驱动装置的特殊要求

ISO 13732-1 热环境的人类工效学.人对表面接触的反应的评定方法 第1部分：制热表面

ICS 97.040.30
Y 61

中华人民共和国国家标准

GB 4706.102—2010/IEC 60335-2-89:2007

家用和类似用途电器的安全 带嵌装或远置式制冷剂冷凝装置或压缩机的商用制冷器具的特殊要求

Household and similar electrical appliances—Safety—Particular requirements for commercial refrigerating appliances with an incorporated or remote refrigerant condensing unit or compressor

(IEC 60335-2-89:2007,IDT)

2011-01-14 发布　　　　2011-09-15 实施

中华人民共和国国家质量监督检验检疫总局
中国国家标准化管理委员会　发布

前　言

本部分的全部技术内容为强制性。

GB 4706《家用和类似用途电器的安全》由若干部分组成，第1部分为通用要求，其他部分为特殊要求。

本部分是GB 4706的第102部分。

本部分应与GB 4706.1—2005《家用和类似用途电器的安全　第1部分：通用要求》配合使用。

本部分等同采用国际电工委员会IEC 60335-2-89:2007(Ed1.2)《家用和类似用途电器的安全　第2-89部分：带嵌装或远置式制冷剂冷凝装置或压缩机的商用制冷器具的特殊要求》。

为便于使用，本部分对IEC 60335-2-89作了下列编辑性修改：

——“第1部分”一词改为“GB 4706.1”；

——用小数点“.”代替用做小数点的“,”。

本部分附录AA、附录BB为规范性附录。

本部分由中国轻工业联合会提出。

本部分由全国家用电器标准化技术委员会(SAC/TC 46)归口。

本部分起草单位：中国家用电器研究院、国家家用电器质量监督检验中心、山东宏泰电器有限公司、深圳出入境检验检疫局。

本部分主要起草人：马德军、蔡宁、管秋生、谢晋雄。

IEC 前言

1) IEC(国际电工委员会)是由所有国家的电工委员会(IEC 国家委员会)组成的世界范围内的标准化组织。IEC 的宗旨就是促进各国在电气和电子标准化领域的全面合作。鉴于以上的目的并考虑到其他活动的需要,IEC 还出版国际标准、技术规范、技术报告、公共可用规范(PAS)、导则(以下统称为 IEC 出版物)。整个制定工作由技术委员会来完成。任何对此技术问题感兴趣的 IEC 国家委员会都可以参加制定工作。与国际电工委员会有联系的国际、政府及非政府组织也可以参加这项工作。IEC 根据其与 ISO 达成的协议,与 ISO 在工作上紧密合作。
2) 因为每个技术委员会都有来自于各个对有关技术问题感兴趣的 IEC 国家委员会的代表,所以 IEC 对有关技术问题的正式决议或协议都尽可能的表达了国际性的一致意见。
3) IEC 出版物以推荐性的方式供国际上使用,并在此意义上被各国家委员会接受。在为了确保 IEC 出版物技术内容的准确性而做出任何合理的努力时,IEC 对其出版物被使用的方式以及任何最终用户(读者)的误解不负有任何责任。
4) 为了促进国际上的统一,IEC 希望各国委员会在本国情况允许的范围内采用 IEC 出版物的内容作为他们国家或地区的出版物。IEC 出版物与相应的国家或地区的出版物有差异的,应尽可能在后者中明确地指出。
5) IEC 规定了表示其认可的无标志程序,但并不表示对某一设备声称符合某一 IEC 出版物承担责任。
6) 所有的使用者应确保持有该出版物的最新版本。
7) IEC 或其管理者、雇员、服务人员或代理(包括独立专家、IEC 技术委员会和 IEC 国家委员会的成员)不应对使用或依靠本 IEC 出版物或其他 IEC 出版物造成的任何直接的或间接的人身伤害、财产损失或其他任何性质的伤害,以及源于本出版物之外的成本(包括法律费用)和支出承担责任。
8) 应注意在本出版物中列出的规范性引用文件。对于正确使用本出版物来讲,使用规范性引用文件是不可缺少的。
9) 本 IEC 出版物中的某些内容有可能涉及一些专利权问题,对此应引起注意。IEC 组织不负责识别任一或所有该类专利权问题。

IEC 60335 的本部分是由 IEC 第 61 技术委员会“家用和类似用途的电器的安全”中的 61C“家用制冷器具”制定的。

本部分的本版基于 IEC 60335-2-89 在 2002 年第 1 版[文件 61C/208/FDIS、61C/211/RVD]、增补件 1(2005)[文件 61C/290/FDIS、61C/301/RVD]以及增补件 2(2007)[文件 61C/384/FDIS、61C/389/RVD]以及 2005 年 6 月的勘误表制定。

本版为第 1.2 版。

页边加有垂直线的部分表明第 1 版的该部分被增补件 1 和增补件 2 所修改。

本部分应与 IEC 60335-1 的最新版及其增补件共同使用。本部分是基于 IEC 60335-1 的第 4 版(2001)制定的。

注 1:本部分中及到“第 1 部分”,均指 IEC 60335-1。

本部分对 IEC 60335-1 的相应条款作了增补或修改,由此转换成本 IEC 标准:带嵌装式或远置制冷剂冷凝装置或压缩机的商用制冷器具的特殊要求。

本部分中未提到的第一部分的条款,应尽可能合理地使用。本部分中标有“增加”、“修改”或“代替”

是对第一部分相应内容的调整。

注2：标准中采用下述编号方式：

——子条款、表、图从“101”开始编号的部分是对第1部分的补充；

——除非注解在新的子条款中或是第1部分包含注解，否则一律从101开始编号，包括被替代的章节和条款中的注解；

——新增的附录以AA、附录BB等编号。

注3：标准中使用下述字体：

——标准要求，roman正体；

——试验规范，roman斜体；

——注解，小号roman正体。

正文中的**黑体字**在第三章中定义，当定义中有形容词时，该形容词和所修饰的名词也应用黑体字。

IEC委员会声明，本部分的第1版及其增补件的内容将保持不变，直至在IEC的网站http://webstore.iec.ch上公布最新版本。届时，本出版物将被：

——重新确认；

——废止；

——修订版本替代；或

——修改。

家用和类似用途电器的安全
带嵌装或远置式制冷剂冷凝装置或
压缩机的商用制冷器具的特殊要求

1 范围

GB 4706.1—2005 中的该章用下述内容代替：

GB 4706 的本部分规定了家用和类似用途带嵌装式或远置式制冷剂冷凝装置或压缩机的商用制冷器具的安全。

本部分适用于装有压缩机或按照制造商说明书由两个单元组合成单独器具(分体系统)的电动商用制冷器具。

注 1：本部分适用范围内的器具实例如下：

——制冷陈列柜和制冷储藏柜；

——推车式制冷柜；

——服务式柜台柜和自助式柜台柜；

——风冷冷却器具和风冷冷冻器具。

只要适用，本标准还涉及这些类型的器具所共有的危险。

本部分不涉及 ISO 标准所规定的制冷器具的结构特点和工作特性。

注 2：应注意以下情况：

——对于打算用在车辆、船舶或航空器上的器具，可能需要附加要求；

——在许多国家中，国家主管部门对器具规定了附加要求。

注 3：本部分不适用于：

——家用制冷器具(GB 4706.13)；

——工业制冷系统；

——电动机-压缩机(GB 4706.17)；

——商用自动售卖机(GB 4706.72)；

——商用冰淇淋机；

——商用制冰机；

——冷库；

——使用同一台远置压缩机的多个冷间。

注 4：本部分不适用于那些在每个独立的制冷剂回路中充注 150 g 以上可燃制冷剂的器具。对于这类器具的安全性评价以及它们的安装规程，可参照 GB 9237。鉴于上述原因，这类器具的安全性评价也同样不能按照本部分来进行。

2 规范性引用文件

下列文件中的条款通过 GB 4706 的本部分的引用而成为本部分的条款。凡是注日期的引用文件，其随后所有的修改单(不包括勘误的内容)或修订版均不适用于本部分，然而，鼓励根据本部分达成协议的各方研究是否可使用这些文件的最新版本。凡是不注日期的引用文件，其最新版本适用于本部分。

GB 4706.1—2005 的该章除下述内容外，均适用。

增加：

GB 2894—2008 安全标志及其使用导则

GB 4706.17—2010 家用和类似用途电器的安全 电动机-压缩机的特殊要求(IEC 60335-2-34:

2009,IDT)

GB 4706.25—2008 家用和类似用途电器的安全 洗碗机的特殊要求(IEC 60335-2-5:2005,IDT)

GB 7000.1—2007 灯具 第1部分:一般要求与试验(IEC 60598-1:2003,IDT)

GB 9237 制冷和供热用机械制冷系统安全要求(GB 9237—2001,eqv ISO 5149:1993)

GB/T 21001.2 冷藏陈列柜 第2部分:分类、要求和试验条件(GB/T 21001.2—2007,ISO 23953-2:2005,IDT)

ISO 817 制冷剂:名称与符号系统

IEC 60079(所有部分) 爆炸性气体环境用电气设备

IEC 60079-4 爆炸性气体环境用电气设备 第4部分:点燃温度试验方法

IEC 60079-4A 爆炸性气体环境用电气设备 第4部分:点燃温度试验方法,修改件1

IEC 60079-15:2005 爆炸性气体环境用电气设备 第15部分:"n"型电气设备的结构、试验和标志

IEC/TR3 60079-20 爆炸性气体环境用电气设备 第20部分:与电气设备的使用有关的可燃性气体和蒸气的数据

IEC 60417 设备上用的图形符号

3 术语和定义

下列术语和定义适用于GB 4706的本部分。

GB 4706.1—2005的该章除下述内容外,均适用。

3.1.9 代替:

正常工作 normal operation

正常工作是指器具在下述条件下工作:

制冷器具在5.7中所述的环境下工作,空载,门或盖子关闭,或使卷帘关闭或打开(取其中可带来较不利结果的那种状态)。可由用户调节的温度控制装置应被短接或使其处于不工作状态。由露点控制器或时钟切换的装置应被启通或关断(取其中可带来较不利结果的那种状态)。

对于与一个供水源连接的器具,若该水源提供的不是冷却水,则水温应保持在15 ℃±2 ℃;若是冷却水,则水温应保持在相关说明书中所规定的最高温度。

对于配有一个分体式制冷冷凝机组的器具,该制冷冷凝机组应按照制造商说明书中所规定的方法连接到其箱体上。

3.101

制冷陈列柜和制冷储藏柜 refrigerated display and storage cabinet

由一个制冷冷凝机组进行冷却,用来陈列或储藏冷却或冷冻食品的封闭式柜子。

3.102

辅助发热元件 ancillary heating element

执行辅助功能的发热装置,例如除霜加热器、门加热器或防露加热器。

3.103

专业人员 skilled person

经过适当的技术培训并具有经验的人员,了解自己所从事的工作中存在的危险,并知道怎样最大限度地减少自己或他人遭受这种危险的可能性。

3.104

制冷冷凝机组 refrigerant condensing unit

出厂前组装完毕,安装在一个共同的底座上,构成制冷系统一部分(压缩和冷凝部分)的装置,包括一台或多台带有电动机的制冷剂压缩机、冷凝器、贮液器、连接管道以及辅助设备。

3.105

可燃制冷剂 flammable refrigerant

根据GB 9237的规定，可燃等级分类为2组或3组的制冷剂。

注：对于具有一种以上的可燃性分类的混合制冷剂，在本定义中选其最不利的分类。

3.106

自由空间 free space

容积超过60 L、能让一个小孩进入其中，并且在打开任一门、盖或抽屉并取下任一可拆卸内部部件（包括那些仅在打开任一门或盖后才成为易触及部件的搁架、容器或可移动的抽屉）后的空间。在计算容积时，任一单独尺寸不超过150 mm，或任意两个正交线的每一尺寸均不超过200 mm的空间，忽略不计。

4 一般要求

GB 4706.1—2005的该章除下述内容外，均适用。

增加：

注101：使用非可燃制冷剂的器具不考虑使用可燃制冷剂所产生的附加危险。

本部分针对与器具相关的潜在火源泄漏而引起的可燃制冷剂着火危险。

通过采用着火的小概率来补偿与器具安装位置环境有关的外部潜在火源因泄漏而引起的可燃制冷剂着火危险性。

5 试验的一般条件

GB 4706.1—2005的该章除下述内容外，均适用。

5.2 增加：

在进行22.107中的试验时，至少需要一个附加的特别制备的试样。

注101：除非符合GB 4706.17的要求，19.1规定的试验可能至少需要一个附加的电动机-压缩机特别制备试样。

注102：进行19.1的试验可能至少需要一个附加的风扇电动机和电动机热保护器试样。

注103：22.7试验可以在单独的试样上进行。

注104：由于22.107、22.108和22.109试验的潜在危险特性，在进行试验时需要采取特别的预防措施。

5.3 增加：

在开始试验之前，应让器具在额定电压下至少工作24 h，然后关断器具电源，将其静置至少12 h。

5.7 增加：

第10章、第11章以及第13章中的试验应在下列环境温度下进行：

对于气候类型为0、1、2、3、4或6的器具，环境温度应为32 ℃±2 ℃。

对于气候类型为5或7的器具，环境温度应为43 ℃±2 ℃。

在开始进行第10章、第11章以及第13章中所规定的试验之前，应将器具置于规定的环境温度±2 K的条件下，器具的门或盖子应全部打开。

其他试验应在20 ℃±5 ℃的环境条件下进行。

分类在几种气候类型下使用的器具要在对应于最高气候类型的环境温度下进行试验。

注101：在任一工作循环的同一点上，以大约60 min的时间间隔连续读取的3个温度读数的差值在1 K范围内时，则可以认为已达到稳定状态。

5.10 增加：

对于22.107、22.108和22.109试验，器具应空载和按下列条件安装：

嵌入式器具应按照安装说明书进行安装。

其他器具应放置在试验箱内，器具的侧边壁及其顶部应尽可能地靠近试验箱的边壁，除非制造商在安装说明书中指明了器具与墙或天花板之间应保持一定的空间距离，在这种情况下，试验期间应保持该距离。

5.101 使用可燃制冷剂的器具如果其食品储藏室内装有其他电气装置的话，则试验时应让这些装置处于正常工作状态。

注：该类器具的示例是冰淇淋机和除臭器。

6 分类

GB 4706.1—2005 的该章除下述内容外，均适用。

6.101 制冷陈列柜和制冷储藏柜的气候类型应至少是下述中的一种：

——0 级气候类型器具；

——1 级气候类型器具；

——2 级气候类型器具；

——3 级气候类型器具；

——4 级气候类型器具；

——5 级气候类型器具；

——6 级气候类型器具；

——7 级气候类型器具。

通过视检来检查其是否合格。

注：气候类型在 GB/T 21001.2 中规定。

7 标志和说明

GB 4706.1—2005 的该章除下述内容外，均适用。

7.1 修改：

第三个波折号后面的内容用下述文字代替：

——额定电流，单位为安(A)；

增加：

——加热系统的输入功率，单位为瓦(W)(如果大于 100 W)。

——除霜输入功率，单位为瓦(W)(如果除霜输入功率对应的电流大于器具的额定电流时)。

——一个或多个表示器具气候类型的数字代号 0、1、2、3、4、5、6 或 7。

——具有白炽灯时，白炽灯的灯泡最大额定功率，单位为瓦(W)。

——具有放电灯时，放电灯的灯管额定功率，单位为瓦(W)。

——每个独立制冷剂回路中的制冷剂总量。

——采用单一制冷剂的，应至少有以下一种标志：

- 化学名称；
- 化学分子式；
- 制冷剂编号。

——采用混合型制冷剂，应至少有以下一种标志：

- 各制冷剂的化学名称和标称比例；
- 各制冷剂的化学分子式和标称比例；
- 各制冷剂编号和标称比例；
- 混合制冷剂的制冷剂编号。

——隔热发泡材料的主要成分的化学名称或制冷剂编号。

制冷剂编号应符合 ISO 817。

注 101：管道绝热材料及小部件隔热材料不需要标明。

对于使用可燃性制冷剂的器具，应附有“当心火灾”标志。

对于准备与给水总管连接或者由用户自行注液，但又未配备自动液位控制器的器具，应标明其最高液位。

7.6

增加：

当心火灾

注：该标志的颜色和形状应符合 GB 2894—2008 中规定的警示标志规则。

7.12

增加：

说明书中应包括各种类型搁架的最大装载信息。

对于使用可燃制冷剂的器具，说明书中应包括器具的搬运、维修以及处置等方面的资料。

对于使用可燃制冷剂的器具，说明书中应包括以下警告内容：

——警告：器具周围或在嵌入式结构里无阻碍物，保持通风通畅。

——警告：除了制造商推荐的方式外，不得使用机械装置或其他方式加速除霜过程。

——警告：不得损坏制冷剂回路。

注 101：该警告仅适用于用户可触及制冷回路的器具。

——警告：除了制造商推荐使用的类型外，不得在器具的食品储藏室使用电器。

对使用可燃隔热发泡气体的器具，说明书中应包含如何处理器具的注意事项。

对于使用双插座荧光灯的器具，说明书中应注明更换时必须使用同一种灯管。

应当对装置上所标示的表示该装置气候类型的字母数字的含义作出说明。

对于使用可燃制冷剂的分体式系统，其说明书中应包括以下警告内容：

——警告：为降低火灾危险，本装置的安装工作必须交由有适当资格的专业人员来进行。

修改：

不要求说明书中考虑力不能及、感知能力差或缺乏经验和知识的人群（包括儿童），以及与器具玩耍的儿童。

7.12.1 增加：

对于配备一个分体式制冷冷凝机组的器具，说明书中应包括以下文字：

器具和制冷冷凝机组的安装必须由制造商的服务人员或类似的专业人员负责进行。

对于配备一个分体式制冷冷凝机组的器具，其说明书中应包括以下资料：

——与制冷器具连接的分体式制冷冷凝机组的信息；

——表示各电气连接端子的电路图。

对于准备与冷却水供给管道连接的器具，说明书中应注明器具安全运行所需要的最大允许进水温度。

7.14 增加：

“当心火灾”标志里三角形的高度至少应为 15 mm。

7.15 增加：

在更换灯泡时，应容易辨别照明灯具的最大额定功率标志。

对于使用可燃制冷剂的器具，要标示可燃制冷剂和可燃发泡层材料的类型，以使工作人员在接近电动机-压缩机及管道连接部位（如果该器具配备的是一个分体式制冷冷凝机组）时，能够清楚地看到这些标示。

对于使用可燃制冷剂的器具，当接近电动机-压缩机时，和接近带有远置式制冷剂冷凝机组的器具的管路连接处时，可燃制冷剂和可燃绝热发泡气体标志以及“当心火灾”标志应是可见的。

7.101　等电位接线端子应当用 IEC 60417 中所规定的符号（编号为 5021）加以标示。

这些符号不得标示在螺钉、垫圈等接线时可能被卸下的部件上。

通过视检来确定其是否合格。

8　对触及带电部件的防护

GB 4706.1—2005 的该章除下述内容外，均适用。

8.1.1　修改：

用下述内容代替试验规定的第 2 段：

如果器具能通过插头或全极断开与电源隔离，则灯泡不取下。但在更换灯泡期间，应确保防止触及灯的带电部件。

增加：

如果器具中的某些部件需要由一名专业人员在运行条件下进行调节，而且调节前还须卸下一些不可拆卸部件的话，则应确保调节时不会触及到带电部件，而且相关的带电部件应至少能得到基本绝缘的保护。

注 101：上述可调部件包括难以触及到的温控器、限温器以及热力膨胀阀等。

9　电动器具的启动

GB 4706.1—2005 中的该章内容，不适用。

10　输入功率和电流

GB 4706.1—2005 的该章除下述内容外，均适用。

10.2　修改：

由下述内容代替试验规定的最后一段：

使器具运行 1 h，将启动电流排除在外，每隔一定的时间读取一次电流测定值，每 5 min 求一次平均值，由此确定最大电流值。读取电流测定值的间隔时间不超过 30 s。

注：如果第一次电流测量是在启动后的大约 1 min 进行，那么就可以认为已将启动电流排除在外。

10.101　除霜系统的输入功率和器具上标注的除霜输入功率间的偏差不应超过表 1 的示值。

检查除霜输入功率是否符合要求的方法是，让器具在额定电压下运行，测定出其在整个除霜期间任意 5 min 内电流平均值的最大值。测定电流的时间间隔应不超过 30 s。

11　发热

GB 4706.1—2005 中的该章内容，均适用。

11.1　修改：

器具及其周围的环境温度不能能够达到或超过正常使用时的温度。

通过在 11.2～11.7 规定的条件下确定各部件的温升来检查其是否合格。

如果有任何部分的温升超过了 11.8 规定的数值，则应当再进行 11.101 的试验以最终确定是否符合要求。

对于配备了辅助发热元件的器具，应进行 11.102 和 11.103 的试验以确认是否符合要求。

11.2　代替：

应按照安装说明书的规定将嵌装式器具安装就位。

其他器具应放置在试验罩内。试验罩应尽可能靠近器具的各边壁及其顶部表面，除非制造商在安装说明书中指明了器具与相邻墙或天花板之间应保持一定的空间距离，在这种情况下，在试验期间应保持该距离。

测试角、支撑物、装入嵌装式器具的箱体和其他器具使用的试验罩应使用板厚约 20 mm、涂有无光黑漆的木质胶合板。

11.7 代替：

器具工作直至稳定状态建立。

11.8 修改：

用以下内容代替表 3 之前的文字

在试验期间，除了电动机-压缩机的自复位电动机热保护器外，其他保护装置不应动作。当达到稳定状态后，电动机-压缩机的电动机热保护器不应动作。

在试验期间，密封剂(如有的话)不应流出。

在试验期间，温升应连续监测。

0、1、2、3、4 或 6 类型器具的温升不应超过表 3 的数值。

5 或 7 类型器具的温升不应超过表 3 的数值减去 7K。

增加：

对不符合 GB 4706.17—2010 及其附录 AA 的电动机-压缩机，以下部件的温度不应超过表 101 的给定值：

——外壳，和其他部件；

——绕组。

对符合 GB 4706.17—2010 及其附录 AA 的电动机-压缩机，不测量以下部件的温度：

——外壳；

——绕组和其他部件；

——其他部件，如保护装置、控制装置，以及在按 GB 4706.17—2010 及其附录 AA 要求进行的测试中与电动机-压缩机一起测试的所有其他组件。

在表 3 中与电动器具的外壳温升相关的条目对本部分覆盖的所有器具均应适用。但这些条目不适用于器具外壳上的以下部件：

——对嵌装式器具，在按照安装说明书进行安装后的不易触及部件；

——根据安装说明书进行器具安装，打算靠墙放置，且与墙壁间的空间距离不超过 75 mm 的其他器具上的部件。

表 101 电动机-压缩机的最高温度

电动机-压缩机的部件	温度/℃
绕组：	
——合成绝缘	140
——纤维绝缘或类似绝缘	130
外壳	150

在所述的条件下进行测定时，镇流器绕组及其接线的温度应不超过 IEC 60598-1 的 12.4 所规定的数值。

11.101 如果器具任何部分的温度高于 11.8 给出的限定值，则试验应重新进行。此时温控器或类似的控制装置应解除短接状态，并设定至最低温度。

11.102 以 0.94 和 1.06 倍额定电压之间最不利的电压供电，如果除霜时间通过调节装置来控制，则该装置应调节到制造厂建议的时间。温度和温升值不应超过表 3 和表 101 规定的数值。

如果控制装置是在一定温度或压力时停止除霜,则当该控制装置动作时,除霜过程应自动终止。

11.103 如果在器具正常使用时,辅助发热元件可能在制冷系统电源关断的情况下通电,则试验应在与此相同的状态下进行。试验时的电源功率应相当于额定输入功率的1.15倍,直至达到稳定状态。

温升由固定在辅助发热元件绝缘物表面上的热电偶进行测定。

温升值应不超过11.8规定的数值。

12 空章

13 工作温度下的泄漏电流和电气强度

GB 4706.1—2005中的该章内容,均适用。

14 瞬态过电压

GB 4706.1—2005中的该章内容,均适用。

15 耐潮湿

GB 4706.1—2005的该章除下述内容外,均适用。

15.2 增加:

对于那些直接与供水管路、贮水容器相连接的器具,或其自身的一部分被用作容器,并且在日常使用时该部分需被注水的器具,在最初观察到溢水之后,应让进水阀保持开启状态,继续注水5 min。

如果由于溢水防止装置的作用而没有出现任何溢水,则应在该溢水防止装置开始工作后,让进水阀保持开启状态,继续注水5 min。

15.101 器具要承受容器内的液体溢出到箱体或间室内壁,或箱体的顶部,其结构应使得液体溢出不会影响其电气绝缘。

通过15.102和15.103相关的试验来确定其是否合格。

15.102 在图101所示的装置中,应按照GB 4706.25—2008附录AA的规定,注入含有约1%氯化钠和约0.6%酸性清洗剂的水溶液,液位高度应达到凸缘部。活动块可由任何合适的释放机构和桥式支持件支承在略高于水面的位置。

将不使用工具即可拆卸的搁架和容器全部移出,断开器具电源,但不要拆下灯罩。

上述装置被定位在一个合适的高度,其底部呈水平状态。但释放机构动作时,装置内的水以最有害的方式浇洒在制冷陈列柜或制冷储藏柜内部的后壁或侧壁上(包括安装在该部位的所有电气元件上)。

该试验在任一位置上只用该装置一次,如果前面的试验中弄湿的部件上没有残余水,试验也可以根据需要在不同的位置重复多次。

试验结束后,器具应立即承受16.3规定的电气强度试验,并且视检应表明绝缘上没有可导致电气间隙和爬电距离减小到低于第29章中规定限值的水迹。

此外,如果视检表明水与除霜加热元件或其绝缘有接触,则该装置应能承受22.102的试验。

15.103 除嵌装式器具之外的其他器具,应从其正常使用位置倾斜一个最大为2°的角度,倾斜方向应是本试验的最不利方向。断开器具电源,并将控制器全部设定在接通位置,按照GB 4706.25—2008附录AA的规定,将0.5 L含有约1%氯化钠和约0.6%酸性清洗剂的水溶液,从约50 mm的高度,在大约60 s的时间里,与水平倾斜不超过2°,均匀地浇洒在器具的任意一个表面上。本试验的对象仅限于那些至少有一个方向的尺寸大于60 mm,而且离地高度低于2.2 m的表面。

试验结束后,器具应立即承受16.3规定的电气强度试验,并且视检应表明绝缘上没有可导致电气间隙和爬电距离减小到低于第29章规定限值的水迹。

16 泄漏电流和电气强度

GB 4706.1—2005 中的该章内容,均适用。

17 变压器和相关电路的过载保护

GB 4706.1—2005 中的该章内容,均适用。

18 耐久性

GB 4706.1—2005 中的该章内容,不适用。

19 非正常工作

GB 4706.1—2005 的该章除下述内容外,均适用。

增加:

在第 19 章的试验中,不测定电动压缩机的绕组温度。

19.1 增加:

另外,如有风扇电动机及电动机热保护装置,则应按照附录 AA 的规定进行试验。

注 101:对于任何一种给定类型的风扇电动机及电动机热保护器组合,本试验均只做一次。

不符合 GB 4706.17 规定的电动机-压缩机,应进行 GB 4706.17—2010 中 19.101 和 19.102 规定的试验,然后按照 19.104 规定,确认试验结果是否合格。

注 102:对于任何一种给定类型的电动机-压缩机,本试验均只做一次。

19.8 增加:

本试验不适用于符合 GB 4706.17 规定的三相电动机-压缩机。

19.9 该条内容不适用。

19.101 辅助发热元件应符合规定的尺寸,并设置在规定的位置,以确保其在万一出现异常情况时也不会引起火灾。

通过以下试验确定其是否合格。

器具的门和盖子应处于关闭状态,制冷装置应处于关断状态。

风机应处于接通或关闭状态(取其中可带来较不利结果的那种状态)。

辅助发热元件应持续通电,直至达到稳定状态,通电电压为器具额定电压的 1.1 倍。如果有多个辅助发热元件,应让它们逐一轮换工作。但是,如果某一部件的故障可能导致 2 个以上辅助发热元件同时工作的话,则应将它们组合在一起进行试验。

在试验过程中和试验结束后,应按照 19.13 规定检验其是否合格。

如果关断制冷系统会导致发热元件无法工作的话,则不应关断制冷系统。

注:在这种场合,可能需要将一些正常使用时处于工作状态的部件短接,以确保辅助发热元件的持续通电。

19.102 器具的结构应使得即使在非正常工作时,它也不会产生火灾,机械伤害或电击的危险。

通过检查器具在使用过程中可能出现的各种缺陷来确定其是否合格。

进行试验时,应使器具在额定电压下,并在正常工作条件下运行。在运行过程中,逐一施加正常使用时可能出现的各种故障(每次只模拟一种故障条件)。试验应连续进行。

注 1:故障条件及示例如下:

——定时器停在某一位置;

——在工作循环的任何阶段断开开关并重新连接电源的一相或多相;

——元件的开路或短路;

——电磁阀故障;

——在容器全空的状态下运行。

注 2：正常使用时用来接通和关断辅助加热元件电源的接触器上的主要触点应被锁定在接通位置。但如果两个接触器互不相干地独立运行，或者由同一个接触器操作两组独立的主要触点，则这些触点应依次锁定在接通位置。

注 3：通常仅限于对那些可能产生最不利结果的情况进行试验。

注 4：在进行上述试验时，不应将热保护装置短路。

注 5：除了用于辅助加热元件的接触器之外，如果相应的 IEC 标准覆盖了器具中出现的条件，则器具中符合 IEC 相应标准的元件不要短路。

注 6：对于要与供水管路连接的器具，应对水阀开启或关闭的情况进行试验，取其产生最不利结果的状态进行试验。在试验过程中，符合 GB 15092 的水位开关不需要短路。

注 7：自动充水装置保持开启的试验已经在 15.101 试验中完成。

在试验过程中和试验结束后，按照 19.13 规定对器具进行检查。

19.103　在非正常工作状态下，照明装置不应产生火灾危险。

为确认其合格性，应进行以下试验。试验时器具应处于空载状态，制冷冷凝机组被关断，门或盖子应全开或全闭(取其中可带来较不利结果的那种状态)。

使装有制造商推荐灯具的完整照明装置(包括其保护罩)，在 1.06 倍额定电压下工作 12 h。

如果白炽灯在额定电压下不能达到最大额定功率，则调整电压直至达到最大额定功率，然后增至该电压的 1.06 倍。

对于使用放电灯的照明装置，应按照 GB 7000.1—2007 中 12.5.1 的 a、d、e 项所规定的故障条件，施加额定电压，直到被测部件温度稳定。

在试验期间和试验后，器具应符合 19.13 的要求。

在规定条件下测得的镇流器绕组温度应不超过 GB 7000.1—2007 的 12.5 中所规定的数值。

20　稳定性和机械危险

GB 4706.1—2005 的该章除下述内容外，均适用。

20.1　修改：

试验时器具应处于空载状态。器具以正常使用中的任一位置放在一个与水平面成 5°的倾斜平面上替代 10°倾斜平面。

器具不进行倾斜角度 15°的试验。

增加：

将拉门、盖子以及类似的部件调整到最不利的位置并重复该项试验；但是器具的倾斜角度仅为 5°。

21　机械强度

GB 4706.1—2005 的该章除下述内容外，均适用。

21.1　增加：

注 101：器具内的灯罩可能会在正常使用中损坏。灯不进行试验。

对于用来为辅助发热元件提供绝缘保护的非Ⅲ类结构的易触及玻璃板，应当用冲击能量调节到 2.00 J±0.05 J 的弹簧锤进行冲击试验。对其他类型的易触及玻璃板，试验时应将弹簧锤的冲击能量调节到 1.00 J±0.05 J。

21.101　凡可能被用户触及到的照明灯，均应符合以下要求之一：

——能承受第 21 章所规定的试验；或

——具有机械冲击防护结构，在接受以下试验时，照明灯自身不应被接触到。

通过使用一个直径为 75 mm±0.5 mm 的球状体，以不施加明显力而尽量接触装上灯罩后的灯来确定其是否合格。

球状体不应接触到灯。

22 结构

GB 4706.1—2005的该章除下述内容外，均适用。

22.6 增加：

除了温控器的传感器部分外，温控器的其他部分不应接触蒸发器，除非它对冷表面上的冷凝水和除霜过程中所生成的水的影响有足够的防护。

22.7 代替：

使用可燃制冷剂的器具，包括受保护制冷系统的保护性外壳，应能承受：

——对正常工作期间暴露在高压侧的部分，制冷剂在70 ℃时的饱和蒸气压的3.5倍或制冷剂在临界温度(如果低于70 ℃的话)下的饱和蒸气压的3.5倍，试验压力圆整至0.5 MPa(5 bar)。

——对正常工作期间仅暴露在低压侧的部分，制冷剂在20 ℃时的饱和蒸气压的5倍或2.5 MPa(25 bar)，取其中的较高者，试验压力圆整至0.2 MPa(2 bar)。

注101：带有受保护制冷系统的器具，其特殊结构要求在22.106中。

注102：所有的压力为表压。

器具应通过下述试验确定其是否合格：

试验中，器具承受压力的相关部分承受的水压力应逐渐地增加，直至达到试验压力，并保持1 min，承受压力的部分不应出现泄漏。

注103：符合GB 4706.17的电动机-压缩机不进行本项试验。

22.33 增加：

在正常使用过程中，只有一层绝缘的发热导体不应与水或冰直接接触。

注101：冻结的水被认为是可导电的液体。

22.101 灯座的安装应使其在正常使用时不会松动。

注：正常使用包括灯的更换。

通过视检和下列试验来确定其是否合格。

螺口灯座和卡口灯座应能耐受以下扭矩1 min：

a) E14和B15灯座的试验扭矩为0.15 N·m；

b) E27和B22灯座的试验扭矩为0.25 N·m。

然后，这些灯座应能承受施加在其轴线方向的50 N的拉力1 min。

试验后，灯座应无任何松动。

荧光灯的灯座应符合GB 7000.1中4.4.4.i)规定的试验要求。

22.102 置于绝热层中，且整体与绝热层接触的绝缘线发热器及其接头应能防水。

通过将3只完整的发热元件试样浸在约含1%NaCl、温度为20 ℃±5 ℃的水中24 h来确定其是否合格。

然后，在发热元件的带电部件和水之间施加1 250 V的电压15 min。

在试验期间不应出现击穿。

注：与电气端子的连接不认为是接头。

22.103 空条。

22.104 其面积中有任何两个正交尺寸超过75 mm的易触及玻璃板，均应采用热钢化玻璃制成。

通过以下试验来确定其是否合格，试验时使用两个试样。

拆去待试玻璃上的框架或其他附着的部件，然后将玻璃放置在一个刚性的水平平面上。

注1：用胶带将待测试样的边缘框住，以确保击碎后的玻璃碎片不四处飞溅，同时又不妨碍试样的扩张。

用一个试验冲头击碎试样。该冲头的质量为75 g±5 g，并具有一个角度为60°± 2°的圆锥形碳化钨合金顶端。将冲头顶端对准玻璃最长边缘的中点，并且距离该边缘约13 mm的位置处，然后用锤子敲击冲头以使玻璃碎裂。

在碎裂的玻璃上放置一张 50 mm×50 mm 的透明膜片，但在距离试样边缘 25 mm 的周边范围内和距离冲击点 100 mm 半径的半圆区域内，不要用膜片遮住。

评价应在试样的至少两个区域进行，选定的评价区域中应包含最大的颗粒。

计算膜片复盖区域内的无裂缝颗粒数量，每个评价区域内的这种颗粒数应不少于 40 粒。

注 2：对于圆弧玻璃，可以用相同材质的平板玻璃来进行试验。

22.105 对于使用可燃制冷剂的器具的制冷系统，其在每个独立的制冷回路中的制冷剂灌注量不应超过 150 g。

通过视检来确定其是否合格。

22.106 带有一个受保护的制冷系统并且使用可燃制冷剂的压缩式器具，其结构应能避免当制冷剂从制冷系统泄漏时引起的任何火灾或爆炸的危险。

注 1：含可燃气体少于 0.5 g 的单独元件，如温控器，元件本身的泄漏不认为容易引起火灾或爆炸危险。

注 2：带有一个受保护制冷系统的器具是：

——制冷系统的任一部分都不在食品储藏室内；

——如果制冷系统的任一部分安装在食品储藏室内，则其结构应使得制冷剂封装在一个至少由两层金属材料将其与食品储藏室隔开的壳体内。每一层厚度至少为 0.1 mm。除蒸发器有至少为 6 mm 宽的粘合接缝外，壳体无其他接口；

——如果制冷系统的任一部分装在食品储藏室内，则封装制冷剂的壳体本身应装在一单独的保护壳体内。如果封装外壳发生泄漏，则泄漏的制冷剂包含在保护外壳内，且器具将不会像正常使用时那样工作。保护外壳还应承受 22.7 的试验。保护外壳上的关键点不应装在食品储藏室内。

注 3：具有一普通空气气路的独立间室被认为是一单独的间室。

通过视检和 22.106.1 和 22.106.2 的试验来确定其是否合格。

注 4：带有受保护制冷系统的器具，当试验时发现其不符合保护制冷系统规定的要求，但如果按 22.107 试验发现其符合无保护制冷系统的要求，则可认为是一个无保护制冷系统。

22.106.1 在制冷系统最受关注点模拟泄漏。

注 1：关键点仅为制冷回路各部分间的接点，包括半封闭电动机-压缩机的垫圈在内。电动机-压缩机外壳焊接的套叠接头，通过电动机-压缩机外壳的管道焊缝和丝炭型的焊缝不认为是管道系统的接头。为找出制冷系统的关键点，可能需要进行一次以上的试验。

模拟泄漏的方法是通过毛细管向危险点上注入制冷剂蒸气来实现。毛细管的直径 0.7 mm±0.05 mm，长度在 2 m 到 3 m 之间。

注 2：注意毛细管的安装不应对试验结果有过分的影响，且发泡时泡沫不会进入毛细管。毛细管可能需要在器具发泡前放置好。

试验期间，将器具的门和盖关上，断开电源或在正常工作状态下以额定电压供电工作，两者取出现较不利结果者。

在器具工作的试验期间，在器具第一次接通电源的同时注入气体。

按制造商指定的制冷剂类型的标称注入量的 80%±1.5 g，或 1 h 能注入的最大量，两者取较小者。

注入量取决于气瓶的蒸气侧。气瓶应装有足够的液态制冷剂，试验结束时，气瓶中应仍剩有液态制冷剂。

如果混合物能分馏，则以其低爆炸限值为最小值的成分进行试验。

气瓶保持在以下温度：

a) 在低压侧回路模拟泄漏的，32 ℃±2 ℃；

b) 在高压侧回路模拟泄漏的，70 ℃±2 ℃。

注 3：应通过称瓶重的方法测量注入气体的量。

从试验开始时一直到停止气体注入后至少 1 h 内，至少每隔 30 s 测量一次食品储藏室内外泄漏制冷剂的浓度，测量位置尽可能靠近正常工作或非正常工作期间可能产生火花或电弧的电气部件。

不应在以下位置测量制冷剂的泄漏量：

——符合第19章规定所需的非自复位保护装置，即使该装置在工作期间产生电弧或火花；

——在第19章规定的试验期间永久断路的故意脆弱部件，即使该部件在工作期间产生电弧或火花；

——已进行试验及试验结果表明其至少符合附录BB要求的电气设备。

注4：用于监测气体浓度的仪器，例如那些使用了红外传感技术的，应具有2 s～3 s的快速典型响应，且不应对试验结果有过分的影响。

注5：如果使用气相色谱分析法，则在限定区域内的气体取样速率为每30 s不应超过2 mL。

注6：不排除使用其他对结果没有过分影响的仪器。

测量值不应超过表102规定的制冷剂低爆炸限值的75%，且其测量值超过表102规定的制冷剂低爆炸限值50%的持续时间不应超过5 min。

注7：带有一个受保护制冷系统的器具，对装在食品储藏室的电气元件没有附加要求。

22.106.2　所有受保护制冷系统的易触及元件表面，包括与受保护制冷系统紧密接触的易触及表面，用尖端如图102所示的工具进行刮擦。

工具采用下述参数：

——垂直于被测表面施加力…………………………………………… 35 N±3 N；

——平行于被测表面施加力……………………………………………≤250 N。

工具划过被测表面的速率约为1 mm/s。

在与管路轴向垂直的3个不同位置和与管路轴向平行的3个不同位置刮擦被测表面。刮过的长度应大约为50 mm。

刮痕不应相互交叉。

器具相应的部分应能承受22.7的试验，试验压力减少50%。

22.107　对于采用无保护制冷系统且使用可燃制冷剂的压缩式器具，食品储藏室内可能在正常工作或非正常工作期间产生火花或电弧的任何电气部件及光源都应进行试验，并且试验结果应表明其至少符合附录BB中对ⅡA类气体或所用制冷剂的要求。

这个要求不适用于下列在工作期间产生电弧或火花的部件：

——符合第19章规定所需的非自复位保护装置；

——在第19章规定的试验期间永久断路的故意脆弱部件。

当门或盖保持关闭时或当开/关门或盖时，漏入食品储藏室的制冷剂，不应在食品储藏室外的下述区域产生爆炸性气体：正常或非正常工作期间可能产生电弧和火花的电气部件所在位置或装有灯具的位置；除非上述电气部件已经过试验，并且试验结果表明其至少符合附录BB中对ⅡA类气体或所用制冷剂的要求。

这个要求不适用于：

——符合第19章规定所需的非自复位保护装置，即使该装置在工作期间产生电弧或火花；

——在第19章规定的试验期间永久断路的故意脆弱部件，即使该部件在工作期间产生电弧或火花。

注1：含可燃气体少于0.5 g的单独隔离的元件，如：温控器，被认为从元件本身泄漏时不容易引起火灾或爆炸危险。

注2：认为带有一个无保护制冷系统的器具属于至少有一部分制冷系统在食品储藏室中的器具，或不符合22.106要求的器具。

注3：也可以接受由IEC 60079系列所覆盖的、用在有潜在爆炸性的气体中使用的其他保护类型的电气装置。

注4：由于更换灯泡时门或盖是打开的，故不认为该操作存在潜在的爆炸危险。

通过视检、IEC 60079-15的相应试验及下述的试验来确定其是否合格。

注5：进行附录BB中的试验应使用所用制冷剂的化学浓度。但是，使用ⅡA类制冷剂的装置如果已单独试验过，

并且试验结果表明其符合附录 BB 要求的不需试验。

注 6：不考虑 IEC 60079-15 中 5.4 给出的要求，22.109 规定了表面温度的限值。

试验在自由通风的位置进行，器具断开电源或在额定电压下的正常工作状态下工作，取其较不利者。

器具工作的试验期间，在器具第一次接通电源的同时开始注入气体。

试验进行两次，如果第一次试验结果超出低爆炸限值 40%，则重复进行第 3 次。

通过一个合适的孔，以蒸气状态在不超过 10 min 内将等于标称充注量 80%±1.5 g 的制冷剂注入食品储藏室。然后封闭孔。从距储藏室顶部大约等于储藏室高度的三分之一处，且应尽可能靠近储藏室背壁的中心注入。注入完成 30 min 后，在 2 s～4 s 时间内以均匀速度打开门或盖，门或盖打开到 90°角或打到最大，取较小者。

对带有一个以上门或盖的器具，用最不利的次序或组合打开门或盖。

对带有风扇电动机的器具，以风扇电动机工作的最不利组合进行试验。

从试验开始，应至少每隔 30 s 即在尽可能靠近电气部件的位置测量泄漏制冷剂的浓度。但不在以下位置进行测量：

——符合第 19 章规定所需的非自复位保护装置，即使该装置在工作期间产生电弧或火花；

——在第 19 章规定的试验期间永久断路的故意脆弱部件，即使该部件在工作期间产生电弧或火花。

记录浓度值直到该值出现持续下降。

测量值不应超过表 102 规定的制冷剂低爆炸限值的 75%，并且超过表 102 规定的制冷剂低爆炸限值 50%的时间不应超过 5 min。

重复上述试验，但门或盖在 2 s～4 s 之间按开/关次序匀速动作，门或盖打开到 90°角或打开到最大，取较小者，然后按该次序关上。

22.108 使用可燃制冷剂的压缩式器具，其结构应使泄漏制冷剂不会在食品储藏室外的用于安装可产生电弧或火花的电气元件或安装灯具的区域内积聚，否则有火灾或爆炸危险。

该要求不适用于安装以下部件的区域：

——在第 19 章规定所需的非自复位保护装置动作；或

——在第 19 章规定的试验期间永久断路的故意脆弱部件。

不考虑上述装置和零件在工作期间产生电弧或火花。

注 1：含可燃气体少于 0.5 g 的单独隔离的元件，如：温控器，被认为从元件本身泄漏时不容易引起火灾或爆炸危险。

应通过下述试验确定其是否合格，除非正常或非正常工作期间可能产生电弧或火花和安装区域尚处于考虑阶段的照明装置及电气部件已进行试验，并且试验结果表明其至少符合附录 BB 中对ⅡA 类气体或所用制冷剂的要求。

注 2：不论 IEC 60079-15 中的 5.4 作何要求，表面温度极限值由 22.109 规定。

注 3：由 IEC 60079 系列标准涵盖的潜在爆炸性环境用电气设备的其他保护类型亦可接受。

在自由通风的位置进行试验，器具断开电源或以额定电压供电在正常工作状态下工作，取其较不利者。

器具工作试验期间，在器具第一次接通电源的同时开始注入气体。

将标称充注量 50%±1.5 g 的制冷剂注入考虑中的区域。

将制冷剂在 1 h 以上的时间里匀速地、在最靠近下述位置处注入受测电气元件，避免任何直接注入：

——制冷回路中外部管路的连接处；

——半封闭电动机-压缩机的垫圈处。

注 4：不认为电动机-压缩机外壳上焊接的套叠接口，穿过电动机-压缩机外壳的管道焊缝，和接线端子的焊缝是管路的连接处。

从试验开始，应在尽可能靠近电气部件的位置测量泄漏制冷剂的浓度，直到浓度持续下降为止。

测量值不应高于表 102 规定的制冷剂低爆炸限值的 75%，并且高于表 102 规定的制冷剂低爆炸限值 50%的时间不应超过 5 min。

22.109　可能暴露在泄漏的可燃性制冷剂中的表面温度不应超过表 102 规定的制冷剂燃点温度减 100 K 的值。

通过在第 11 章和第 19 章试验期间，测量相应表面的温度来确定其是否合格。

在进行第 19 章规定的试验时，不测量：

——在第 19 章规定试验期间的非自复位保护装置动作，或

——在第 19 章规定的试验期间永久断路的故意脆弱部件的温度，该温度将引起上述装置动作。

表 102　制冷剂可燃性参数

制冷剂编号	制冷剂名称	制冷剂分子式	制冷剂燃点温度[a,c]/ ℃	制冷剂爆炸下限(LEL)[b,c,d,e]/(%V/V)
R50	甲烷	CH_4	537	4.4
R290	丙烷	$CH_3CH_2CH_3$	470	1.7
R600	n-丁烷 (n-Butane)	$CH_3CH_2CH_2CH_3$	372	1.4
R600a	异丁烷	$CH(CH_3)_3$	494	1.8

[a] 其他可燃制冷剂的值可从 IEC 60079-4A 和 IEC 60079-20 中获得。

[b] 其他可燃制冷剂的值可从 IEC 60079-20 和 ISO 5149 中获得。

[c] IEC 60079-20 是一个参照标准。如果需要的数据不包含在 IEC 60079-20 中，则可使用 ISO 5149。

[d] 在干燥空气中制冷剂的浓度。

[e] 在有些标准中，术语“可燃下限”被用来取代“爆炸下限”。

22.110　器具中由滑门或滑盖所封闭的自由空间构成的隔间内部，应在滑门或滑盖关闭的状态下也能从外面看见。

通过视检来确定其是否合格。

22.111　器具中具有自由空间的间室，其室门或盖子应能从间室内部打开。

本条款要求不适用于滑门或滑盖。

通过下述试验来确定其是否合格。

断开空载器具的电源，将其放置在一个水平支撑面上，且依照安装说明书使其水平，如果有脚轮和滚轮则对它们进行定向、调节或固定，以防止器具移动。如果门或盖上有锁，则将锁打开。

门或盖关闭 15 min。

然后，在器具的各扇门或各个盖子上等效于一个内部易触及点的位置，施加一个与门板或盖板平面垂直的外向拉力，施力点位于离铰链轴心最远的那条边缘的中点处。

应以不超过 15 N/s 的速度施加该力，并且应在超过 70 N 之前将盖或门打开。

注 1：这个力可通过弹簧秤施加在门或盖外部表面与内部易触及点对应的点上，如果必要则可借助于吸盘。

注 2：如果门或盖的手柄在离铰链轴最远边的中点上，则力可通过弹簧施加在手柄上。在这种情况下，从内部打开门或盖的力的值可通过计算手柄和内部易触及点离铰链轴的距离比例来确定。

22.112　只有在打开门或盖后才触及到的抽屉不应含在自由空间中。

通过视检和测量来确定其是否合格。

22.113　不打开门或盖可触及、且含有自由空间的抽屉应：

——有一个高度至少为 250 mm，宽度至少为抽屉内宽三分之二的开口，位置在其后壁；

——能从内部打开。

通过视检、测量和在抽屉内放置一个质量为 23 kg 的重物进行下述试验来确定其是否合格。

断开空载器具的电源，将其放置在一个水平支撑面上，且依照制造商说明书使其水平，如果有脚轮

和滚轮则调节其位置或方向，或加堵块使器具不能移动。如果门或盖上有锁，则将锁打开。

抽屉关闭 15 min。

然后，在器具每个相应的门或盖上等效于一个内部易触及点的位置上施加一个力，该力的方向与抽屉前平面垂直。

该力应以不超过 15 N/s 的速度施加，并且在力超过 70 N 之前应将门或盖打开。

22.114 使用可燃制冷剂的具有分体式系统的器具，不应用预先注入制冷剂连管来装配。

通过视检来确定其是否合格。

23 内部布线

GB 4706.1—2005 中的该章内容，均适用。

24 元件

GB 4706.1—2005 的该章除下述内容外，均适用。

24.1 增加：

电动机-压缩机如果符合本部分的要求，则电动机-压缩机既不需单独进行 GB 4706.17 的试验，也不需符合 GB 4706.17 的要求。

24.1.3 增加：

其他开关的动作次数如下：

——速冻开关 300；

——手动及半自动除霜开关 500；

——门开关 50 000；

——通/断开关 300。

24.1.4 增加：

——控制电动机-压缩机的温控器 100 000；

——控制除霜加热器的限温器 100 000；

——电动机-压缩机启动继电器 100 000；

——电动机-压缩机的自复位电动机热保护器 2 000[1]；

——电动机压缩机的非自复位电动机热保护器 50；

——除了风扇电机外，其他的自动电动机热保护器 2 000；

——其他手动复位的电动机热保护器 30。

24.5 增加：

对于启动电容器，当器具在 1.1 倍额定电压下工作时，电容器两端的电压不应超过电容器额定电压的 1.3 倍。

25 电源连接和外部软线

GB 4706.1—2005 的该章除下述内容外，均适用。

增加：

本章不适用于那些带有电源软线连接装置、并且符合 GB 4706.17 中相应要求的电动机-压缩机相关部件。

25.2 修改：

用以下内容替代要求：

---

1) 2 000 或 15 天堵转试验过程中的工作次数，取其中较大者。

电网供电的器具不应装有一个以上的电源连接装置，除非

——器具含有装在一个外壳内的两个或多个完全独立的单元；

——相应的电路彼此间有足够的绝缘。

26 外部导线用接线端子

GB 4706.1—2005 的该章除下述内容外，均适用。

增加：

GB 4706.1—2005 中的该章不适用于那些带有电源软线连接装置，并且符合 GB 4706.17 (IEC 60335-2-34) 中相应要求的电动机-压缩机相关部件。

27 接地措施

GB 4706.1—2005 的该章除下述内容外，均适用。

增加：

如果电动机-压缩机符合 GB 4706.17 的要求，则不需要确定电动机-压缩机的相应部件是否合格。

28 螺钉和连接

GB 4706.1—2005 的该章除下述内容外，均适用。

增加：

如果电动机-压缩机符合 GB 4706.17 的要求，则不需要确定电动机-压缩机的相应部件是否合格。

29 电气间隙、爬电距离和固体绝缘

GB 4706.1—2005 的该章除下述内容外，均适用。

增加：

如果电动机-压缩机符合 GB 4706.17 的要求，则不需确定电动机-压缩机的相应部件是否合格。对于不符合 GB 4706.17 中要求的电动机-压缩机，可适用 GB 4706.17 中规定的增加及修改条款。

29.2 增加：

器具中的绝缘材料应达到抗污染等级 3(Pollution Degree3)，并具有不小于 250 的 CTI 值，除非该绝缘材料是封闭在一个罩壳内或者被安装在一个不大可能受器具正常使用时所产生的冷凝水污染的部位。

30 耐热和耐燃

GB 4706.1—2005 的该章除下述内容外，均适用。

30.1 增加：

注 101：食品储藏室内的非金属材料的易触及部件被视为外部零件。

如果电动机-压缩机符合 GB 4706.17 的要求，则电动机-压缩机的相应部件不需进行球压试验。

注 102：不考虑 19.101 试验期间所出现的温升。

修改：

对于储藏室内的非金属易触及部件，其温度值用 65 ℃±2 ℃代替 75 ℃±2 ℃。

30.2 增加：

如果电动机-压缩机符合 GB 4706.17 的要求而未点燃，则对电动机-压缩机的相应部件不适用于该试验。

30.2.2 该条内容不适用。

31 防锈

GB 4706.1—2005 中的该章内容，均适用。

32 辐射、毒性和类似危险

GB 4706.1—2005 中的该章内容，不适用。

单位为毫米

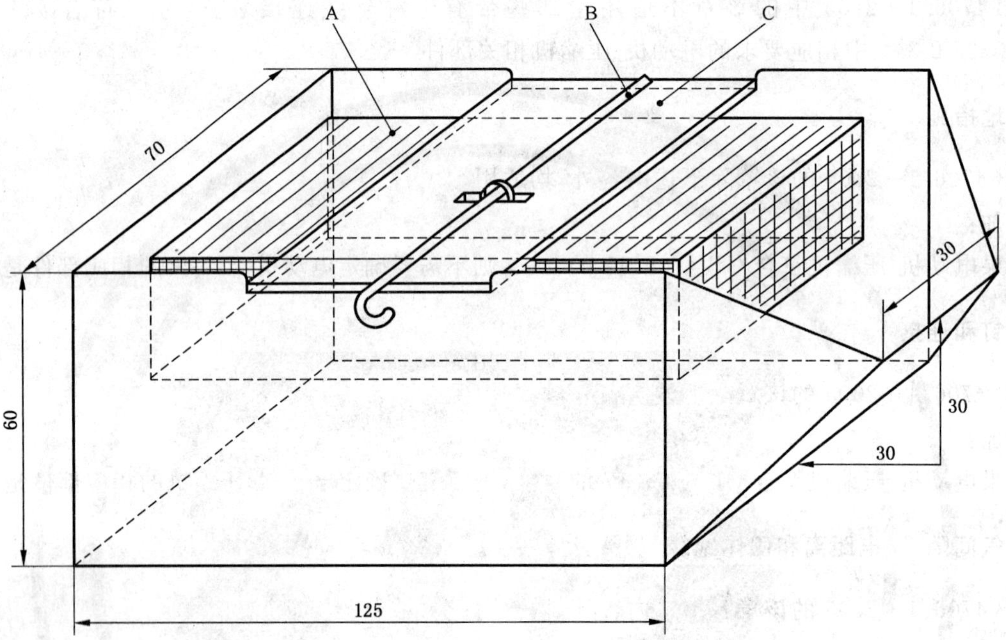

移动块的体积为 140 mL±5 mL，质量为 200 g±10 g。

其总体尺寸约为 112 mm×50 mm×25 mm。

容积的尺寸是指其内部尺寸，公差为±2 mm。

图中：

A——移动块；

B——释放销；

C——可移动桥式支架。

图 101 溢水试验装置(见 15.102)

单位为毫米

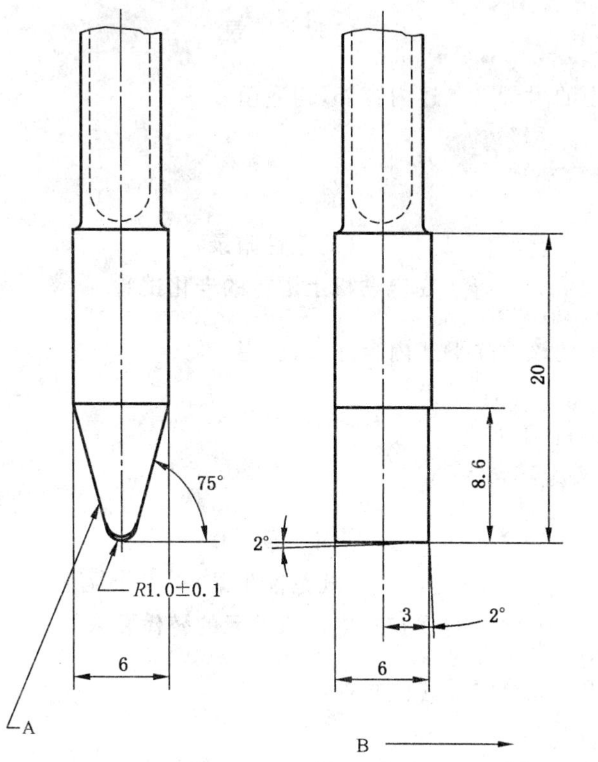

图中：

A——硬钎焊的硬质合金(碳化物)尖端 K10；

B—— 移动方向。

图 102 划痕工具尖端的细节(见 22.106.2)

附　　录

GB 4706.1—2005 中的附录除下述内容外，均适用。

附　录　C
（规范性附录）
在电动机上进行的老化试验

GB 4706.1—2005 中的该章除下述内容外，均适用。

增加：

本附录不适用于电动机-压缩机。

附　录　D
（规范性附录）
对保护式电动机单元的替代要求

GB 4706.1—2005 中的该章除下述内容外，均适用。

增加：

本附录不适用于电动机-压缩机或冷凝器的风扇电动机。

附 录 AA
（规范性附录）
风扇电动机的堵转试验

如果一个风扇电动机堵转或启动失效，则其绕组不应达到过高的温度。

通过下述试验来确定其是否合格。

将风扇及其电动机安装在木材或类似材料上。将电动机转子堵转。不拆除风扇叶及电动机托架。电动机以额定电压供电，图 AA.1 给出供电电路。

组件在这些条件下运行 15 d(360 h)，除非由于保护装置(如果有的话)在试验还未到上述时间之前就永久地开路。在这种情况下，该试验就不再继续进行。

当试验达到稳定状态时，如果电动机绕组的温度保持在低于 90 ℃，则试验不再继续进行。

在 11.3 规定的条件下测量温度。

试验期间，绕组的温度不应超过表 8 规定的值。

试验开始后 72 h，电动机应能承受 16.3 规定的电气强度试验。

连接额定漏电流为 30 mA 的剩余电流装置，以便接地泄漏电流过大时切断电源。

试验结束时，在绕组和壳体之间施加两倍额定电压来测量泄漏电流。其值不应超过 2 mA。

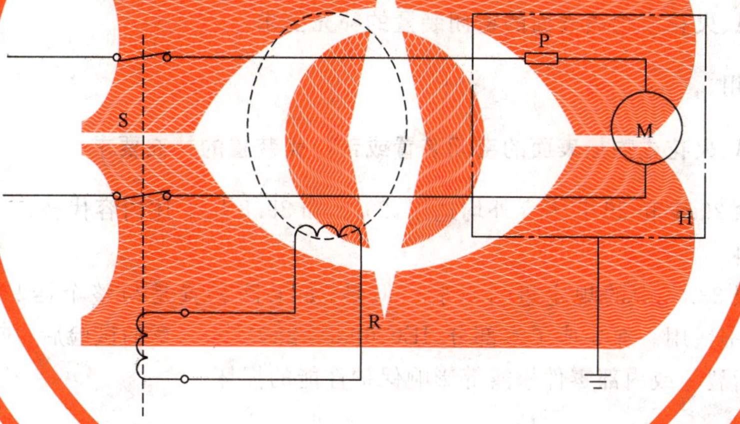

图中：

S——电源；

H——外壳；

R——漏电装置($I_{\triangle n}$ = 30 mA)；

P——电动机热保护器(外部或内部)，如果适合；

M——电动机。

注 1：对三相风扇电动机电路要修改。

注 2：注意完成能允许漏电装置正确动作的接地系统(RCCB/RCBO)。

图 AA.1 单相风扇电动机堵转试验的供电电路

附 录 BB
（规范性附录）
装有“n”型保护器的电气装置

在适用IEC 60079-15(适合于爆炸性气体的电气装置——第15部分:装有“n”型保护器的电气装置)标准的条款时,该标准内容作下述修改:

21 对于无火花照明装置的补充要求

第21章中,除了21.2.5.1、21.2.5.5、21.2.7、21.2.8、21.2.9、21.2.10、21.2.11、21.2.12及21.3外,其余条款均适用。

26 对于产生电弧、火花或灼热表面的装置的一般补充要求

第26章均适用。

27 对于产生电弧、火花或灼热表面的密闭断路器及非励磁部件的补充要求

第27章均适用。

28 对于产生电弧、火花或灼热表面的密闭装置的补充要求

第28章均适用。

29 对于产生电弧、火花或灼热表面的密闭装置或带外壳装置的补充要求

第29章中,除29.1和29.8内容外均适用,29.1和29.8用下述内容代替:

29.1 非金属材料

密封件应按照33.5中的规定进行试验。但是,如果该装置是与整个器具一起接受试验的,则33.5.1和33.5.2不适用。在完成了本部分(IEC 60335-289)第19章的试验后,应检查并确认装置外壳上不存在诸如树脂裂坏或内部零件暴露等影响保护性能的损坏。

29.8 型式试验

在必要的场合,应进行33.5中所述的型式试验。

30 对于产生电弧、火花或灼热表面的装置和电路的能量限制的补充要求

第30章中,除30.5、30.6和30.10外,均适用。

31 对于产生电弧、火花或灼热表面的设备的保护装置——围挡保护通风罩的补充要求

第31章中,除31.6内容外均适用,31.6用下述内容代替:

31.6 保养注意事项

围挡保护通风罩应接受型式试验,试验时包括设备进线电缆。

参 考 文 献

GB 4706.1—2005 中的参考文献除下述内容外，均适用。

增加：

GB 4706.13 家用和类似用途电器的安全 制冷器具、冰淇淋机和制冰机的特殊要求(GB 4706.13—2004，IEC 60335-2-24:2000，IDT)

GB 4706.72 家用和类似用途电器的安全 商用自动售卖机的特殊要求(GB 4706.72—2003，IEC 60335-2-75:1998，IDT)

ISO 3864-1 图形标志 图形符号安全色和安全标志 第1部分：工作场所和公共区域中安全标志的设计原则

ISO 13732-1 热环境的人类工效学 人类对于接触表面反应的评估办法 第1部分：热表面

ISO 23953-2 冷冻式陈列柜 第2部分：分类、要求和试验条件

ICS 97.180
Y 69

中华人民共和国国家标准

GB 4706.103—2010/IEC 60335-2-86:2005

家用和类似用途电器的安全 电捕鱼器的特殊要求

Household and similar electrical appliances—Safety—Particular requirements for electric fishing machines

(IEC 60335-2-86:2005,IDT)

2011-01-14 发布 2011-09-15 实施

中华人民共和国国家质量监督检验检疫总局
中国国家标准化管理委员会 发布

前　言

本部分的全部技术内容为强制性。

GB 4706《家用和类似用途电器的安全》由若干部分组成，第 1 部分为通用要求，其他部分为特殊要求。

本部分是 GB 4706 的第 103 部分。

本部分应与 GB 4706.1—2005《家用和类似用途电器的安全　第 1 部分：通用要求》配合使用。

本部分按照 GB/T 1.1—2009 给出的规则起草。

本部分使用翻译法等同采用 IEC 60335-2-86:2005《家用和类似用途电器的安全　第 2-86 部分：电捕鱼器的特殊要求》，包括其增补件 1(2005)。

本部分做了下列编辑性修改：

——“第 1 部分”一词改为“GB 4706.1”；

—— 用小数点“.”代替用作小数点的“,”。

请注意本文件的某些内容可能涉及专利。本文件的发布机构不承担识别这些专利的责任。

本部分由中国轻工业联合会提出。

本部分由全国家用电器标准化技术委员会(SAC/TC 46)归口。

本部分起草单位：上海出入境检验检疫局机电产品检测技术中心、深圳市瑞松电器有限公司、佛山市质量计量监督检测中心、浙江省质量技术监督检测研究院、中国家用电器研究院、宁波市产品质量监督检验研究院。

本部分主要起草人：吴燎兰、龙有基、詹云峰、王晓岭、吴蒙、高骏。

家用和类似用途电器的安全
电捕鱼器的特殊要求

1 范围

GB 4706.1—2005 的该章由下述内容代替：

本部分规定了单相电捕鱼器的额定电压不超过 250 V，其他电捕鱼器的额定电压不超过 480 V，对于永久连接到固定布线的电捕鱼器的额定电压不超过 1 000 V。

本部分适用于以对水通电的方式来捕鱼或者对水中生活的动物设置障碍的电捕鱼器的安全。

装在船上的电捕鱼器的附加要求列在附录 AA 中。

注 101：本部分范围内的电捕鱼器举例：

——电网供电的电捕鱼器，包括便携式或驻立式发电机供电；

——电池供电的电捕鱼器。

注 102：注意下述情况：

——对于打算用于船舶或船只上的器具，可能需要附加要求；

——附加要求由国家卫生部门、负责劳动保护的部门、国家供水部门和类似的部门规定。

注 103：本部分不适用于：

——电围栏激励器(GB 4706.91 (idt IEC 60335-2-76))；

——电击动物设备(GB 4706.97 (idt IEC 60335-2-87))。

2 规范性引用文件

下列文件对于本文件的应用是必不可少的。凡是注日期的引用文件，仅注日期的版本适用于本文件。凡是不注日期的引用文件，其最新版本(包括所有的修改单)适用于本文件。

GB 4706.1—2005 的该章除下述内容外适用。

增加：

GB/T 2423.18 电工电子产品环境试验 第 2 部分：试验方法 试验 Kb：盐雾，交变(氯化钠溶液)(GB/T 2423.18—2000，idt IEC 60068-2-52：1996)

GB 19212.5 电力变压器、电源装置和类似产品的安全 第 5 部分：一般用途隔离变压器的特殊要求(GB 19212.5—2006，IEC 61558-2-4：1997，MOD)。

3 术语和定义

下列术语和定义适用于本文件。

GB 4706.1—2005 的该章除下述内容外适用。

3.1.1 增加：

额定电压是额定输入电压。

3.1.6 增加：

额定电流是额定输入电流。

3.1.9 代替：

正常工作　normal operation

电捕鱼器在下述条件下工作：

捕鱼器与供电电源连接，在正常使用状态下工作，在其输出端口端接可调无感电阻。调节电阻使输出电流刚好不足以引起任一保护装置动作。

3.6.3　增加：

注 101：包括连接电池的端子和更换电池时可触及（即使借助工具）的电池间室内的金属部件。

3.6.4　代替：

带电部件　live part

可能引起电击的导电部件。

3.101

电捕鱼器　electric fishing machine

由电极和激励器组成的，设计或使用为利用电流来控制、捕捉、杀死任何种类的鱼或者水生无脊椎生物或者产生电气麻醉的器具。

注 1：电捕鱼器可以用来对所有水生动物形成有效的屏障和阻碍。

注 2：某一特定的电捕鱼器可以只实现某些规定的功能。

3.102

电网供电的电捕鱼器　main-operated electric fishing machine

直接由高于安全特低电压的电源供电而不是由电池供电的电捕鱼器，也可以由发电机供电。

3.103

电极　electrode

将电能传递入水中的电捕鱼器的部件。捕捉电极由捕鱼者使用，返回电极在水中拖拽。

注：捕捉电极通常是正极，返回电极通常是负极。

3.104

输出电路　output circuit

电流连接或打算电流连接到电极端子的电捕鱼器的所有导电部件或元件。

3.105

输出电压　output voltage

电极之间的电压。

3.106

输出电流　output current

电捕鱼器输出电路设计可提供的电流。

3.107

脉冲　impulse

超过 12 V 的脉冲电压输出。

3.108

脉冲电压　pulsed voltage

任意持续时间和波形的电压脉冲。

3.109

电池供电的电捕鱼器　battery-operated electric fishing machine

仅从不可充电电池、充电电池或者其他能量源获得能量的电捕鱼器，其电压满足安全特低电压的要求。

3.110

自动关断开关　biased-off switch

当动作构件释放时，自动返回断开位置的开关。

4 一般要求

GB 4706.1—2005 的该章适用。

5 试验的一般条件

GB 4706.1—2005 的该章除下列内容外适用。

5.8.1 增加:

对于电池供电的电捕鱼器,如果连接电池的电源接线端子没有正负极的标示,则使用较不利的极性进行试验。

5.101 如果没有显示哪个输出端子应连接到返回电极,则将产生最不利结果的端子连接到返回电极上。

5.102 电捕鱼器按照电动器具进行试验。

6 分类

GB 4706.1—2005 的该章除下述内容外适用。

6.1 代替:

在电击防护方面,打算永久连接到固定布线的电捕鱼器应当是Ⅰ类或Ⅱ类。其他的电捕鱼器应当是Ⅱ类或Ⅲ类。

打算随便携式电捕鱼器一同提供的配件应当是Ⅲ类。

通过视检和相关试验确定其是否合格。

6.2 增加:

打算永久连接到固定布线的电捕鱼器应至少为 IPX4。其他的电捕鱼器应至少为 IPX5。

电捕鱼器的手持部件应为 IPX7。

电压超过 24 V 的便携式电捕鱼器的电池间室应为 IPX7。

7 标志和说明

GB 4706.1—2005 的该章除下述内容外适用。

7.1 增加:

电捕鱼器应有下列标志:

——“脉冲电压器具”、“直流器具”、“交流器具”等适当文字;

——输出电流;

——输出电压;

——“阅读使用说明”或者 GB/T 16273.1—2008 规定的符号 168(ISO 7000(1641));

——交流器具以及使用交流电的脉冲电压器具的捕捉电极和返回电极应分别按 GB/T 5465.2—2008(idt IEC 60417 DB:2007)-5036(DB:2002-10)和 GB/T 5465.2—2008(idt IEC 60417 DB:2007)-5017(DB:2002-10)标注符号。如果返回电极不接地,则不必标注。

——直流器具以及使用直流电的脉冲电压器具的捕捉电极和返回电极应分别按 GB/T 5465.2—2008(idt IEC 60417 DB:2007)-5005(DB:2002-10)和 GB/T 5465.2—2008(idt IEC 60417 DB:2007)-5006(DB:2002-10)的适当符号标明。

电池供电的电捕鱼器应有下述内容：

警告：不允许连接到电网供电的设备。

7.6 增加：

	GB/T 5465.2—2008 规定的符号 5036	危险电压
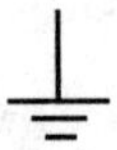	GB/T 5465.2—2008 规定的符号 5017	接地
+	GB/T 5465.2—2008 规定的符号 5005 (DB:2002-10)	正；正极
—	GB/T 5465.2—2008 规定的符号 5006 (DB:2002-10)	负；负极

7.8 增加：

对于电池供电的电捕鱼器，连接电池的电源接线端如果是正极应清楚地标明符号“＋”或者红色，如果是负极应清楚地标明符号“－”或者黑色，除非器具使用与供电极性不相关。

7.12 增加：

电池供电的电捕鱼器的使用说明应特别强调标明在器具上的下述警告内容：

警告：不允许连接到电网供电的设备。

使用说明应包括和电捕鱼器一同使用的渔网结构的详细内容，尤其应规定渔网把手应：

——由非导电材料构成；

——有足够的长度以免人手接触水；

——不被金属包裹或覆盖；

——不带有正常展开时超过渔网底边的金属增重链。

如果在电捕鱼器上标明了 GB/T 5465.2—2008 规定的符号 5017，GB/T 5465.2—2008 规定的符号 5036 或者 GB/T 16273.1—2008 的规定符号 1641，应解释其含义。

7.12.1 增加：

对于隔离变压器供电的电捕鱼器，其使用说明应包括变压器安装和定位的详细信息，以免变压器落入水中或以其他方式被水损害。

由带有可触及中线的电动发电机组供电，或者内装有带可触及中线的电动发电机组或发电机的电捕鱼器的使用说明应包含下述警告内容：

警告：确保发电机中线未与电动发电机或电捕鱼器的外壳连接。

7.15 增加：

7.1 中增加的标志的字符高度不应小于：

——5 mm，标题；

——3 mm，其他字符。

GB/T 5465.2—2008 规定的符号 5017，GB/T 5465.2—2008 规定的符号 5036 或者 GB/T 16273.1—2008 的规定符号 1641 的高度不应小于 25 mm。

8 对触及带电部件的防护

GB 4706.1—2005 的该章除下述内容外适用。

8.1.4 增加：

连接电极的装置不是带电部件。

8.101 对于电池供电的电捕鱼器，置换电池时（即使借助工具）电池间室的可触及部分不应带电。

通过视检以及确定某一部件是否为带电部件的试验检查其是否合格。

9 电动器具的启动

GB 4706.1—2005 的该章不适用。

10 输入功率和电流

GB 4706.1—2005 的该章除下述内容外适用。

10.101 测得的输出电压对器具上标明的输出电压的偏离不应大于10%。

通过测量检查其是否合格，电捕鱼器以额定电压供电，在正常工作状态下工作。

11 发热

GB 4706.1—2005 的该章除下述内容外适用。

11.5 代替：

电捕鱼器在正常工作状态下工作，以下述电压供电：

——电网电源供电的电捕鱼器以 0.85 倍和 1.1 倍额定电压之间的最不利电压供电；

——电池供电的电捕鱼器以下述区间的最不利电压供电：

如果电捕鱼器可以使用不可充电电池，0.55 倍和 1.1 倍额定电压之间；

如果电捕鱼器只可以使用充电电池，0.75 倍和 1.1 倍额定电压之间。

应当考虑表 101 中电池每个单元的内电阻的值。

表 101 电池源阻抗

连接电池的端子的电源	内阻/单元 Ω	
	不可充电电池	充电电池
1.1 倍额定电压	0.08	0.001 2
1.0 倍额定电压	0.10	0.001 5
0.75 倍额定电压	0.75	0.006 0
0.55 倍额定电压	2.00	—
注：确定电池的内阻时，两个及以上并联的单元被认为是一个。		

11.7 代替：

对电捕鱼器持续工作直至稳定状态建立。

12 空章

13 工作温度下的泄漏电流和电气强度

GB 4706.1—2005 的该章除下述内容外适用。

13.1 修改：

不是所有的电捕鱼器都要进行13.2和13.3的试验，按下述要求进行。

对于电网电源供电的电捕鱼器，通过进行13.2和13.3的试验，检查其是否合格。

13.2 修改：

下述泄漏电流值适用：

——Ⅱ类电捕鱼器　　0.1 mA/100 V输出电压，最大0.7 mA。

14 瞬态过电压

GB 4706.1—2005的该章适用。

15 耐潮湿

GB 4706.1—2005的该章适用。

16 泄漏电流和电气强度

GB 4706.1—2005的该章除下述内容外适用。

16.1 修改：

通过下述试验检查其是否合格：

——电网电源供电的电捕鱼器，进行16.2、16.3和16.102的试验；

——电池供电的电捕鱼器，进行16.101和16.102的试验。

16.101 对于电池供电的电捕鱼器，将其电源端子连接到1.1倍和1.5倍额定电压之间的某一电压值10 min，该电压值的选择使得不连接负载时的输出电压产生最大值。

然后将供电电源电路的两极间的绝缘经受约500 V的直流电压1 min。在此试验前，将连接在电源电路的两极间的电容、电阻、电感器、变压器绕组和电子元件断开。如果电容是集成电路的一部分，无法将其单独分开，则将该集成电路作为整体来断开。

试验期间，不应发生击穿。

16.102 在16.3和16.101的试验结束后立即按照22.101测量输出特性。

以最不利的方式所测得的结果与22.101中的测试结果进行比较，偏离不应超过10%。

17 变压器和相关电路的过载保护

GB 4706.1—2005的该章适用。

18 耐久性

GB 4706.1—2005的该章不适用。

19 非正常工作

GB 4706.1—2005的该章适用。

20 稳定性和机械危险

GB 4706.1—2005 的该章适用。

21 机械强度

GB 4706.1—2005 的该章适用。

22 结构

GB 4706.1—2005 的该章除下述内容外适用。

22.101 在正常工作条件下，电捕鱼器以额定电压供电，输出特性不应超过表 102 中的值。

表 102 输出特性

特性		脉冲电压器具(峰值) V	直流器具 V	交流器具 V
输出电压值	驻立式器具	3 000	1 500	400
	便携式器具	1 000	750	400

通过测量检查其是否合格。

22.102 当激励器在正常使用期间由使用者携带时：

——应装有倾斜开关，当其从垂直面倾斜超过 45°时，开关能使电捕鱼器停止工作；

——倾斜开关的选型应在其动作后，必须由使用者手动将其复位；

——应装有手动操作的双极开关，安装后能断开输出电路的两极。

注：本要求并不排除为输出电路供电的变压器的输入回路的断开。

通过视检和试验检查其是否合格。

22.103 电池供电的电捕鱼器的设计应使其在由连接到电网的电池充电器对电池充电时不能工作。

22.104 除了由便携式发电设备供电的以外，所有电网电源供电的电捕鱼器的输出电路应安装有隔离变压器或符合 GB 19212.5 特定要求的隔离变压器与电网电源隔离。

特定要求的隔离变压器的防护等级应为 IPX7。

通过视检和必要的试验检查其是否合格。

22.105 对于电网电源供电的电捕鱼器，其输出电路的变压器应置于单独的隔间。该隔间不应包含任何接触或能够接触电网电源的部件，变压器的输入绕组除外。除非该间室的电气间隙和爬电距离不可能降低到第 29 章规定的值以下，该间室应填充密封剂。

通过视检和本部分其他章条的试验检查其是否合格。

22.106 对于带有金属包覆的激励器的Ⅱ类电捕鱼器，输出端子的位置应使外部导线与其连接时不可能接触到该外壳。

通过视检检查其是否合格。

22.107 打算用来捕鱼的便携式电捕鱼器的外壳应当是非金属材料。

通过视检检查其是否合格。

22.108 正常使用中，在电极上由使用者把持的部件应当是电绝缘材料。

通过视检检查其是否合格。

22.109 电捕鱼器的设计应当：

——连接电极的导线应易于连接；

——当器具被安装和连接到电源后，在正常使用时，如果需要，应不用打开或移开防止危险进水或意外电击的外壳，就可以操作开关和其他控制器。

通过视检检查其是否合格。

22.110 电极之间的电压应由听觉或视觉警报器在控制单元上显示。

通过视检和试验检查其是否合格。

22.111 所有的渔网都不得附着于任何电极上。

通过视检检查其是否合格。

22.112 所有由人手操作的捕捉电极必须装有自动关断开关。操作时必须保持在开启位置，当开关处于断开位置时，电极上所有超过 12 V 的电压应被消除。

自动关断开关应位于低凹处或被防护以免发生意外操作。

自动关断开关的可触及部分应由电绝缘材料制成。

通过视检和用直径 40 mm 的半圆端部的圆柱试验棒施加在开关上检查其是否合格。电捕鱼器不应工作。

22.113 除了电气连接、轮轴和小型紧固器件，连接输出电路的电缆卷盘应由防潮绝缘材料制成。

通过视检和试验检查其是否合格。

22.114 电极封入容器内且打算杀死鱼类的电捕鱼器应装有互锁装置，当容器盖打开时互锁装置能使电极断电。

互锁装置的结构应当使器具不可能发生意外操作，除非盖子处于关闭状态。

注：能被 GB/T 16842 的 B 型试验探棒解锁的互锁装置，不符合本要求。

杀鱼容器和其出口管件应由电绝缘材料制成。

通过视检和手动试验检查其是否合格。

22.115 用于对水中的所有动物形成屏障和阻碍作用的固定电捕鱼器应装有紧急停止器件，该器件可以消除电极上所有超过 12 V 的电压。

紧急停止器件的动作构件应涂为红色。

通过视检和试验检查其是否合格。

23 内部布线

GB 4706.1—2005 的该章适用。

24 元件

GB 4706.1—2005 的该章适用。

25 电源连接和外部软线

GB 4706.1—2005 的该章除下述内容外适用。

25.1 代替：

不打算永久连接到固定布线的电网电源供电的电捕鱼器应提供装有一个插头的电源软线。

通过视检检查其是否合格。

25.5 增加：

对于电池供电的电捕鱼器，用于连接电池的柔性引线或柔性软线应使用X型连接与电捕鱼器组装。

25.7 增加：

除了用于连接电捕鱼器和外部电池或电池盒的柔性引线或软线外，电源软线不应轻于：

——普通聚氯乙烯护套软线(GB 5023.1,idt IEC 60227 53号线)，

——普通氯丁橡胶护套软线(GB 5013.1,idt IEC 60245 57号线)。

普通氯丁橡胶护套软线应用于由于气候原因普通聚氯乙烯护套软线不适用的情况。

通过视检检查其是否合格。

25.8 增加：

用于连接电池供电的电捕鱼器的电池的柔性引线或软线的导线的标称横截面积至少为0.75 mm^2。

25.20 增加：

此要求不适用于用来连接外部电池或电池盒与电捕鱼器的柔性引线或软线。

25.23 增加：

对于电池供电的电捕鱼器，如果电池位于单独的盒子中，连接电池与捕鱼器的柔性引线或软线被认为是互连软线。

25.101 电池供电的电捕鱼器应有适当的连接电池的措施。

装有内部电池的电捕鱼器应提供适合连接器具上标明(如果有)的电池类别的端子、柔性引线、连接片或类似物。

打算由独立电池供电的电捕鱼器应提供适合器具上标明(如果有)的电池使用的端子、柔性引线或柔性软线，以及为了连接电池端子附带的弹簧夹、夹紧件或其他零配件。

通过视检检查其是否合格。

26 外部导线用接线端子

GB 4706.1—2005的该章除下述内容外适用。

26.5 增加：

在电捕鱼器中，使用X型连接与外部电池或电池盒的柔性引线或软线连接的端接装置，其位置和防护应使电源端子之间不存在意外连接的危险。

26.101 电捕鱼器应当有连接电极的适当方式。如果提供了电极连接的端子，其应符合26.102～26.106的要求。

通过视检和相关试验检查其是否合格。

26.102 输出端子的设计和位置应使得输出电路的导线通过设计用于连接的插头不可能连接到电网电源的插座。

通过视检和手动试验检查其是否合格。

26.103 除非外壳由绝缘材料制成，输出端子应被牢固固定在合适的绝缘体上，使得外部导线的连接和拆开都不使其发生松动。

通过视检和手动试验检查其是否合格。

26.104 在不使用电缆接线头的情况下，输出端子应适用于连接直径不大于3 mm的导线。

通过视检和手动试验检查其是否合格。

26.105 用于夹紧输出电路的导线的装置应不能用来固定其他元件。

通过视检检查其是否合格。

26.106 输出端子的设计应使其以足够的接触压力把导线夹紧在金属表面之间而不损伤导线。

10次夹紧和松开横截面积为3 mm^2的导线，力矩为28.1中规定力矩的三分之二，之后通过视检和

测量检查其是否合格。

注：如果导线上有深的或尖锐的缺口，认为导线被损坏。

然后将导线重新插入，用28.1中规定力矩的三分之二来拧紧端子螺钉。

然后在导线轴向上施加40 N±1 N的拉力1 min，不得使用爆发力。

试验期间，端子内的导线不应有明显移动。

27 接地措施

GB 4706.1—2005的该章适用。

28 螺钉和连接

GB 4706.1—2005的该章适用。

29 电气间隙、爬电距离和固体绝缘

GB 4706.1—2005的该章适用。

30 耐热和耐燃

GB 4706.1—2005的该章除下列内容外适用。

30.2.2 不适用。

31 防锈

GB 4706.1—2005的该章除下述内容外适用。

代替：

Ⅱ类电捕鱼器的金属包覆的外壳应具备足够的防锈能力。

通过GB/T 2423.18中严酷等级为4级的盐雾试验检查其是否合格。

在试验前，用淬硬的钢针刻划涂层。钢针的端部呈顶角为40°的锥形，其尖端倒圆半径为0.25 mm±0.02 mm。对钢针施加适当的负载，以使其沿轴向施加的力为10 N±0.5 N。沿着涂层表面以约20 mm/s的速度拖动钢针，刻划5条划痕，划痕间距至少5 mm，且距边缘至少5 mm。

试验后，外壳不应损坏到影响器具符合本部分的程度。涂层不应破裂或从金属表面松动。

32 辐射、毒性和类似危险

GB 4706.1—2005的该章不适用。

附　录

GB 4706.1—2005 的附录除下列内容外适用。

附　录　AA
(规范性附录)
装在船上的电捕鱼器

本部分的下述修改适用于装在船上的电捕鱼器。

1　范围

对于安装在船上的，由电动发电机组供电，或者内装有电动发电机组或发电机的电捕鱼器，其额定电压不超过 1 000 V。

6　分类

6.1　与装在船上的电捕鱼器有关的所有电气附件应为Ⅲ类，额定电压不超过 24 V。

7　标志和说明

7.101　等电位连接端子应标明 GB/T 5465.2—2008 规定的符号 5021(DB:2002-10)。

这些提示不应标在螺钉、可移动的垫圈或其他导线被连接时可移动的部件上。

通过视检检查其是否合格。

22　结构

22.116　装在船上的电捕鱼器应配置两个手动操作的自动关断开关，当开关处于断开位置时，电极上电压应不超过 12 V。

两个开关的安装方式应使得不可能只由一个人操作两个开关。

通过视检和试验检查其是否合格。

22.117　装在船上的电捕鱼器的捕捉电极，其固定安装的位置应考虑到船体的运转情况。

通过视检和试验检查其是否合格。

22.118　装有电捕鱼器的船只的金属船体应当被等电位连接到船只的所有其他可触及导电表面。此要求不适用于小型固定的外露金属部件，例如铭牌及类似物体。

通过视检检查其是否合格。

25　电源连接和外部软线

25.102　安装在船上的，由电动发电机组供电，或者内装有电动发电机组或发电机的电捕鱼器，不应由下述的插头或连接器连接到发电机上。该插头或连接器可以与 IEC 60083 或 IEC 60906-1 列出的插头和插座互换或者可以与符合 GB 17465.1 标准活页列出的连接器和器具输入插口互换。

通过视检和试验检查其是否合格。

附录 A

带有装在船上的电捕鱼器的船只的等电位连接应按照 A.1 检查。

参 考 文 献

GB 4706.1—2005 的参考文献除下述内容外适用。

增加：

GB 4706.91　家用和类似用途电器安全　电围栏激励器的特殊要求(GB 4706.91—2008，IEC 60335-2-76:2006(Ed2.1)，IDT)

GB 4706.97　家用和类似用途电器安全　电击动物设备的特殊要求(GB 4706.97—2008，IEC 60335-2-87:2002(Ed2)，IDT)

ICS 97.100.01
Y 63

中华人民共和国国家标准

GB 4706.104—2010/IEC 60335-2-83:2008

家用和类似用途电器的安全 屋顶排水用加热排水槽的特殊要求

Household and similar electrical appliances—Safety—Particular requirements for heated gullies for roof drainage

(IEC 60335-2-83:2008,IDT)

2011-01-14 发布 2011-09-15 实施

中华人民共和国国家质量监督检验检疫总局
中国国家标准化管理委员会 发布

前　言

本部分的全部技术内容为强制性。

GB 4706《家用和类似用途电器的安全》由若干部分组成，第1部分为通用要求，其他部分为特殊要求。

本部分是GB 4706的第104部分。

本部分应与GB 4706.1—2005《家用和类似用途电器的安全第1部分：通用要求》配合使用。

本部分按照GB/T 1.1—2009给出的规则起草。

本部分使用翻译法等同采用IEC 60335-2-83:2001《家用和类似用途电器的安全　第2-83部分：屋顶排水用加热排水槽的特殊要求》，包括其增补件1(2008)，增补件内容涉及的条款已通过在其外侧页边空白位置的垂直双线(‖)进行了标示。

本部分作了下列编辑性修改：

——为与现有标准系列一致，将标准名称改为《家用和类似用途电器的安全　屋顶排水用加热排水槽的特殊要求》。

请注意本文件的某些内容可能涉及专利。本文件的发布机构不承担识别这些专利的责任。

本部分由中国轻工业联合会提出。

本部分由全国家用电器标准化技术委员会(SAC/TC 46)归口。

本部分起草单位：中国家用电器研究院，上海出入境检验检疫局机电产品检测技术中心，深圳市检验检疫科学研究院。

本部分主要起草人：马德军、傅培刚、胡志强、张栋。

家用和类似用途电器的安全 屋顶排水用加热排水槽的特殊要求

1 范围

GB 4706.1—2005 中的该章用下述内容代替：

本部分规定了家用和类似用途屋顶排水用加热排水槽的安全。

本部分适用于器具额定电压不超过 250 V，用于为屋顶、阳台或类似结构的排水系统的沟槽除冰的电加热排水槽。

本部分所涉及的器具存在的普通危险，是在住宅和住宅周围环境中所有的人可能会遇到的。然而，一般说来本部分并未涉及：

——人们(包括幼儿)由于：

- 身体的，感知的或者精神的能力；或
- 经验和知识的缺乏。

在没有监督或指导的情况下不能安全使用器具时的危险；

——幼儿玩耍器具的情况。

注 1：应注意，附加要求由国家卫生部门、负责劳动保护的部门、国家供水部门和类似的部门规定。

注 2：本部分不适用于打算用于特殊环境中的器具，例如腐蚀性或易爆环境(尘埃、蒸汽或煤气)。

2 规范性引用文件

下列文件对于本文件的应用是必不可少的。凡是注日期的引用文件，仅注日期的版本适用于本文件。凡是不注日期的引用文件，其最新版本(包括所有的修改单)适用于本文件。

GB 4706.1—2005 中的该章除下述内容外，均适用。

增加：

GB/T 2423.18—2000 电工电子产品环境试验 第 2 部分：试验 试验 Kb：盐雾，交变(氯化钠溶液)(idt IEC 60068-2-52:1996)

3 术语和定义

下列术语和定义适用于本文件。

GB 4706.1—2005 中的该章除下述内容外，均适用。

3.19 代替：

正常工作 normal operation

器具顶部表面用绝热能力为 1.25 m^2 K/W±0.3 m^2 K/W 绝热层覆盖后进行工作。

4 一般要求

GB 4706.1—2005 中的该章内容，均适用。

5 试验的一般条件

GB 4706.1—2005 中的该章除下述内容外，均适用。

5.6 增加：

将温度调节装置短路。

5.7 增加：

第 10 章、第 11 章、第 13 章、第 19 章规定的试验要在 40 ℃± 2 ℃的环境温度下进行。

6 分类

GB 4706.1—2005 中的该章除下述内容外，均适用。

6.1 修改：

器具应为Ⅰ类、Ⅱ类或Ⅲ类器具中的一种。

6.2 修改：

器具的防水等级应至少为 IPX7。

7 标志和说明

GB 4706.1—2005 中的该章内容，均适用。

8 对触及带电部件的防护

GB 4706.1—2005 中的该章内容，均适用。

9 电动器具的启动

GB 4706.1—2005 中的该章内容，均适用。

10 输入功率和电流

GB 4706.1—2005 中的该章内容，均适用。

11 发热

GB 4706.1—2005 中的该章除下述内容外，均适用。

11.7 代替：

器具工作直至稳定状态建立。

11.8 增加：

器具的温升不应超过表 3 的数值减去 15 K。

器具外壳的表面，包括安装后不易触及的部位，温升不应超过 60 K。

12 空章

13 工作温度下的泄漏电流和电气强度

GB 4706.1—2005 中的该章内容,均适用。

14 瞬态过电压

GB 4706.1—2005 中的该章内容,均适用。

15 耐潮湿

GB 4706.1—2005 中的该章除下述内容外,均适用。

15.1.2 增加:

器具上不打算暴露在外面进行排水的部件,在进行此试验前应进行密封。

16 泄漏电流和电气强度

GB 4706.1—2005 中的该章内容,均适用。

17 变压器和相关电路的过载保护

GB 4706.1—2005 中的该章内容,均适用。

18 耐久性

GB 4706.1—2005 中的该章内容,均适用。

19 非正常工作

GB 4706.1—2005 中的该章内容,均适用。

20 稳定性和机械危险

GB 4706.1—2005 中的该章内容,均适用。

21 机械强度

GB 4706.1—2005 中的该章除下述内容外,均适用。

21.1 增加:

在−25 ℃的环境温度下重复进行此试验。

22 结构

GB 4706.1—2005 中的该章除下述内容外，均适用。

22.101 加热元件不应为可拆卸部件。

通过视检和手动试验来确定其是否合格。

23 内部布线

GB 4706.1—2005 中的该章内容，均适用。

24 元件

GB 4706.1—2005 中的该章除下述内容外，均适用。

24.101 为符合 19.4 所必需的热断路器应为非自复位热断路器。

通过视检和 19.4 的试验来确定其是否合格。

25 电源连接和外部软线

GB 4706.1—2005 中的该章除下述内容外，均适用。

25.1 修改：

器具不应提供器具输入插口或用来插入到输出插座的插脚。

25.5 增加：

允许 Z 型连接。

26 外部导线用接线端子

GB 4706.1—2005 中的该章内容，均适用。

27 接地措施

GB 4706.1—2005 中的该章除下述内容外，均适用。

27.1 增加：

I 类器具上所有可能接触到被排放水的导电部件应可靠地连接到接地端。

28 螺钉和连接

GB 4706.1—2005 中的该章内容，均适用。

29 电气间隙、爬电距离和固体绝缘

GB 4706.1—2005 中的该章内容，均适用。

30 耐热和耐燃

GB 4706.1—2005 中的该章除下述内容外，均适用。

30.2.2 不适用。

31 防锈

GB 4706.1—2005 中的该章除下述内容外，均适用。

增加：

通过进行 GB/T 2423.18—2000 中严酷等级为 2 的盐雾试验来确定其是否合格。

在试验前，用淬硬的钢针刻划镀层。钢针的端部呈顶角为 40°的锥形，其尖端倒圆半径为 0.25 mm±0.02 mm。对钢针施加适当的负载，以使其沿轴向施加的力为 10 N±0.5 N。沿着镀层表面以约20 mm/s 的速度拖动钢针，刻划五条划痕，划痕间距至少 5 mm，且距边缘至少 5 mm。

试验后，器具不应损坏到影响其符合本部分的程度，特别是第 8 章和第 27 章。镀层不应破裂或从金属表面松动。

32 辐射、毒性和类似危险

GB 4706.1—2005 中的该章内容，均适用。

附录

GB 4706.1—2005 中的附录均适用。

参 考 文 献

GB 4706.1—2005 中的参考文献除下述内容外，均适用。

ISO 13732-1　热环境的人类工效学　与表面接触时人的反应的评定方法 第1部分：热表面

ICS 31.060.70
K 42

中华人民共和国国家标准

GB/T 4787—2010
代替 GB/T 4787—1996

高压交流断路器用均压电容器

Grading capacitors for high-voltage alternating current circuit-breakers

2010-09-02 发布　　　　2011-02-01 实施

中华人民共和国国家质量监督检验检疫总局
中国国家标准化管理委员会　发布

前　言

本标准代替 GB/T 4787—1996《断路器电容器》。

本标准与 GB/T 4787—1996 相比主要变化如下：

——对书写格式进行了修改；

——增加了 150 kV 额定电压系列；

——删减了额定电容中的部分数值；

——重复性工频耐受电压由规定值的 75%提高到 80%；

——局部放电测量由型式试验改为例行试验。

本标准由中国电器工业协会提出。

本标准由全国电力电容器标准化技术委员会归口。

本标准负责起草单位：西安电力电容器研究所、桂林电力电容器有限责任公司。

本标准参加起草单位：苏州思源特种电力电容器有限公司、无锡市联达电器有限公司。

本标准主要起草人：王增文、郭天兴、平怡、于铭、郭荣甫、李小燕。

本标准所代替标准的历次版本发布情况为：

——GB 4787—1984、GB/T 4787—1996。

高压交流断路器用均压电容器

1 范围

本标准规定了高压交流断路器用均压电容器的适用范围、术语、技术要求、试验、标志及安全要求等。

本标准适用于并联连接在高压交流断路器的断口上，用以改善电压分布、降低恢复电压上升率的均压电容器，以下简称"电容器"。

本标准不适用于高压陶瓷电容器。

2 规范性引用文件

下列文件中的条款通过本标准的引用而成为本标准的条款。凡是注日期的引用文件，其随后所有的修改单(不包括勘误的内容)或修订版均不适用于本标准，然而，鼓励根据本标准达成协议的各方研究是否可使用这些文件的最新版本。凡是不注日期的引用文件，其最新版本适用于本标准。

GB 311.1 高压输变电设备的绝缘配合(GB 311.1—1997，neq IEC 60071-1:1993)

GB/T 2900.16 电工术语 电力电容器[GB/T 2900.16—1996，neq IEC 60050(436):1990]

GB/T 7354 局部放电测量(GB/T 7354—2003，IEC 60270:2000，IDT)

GB/T 16927.1 高电压试验技术 第一部分：一般试验要求(GB/T 16927.1—1997，eqv IEC 60060-1:1989)

GB/T 21429 户外和户内电气设备用空心复合绝缘子 定义、试验方法、接收准则和设计推荐(GB/T 21429—2008，IEC 61462:1998，MOD)

IEC 62155:2003 额定电压高于1 kV的电气设备用承压和非承压空心瓷和玻璃绝缘子

3 术语和定义

GB 311.1、GB/T 2900.16、GB/T 7354和GB/T 16927.1确立的以及下列术语和定义适用于本标准。

3.1

均压电容器 grading capacitor

和高压交流断路器的断口相并联，用以改善电压分布及降低恢复电压上升率的电容器。

3.2

电容器元件(或元件) capacitor element (or element)

由电介质和被它隔开的电极所构成的部件。

3.3

电容器单元(或单元) capacitor unit (or unit)

由一个或多个元件组装于同一外壳中并有引出端子的组装体。

3.4

(电容器的)额定电压 rated voltage (of a capacitor)

U_N

设计电容器时所规定的交流电压(方均根值)。

3.5

(电容器的)额定电容 rated capacitance (of a capacitor)

C_N

设计电容器时所规定的电容值。

3.6

电容偏差　capacitance tolerance

在规定条件下，实际电容与额定电容之间的差值。

3.7

额定频率　rated frequency

f_N

设计电容器时所规定的频率。

3.8

绝缘水平　insulation level

电容器两个端子之间的绝缘能耐受的电压值。

3.9

电容器损耗　capacitor losses

电容器所消耗的有功功率。

3.10

电容器的损耗角正切　tangent of the loss angle of a capacitor

$\tan\delta$

有功功率 P_a 与无功功率 P_r 的比值：$\tan\delta = P_a / P_r$。

3.11

环境空气温度　ambient air temperature

准备安装电容器的地点的空气温度。

4　使用条件

4.1　正常使用条件

4.1.1　环境空气温度类别

电容器分为 3 种温度类别，列于表 1。

表 1　额定温度类别

类　别	最低温度/℃	最高温度/℃
−5/40	−5	+40
−25/40	−25	+40
−40/40	−40	+40
注：选择温度类别时还应考虑储存和运输条件。		

4.1.2　海拔

海拔不超过 1 km。

4.2　非正常使用条件

4.2.1　非正常使用条件由制造方和购买方商定。

4.2.2　当安装处海拔超过 1 km 时，海拔每升高 100 m，外绝缘强度约降低 1%。在海拔不高于 1 km 的地点试验时，其外绝缘试验电压应为额定耐受电压乘以海拔校正因数 K_a。

$$K_a = \frac{1}{1.1 - H \times 10^{-4}}$$

式中：

H——电容器安装地点的海拔，m。

5 额定值

5.1 额定电压 U_N

电容器的额定电压优先在下列数值中选取：

40 kV,90 kV,120 kV,150 kV,180 kV,240 kV,360 kV。

5.2 额定电容 C_N

电容器的额定电容优先在下列数值中选取：

1 000 pF,1 500 pF,1 800 pF,2 000 pF,2 500 pF,3 000 pF。

6 技术性能和结构要求

6.1 绝缘水平

电容器的绝缘水平按照表 2 的标准绝缘水平选取。

表 2 标准绝缘水平

单位为千伏(kV)

电容器的额定电压	绝缘水平			
	额定短时工频耐受电压（方均根值）	2 h 工频耐受电压（方均根值）	额定雷电冲击耐受电压（峰值）	额定操作冲击耐受电压（峰值）
40	130	80	360	205
90	260	180	590	380
120	325	240	775	615
150	360	300	810	660
180	460	360	1 110	760
240	580	480	1 380	1 095
360	790	720	1 985	1 350

6.2 爬电距离

对于易受污染的户外绝缘，沿绝缘表面测量的以毫米数确定的最小额定爬电距离由制造方与用户协商确定。

注 1：规定的制造允许偏差可适用于实际爬电距离(见 IEC 62155)。

注 2：表面绝缘特性受绝缘子形状的影响很大。

注 3：根据 GB/T 21429 的规定，复合绝缘子具有较好的耐污秽性能。

6.3 放电性能

电容器应能承受规定试验电压下的短路放电，试验主要用来检验电容器的内部连接。

6.4 局部放电

在规定的试验条件下，电容器的局部放电量应不大于 10 pC。

6.5 电容偏差

电容器在额定电压下，20 ℃时的实测电容与其额定电容之差应不超过额定电容的－5％～＋5％。

6.6 电容器的损耗

电容器的损耗用在 10 kV 和(0.9～1.1)U_N 下测得的 $\tan\delta$ 来表示，其要求值可由制造方与用户协商确定。

注1：目的是检验生产制造的一致性。允许变化的限值可由制造方与用户协商确定。

注2：tanδ值取决于绝缘设计以及电压、温度和测量频率。

注3：某些介质的tanδ值是测量前施加电压时间的函数。

注4：电容器的损耗是检验干燥和浸渍工艺的指标。

注5：作为参考值，用矿物油或合成油浸渍的各种介质的电容器，在20℃(293 K)及(0.9～1.1)U_N条件下的典型tanδ值为：

a) 复合介质：膜—纸—膜或纸—膜—纸≤2×10^{-3}。

b) 全膜介质：≤1×10^{-3}。

6.7 机械强度

电容器应能承受断路器操作时的振动和规定的耐地震试验考核或抗弯及抗扭试验考核。抗弯强度与抗扭强度参数由制造方与用户协商确定。

6.8 密封性能

电容器应在所采用温度类别规定的整个温度范围内密封良好。

6.9 安装

电容器可水平、倾斜或垂直安装。电容器的外形及安装尺寸由制造方与用户协商确定。

6.10 防腐性能

电容器的外金属件表面应有良好的防腐蚀层，且色泽均匀，无明显的划痕、凹陷、污垢、防腐蚀层脱落及锈蚀等缺陷。

7 试验

7.1 试验分类及目的

本标准所规定的试验分为例行试验、型式试验和验收试验。试验项目见表3。

试验顺序的开始和终结，应测量电容 C、电容器的损耗角正切tanδ。重复性的工频耐受电压试验应在规定试验电压的80%下进行。

7.1.1 例行试验

目的在于检验电容器的制造缺陷。每台电容器皆应经受此试验。

7.1.2 型式试验

目的在于考核电容器的设计、材料和制造等方面是否满足本标准所规定的性能和运行要求。

型式试验在新产品制出时进行。在生产中，当材料、工艺或产品结构等有改变且其改变有可能影响电容器的性能时，亦应进行型式试验。此时，允许只进行与这些改变有关的试验项目。

用来做型式试验的电容器应为经例行试验合格的电容器，各项型式试验不一定都要在同一台电容器上进行，但所有耐受电压试验项目和局部放电测量应在同一电容器上进行。

在正常生产中，型式试验应至少每5年进行一次。

7.1.3 验收试验

目的是检验电容器在运输中有否受到损伤，以确保所安装的电容器是良好的。如与断路器同时进行试验，则应满足断路器的试验要求。

表3 试验项目

项号	试验类别	试验项目	技术要求	试验方法
1	例行试验	外观检验	6.2、6.8、6.9、6.10	7.3.1
2		密封性试验	6.8	7.3.2
3		电容和tanδ测量	6.5、6.6	7.3.3、7.3.4
4		短时工频耐受电压试验	6.1	7.3.5.1
5		放电试验	6.3	7.3.7
6		局部放电测量	6.4	7.3.8

表 3（续）

项号	试验类别	试验项目	技术要求	试验方法
7	型式试验	短时工频耐受电压试验	6.1	7.3.5.1
8		2 h 工频耐受电压试验	6.1	7.3.5.2
9		雷电冲击耐受电压试验	6.1	7.3.6.1
10		操作冲击耐受电压试验	6.1	7.3.6.2
11		放电试验	6.3	7.3.7
12		机械强度试验	6.7	7.3.9
13	验收试验	外观检验	6.2、6.8、6.9、6.10	7.3.1
14		电容和 $\tan\delta$ 测量	6.5、6.6	7.3.3、7.3.4
15		短时工频耐受电压试验	6.1	7.3.5.1

7.2 试验条件

电容器的一切试验及测量，除另有规定者外，均应在下列条件下进行：

a) 周围空气温度为＋5 ℃～＋35 ℃，电容器电介质的温度应与周围空气温度无显著差别。如需校正，则以＋20 ℃为参考温度。

电容器在不通电状态下，在恒定的周围空气温度中放置了适当长的时间后，即认为电容器电介质的温度与周围空气温度相同。

b) 试验和测量所用的交流电压的波形应符合 GB/T 16927.1 的规定，频率为(0.8～1.2)f_N 之间的任一频率。

7.3 试验方法

7.3.1 外观检验

外观检验一般采用目测及量具进行。

安装及外形尺寸、端子及固定装置应符合设计要求。铭牌及标志清晰，数据正确。

检验结果应符合 6.2、6.8、6.9 和 6.10 的要求。

7.3.2 密封性试验

密封性试验应是对按正常使用状态装配并充满规定液体的电容器进行的试验。电容器应以加热或其他方式使电容器内部超过最大工作压力，保持 8 h。如无泄漏现象，则认为通过本试验。加热温度为电容器相应温度类别上限值加 15 ℃。

7.3.3 电容测量

电容测量采用的方法应能排除由于谐波和测量电路附件所引起的误差。测量精确度应足以反映出一个元件击穿量。推荐采用电桥法进行电容测量。测量方法的不确定度应在报告中给出。

最终的电容测量应分别在型式试验、例行试验和验收试验的绝缘耐压之后进行。测量时的电压为(0.9～1.1)U_N。

为了显示出由于一个或多个元件击穿所引起的电容变化，应在绝缘的耐压试验之前进行预先的电容测量，采用足够低的测量电压(低于 0.15U_N)以避免元件发生击穿。

注 1：如果电容器的电容是随测量电压而变化，则在耐压试验后，先以耐压试验前测量所用的相同电压然后以不低于额定电压的测量电压，进行重复电容测量更有意义。

注 2：如果被测单元的串联元件数很多时，可能因为下列不确定因素很难判断是否发生击穿：

——测量的再现性。

——耐压试验时元件受机械力作用所造成的电容变化。

——试验前后电容器的温度差异所造成的电容变化。

对这些情况，应该由制造方验证是否发生击穿，例如通过比较同型号电容器的电容变化和/或计算试验时温度上升造成的电容变化。

7.3.4 tanδ 测量

电容器损耗角正切(tanδ)测量应在(0.9～1.1)N_N 的电压下与电容测量同时进行，所用方法应能排除由于谐波和测量电路附件所引起的误差。推荐采用电桥法进行 tanδ 测量。应给出测量方法的不确定度。

例行试验时，还应在 10 kV 电压下测量 tanδ，提供数据供参考用。

7.3.5 工频耐受电压试验

除本标准规定外，电容器的耐受电压试验按 GB/T 16927.1 的有关规定进行，试验时电压施加于电容器的两端子之间。

7.3.5.1 短时工频耐受电压试验

对电容器施加电压的时间：例行试验和验收试验为 10 s；型式试验为 1 min。试验时，不应发生闪络或击穿。

户外电容器的型式试验为湿试验。

7.3.5.2 2 h 工频耐受电压试验

对电容器施加电压的时间为 2 h。试验时，不应发生闪络或击穿。

7.3.6 冲击耐受电压试验

冲击试验应按照 GB/T 16927.1 的规定对电容器进行。试验电压应施加在电容器两端子之间。电容器的一个端子接地。

冲击试验一般是由施加参考的电压试验和额定的电压试验组成。参考冲击电压应为额定冲击耐受电压的 50%～75%。

冲击电压的波形和峰值应予记录。

试验中绝缘的损坏，可以用试验前后的电容变化来判断，也可以参考电压下和额定耐受电压下的波形变异为依据。为了示伤检测，可在电压录波中补充记录对地电流。

7.3.6.1 雷电冲击耐受电压试验

雷电冲击耐受电压的波形为(1.2～5)/50 μs。试验时，对电容器施加正极性和负极性冲击各 15 次，如果在连续的 15 次冲击中未发生多于 2 次的闪络且未发生击穿，则认为电容器通过了试验。

7.3.6.2 操作冲击耐受电压试验

操作冲击耐受电压试验的波形为 250/2 500 μs。试验时，对电容器施加正极性和负极性冲击各 15 次，如果在连续的 15 次冲击中未发生多于 2 次的闪络且未发生击穿，则认为电容器通过了试验。

户外电容器应承受湿试验。

7.3.7 放电试验

将电容器以直流电充电至 $\sqrt{2}U_N$ 的电压，立即通过尽可能靠近电容器的间隙进行放电。例行试验时，此试验应进行 5 次；型式试验时，此试验应进行 2 000 次。试验后应无损坏。

7.3.8 局部放电测量

所用试验电路和测试设备应符合 GB/T 7354 的规定。所用测量仪器应以皮库(pC)表示视在放电量 q。灵敏度及噪音水平应能检测出 5 pC 的局部放电水平。

对电容器预先施加 1.8 U_N 的工频电压，历时至少 60 s，然后迅速地把电压降到 1.1 U_N，并应在30 s 内测量相应的局部放电水平。

注 1：已知为外部干扰的脉冲可以不计。

注 2：为抑制外部噪音，适宜采用平衡试验电路。

注 3：当采用电子信号处理和复原技术降低背景噪音时，应通过改变其参数达到能够检测出重复脉冲信号。

7.3.9 机械强度试验

对电容器进行机械强度试验时，可将电容器装于断路器上，在对断路器作机械寿命试验和耐地震试验时一同进行，也可对电容器单独进行抗弯及抗扭试验，试验后应无异常现象。

8 标志与包装

8.1 标志

每一台电容器应装有标有如下内容的铭牌：

a） 名称；

b） 型号；

c） 编号；

d） 额定频率，Hz；

e） 额定电压，kV；

f） 实测电容，pF；

g） 制造年月；

h） 温度类别；

i） 海拔；

j） 重量，kg；

k） 制造方的名称或商标。

注 1：如果在电容器的编号中已表示制造年月，则 g)项可以不另行标出。

注 2：h)、i)、j)项可以在说明书中说明。

8.2 包装

电容器的包装应能保证电容器在正常运输条件下不受损伤。

9 安全要求

9.1 金属部件的连接

电容器的金属部件必须同断路器的断口可靠连接，在退出运行后，人需接近电容器时，必须用接地棒放电。

9.2 环境保护

电容器应当采用国家环保允许的浸渍剂。

中华人民共和国国家标准

GB 4789.1—2010

食品安全国家标准
食品微生物学检验 总则

National food safety standard

Food microbiological examination: General guidelines

2010-03-26 发布 2010-06-01 实施

中华人民共和国卫生部 发布

前　言

本标准代替 GB/T 4789.1—2008《食品卫生微生物学检验　总则》。

本标准与 GB/T 4789.1—2008 相比，主要修改如下：

——修改了标准的中英文名称；

——修改了检验方法的选择。

本标准所代替标准的历年版本发布情况为：

——GB 4789.1—1984、GB 4789.1—1994、GB/T 4789.1—2003、GB/T 4789.1—2008。

食品安全国家标准

食品微生物学检验　总则

1　范围

本标准规定了食品微生物学检验基本原则和要求。

本标准适用于食品微生物学检验。

2　规范性引用文件

本标准中引用的文件对于本标准的应用是必不可少的。凡是注日期的引用文件，仅所注日期的版本适用于本标准。凡是不注日期的引用文件，其最新版本（包括所有的修改单）适用于本标准。

3　实验室基本要求

3.1　环境

3.1.1　实验室环境不应影响检验结果的准确性。

3.1.2　实验室的工作区域应与办公室区域明显分开。

3.1.3　实验室工作面积和总体布局应能满足从事检验工作的需要，实验室布局应采用单方向工作流程，避免交叉污染。

3.1.4　实验室内环境的温度、湿度、照度、噪声和洁净度等应符合工作要求。

3.1.5　一般样品检验应在洁净区域（包括超净工作台或洁净实验室）进行，洁净区域应有明显的标示。

3.1.6　病原微生物分离鉴定工作应在二级生物安全实验室（Biosafety level 2，BSL-2）进行。

3.2　人员

3.2.1　检验人员应具有相应的教育、微生物专业培训经历，具备相应的资质，能够理解并正确实施检验。

3.2.2　检验人员应掌握实验室生物检验安全操作知识和消毒知识。

3.2.3　检验人员应在检验过程中保持个人整洁与卫生，防止人为污染样品。

3.2.4　检验人员应在检验过程中遵守相关预防措施的规定，保证自身安全。

3.2.5　有颜色视觉障碍的人员不能执行涉及到辨色的实验。

3.3　设备

3.3.1　实验设备应满足检验工作的需要。

3.3.2　实验设备应放置于适宜的环境条件下，便于维护、清洁、消毒与校准，并保持整洁与良好的工作状态。

3.3.3　实验设备应定期进行检查、检定（加贴标识）、维护和保养，以确保工作性能和操作安全。

3.3.4　实验设备应有日常性监控记录和使用记录。

3.4　检验用品

3.4.1　常规检验用品主要有接种环（针）、酒精灯、镊子、剪刀、药匙、消毒棉球、硅胶（棉）塞、微量移液器、吸管、吸球、试管、平皿、微孔板、广口瓶、量筒、玻棒及 L 形玻棒等。

3.4.2　检验用品在使用前应保持清洁和/或无菌。常用的灭菌方法包括湿热法、干热法、化学法等。

3.4.3　需要灭菌的检验用品应放置在特定容器内或用合适的材料（如专用包装纸、铝箔纸等）包裹或加塞，应保证灭菌效果。

3.4.4 可选择适用于微生物检验的一次性用品来替代反复使用的物品与材料(如培养皿、吸管、吸头、试管、接种环等)。

3.4.5 检验用品的储存环境应保持干燥和清洁,已灭菌与未灭菌的用品应分开存放并明确标识。

3.4.6 灭菌检验用品应记录灭菌/消毒的温度与持续时间。

3.5 培养基和试剂

3.5.1 培养基

培养基的制备和质量控制按照GB/T 4789.28的规定执行。

3.5.2 试剂

检验试剂的质量及配制应适用于相关检验。对检验结果有重要影响的关键试剂应进行适用性验证。

3.6 菌株

3.6.1 应使用微生物菌种保藏专门机构或同行认可机构保存的、可溯源的标准或参考菌株。

3.6.2 应对从食品、环境或人体分离、纯化、鉴定的,未在微生物菌种保藏专门机构登记注册的原始分离菌株(野生菌株)进行系统、完整的菌株信息记录,包括分离时间、来源、表型及分子鉴定的主要特征等。

3.6.3 实验室应保存能满足实验需要的标准或参考菌株,在购入和传代保藏过程中,应进行验证试验,并进行文件化管理。

4 样品的采集

4.1 采样原则

4.1.1 根据检验目的、食品特点、批量、检验方法、微生物的危害程度等确定采样方案。

4.1.2 应采用随机原则进行采样,确保所采集的样品具有代表性。

4.1.3 采样过程遵循无菌操作程序,防止一切可能的外来污染。

4.1.4 样品在保存和运输的过程中,应采取必要的措施防止样品中原有微生物的数量变化,保持样品的原有状态。

4.2 采样方案

4.2.1 类型

采样方案分为二级和三级采样方案。二级采样方案设有 n、c 和 m 值,三级采样方案设有 n、c、m 和 M 值。

n:同一批次产品应采集的样品件数;

c:最大可允许超出 m 值的样品数;

m:微生物指标可接受水平的限量值;

M:微生物指标的最高安全限量值。

注1:按照二级采样方案设定的指标,在 n 个样品中,允许有 $\leqslant c$ 个样品其相应微生物指标检验值大于 m 值。

注2:按照三级采样方案设定的指标,在 n 个样品中,允许全部样品中相应微生物指标检验值小于或等于 m 值;允许有 $\leqslant c$ 个样品其相应微生物指标检验值在 m 值和 M 值之间;不允许有样品相应微生物指标检验值大于 M 值。

例如:$n=5$,$c=2$,$m=100$ CFU/g,$M=1\ 000$ CFU/g。含义是从一批产品中采集5个样品,若5个样品的检验结果均小于或等于 m 值($\leqslant 100$ CFU/g),则这种情况是允许的;若 $\leqslant 2$ 个样品的结果(X)位于 m 值和 M 值之间(100 CFU/g $< X \leqslant 1\ 000$ CFU/g),则这种情况也是允许的;若有3个及以上样品的检验结果位于 m 值和 M 值之间,则这种情况是不允许的;若有任一样品的检验结果大于 M 值($>1\ 000$ CFU/g),则这种情况也是不允许的。

4.2.2 各类食品的采样方案

按相应产品标准中的规定执行。

4.2.3 食源性疾病及食品安全事件中食品样品的采集

4.2.3.1 由工业化批量生产加工的食品污染导致的食源性疾病或食品安全事件，食品样品的采集和判定原则按 4.2.1 和 4.2.2 执行。同时，确保采集现场剩余食品样品。

4.2.3.2 由餐饮单位或家庭烹调加工的食品导致的食源性疾病或食品安全事件，食品样品的采集按 GB 14938 中卫生学检验的要求，以满足食源性疾病或食品安全事件病因判定和病原确证的要求。

4.3 各类食品的采样方法

采样应遵循无菌操作程序，采样工具和容器应无菌、干燥、防漏，形状及大小适宜。

4.3.1 即食类预包装食品

取相同批次的最小零售原包装，检验前要保持包装的完整，避免污染。

4.3.2 非即食类预包装食品

原包装小于 500 g 的固态食品或小于 500 mL 的液态食品，取相同批次的最小零售原包装；大于 500 mL 的液态食品，应在采样前摇动或用无菌棒搅拌液体，使其达到均质后分别从相同批次的 n 个容器中采集 5 倍或以上检验单位的样品；大于 500 g 的固态食品，应用无菌采样器从同一包装的几个不同部位分别采取适量样品，放入同一个无菌采样容器内，采样总量应满足微生物指标检验的要求。

4.3.3 散装食品或现场制作食品

根据不同食品的种类和状态及相应检验方法中规定的检验单位，用无菌采样器现场采集 5 倍或以上检验单位的样品，放入无菌采样容器内，采样总量应满足微生物指标检验的要求。

4.3.4 食源性疾病及食品安全事件的食品样品

采样量应满足食源性疾病诊断和食品安全事件病因判定的检验要求。

4.4 采集样品的标记

应对采集的样品进行及时、准确的记录和标记，采样人应清晰填写采样单(包括采样人、采样地点、时间、样品名称、来源、批号、数量、保存条件等信息)。

4.5 采集样品的贮存和运输

采样后，应将样品在接近原有贮存温度条件下尽快送往实验室检验。运输时应保持样品完整。如不能及时运送，应在接近原有贮存温度条件下贮存。

5 样品检验

5.1 样品处理

5.1.1 实验室接到送检样品后应认真核对登记，确保样品的相关信息完整并符合检验要求。

5.1.2 实验室应按要求尽快检验。若不能及时检验，应采取必要的措施保持样品的原有状态，防止样品中目标微生物因客观条件的干扰而发生变化。

5.1.3 冷冻食品应在 45 ℃以下不超过 15 min，或 2 ℃～5 ℃不超过 18 h 解冻后进行检验。

5.2 检验方法的选择

5.2.1 应选择现行有效的国家标准方法。

5.2.2 食品微生物检验方法标准中对同一检验项目有两个及两个以上定性检验方法时，应以常规培养方法为基准方法。

5.2.3 食品微生物检验方法标准中对同一检验项目有两个及两个以上定量检验方法时，应以平板计数法为基准方法。

6 生物安全与质量控制

6.1 实验室生物安全要求

应符合 GB 19489 的规定。

6.2 质量控制

6.2.1 实验室应定期对实验用菌株、培养基、试剂等设置阳性对照、阴性对照和空白对照。

6.2.2 实验室应对重要的检验设备(特别是自动化检验仪器)设置仪器比对。

6.2.3 实验室应定期对实验人员进行技术考核和人员比对。

7 记录与报告

7.1 记录

检验过程中应即时、准确地记录观察到的现象、结果和数据等信息。

7.2 报告

实验室应按照检验方法中规定的要求,准确、客观地报告每一项检验结果。

8 检验后样品的处理

8.1 检验结果报告后,被检样品方能处理。检出致病菌的样品要经过无害化处理。

8.2 检验结果报告后,剩余样品或同批样品不进行微生物项目的复检。

中华人民共和国国家标准

GB 4789.2—2010

食品安全国家标准
食品微生物学检验　菌落总数测定

National food safety standard

Food microbiological examination: Aerobic plate count

2010-03-26 发布　　　　2010-06-01 实施

中华人民共和国卫生部　发布

前　言

本标准代替 GB/T 4789.2—2008《食品卫生微生物学检验　菌落总数测定》。

本标准与 GB/T 4789.2—2008 相比，主要修改如下：

——修改了标准的中英文名称；

——修改了菌落总数计算公式中的解释；

——修改了培养基和试剂；

——删除了“第二法　菌落总数 Petrifilm™ 测试片法”。

本标准的附录 A 是规范性附录。

本标准所代替标准的历次版本发布情况为：

——GB 4789.2—1984、GB 4789.2—1994、GB/T 4789.2—2003、GB/T 4789.2—2008。

食品安全国家标准

食品微生物学检验　菌落总数测定

1　范围

本标准规定了食品中菌落总数(aerobic plate count)的测定方法。

本标准适用于食品中菌落总数的测定。

2　术语和定义

2.1　菌落总数　aerobic plate count

食品检样经过处理,在一定条件下(如培养基、培养温度和培养时间等)培养后,所得每 g(mL)检样中形成的微生物菌落总数。

3　设备和材料

除微生物实验室常规灭菌及培养设备外,其他设备和材料如下:

3.1　恒温培养箱:36 ℃±1 ℃,30 ℃±1 ℃。

3.2　冰箱:2 ℃~5 ℃。

3.3　恒温水浴箱:46 ℃±1 ℃。

3.4　天平:感量为 0.1 g。

3.5　均质器。

3.6　振荡器。

3.7　无菌吸管:1 mL(具 0.01 mL 刻度)、10 mL(具 0.1 mL 刻度)或微量移液器及吸头。

3.8　无菌锥形瓶:容量 250 mL、500 mL。

3.9　无菌培养皿:直径 90 mm。

3.10　pH 计或 pH 比色管或精密 pH 试纸。

3.11　放大镜或/和菌落计数器。

4　培养基和试剂

4.1　平板计数琼脂培养基:见附录 A 中 A.1。

4.2　磷酸盐缓冲液:见附录 A 中 A.2。

4.3　无菌生理盐水:见附录 A 中 A.3。

5　检验程序

菌落总数的检验程序见图 1。

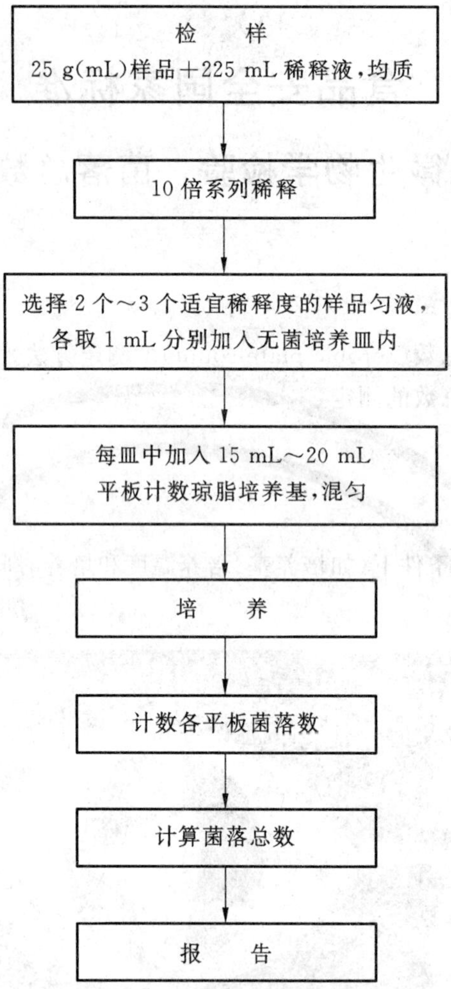

图 1　菌落总数的检验程序

6　操作步骤

6.1　样品的稀释

6.1.1　固体和半固体样品:称取 25 g 样品置盛有 225 mL 磷酸盐缓冲液或生理盐水的无菌均质杯内,8 000 r/min～10 000 r/min 均质 1 min～2 min,或放入盛有 225 mL 稀释液的无菌均质袋中,用拍击式均质器拍打 1 min～2 min,制成 1∶10 的样品匀液。

6.1.2　液体样品:以无菌吸管吸取 25 mL 样品置盛有 225 mL 磷酸盐缓冲液或生理盐水的无菌锥形瓶(瓶内预置适当数量的无菌玻璃珠)中,充分混匀,制成 1∶10 的样品匀液。

6.1.3　用 1 mL 无菌吸管或微量移液器吸取 1∶10 样品匀液 1 mL,沿管壁缓慢注于盛有 9 mL 稀释液的无菌试管中(注意吸管或吸头尖端不要触及稀释液面),振摇试管或换用 1 支无菌吸管反复吹打使其混合均匀,制成 1∶100 的样品匀液。

6.1.4　按 6.1.3 操作程序,制备 10 倍系列稀释样品匀液。每递增稀释一次,换用 1 次 1 mL 无菌吸管或吸头。

6.1.5　根据对样品污染状况的估计,选择 2 个～3 个适宜稀释度的样品匀液(液体样品可包括原液),在进行 10 倍递增稀释时,吸取 1 mL 样品匀液于无菌平皿内,每个稀释度做两个平皿。同时,分别吸取 1 mL 空白稀释液加入两个无菌平皿内作空白对照。

6.1.6　及时将 15 mL～20 mL 冷却至 46 ℃的平板计数琼脂培养基(可放置于 46 ℃±1 ℃恒温水浴箱中保温)倾注平皿,并转动平皿使其混合均匀。

6.2 培养

6.2.1 待琼脂凝固后，将平板翻转，36 ℃±1 ℃培养 48 h±2 h。水产品 30 ℃±1 ℃培养 72 h±3 h。

6.2.2 如果样品中可能含有在琼脂培养基表面弥漫生长的菌落时，可在凝固后的琼脂表面覆盖一薄层琼脂培养基(约 4 mL)，凝固后翻转平板，按 6.2.1 条件进行培养。

6.3 菌落计数

可用肉眼观察，必要时用放大镜或菌落计数器，记录稀释倍数和相应的菌落数量。菌落计数以菌落形成单位(colony-forming units，CFU)表示。

6.3.1 选取菌落数在 30 CFU～300 CFU 之间、无蔓延菌落生长的平板计数菌落总数。低于 30 CFU 的平板记录具体菌落数，大于 300 CFU 的可记录为多不可计。每个稀释度的菌落数应采用两个平板的平均数。

6.3.2 其中一个平板有较大片状菌落生长时，则不宜采用，而应以无片状菌落生长的平板作为该稀释度的菌落数；若片状菌落不到平板的一半，而其余一半中菌落分布又很均匀，即可计算半个平板后乘以2，代表一个平板菌落数。

6.3.3 当平板上出现菌落间无明显界线的链状生长时，则将每条单链作为一个菌落计数。

7 结果与报告

7.1 菌落总数的计算方法

7.1.1 若只有一个稀释度平板上的菌落数在适宜计数范围内，计算两个平板菌落数的平均值，再将平均值乘以相应稀释倍数，作为每 g(mL)样品中菌落总数结果。

7.1.2 若有两个连续稀释度的平板菌落数在适宜计数范围内时，按式(1)计算：

$$N = \sum C/(n_1 + 0.1n_2)d \qquad \cdots\cdots(1)$$

式中：

N——样品中菌落数；

$\sum C$——平板(含适宜范围菌落数的平板)菌落数之和；

n_1——第一稀释度(低稀释倍数)平板个数；

n_2——第二稀释度(高稀释倍数)平板个数；

d——稀释因子(第一稀释度)。

示例：

稀释度	1∶100(第一稀释度)	1∶1 000(第二稀释度)
菌落数(CFU)	232，244	33，35

$$N = \sum C/(n_1 + 0.1n_2)d$$

$$= \frac{232 + 244 + 33 + 35}{[2 + (0.1 \times 2)] \times 10^{-2}} = \frac{544}{0.022} = 24\ 727$$

上述数据按 7.2.2 数字修约后，表示为 25 000 或 2.5×10^4。

7.1.3 若所有稀释度的平板上菌落数均大于 300 CFU，则对稀释度最高的平板进行计数，其他平板可记录为多不可计，结果按平均菌落数乘以最高稀释倍数计算。

7.1.4 若所有稀释度的平板菌落数均小于 30 CFU，则应按稀释度最低的平均菌落数乘以稀释倍数计算。

7.1.5 若所有稀释度(包括液体样品原液)平板均无菌落生长，则以小于 1 乘以最低稀释倍数计算。

7.1.6 若所有稀释度的平板菌落数均不在 30 CFU～300 CFU 之间，其中一部分小于 30 CFU 或大于 300 CFU 时，则以最接近 30 CFU 或 300 CFU 的平均菌落数乘以稀释倍数计算。

7.2 菌落总数的报告

7.2.1 菌落数小于 100 CFU 时，按“四舍五入”原则修约，以整数报告。

7.2.2　菌落数大于或等于 100 CFU 时，第 3 位数字采用“四舍五入”原则修约后，取前 2 位数字，后面用 0 代替位数；也可用 10 的指数形式来表示，按“四舍五入”原则修约后，采用两位有效数字。

7.2.3　若所有平板上为蔓延菌落而无法计数，则报告菌落蔓延。

7.2.4　若空白对照上有菌落生长，则此次检测结果无效。

7.2.5　称重取样以 CFU/g 为单位报告，体积取样以 CFU/mL 为单位报告。

附 录 A
（规范性附录）
培养基和试剂

A.1 平板计数琼脂（plate count agar，PCA）培养基

A.1.1 成分

胰蛋白胨	5.0 g
酵母浸膏	2.5 g
葡萄糖	1.0 g
琼脂	15.0 g
蒸馏水	1 000 mL

pH7.0±0.2

A.1.2 制法

将上述成分加于蒸馏水中，煮沸溶解，调节 pH。分装试管或锥形瓶，121 ℃高压灭菌 15 min。

A.2 磷酸盐缓冲液

A.2.1 成分

磷酸二氢钾（KH_2PO_4）	34.0 g
蒸馏水	500 mL

pH7.2

A.2.2 制法

贮存液：称取 34.0 g 的磷酸二氢钾溶于 500 mL 蒸馏水中，用大约 175 mL 的 1 mol/L 氢氧化钠溶液调节 pH，用蒸馏水稀释至 1 000 mL 后贮存于冰箱。

稀释液：取贮存液 1.25 mL，用蒸馏水稀释至 1 000 mL，分装于适宜容器中，121 ℃高压灭菌 15 min。

A.3 无菌生理盐水

A.3.1 成分

氯化钠	8.5 g
蒸馏水	1 000 mL

A.3.2 制法

称取 8.5 g 氯化钠溶于 1 000 mL 蒸馏水中，121 ℃高压灭菌 15 min。

中华人民共和国国家标准

GB 4789.3—2010

食品安全国家标准
食品微生物学检验　大肠菌群计数

National food safety standard

Food microbiological examination: Enumeration of coliforms

2010-03-26 发布　　2010-06-01 实施

中华人民共和国卫生部　发布

前　言

本标准代替 GB/T 4789.3—2008《食品卫生微生物学检验　大肠菌群计数》。

本标准与 GB/T 4789.3—2008 相比，主要修改如下：

——修改了标准的中英文名称；

——“第二法　大肠菌群平板计数法”的平板菌落数的选择范围修改为“15 CFU～150 CFU”；

——删除了“第三法　大肠菌群 Petrifilm™ 测试片法”。

本标准的附录 A、附录 B 为规范性附录。

本标准所代替标准的历次版本发布情况为：

——GB 4789.3—1984、GB 4789.3—1994、GB/T 4789.3—2003、GB/T 4789.3—2008。

食品安全国家标准
食品微生物学检验　大肠菌群计数

1 范围

本标准规定了食品中大肠菌群(coliforms)计数的方法。

本标准适用于食品中大肠菌群的计数。

2 术语和定义

2.1 大肠菌群　coliforms

在一定培养条件下能发酵乳糖、产酸产气的需氧和兼性厌氧革兰氏阴性无芽胞杆菌。

2.2 最可能数　most probable number, MPN

基于泊松分布的一种间接计数方法。

3 设备和材料

除微生物实验室常规灭菌及培养设备外,其他设备和材料如下:

3.1 恒温培养箱:36 ℃±1 ℃。

3.2 冰箱:2 ℃～5 ℃。

3.3 恒温水浴箱:46 ℃±1 ℃。

3.4 天平:感量 0.1 g。

3.5 均质器。

3.6 振荡器。

3.7 无菌吸管:1 mL(具 0.01 mL 刻度)、10 mL(具 0.1 mL 刻度)或微量移液器及吸头。

3.8 无菌锥形瓶:容量 500 mL。

3.9 无菌培养皿:直径 90 mm。

3.10 pH 计或 pH 比色管或精密 pH 试纸。

3.11 菌落计数器。

4 培养基和试剂

4.1 月桂基硫酸盐胰蛋白胨(lauryl sulfate tryptose, LST)肉汤:见附录 A 中 A.1。

4.2 煌绿乳糖胆盐(brilliant green lactose bile, BGLB)肉汤:见附录 A 中 A.2。

4.3 结晶紫中性红胆盐琼脂(violet red bile agar, VRBA):见附录 A 中 A.3。

4.4 磷酸盐缓冲液:见附录 A 中 A.4。

4.5 无菌生理盐水:见附录 A 中 A.5。

4.6 无菌 1 mol/L NaOH:见附录 A 中 A.6。

4.7 无菌 1 mol/L HCl:见附录 A 中 A.7。

第一法　大肠菌群 MPN 计数法

5　检验程序

大肠菌群 MPN 计数的检验程序见图 1。

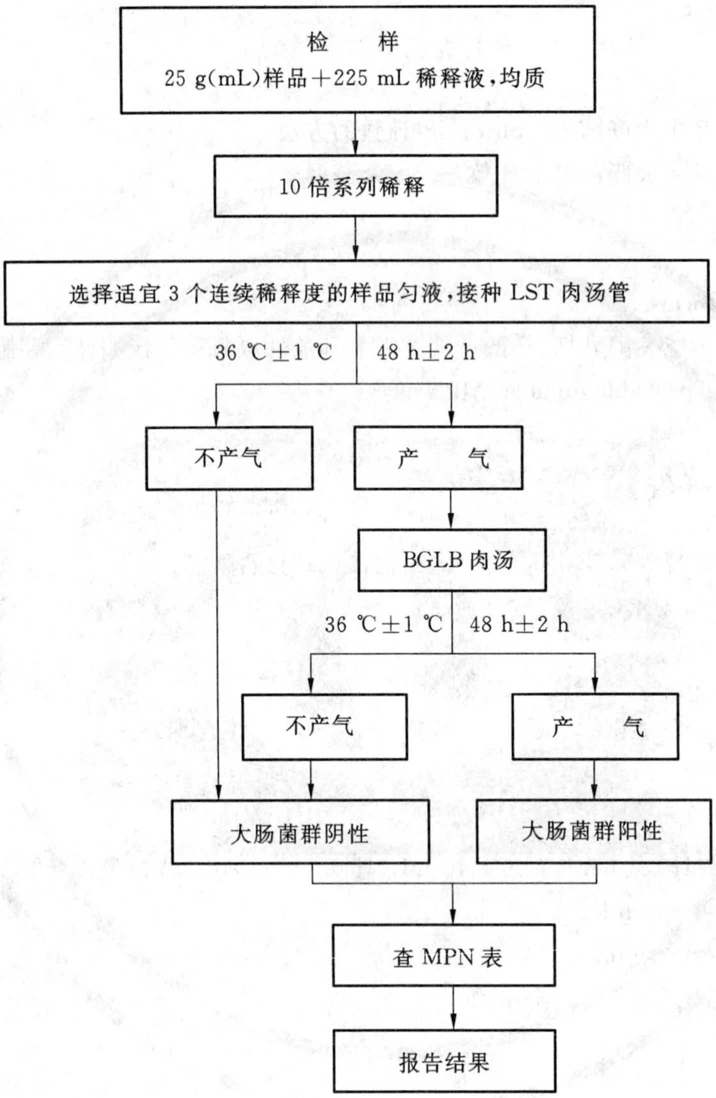

图 1　大肠菌群 MPN 计数法检验程序

6　操作步骤

6.1　样品的稀释

6.1.1　固体和半固体样品：称取 25 g 样品，放入盛有 225 mL 磷酸盐缓冲液或生理盐水的无菌均质杯内，8 000 r/min～10 000 r/min 均质 1 min～2 min，或放入盛有 225 mL 磷酸盐缓冲液或生理盐水的无菌均质袋中，用拍击式均质器拍打 1 min～2 min，制成 1：10 的样品匀液。

6.1.2　液体样品：以无菌吸管吸取 25 mL 样品置盛有 225 mL 磷酸盐缓冲液或生理盐水的无菌锥形瓶（瓶内预置适当数量的无菌玻璃珠）中，充分混匀，制成 1：10 的样品匀液。

6.1.3　样品匀液的 pH 值应在 6.5～7.5 之间，必要时分别用 1 mol/L NaOH 或 1 mol/L HCl 调节。

6.1.4 用1 mL无菌吸管或微量移液器吸取1：10样品匀液1 mL，沿管壁缓缓注入9 mL磷酸盐缓冲液或生理盐水的无菌试管中（注意吸管或吸头尖端不要触及稀释液面），振摇试管或换用1支1 mL无菌吸管反复吹打，使其混合均匀，制成1：100的样品匀液。

6.1.5 根据对样品污染状况的估计，按上述操作，依次制成十倍递增系列稀释样品匀液。每递增稀释1次，换用1支1 mL无菌吸管或吸头。从制备样品匀液至样品接种完毕，全过程不得超过15 min。

6.2 初发酵试验

每个样品，选择3个适宜的连续稀释度的样品匀液（液体样品可以选择原液），每个稀释度接种3管月桂基硫酸盐胰蛋白胨（LST）肉汤，每管接种1 mL（如接种量超过1 mL，则用双料LST肉汤），36 ℃±1 ℃培养24 h±2 h，观察倒管内是否有气泡产生，24 h±2 h产气者进行复发酵试验，如未产气则继续培养至48 h±2 h，产气者进行复发酵试验。未产气者为大肠菌群阴性。

6.3 复发酵试验

用接种环从产气的LST肉汤管中分别取培养物1环，移种于煌绿乳糖胆盐（BGLB）肉汤管中，36 ℃±1 ℃培养48 h±2 h，观察产气情况。产气者，计为大肠菌群阳性管。

6.4 大肠菌群最可能数（MPN）的报告

按6.3确证的大肠菌群LST阳性管数，检索MPN表（见附录B），报告每g(mL)样品中大肠菌群的MPN值。

第二法　大肠菌群平板计数法

7 检验程序

大肠菌群平板计数法的检验程序见图2。

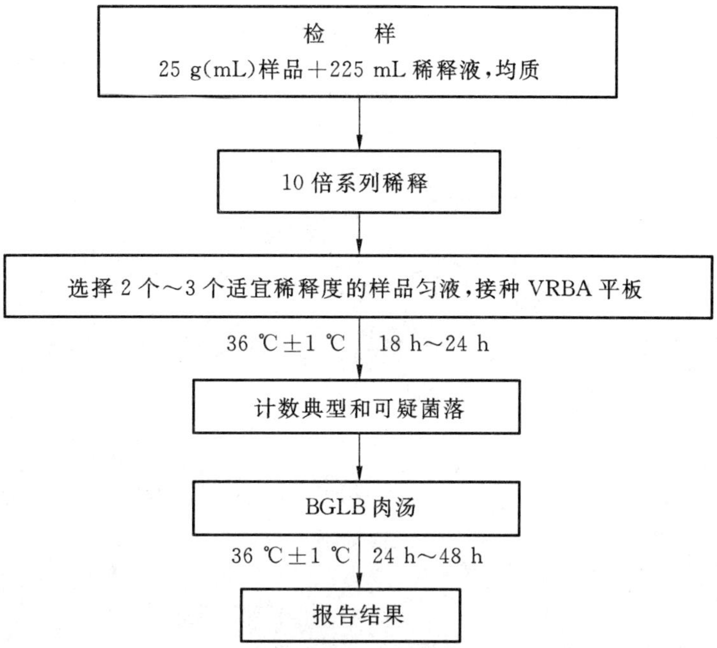

图2　大肠菌群平板计数法检验程序

8 操作步骤

8.1 样品的稀释

按6.1进行。

8.2 平板计数

8.2.1 选取2个～3个适宜的连续稀释度，每个稀释度接种2个无菌平皿，每皿1 mL。同时取1 mL生理盐水加入无菌平皿作空白对照。

8.2.2 及时将15 mL～20 mL冷至46 ℃的结晶紫中性红胆盐琼脂（VRBA）约倾注于每个平皿中。小心旋转平皿，将培养基与样液充分混匀，待琼脂凝固后，再加3 mL～4 mL VRBA覆盖平板表层。翻转平板，置于36 ℃±1 ℃培养18 h～24 h。

8.3 平板菌落数的选择

选取菌落数在15 CFU～150 CFU之间的平板，分别计数平板上出现的典型和可疑大肠菌群菌落。典型菌落为紫红色，菌落周围有红色的胆盐沉淀环，菌落直径为0.5 mm或更大。

8.4 证实试验

从VRBA平板上挑取10个不同类型的典型和可疑菌落，分别移种于BGLB肉汤管内，36 ℃±1 ℃培养24 h～48 h，观察产气情况。凡BGLB肉汤管产气，即可报告为大肠菌群阳性。

8.5 大肠菌群平板计数的报告

经最后证实为大肠菌群阳性的试管比例乘以8.3中计数的平板菌落数，再乘以稀释倍数，即为每g(mL)样品中大肠菌群数。例：10^{-4}样品稀释液1 mL，在VRBA平板上有100个典型和可疑菌落，挑取其中10个接种BGLB肉汤管，证实有6个阳性管，则该样品的大肠菌群数为：$100\times6/10\times10^4$/g(mL)＝6.0×10^5 CFU/g(mL)。

附 录 A
（规范性附录）
培养基和试剂

A.1 月桂基硫酸盐胰蛋白胨（LST）肉汤

A.1.1 成分

胰蛋白胨或胰酪胨	20.0 g
氯化钠	5.0 g
乳糖	5.0 g
磷酸氢二钾（K_2HPO_4）	2.75 g
磷酸二氢钾（KH_2PO_4）	2.75 g
月桂基硫酸钠	0.1 g
蒸馏水	1 000 mL

pH 6.8±0.2

A.1.2 制法

将上述成分溶解于蒸馏水中，调节 pH。分装到有玻璃小倒管的试管中，每管 10 mL。121 ℃高压灭菌 15 min。

A.2 煌绿乳糖胆盐（BGLB）肉汤

A.2.1 成分

蛋白胨	10.0 g
乳糖	10.0 g
牛胆粉（oxgall 或 oxbile）溶液	200 mL
0.1%煌绿水溶液	13.3 mL
蒸馏水	800 mL

pH 7.2±0.1

A.2.2 制法

将蛋白胨、乳糖溶于约 500 mL 蒸馏水中，加入牛胆粉溶液 200 mL（将 20.0 g 脱水牛胆粉溶于 200 mL 蒸馏水中，调节 pH 至 7.0～7.5），用蒸馏水稀释到 975 mL，调节 pH，再加入 0.1%煌绿水溶液 13.3 mL，用蒸馏水补足到 1 000 mL，用棉花过滤后，分装到有玻璃小倒管的试管中，每管 10 mL。121 ℃高压灭菌 15 min。

A.3 结晶紫中性红胆盐琼脂（VRBA）

A.3.1 成分

蛋白胨	7.0 g
酵母膏	3.0 g
乳糖	10.0 g
氯化钠	5.0 g
胆盐或 3 号胆盐	1.5 g
中性红	0.03 g
结晶紫	0.002 g

琼脂	15 g～18 g
蒸馏水	1 000 mL

pH 7.4±0.1

A.3.2 制法

将上述成分溶于蒸馏水中，静置几分钟，充分搅拌，调节 pH。煮沸 2 min，将培养基冷却至 45 ℃～50 ℃倾注平板。使用前临时制备，不得超过 3 h。

A.4 磷酸盐缓冲液

A.4.1 成分

磷酸二氢钾(KH_2PO_4)	34.0 g
蒸馏水	500 mL

pH 7.2

A.4.2 制法

贮存液：称取 34.0 g 的磷酸二氢钾溶于 500 mL 蒸馏水中，用大约 175 mL 的 1 mol/L 氢氧化钠溶液调节 pH，用蒸馏水稀释至 1 000 mL 后贮存于冰箱。

稀释液：取贮存液 1.25 mL，用蒸馏水稀释至 1 000 mL，分装于适宜容器中，121 ℃高压灭菌 15 min。

A.5 无菌生理盐水

A.5.1 成分

氯化钠	8.5 g
蒸馏水	1 000 mL

A.5.2 制法

称取 8.5 g 氯化钠溶于 1 000 mL 蒸馏水中，121 ℃高压灭菌 15 min。

A.6 1 mol/L NaOH

A.6.1 成分

NaOH	40.0 g
蒸馏水	1 000 mL

A.6.2 制法

称取 40 g 氢氧化钠溶于 1 000 mL 蒸馏水中，121 ℃高压灭菌 15 min。

A.7 1 mol/L HCl

A.7.1 成分

HCl	90 mL
蒸馏水	1 000 mL

A.7.2 制法

移取浓盐酸 90 mL，用蒸馏水稀释至 1 000 mL，121 ℃高压灭菌 15 min。

附　录　B
（规范性附录）
大肠菌群最可能数(MPN)检索表

B.1　大肠菌群最可能数(MPN)检索表

每 g(mL)检样中大肠菌群最可能数(MPN)的检索见表 B.1。

表 B.1　大肠菌群最可能数(MPN)检索表

阳性管数			MPN	95%可信限		阳性管数			MPN	95%可信限	
0.10	0.01	0.001		下限	上限	0.10	0.01	0.001		下限	上限
0	0	0	<3.0	—	9.5	2	2	0	21	4.5	42
0	0	1	3.0	0.15	9.6	2	2	1	28	8.7	94
0	1	0	3.0	0.15	11	2	2	2	35	8.7	94
0	1	1	6.1	1.2	18	2	3	0	29	8.7	94
0	2	0	6.2	1.2	18	2	3	1	36	8.7	94
0	3	0	9.4	3.6	38	3	0	0	23	4.6	94
1	0	0	3.6	0.17	18	3	0	1	38	8.7	110
1	0	1	7.2	1.3	18	3	0	2	64	17	180
1	0	2	11	3.6	38	3	1	0	43	9	180
1	1	0	7.4	1.3	20	3	1	1	75	17	200
1	1	1	11	3.6	38	3	1	2	120	37	420
1	2	0	11	3.6	42	3	1	3	160	40	420
1	2	1	15	4.5	42	3	2	0	93	18	420
1	3	0	16	4.5	42	3	2	1	150	37	420
2	0	0	9.2	1.4	38	3	2	2	210	40	430
2	0	1	14	3.6	42	3	2	3	290	90	1 000
2	0	2	20	4.5	42	3	3	0	240	42	1 000
2	1	0	15	3.7	42	3	3	1	460	90	2 000
2	1	1	20	4.5	42	3	3	2	1 100	180	4 100
2	1	2	27	8.7	94	3	3	3	>1 100	420	—

注 1：本表采用 3 个稀释度[0.1 g(mL)、0.01 g(mL)和 0.001 g(mL)]，每个稀释度接种 3 管。

注 2：表内所列检样量如改用 1 g(mL)、0.1 g(mL)和 0.01 g(mL)时，表内数字应相应降低 10 倍；如改用 0.01 g(mL)、0.001 g(mL)、0.000 1 g(mL)时，则表内数字应相应增高 10 倍，其余类推。

中华人民共和国国家标准

GB 4789.4—2010

食品安全国家标准
食品微生物学检验　沙门氏菌检验

National food safety standard
Food microbiological examination: *Salmonella*

2010-03-26 发布　　2010-06-01 实施

中华人民共和国卫生部　发布

前　言

本标准代替 GB/T 4789.4—2008《食品卫生微生物学检验　沙门氏菌检验》。

本标准与 GB/T 4789.4—2008 相比，主要变化如下：

——修改了标准的中英文名称；

——修改了标准的范围；

——修改了培养基和试剂；

——修改了设备和材料；

——修改了附录 A。

本标准的附录 A、附录 B 为规范性附录。

本标准所代替的历次版本发布情况为：

——GB 4789.4—1984、GB 4789.4—1994、GB/T 4789.4—2003、GB/T 4789.4—2008。

食品安全国家标准

食品微生物学检验　沙门氏菌检验

1　范围

本标准规定了食品中沙门氏菌(*Salmonella*)的检验方法。

本标准适用于食品中沙门氏菌的检验。

2　设备和材料

除微生物实验室常规灭菌及培养设备外,其他设备和材料如下:

2.1　冰箱:2 ℃～5 ℃。

2.2　恒温培养箱:36 ℃±1 ℃,42 ℃±1 ℃。

2.3　均质器。

2.4　振荡器。

2.5　电子天平:感量 0.1 g。

2.6　无菌锥形瓶:容量 500 mL,250 mL。

2.7　无菌吸管:1 mL (具 0.01 mL 刻度)、10 mL(具 0.1 mL 刻度)或微量移液器及吸头。

2.8　无菌培养皿:直径 90 mm。

2.9　无菌试管:3 mm×50 mm、10 mm×75 mm。

2.10　无菌毛细管。

2.11　pH 计或 pH 比色管或精密 pH 试纸。

2.12　全自动微生物生化鉴定系统。

3　培养基和试剂

3.1　缓冲蛋白胨水(BPW):见附录 A 中 A.1。

3.2　四硫磺酸钠煌绿(TTB)增菌液:见附录 A 中 A.2。

3.3　亚硒酸盐胱氨酸(SC)增菌液:见附录 A 中 A.3。

3.4　亚硫酸铋(BS)琼脂:见附录 A 中 A.4。

3.5　HE 琼脂:见附录 A 中 A.5。

3.6　木糖赖氨酸脱氧胆盐(XLD)琼脂:见附录 A 中 A.6。

3.7　沙门氏菌属显色培养基。

3.8　三糖铁(TSI)琼脂:见附录 A 中 A.7。

3.9　蛋白胨水、靛基质试剂:见附录 A 中 A.8。

3.10　尿素琼脂(pH7.2):见附录 A 中 A.9。

3.11　氰化钾(KCN)培养基:见附录 A 中 A.10。

3.12　赖氨酸脱羧酶试验培养基:见附录 A 中 A.11。

3.13　糖发酵管:见附录 A 中 A.12。

3.14　邻硝基酚 β-D-半乳糖苷(ONPG)培养基:见附录 A 中 A.13。

3.15　半固体琼脂:见附录 A 中 A.14。

3.16 丙二酸钠培养基:见附录 A 中 A.15。

3.17 沙门氏菌 O 和 H 诊断血清。

3.18 生化鉴定试剂盒。

4 检验程序

沙门氏菌检验程序见图 1。

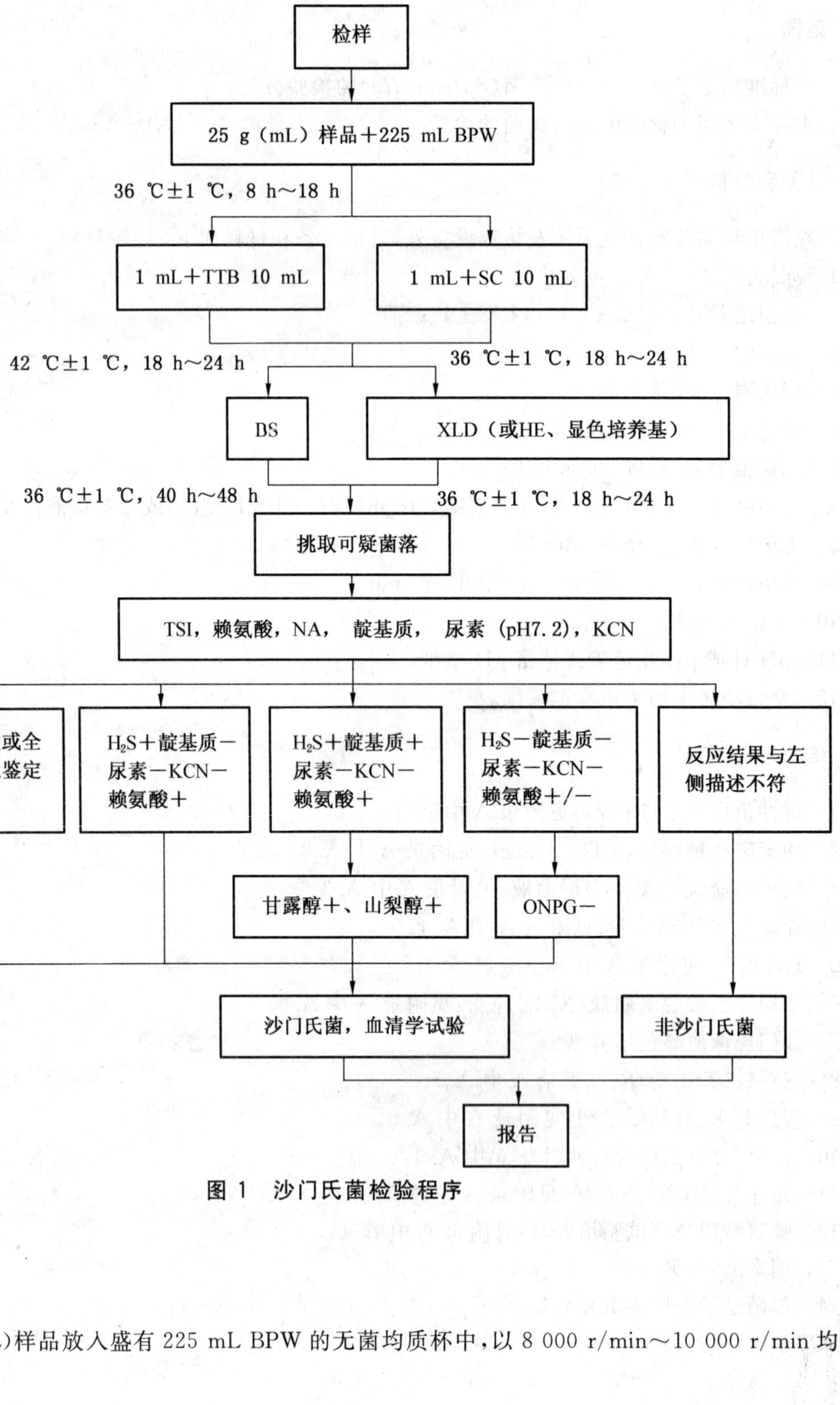

图 1 沙门氏菌检验程序

5 操作步骤

5.1 前增菌

称取 25 g(mL)样品放入盛有 225 mL BPW 的无菌均质杯中,以 8 000 r/min~10 000 r/min 均质

1 min～2 min，或置于盛有 225 mL BPW 的无菌均质袋中，用拍击式均质器拍打 1 min～2 min。若样品为液态，不需要均质，振荡混匀。如需测定 pH 值，用 1 mol/mL 无菌 NaOH 或 HCl 调 pH 至 6.8±0.2。无菌操作将样品转至 500 mL 锥形瓶中，如使用均质袋，可直接进行培养，于 36 ℃±1 ℃培养 8 h～ 18 h。

如为冷冻产品，应在 45 ℃以下不超过 15 min，或 2 ℃～5 ℃不超过 18 h 解冻。

5.2 增菌

轻轻摇动培养过的样品混合物，移取 1 mL，转种于 10 mL TTB 内，于 42 ℃±1 ℃培养 18 h～24 h。同时，另取 1 mL ，转种于 10 mLSC 内，于 36 ℃±1 ℃培养 18 h～24 h。

5.3 分离

分别用接种环取增菌液 1 环，划线接种于一个 BS 琼脂平板和一个 XLD 琼脂平板(或 HE 琼脂平板或沙门氏菌属显色培养基平板)。于 36 ℃±1 ℃分别培养 18 h～24 h(XLD 琼脂平板、HE 琼脂平板、沙门氏菌属显色培养基平板)或 40 h～48 h(BS 琼脂平板)，观察各个平板上生长的菌落，各个平板上的菌落特征见表 1。

表 1 沙门氏菌属在不同选择性琼脂平板上的菌落特征

选择性琼脂平板	沙 门 氏 菌
BS 琼脂	菌落为黑色有金属光泽、棕褐色或灰色，菌落周围培养基可呈黑色或棕色；有些菌株形成灰绿色的菌落，周围培养基不变。
HE 琼脂	蓝绿色或蓝色，多数菌落中心黑色或几乎全黑色；有些菌株为黄色，中心黑色或几乎全黑色。
XLD 琼脂	菌落呈粉红色，带或不带黑色中心，有些菌株可呈现大的带光泽的黑色中心，或呈现全部黑色的菌落；有些菌株为黄色菌落，带或不带黑色中心。
沙门氏菌属显色培养基	按照显色培养基的说明进行判定。

5.4 生化试验

5.4.1 自选择性琼脂平板上分别挑取 2 个以上典型或可疑菌落，接种三糖铁琼脂，先在斜面划线，再于底层穿刺；接种针不要灭菌，直接接种赖氨酸脱羧酶试验培养基和营养琼脂平板，于 36 ℃±1 ℃培养 18 h～24 h，必要时可延长至 48 h。在三糖铁琼脂和赖氨酸脱羧酶试验培养基内，沙门氏菌属的反应结果见表 2。

表 2 沙门氏菌属在三糖铁琼脂和赖氨酸脱羧酶试验培养基内的反应结果

三糖铁琼脂				赖氨酸脱羧酶试验培养基	初步判断
斜面	底层	产气	硫化氢		
K	A	+(－)	+(－)	+	可疑沙门氏菌属
K	A	+(－)	+(－)	－	可疑沙门氏菌属
A	A	+(－)	+(－)	+	可疑沙门氏菌属
A	A	+/－	+/－	－	非沙门氏菌
K	K	+/－	+/－	+/－	非沙门氏菌

注：K：产碱，A：产酸；+：阳性，－：阴性；+(－)：多数阳性，少数阴性；+/－：阳性或阴性。

5.4.2 接种三糖铁琼脂和赖氨酸脱羧酶试验培养基的同时，可直接接种蛋白胨水(供做靛基质试验)、尿素琼脂(pH7.2)、氰化钾(KCN)培养基，也可在初步判断结果后从营养琼脂平板上挑取可疑菌落接种。于 36 ℃±1 ℃培养 18 h～24 h，必要时可延长至 48 h，按表 3 判定结果。将已挑菌落的平板储存于 2 ℃～5 ℃或室温至少保留 24 h，以备必要时复查。

表 3 沙门氏菌属生化反应初步鉴别表

反应序号	硫化氢(H_2S)	靛基质	pH7.2 尿素	氰化钾(KCN)	赖氨酸脱羧酶
A1	+	−	−	−	+
A2	+	+	−	−	+
A3	−	−	−	−	+/−
注：+阳性；−阴性；+/−阳性或阴性。					

5.4.2.1 反应序号 A1：典型反应判定为沙门氏菌属。如尿素、KCN 和赖氨酸脱羧酶 3 项中有 1 项异常，按表 4 可判定为沙门氏菌。如有 2 项异常为非沙门氏菌。

表 4 沙门氏菌属生化反应初步鉴别表

pH7.2 尿素	氰化钾(KCN)	赖氨酸脱羧酶	判 定 结 果
−	−	−	甲型副伤寒沙门氏菌(要求血清学鉴定结果)
−	+	+	沙门氏菌Ⅳ或Ⅴ(要求符合本群生化特性)
+	−	+	沙门氏菌个别变体(要求血清学鉴定结果)
注：+表示阳性；−表示阴性。			

5.4.2.2 反应序号 A2：补做甘露醇和山梨醇试验，沙门氏菌靛基质阳性变体两项试验结果均为阳性，但需要结合血清学鉴定结果进行判定。

5.4.2.3 反应序号 A3：补做 ONPG。ONPG 阴性为沙门氏菌，同时赖氨酸脱羧酶阳性，甲型副伤寒沙门氏菌为赖氨酸脱羧酶阴性。

5.4.2.4 必要时按表 5 进行沙门氏菌生化群的鉴别。

表 5 沙门氏菌属各生化群的鉴别

项 目	Ⅰ	Ⅱ	Ⅲ	Ⅳ	Ⅴ	Ⅵ
卫矛醇	+	+	−	−	+	−
山梨醇	+	+	+	+	+	−
水杨苷	−	−	−	+	−	−
ONPG	−	−	+	−	+	−
丙二酸盐	−	+	+	−	−	−
KCN	−	−	−	+	+	−
注：+表示阳性；−表示阴性。						

5.4.3 如选择生化鉴定试剂盒或全自动微生物生化鉴定系统，可根据 5.4.1 的初步判断结果，从营养琼脂平板上挑取可疑菌落，用生理盐水制备成浊度适当的菌悬液，使用生化鉴定试剂盒或全自动微生物生化鉴定系统进行鉴定。

5.5 血清学鉴定

5.5.1 抗原的准备

一般采用 1.2%～1.5%琼脂培养物作为玻片凝集试验用的抗原。

O 血清不凝集时，将菌株接种在琼脂量较高的(如 2%～3%)培养基上再检查；如果是由于 Vi 抗原的存在而阻止了 O 凝集反应时，可挑取菌苔于 1 mL 生理盐水中做成浓菌液，于酒精灯火焰上煮沸后再检查。H 抗原发育不良时，将菌株接种在 0.55%～0.65%半固体琼脂平板的中央，俟菌落蔓延生长时，在其边缘部分取菌检查；或将菌株通过装有0.3%～0.4%半固体琼脂的小玻管1次～2次，自远端取菌培养后再检查。

5.5.2 **多价菌体抗原(O)鉴定**

在玻片上划出2个约1 cm×2 cm的区域，挑取1环待测菌，各放1/2环于玻片上的每一区域上部，在其中一个区域下部加1滴多价菌体(O)抗血清，在另一区域下部加入1滴生理盐水，作为对照。再用无菌的接种环或针分别将两个区域内的菌落研成乳状液。将玻片倾斜摇动混合1 min，并对着黑暗背景进行观察，任何程度的凝集现象皆为阳性反应。

5.5.3 **多价鞭毛抗原(H)鉴定**

同5.5.2。

5.5.4 **血清学分型(选做项目)**

5.5.4.1 **O抗原的鉴定**

用A～F多价O血清做玻片凝集试验，同时用生理盐水做对照。在生理盐水中自凝者为粗糙形菌株，不能分型。

被A～F多价O血清凝集者，依次用O4；O3、O10；O7；O8；O9；O2和O11因子血清做凝集试验。根据试验结果，判定O群。被O3、O10血清凝集的菌株，再用O10、O15、O34、O19单因子血清做凝集试验，判定E1、E2、E3、E4各亚群，每一个O抗原成分的最后确定均应根据O单因子血清的检查结果，没有O单因子血清的要用两个O复合因子血清进行核对。

不被A～F多价O血清凝集者，先用9种多价O血清检查，如有其中一种血清凝集，则用这种血清所包括的O群血清逐一检查，以确定O群。每种多价O血清所包括的O因子如下：

O多价1　A,B,C,D,E,F,群(并包括6,14群)

O多价2　13,16,17,18,21群

O多价3　28,30,35,38,39群

O多价4　40,41,42,43群

O多价5　44,45,47,48群

O多价6　50,51,52,53群

O多价7　55,56,57,58群

O多价8　59,60,61,62群

O多价9　63,65,66,67群

5.5.4.2 **H抗原的鉴定**

属于A～F各O群的常见菌型，依次用表6所述H因子血清检查第1相和第2相的H抗原。

表6　A～F群常见菌型H抗原表

O群	第1相	第2相
A	a	无
B	g,f,s	无
B	i,b,d	2
C1	k,v,r,c	5,z15
C2	b,d,r	2,5
D(不产气的)	d	无
D(产气的)	g,m,p,q	无
E1	h,v	6,w,x
E4	g,s,t	无
E4	i	

不常见的菌型，先用8种多价H血清检查，如有其中一种或两种血清凝集，则再用这一种或两种血清所包括的各种H因子血清逐一检查，以第1相和第2项的H抗原。8种多价H血清所包括的H因

子如下：

H 多价 1　a,b,c,d,i

H 多价 2　eh,enx,enz_{15},fg,gms,gpu,gp,gq,mt,gz_{51}

H 多价 3　k,r,y,z,z_{10},lv,lw,lz_{13},lz_{28},lz_{40}

H 多价 4　1,2;1,5;1,6;1,7;z_6

H 多价 5　z_4z_{23},z_4z_{24},z_4z_{32},z_{29},z_{35},z_{36},z_{38}

H 多价 6　z_{39},z_{41},z_{42},z_{44}

H 多价 7　z_{52},z_{53},z_{54},z_{55}

H 多价 8　z_{56},z_{57},z_{60},z_{61},z_{62}

每一个 H 抗原成分的最后确定均应根据 H 单因子血清的检查结果，没有 H 单因子血清的要用两个 H 复合因子血清进行核对。

检出第 1 相 H 抗原而未检出第 2 相 H 抗原的或检出第 2 相 H 抗原而未检出第 1 相 H 抗原的，可在琼脂斜面上移种 1～2 代后再检查。如仍只检出一个相的 H 抗原，要用位相变异的方法检查其另一个相。单相菌不必做位相变异检查。

位相变异试验方法如下：

小玻管法：将半固体管(每管约 1 mL～2 mL)在酒精灯上溶化并冷至 50 ℃，取已知相的 H 因子血清 0.05 mL～0.1 mL，加入于溶化的半固体内，混匀后，用毛细吸管吸取分装于供位相变异试验的小玻管内，俟凝固后，用接种针挑取待检菌，接种于一端。将小玻管平放在平皿内，并在其旁放一团湿棉花，以防琼脂中水分蒸发而干缩，每天检查结果，待另一相细菌解离后，可以从另一端挑取细菌进行检查。培养基内血清的浓度应有适当的比例，过高时细菌不能生长，过低时同一相细菌的动力不能抑制。一般按原血清 1∶200～1∶800 的量加入。

小倒管法：将两端开口的小玻管(下端开口要留一个缺口，不要平齐)放在半固体管内，小玻管的上端应高出于培养基的表面，灭菌后备用。临用时在酒精灯上加热溶化，冷至 50 ℃，挑取因子血清 1 环，加入小套管中的半固体内，略加搅动，使其混匀，俟凝固后，将待检菌株接种于小套管中的半固体表层内，每天检查结果，待另一相细菌解离后，可从套管外的半固体表面取菌检查，或转种 1% 软琼脂斜面，于 37 ℃培养后再做凝集试验。

简易平板法：将 0.35%～0.4% 半固体琼脂平板烘干表面水分，挑取因子血清 1 环，滴在半固体平板表面，放置片刻，待血清吸收到琼脂内，在血清部位的中央点种待检菌株，培养后，在形成蔓延生长的菌苔边缘取菌检查。

5.5.4.3　Vi 抗原的鉴定

用 Vi 因子血清检查。已知具有 Vi 抗原的菌型有：伤寒沙门氏菌，丙型副伤寒沙门氏菌，都柏林沙门氏菌。

5.5.4.4　菌型的判定

根据血清学分型鉴定的结果，按照附录 A 或有关沙门氏菌属抗原表判定菌型。

6　结果与报告

综合以上生化试验和血清学鉴定的结果，报告 25 g(mL)样品中检出或未检出沙门氏菌。

附 录 A
（规范性附录）
培养基和试剂

A.1 缓冲蛋白胨水（BPW）

A.1.1 成分

蛋白胨	10.0 g
氯化钠	5.0 g
磷酸氢二钠（含12个结晶水）	9.0 g
磷酸二氢钾	1.5 g
蒸馏水	1 000 mL

pH7.2±0.2

A.1.2 制法

将各成分加入蒸馏水中，搅混均匀，静置约10 min，煮沸溶解，调节pH，高压灭菌121 ℃，15 min。

A.2 四硫磺酸钠煌绿（TTB）增菌液

A.2.1 基础液

蛋白胨	10.0 g
牛肉膏	5.0 g
氯化钠	3.0 g
碳酸钙	45.0 g
蒸馏水	1 000 mL

pH7.0±0.2

除碳酸钙外，将各成分加入蒸馏水中，煮沸溶解，再加入碳酸钙，调节pH，高压灭菌121 ℃，20 min。

A.2.2 硫代硫酸钠溶液

硫代硫酸钠（含5个结晶水）	50.0 g
蒸馏水	加至100 mL

高压灭菌121 ℃，20 min。

A.2.3 碘溶液

碘片	20.0 g
碘化钾	25.0 g
蒸馏水	加至100 mL

将碘化钾充分溶解于少量的蒸馏水中，再投入碘片，振摇玻瓶至碘片全部溶解为止，然后加蒸馏水至规定的总量，贮存于棕色瓶内，塞紧瓶盖备用。

A.2.4 0.5%煌绿水溶液

煌绿	0.5 g
蒸馏水	100 mL

溶解后，存放暗处，不少于1 d，使其自然灭菌。

A.2.5 牛胆盐溶液

牛胆盐	10.0 g

蒸馏水	100 mL

加热煮沸至完全溶解，高压灭菌 121 ℃，20 min。

A.2.6 制法

基础液	900 mL
硫代硫酸钠溶液	100 mL
碘溶液	20.0 mL
煌绿水溶液	2.0 mL
牛胆盐溶液	50.0 mL

临用前，按上列顺序，以无菌操作依次加入基础液中，每加入一种成分，均应摇匀后再加入另一种成分。

A.3 亚硒酸盐胱氨酸(SC)增菌液

A.3.1 成分

蛋白胨	5.0 g
乳糖	4.0 g
磷酸氢二钠	10.0 g
亚硒酸氢钠	4.0 g
L-胱氨酸	0.01 g
蒸馏水	1 000 mL

pH7.0±0.2

A.3.2 制法

除亚硒酸氢钠和 L-胱氨酸外，将各成分加入蒸馏水中，煮沸溶解，冷至 55 ℃以下，以无菌操作加入亚硒酸氢钠和 1 g/L L-胱氨酸溶液 10 mL(称取 0.1 g L-胱氨酸，加 1 mol/L 氢氧化钠溶液 15 mL，使溶解，再加无菌蒸馏水至 100 mL 即成，如为 DL-胱氨酸，用量应加倍)。摇匀，调节 pH。

A.4 亚硫酸铋(BS)琼脂

A.4.1 成分

蛋白胨	10.0 g
牛肉膏	5.0 g
葡萄糖	5.0 g
硫酸亚铁	0.3 g
磷酸氢二钠	4.0 g
煌绿	0.025 g 或 5.0 g/L 水溶液 5.0 mL
柠檬酸铋铵	2.0 g
亚硫酸钠	6.0 g
琼脂	18.0 g～20 g
蒸馏水	1 000 mL

pH7.5±0.2

A.4.2 制法

将前三种成分加入 300 mL 蒸馏水(制作基础液)，硫酸亚铁和磷酸氢二钠分别加入 20 mL 和 30 mL 蒸馏水中，柠檬酸铋铵和亚硫酸钠分别加入另一 20 mL 和 30 mL 蒸馏水中，琼脂加入 600 mL 蒸馏水中。然后分别搅拌均匀，煮沸溶解。冷至 80 ℃左右时，先将硫酸亚铁和磷酸氢二钠混匀，倒入基础液中，混匀。将柠檬酸铋铵和亚硫酸钠混匀，倒入基础液中，再混匀。调节 pH，随即倾入琼脂液中，混合均匀,冷至 50 ℃～55 ℃。加入煌绿溶液,充分混匀后立即倾注平皿。

注:本培养基不需要高压灭菌,在制备过程中不宜过分加热,避免降低其选择性,贮于室温暗处,超过 48 h 会降低其选择性,本培养基宜于当天制备,第二天使用。

A.5 HE 琼脂(hektoen enteric agar)

A.5.1 成分

蛋白胨	12.0 g
牛肉膏	3.0 g
乳糖	12.0 g
蔗糖	12.0 g
水杨素	2 .0 g
胆盐	20.0 g
氯化钠	5.0 g
琼脂	18.0 g～20.0 g
蒸馏水	1 000 mL
0.4%溴麝香草酚蓝溶液	16.0 mL
Andrade 指示剂	20.0 mL
甲液	20.0 mL
乙液	20.0 mL

pH7.5±0.2

A.5.2 制法

将前面七种成分溶解于 400 mL 蒸馏水内作为基础液;将琼脂加入于 600 mL 蒸馏水内。然后分别搅拌均匀,煮沸溶解。加入甲液和乙液于基础液内,调节 pH。再加入指示剂,并与琼脂液合并,待冷至 50 ℃～55 ℃倾注平皿。

注:① 本培养基不需要高压灭菌,在制备过程中不宜过分加热,避免降低其选择性。

② 甲液的配制

硫代硫酸钠	34.0 g
柠檬酸铁铵	4.0 g
蒸馏水	100 mL

③ 乙液的配制

去氧胆酸钠	10.0 g
蒸馏水	100 mL

④ Andrade 指示剂

酸性复红	0.5 g
1 mol/L 氢氧化钠溶液	16.0 mL
蒸馏水	100 mL

将复红溶解于蒸馏水中,加入氢氧化钠溶液。数小时后如复红褪色不全,再加氢氧化钠溶液 1 mL～2 mL。

A.6 木糖赖氨酸脱氧胆盐(XLD)琼脂

A.6.1 成分

酵母膏	3.0 g
L-赖氨酸	5.0 g
木糖	3.75 g
乳糖	7.5 g

蔗糖	7.5 g
去氧胆酸钠	2.5 g
柠檬酸铁铵	0.8 g
硫代硫酸钠	6.8 g
氯化钠	5.0 g
琼脂	15.0 g
酚红	0.08 g
蒸馏水	1 000 mL

pH7.4±0.2

A.6.2 制法

除酚红和琼脂外，将其他成分加入 400 mL 蒸馏水中，煮沸溶解，调节 pH。另将琼脂加入 600 mL 蒸馏水中，煮沸溶解。

将上述两溶液混合均匀后，再加入指示剂，待冷至 50 ℃～55 ℃倾注平皿。

注：本培养基不需要高压灭菌，在制备过程中不宜过分加热，避免降低其选择性，贮于室温暗处。本培养基宜于当天制备，第二天使用。

A.7 三糖铁(TSI)琼脂

A.7.1 成分

蛋白胨	20.0 g
牛肉膏	5.0 g
乳糖	10.0 g
蔗糖	10.0 g
葡萄糖	1.0 g
硫酸亚铁铵(含 6 个结晶水)	0.2 g
酚红	0.025 g 或 5.0 g/L 溶液 5.0 mL
氯化钠	5.0 g
硫代硫酸钠	0.2 g
琼脂	12.0 g
蒸馏水	1 000 mL

pH7.4±0.2

A.7.2 制法

除酚红和琼脂外，将其他成分加入 400 mL 蒸馏水中，煮沸溶解，调节 pH。另将琼脂加入 600 mL 蒸馏水中，煮沸溶解。

将上述两溶液混合均匀后，再加入指示剂，混匀，分装试管，每管约 2 mL～4 mL，高压灭菌 121 ℃ 10 min 或 115 ℃ 15 min，灭菌后置成高层斜面，呈桔红色。

A.8 蛋白胨水、靛基质试剂

A.8.1 蛋白胨水

蛋白胨(或胰蛋白胨)	20.0 g
氯化钠	5.0 g
蒸馏水	1 000 mL

pH7.4±0.2

将上述成分加入蒸馏水中，煮沸溶解，调节 pH，分装小试管，121 ℃高压灭菌 15 min。

A.8.2 靛基质试剂

A.8.2.1 柯凡克试剂：将 5 g 对二甲氨基甲醛溶解于 75 mL 戊醇中，然后缓慢加入浓盐酸 25 mL。

A.8.2.2 欧-波试剂：将 1 g 对二甲氨基苯甲醛溶解于 95 mL 95%乙醇内。然后缓慢加入浓盐酸 20 mL。

A.8.3 试验方法

挑取小量培养物接种，在 36 ℃±1 ℃培养 1 d～2 d，必要时可培养 4 d～5 d。加入柯凡克试剂约 0.5 mL，轻摇试管，阳性者于试剂层呈深红色；或加入欧-波试剂约 0.5 mL，沿管壁流下，覆盖于培养液表面，阳性者于液面接触处呈玫瑰红色。

注：蛋白胨中应含有丰富的色氨酸。每批蛋白胨买来后，应先用已知菌种鉴定后方可使用。

A.9 尿素琼脂(pH7.2)

A.9.1 成分

蛋白胨	1.0 g
氯化钠	5.0 g
葡萄糖	1.0 g
磷酸二氢钾	2.0 g
0.4%酚红	3.0 mL
琼脂	20.0 g
蒸馏水	1 000 mL
20%尿素溶液	100 mL
pH7.2±0.2	

A.9.2 制法

除尿素、琼脂和酚红外，将其他成分加入 400 mL 蒸馏水中，煮沸溶解，调节 pH。另将琼脂加入 600 mL 蒸馏水中，煮沸溶解。

将上述两溶液混合均匀后，再加入指示剂后分装，121 ℃高压灭菌 15 min。冷至 50 ℃～55 ℃，加入经除菌过滤的尿素溶液。尿素的最终浓度为 2%。分装于无菌试管内，放成斜面备用。

A.9.3 试验方法

挑取琼脂培养物接种，在 36 ℃±1 ℃培养 24 h，观察结果。尿素酶阳性者由于产碱而使培养基变为红色。

A.10 氰化钾(KCN)培养基

A.10.1 成分

蛋白胨	10.0 g
氯化钠	5.0 g
磷酸二氢钾	0.225 g
磷酸氢二钠	5.64 g
蒸馏水	1 000 mL
0.5%氰化钾	20.0 mL

A.10.2 制法

将除氰化钾以外的成分加入蒸馏水中，煮沸溶解，分装后 121 ℃高压灭菌 15 min。放在冰箱内使其充分冷却。每 100 mL 培养基加入 0.5%氰化钾溶液 2.0 mL(最后浓度为 1∶10 000)，分装于无菌试管内，每管约 4 mL，立刻用无菌橡皮塞塞紧，放在 4 ℃冰箱内，至少可保存两个月。同时，将不加氰化钾的培养基作为对照培养基，分装试管备用。

A.10.3 试验方法

将琼脂培养物接种于蛋白胨水内成为稀释菌液，挑取1环接种于氰化钾(KCN)培养基。并另挑取1环接种于对照培养基。在36 ℃±1 ℃培养1 d～2 d，观察结果。如有细菌生长即为阳性(不抑制)，经2 d细菌不生长为阴性(抑制)。

注：氰化钾是剧毒药，使用时应小心，切勿沾染，以免中毒。夏天分装培养基应在冰箱内进行。试验失败的主要原因是封口不严，氰化钾逐渐分解，产生氢氰酸气体逸出，以致药物浓度降低，细菌生长，因而造成假阳性反应。试验时对每一环节都要特别注意。

A.11 赖氨酸脱羧酶试验培养基

A.11.1 成分

蛋白胨	5.0 g
酵母浸膏	3.0 g
葡萄糖	1.0 g
蒸馏水	1 000 mL
1.6%溴甲酚紫-乙醇溶液	1.0 mL
L-赖氨酸或DL-赖氨酸	0.5 g/100 mL或1.0 g/100 mL

pH6.8±0.2

A.11.2 制法

除赖氨酸以外的成分加热溶解后，分装每瓶100 mL，分别加入赖氨酸。L-赖氨酸按0.5%加入，DL-赖氨酸按1%加入。调节pH。对照培养基不加赖氨酸。分装于无菌的小试管内，每管0.5 mL，上面滴加一层液体石蜡，115 ℃高压灭菌10 min。

A.11.3 试验方法

从琼脂斜面上挑取培养物接种，于36 ℃±1 ℃培养18 h～24 h，观察结果。氨基酸脱羧酶阳性者由于产碱，培养基应呈紫色。阴性者无碱性产物，但因葡萄糖产酸而使培养基变为黄色。对照管应为黄色。

A.12 糖发酵管

A.12.1 成分

牛肉膏	5.0 g
蛋白胨	10.0 g
氯化钠	3.0 g
磷酸氢二钠(含12个结晶水)	2.0 g
0.2%溴麝香草酚蓝溶液	12.0 mL
蒸馏水	1 000 mL

pH7.4±0.2

A.12.2 制法

A.12.2.1 葡萄糖发酵管按上述成分配好后，调节pH。按0.5%加入葡萄糖，分装于有一个倒置小管的小试管内，121 ℃高压灭菌15 min。

A.12.2.2 其他各种糖发酵管可按上述成分配好后，分装每瓶100 mL，121 ℃高压灭菌15 min。另将各种糖类分别配好10%溶液，同时高压灭菌。将5 mL糖溶液加入于100 mL培养基内，以无菌操作分装小试管。

注：蔗糖不纯，加热后会自行水解者，应采用过滤法除菌。

A.12.3 试验方法：从琼脂斜面上挑取小量培养物接种，于36 ℃±1 ℃培养，一般2 d～3 d。迟缓反应需观察 14 d～30 d。

A.13 ONPG 培养基

A.13.1 成分

邻硝基酚 β-D-半乳糖苷(ONPG) (O-nitrophenyl-β-D-galactopyranoside)	60.0 mg
0.01 mol/L 磷酸钠缓冲液(pH7.5)	10.0 mL
1%蛋白胨水(pH7.5)	30.0 mL

A.13.2 制法

将 ONPG 溶于缓冲液内，加入蛋白胨水，以过滤法除菌，分装于无菌的小试管内，每管 0.5 mL，用橡皮塞塞紧。

A.13.3 试验方法

自琼脂斜面上挑取培养物 1 满环接种于 36 ℃±1 ℃培养 1 h～3 h 和 24 h 观察结果。如果 β-半乳糖苷酶产生，则于 1 h～3 h 变黄色，如无此酶则 24 h 不变色。

A.14 半固体琼脂

A.14.1 成分

牛肉膏	0.3 g
蛋白胨	1.0 g
氯化钠	0.5 g
琼脂	0.35 g～0.4 g
蒸馏水	100 mL
pH7.4±0.2	

A.14.2 制法

按以上成分配好，煮沸溶解，调节 pH。分装小试管。121 ℃高压灭菌 15 min。直立凝固备用。

注：供动力观察、菌种保存、H 抗原位相变异试验等用。

A.15 丙二酸钠培养基

A.15.1 成分

酵母浸膏	1.0 g
硫酸铵	2.0 g
磷酸氢二钾	0.6 g
磷酸二氢钾	0.4 g
氯化钠	2.0 g
丙二酸钠	3.0 g
0.2%溴麝香草酚蓝溶液	12.0 mL
蒸馏水	1 000 mL
pH6.8±0.2	

A.15.2 制法

除指示剂以外的成分溶解于水，调节 pH，再加入指示剂，分装试管，121 ℃高压灭菌 15 min。

A.15.3 试验方法

用新鲜的琼脂培养物接种，于 36 ℃±1 ℃培养 48 h，观察结果。阳性者由绿色变为蓝色。

附　录　B
（规范性附录）
常见沙门氏菌抗原

B.1　常见沙门氏菌抗原

常见沙门氏菌抗原见表 B.1。

表 B.1　常见沙门氏菌抗原表

菌　　名	拉丁菌名	O 抗原	H 抗原	
			第 1 相	第 2 相
A 群				
甲型副伤寒沙门氏菌	*S. paratyphi A*	1,2,12	a	[1,5]
B 群				
基桑加尼沙门氏菌	*S. kisangani*	1,4,[5],12	a	1,2
阿雷查瓦莱塔沙门氏菌	*S. arechavaleta*	4,[5],12	a	1,7
马流产沙门氏菌	*S. abortusequi*	4,12	—	e,n,x,
乙型副伤寒沙门氏菌	*S. paratyphi B*	1,4,[5],12	b	1,2
利密特沙门氏菌	*S. limete*	1,4,12,[27]	b	1,5
阿邦尼沙门氏菌	*S. abony*	1,4,[5],12,27	b	e,n,x
维也钠沙门氏菌	*S. wien*	1,4,12,[27]	b	l,w
伯里沙门氏菌	*S. bury*	4,12,[27]	c	z6
斯坦利沙门氏菌	*S. stanley*	1,4,[5],12,[27]	d	1,2
圣保罗沙门氏菌	*S. saintpaul*	1,4,[5],12	e,h	1,2
里定沙门氏菌	*S. reading*	1,4,[5],12	e,h	1,5
彻斯特沙门氏菌	*S. chester*	1,4,[5],12	e,h	e,n,x
德尔卑沙门氏菌	*S. derby*	1,4,[5],12	f,g	[1,2]
阿贡纳沙门氏菌	*S. agona*	1,4,[5],12	f,g,s	[1,2]
埃森沙门氏菌	*S. essen*	4,12	g,m	—
加利福尼亚沙门氏菌	*S. california*	4,12	g,m,t	$[z_{67}]$
金斯敦沙门氏菌	*S. kingston*	1,4,[5],12,[27]	g,s,t	[1,2]
布达佩斯沙门氏菌	*S. budapest*	1,4,12,[27]	g,t	—
鼠伤寒沙门氏菌	*S. typhimurium*	1,4,[5],12	i	1,2
拉古什沙门氏菌	*S. Lagos*	1,4,[5],12	i	1,5
布雷登尼沙门氏菌	*S. bredeney*	1,4,12,[27]	l,v	1,7
基尔瓦沙门氏菌Ⅱ	*S. kilwa* Ⅱ	4,12	l,w	e,n,x
海德尔堡沙门氏菌	*S. heidelberg*	1,4,[15],12	r	1,2
印地安纳沙门氏菌	*S. indiana*	1,4,12	z	1,7

表 B.1（续）

菌　名	拉丁菌名	O 抗原	H 抗原	
			第 1 相	第 2 相
斯坦利维尔沙门氏菌	*S. stanleyville*	1,4,[5],12,[27]	z_4,z_{23}	[1,2]
伊图里沙门氏菌	*S. ituri*	1,4,12	z_{10}	1,5
C1 群				
奥斯陆沙门氏菌	*S. oslo*	6,7,14	a	e,n,x
爱丁保沙门氏菌	*S. edinburg*	6,7,14	b	1,5
布隆方丹沙门氏菌Ⅱ	*S. bloemfontein* Ⅱ	6,7	b	[e,n,x]:z_{42}
丙型副伤寒沙门氏菌	*S. paratyphi C*	6,7,[Vi]	c	1,5
猪霍乱沙门氏菌	*S. choleraesuis*	6,7	c	1,5
猪伤寒沙门氏菌	*S. typhisuis*	6,7	c	1,5
罗米他沙门氏菌	*S. lomita*	6,7	e,h	1,5
布伦登卢普沙门氏菌	*S. braenderup*	6,7,14	e,h	e,n,z_{15}
里森沙门氏菌	*S. rissen*	6,7,14	f,g	—
蒙得维的亚沙门氏菌	*S. montevideo*	6,7,14	g,m,[p],s	[1,2,7]
里吉尔沙门氏菌	*S. riggil*	6,7	g,[t]	—
奥雷宁堡沙门氏菌	*S. oranieburg*	6,7,14	m,t	[2,5,7]
奥里塔蔓林沙门氏菌	*S. oritamerin*	6,7	i	1,5
汤卜逊沙门氏菌	*S. thompson*	6,7,14	k	1,5
康科德沙门氏菌	*S. concord*	6,7	l,v	1,2
伊鲁木沙门氏菌	*S. irumu*	6,7	l,v	1,5
姆卡巴沙门氏菌	*S. mkamba*	6,7	l,v	1,6
波恩沙门氏菌	*S. bonn*	6,7	l,v	e,n,x
波茨坦沙门氏菌	*S. potsdam*	6,7,14	l,v	e,n,z_{15}
格但斯克沙门氏菌	*S. gdansk*	6,7,14	l,v	z_6
维尔肖沙门氏菌	*S. virchow*	6,7,14	r	1,2
婴儿沙门氏菌	*S. infantis*	6,7,14	r	1,5
巴布亚沙门氏菌	*S. papuana*	6,7	r	e,n,z_{15}
巴累利沙门氏菌	*S. bareilly*	6,7,14	y	1,5
哈特福德沙门氏菌	*S. hartford*	6,7	y	e,n,x
三河岛沙门氏菌	*S. mikawasima*	6,7,14	y	e,n,z_{15}
姆班达卡沙门氏菌	*S. mbandaka*	6,7,14	z_{10}	e,n,z_{15}
田纳西沙门氏菌	*S. tennessee*	6,7,14	z_{29}	[1,2,7]
布伦登卢普沙门氏菌	*S. braenderup*	6,7,14	e,h	e,n,z_{15}

表 B.1（续）

菌　　名	拉丁菌名	O 抗原	H 抗原	
			第 1 相	第 2 相
耶路撒冷沙门氏菌	*S. jerusalem*	6,7,$\underline{14}$	z_{10}	l,w
C2 群				
习志野沙门氏菌	*S. narashino*	6.8	a	e,n,x
名古屋沙门氏菌	*S. nagoya*	6,8	b	1,5
加瓦尼沙门氏菌	*S. gatuni*	6,8	b	e,n,x
慕尼黑沙门氏菌	*S. muenchen*	6,8	d	1,2
蔓哈顿沙门氏菌	*S. manhattan*	6,8	d	1,5
纽波特沙门氏菌	*S. newport*	6,8,$\underline{20}$	e,h	1,2
科特布斯沙门氏菌	*S. kottbus*	6,8	e,h	1,5
茨昂威沙门氏菌	*S. tshiongwe*	6,8	e,h	e,n,z_{15}
林登堡沙门氏菌	*S. lindenburg*	6,8	i	1,2
塔科拉迪沙门氏菌	*S. takoradi*	6,8	i	1,5
波那雷恩沙门氏菌	*S. bonariensis*	6,8	i	e,n,x
利齐菲尔德沙门氏菌	*S. litchfield*	6,8	l,v	1,2
病牛沙门氏菌	*S. bovismorbificans*	6,8,$\underline{20}$	r,[i]	1,5
查理沙门氏菌	*S. chailey*	6,8	z_4,z_{23}	e,n,z_{15}
C3 群				
巴尔多沙门氏菌	*S. bardo*	8	e,h	1,2
依麦克沙门氏菌	*S. emek*	8,$\underline{20}$	g,m,s	—
肯塔基沙门氏菌	*S. kentucky*	8,$\underline{20}$	i	z_6
D 群				
仙台沙门氏菌	*S. sendai*	$\underline{1}$,9,12	a	1,5
伤寒沙门氏菌	*S. typhi*	9,12,[Vi]	d	—
塔西沙门氏菌	*S. tarshyne*	9,12	d	1,6
伊斯特本沙门氏菌	*S. eastbourne*	$\underline{1}$,9,12	e,h	1,5
以色列沙门氏菌	*S. israel*	9,12	e,h	e,n,z_{15}
肠炎沙门氏菌	*S. enteritidis*	$\underline{1}$,9,12	g,m	[1,7]
布利丹沙门氏菌	*S. blegdam*	9,12	g,m,q	—
沙门氏菌 Ⅱ	*Salmonella* Ⅱ	$\underline{1}$,9,12	g,m,[s],t	[1,5,7]
都柏林沙门氏菌	*S. dublin*	$\underline{1}$,9,12,[Vi]	g,p	—
芙蓉沙门氏菌	*S. seremban*	9,12	i	1,5
巴拿马沙门氏菌	*S. panama*	$\underline{1}$,9,12	l,v	1,5
戈丁根沙门氏菌	*S. goettingen*	9,12	l,v	e,n,z_{15}
爪哇安纳沙门氏菌	*S. javiana*	$\underline{1}$,9,12	L,z_{28}	1,5

表 B.1(续)

菌　　名	拉丁菌名	O 抗原	H 抗原	
			第 1 相	第 2 相
鸡-雏沙门氏菌	*S. gallinarum-pullorum*	1,9,12	—	—
E1 群				
奥凯福科沙门氏菌	*S. okefoko*	3,10	c	z_6
瓦伊勒沙门氏菌	*S. vejle*	3,{10},{15}	e,h	1,2
明斯特沙门氏菌	*S. muenster*	3,{10}{15}{15,34}	e,h	1,5
鸭沙门氏菌	S. anatum	3,{10}{15}{15,34}	e,h	1,6
纽兰沙门氏菌	*S. newlands*	3,{10},{15,34}	e,h	e,n,x
火鸡沙门氏菌	*S. meleagridis*	3,{10}{15}{15,34}	e,h	l,w
雷根特沙门氏菌	*S. regent*	3,10	f,g,[s]	[1,6]
西翰普顿沙门氏菌	*S. westhampton*	3,{10}{15}{15,34}	g,s,t	—
阿姆德尔尼斯沙门氏菌	*S. amounderness*	3,10	i	1,5
新罗歇尔沙门氏菌	*S. new-rochelle*	3,10	k	l,w
恩昌加沙门氏菌	*S. nchanga*	3,{10}{15}	l,v	1,2
新斯托夫沙门氏菌	*S. sinstorf*	3,10	l,v	1,5
伦敦沙门氏菌	*S. london*	3,{10}{15}	l,v	1,6
吉韦沙门氏菌	*S. give*	3,{10}{15}{15,34}	l,v	1,7
鲁齐齐沙门氏菌	*S. ruzizi*	3,10	l,v	e,n,z_{15}
乌干达沙门氏菌	*S. uganda*	3,{10}{15}	l,z_{13}	1,5
乌盖利沙门氏菌	*S. ughelli*	3,10	r	1,5
韦太夫雷登沙门氏菌	*S. weltevreden*	3,{10}{15}	r	z_6
克勒肯威尔沙门氏菌	*S. clerkenwell*	3,10	z	l,w
列克星敦沙门氏菌	*S. lexington*	3,{10}{15}{15,34}	z_{10}	1,5
E4 群				
萨奥沙门氏菌	*S. sao*	1,3,19	e,h	e,n,z_{15}
卡拉巴尔沙门氏菌	*S. calabar*	1,3,19	e,h	l,w
山夫登堡沙门氏菌	*S. senftenberg*	1,3,19	g,[s],t	—
斯特拉特福沙门氏菌	*S. stratford*	1,3,19	i	1,2
塔克松尼沙门氏菌	*S. taksony*	1,3,19	i	z_6
索恩保沙门氏菌	*S. schoeneberg*	1,3,19	z	e,n,z_{15}
F 群				
昌丹斯沙门氏菌	*S. chandans*	11	d	[e,n,x]
阿柏丁沙门氏菌	*S. aberdeen*	11	i	1,2
布里赫姆沙门氏菌	*S. brijbhumi*	11	i	1,5
威尼斯沙门氏菌	*S. veneziana*	11	i	e,n,x

表 B.1（续）

菌　　名	拉丁菌名	O 抗原	H 抗原	
			第 1 相	第 2 相
阿巴特图巴沙门氏菌	*S. abaetetuba*	11	k	1,5
鲁比斯劳沙门氏菌	*S. rubislaw*	11	r	e,n,x
其 他 群				
浦那沙门氏菌	*S. poona*	1,13,22	z	1,6
里特沙门氏菌	*S. ried*	1,13,22	z_4,z_{23}	[e,n,z_{15}]
密西西比沙门氏菌	*S. mississippi*	1,13,23	b	1,5
古巴沙门氏菌	*S. cubana*	1,13,23	z_{29}	—
苏拉特沙门氏菌	*S. surat*	[1],6,14,[25]	r,[i]	e,n,z_{15}
松兹瓦尔沙门氏菌	*S. sundsvall*	[1],6,14,[25]	z	e,n,x
非丁伏斯沙门氏菌	*S. hvittingfoss*	16	b	e,n,x
威斯敦沙门氏菌	*S. weston*	16	e,h	z_6
上海沙门氏菌	S. shanghai	16	l,v	1,6
自贡沙门氏菌	*S. zigong*	16	l,w	1,5
巴圭达沙门氏菌	*S. baguida*	21	z_4,z_{23}	—
迪尤波尔沙门氏菌	*S. dieuoppeul*	28	i	1,7
卢肯瓦尔德沙门氏菌	*S. luckenwalde*	28	z_{10}	e,n,z_{15}
拉马特根沙门氏菌	*S. ramatgan*	30	k	1,5
阿德莱沙门氏菌	*S. adelaide*	35	f,g	—
旺兹沃思沙门氏菌	*S. wandsworth*	39	b	1,2
雷俄格伦德沙门氏菌	*S. riogrande*	40	b	1,5
莱瑟沙门氏菌	*S. lethe Ⅱ*	41	g,t	—
达莱姆沙门氏菌	*S. dahlem*	48	k	e,n,z_{15}
沙门氏菌Ⅲb	*Salmonella Ⅲb*	61	l,v	1,5,7

中华人民共和国国家标准

GB 4789.10—2010

食品安全国家标准

食品微生物学检验　金黄色葡萄球菌检验

National food safety standard

Food microbiological examination:*Staphylococcus aureus*

2010-03-26 发布　　2010-06-01 实施

中华人民共和国卫生部　发布

前　言

本标准代替 GB/T 4789.10—2008《食品卫生微生物学检验　金黄色葡萄球菌检验》和 GB/T 4789.37—2008《食品卫生微生物学检验　金黄色葡萄球菌计数》。

本标准与 GB/T 4789.10—2008 和 GB/T 4789.37—2008 相比，主要修改如下：

——修改了标准的中英文名称；

——修改了范围；

——规范了样品制备过程；

——增加了计算公式中系数 1.1 的解释；

——修改了附录 A 中胰酪胨大豆肉汤的名称，规范为 10%氯化钠胰酪胨大豆肉汤；

——增加了第二法金黄色葡萄球菌 Baird-Parker 平板计数和第三法金黄色葡萄球菌 MPN 计数。

本标准的附录 A、附录 B、附录 C 是规范性附录。

本标准所代替标准的历次版本发布情况为：

——GB 4789.10—1984、GB 4789.10—1994、GB/T 4789.10—2003、GB/T 4789.10—2008。

——GB/T 4789.37—2008。

食品安全国家标准

食品微生物学检验　金黄色葡萄球菌检验

1　范围

本标准规定了食品中金黄色葡萄球菌(*Staphylococcus aureus*)的检验方法。

本标准第一法适用于食品中金黄色葡萄球菌的定性检验;第二法适用于金黄色葡萄球菌含量较高的食品中金黄色葡萄球菌的计数;第三法适用于金黄色葡萄球菌含量较低而杂菌含量较高的食品中金黄色葡萄球菌的计数。

2　设备和材料

除微生物实验室常规灭菌及培养设备外,其他设备和材料如下:

2.1　恒温培养箱:36 ℃±1 ℃。

2.2　冰箱:2 ℃～5 ℃。

2.3　恒温水浴箱:37 ℃～65 ℃。

2.4　天平:感量 0.1 g。

2.5　均质器。

2.6　振荡器。

2.7　无菌吸管:1 mL(具 0.01 mL 刻度)、10 mL(具 0.1 mL 刻度)或微量移液器及吸头。

2.8　无菌锥形瓶:容量 100 mL、500 mL。

2.9　无菌培养皿:直径 90 mm。

2.10　注射器:0.5 mL。

2.11　pH 计或 pH 比色管或精密 pH 试纸。

3　培养基和试剂

3.1　10%氯化钠胰酪胨大豆肉汤:见附录 A 中 A.1。

3.2　7.5%氯化钠肉汤:见附录 A 中 A.2。

3.3　血琼脂平板:见附录 A 中 A.3。

3.4　Baird-Parker 琼脂平板:见附录 A 中 A.4。

3.5　脑心浸出液肉汤(BHI):见附录 A 中 A.5。

3.6　兔血浆:见附录 A 中 A.6。

3.7　稀释液:磷酸盐缓冲液:见附录 A 中 A.7。

3.8　营养琼脂小斜面:见附录 A 中 A.8。

3.9　革兰氏染色液:见附录 A 中 A.9。

3.10　无菌生理盐水:见附录 A 中 A.10。

第一法　金黄色葡萄球菌定性检验

4　检验程序

金黄色葡萄球菌定性检验程序见图 1。

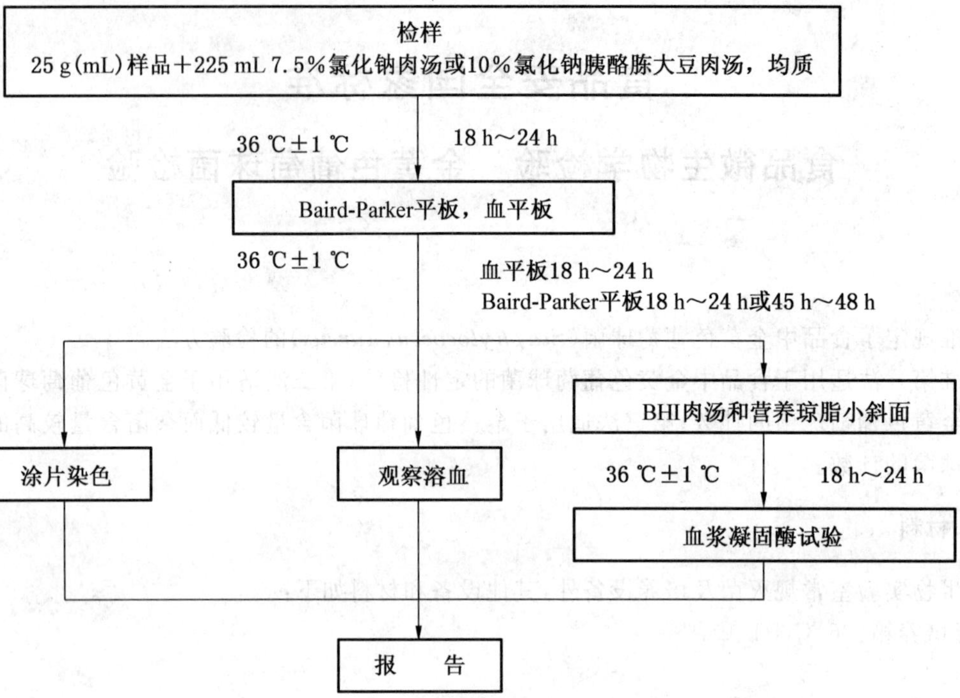

图 1 金黄色葡萄球菌检验程序

5 操作步骤

5.1 样品的处理

称取 25 g 样品至盛有 225 mL 7.5%氯化钠肉汤或 10%氯化钠胰酪胨大豆肉汤的无菌均质杯内，8 000 r/min～10 000 r/min 均质 1 min～2 min，或放入盛有 225 mL 7.5%氯化钠肉汤或 10%氯化钠胰酪胨大豆肉汤的无菌均质袋中，用拍击式均质器拍打 1 min～2 min。若样品为液态，吸取 25 mL 样品至盛有 225 mL 7.5%氯化钠肉汤或 10%氯化钠胰酪胨大豆肉汤的无菌锥形瓶(瓶内可预置适当数量的无菌玻璃珠)中，振荡混匀。

5.2 增菌和分离培养

5.2.1 将上述样品匀液于 36 ℃±1 ℃培养 18 h～24 h。金黄色葡萄球菌在 7.5%氯化钠肉汤中呈混浊生长，污染严重时在 10%氯化钠胰酪胨大豆肉汤内呈混浊生长。

5.2.2 将上述培养物，分别划线接种到 Baird-Parker 平板和血平板，血平板 36 ℃±1 ℃培养 18 h～24 h。Baird-Parker 平板 36 ℃±1 ℃培养 18 h～24 h 或 45 h～48 h。

5.2.3 金黄色葡萄球菌在 Baird-Parker 平板上，菌落直径为 2 mm～3 mm，颜色呈灰色到黑色，边缘为淡色，周围为一混浊带，在其外层有一透明圈。用接种针接触菌落有似奶油至树胶样的硬度，偶然会遇到非脂肪溶解的类似菌落；但无混浊带及透明圈。长期保存的冷冻或干燥食品中所分离的菌落比典型菌落所产生的黑色较淡些，外观可能粗糙并干燥。在血平板上，形成菌落较大，圆形、光滑凸起、湿润、金黄色(有时为白色)，菌落周围可见完全透明溶血圈。挑取上述菌落进行革兰氏染色镜检及血浆凝固酶试验。

5.3 鉴定

5.3.1 染色镜检：金黄色葡萄球菌为革兰氏阳性球菌，排列呈葡萄球状，无芽胞，无荚膜，直径约为 0.5 μm～1 μm。

5.3.2 血浆凝固酶试验：挑取 Baird-Parker 平板或血平板上可疑菌落 1 个或以上，分别接种到 5 mL BHI 和营养琼脂小斜面，36 ℃±1 ℃培养 18 h～24 h。

取新鲜配置兔血浆 0.5 mL，放入小试管中，再加入 BHI 培养物 0.2 mL～0.3 mL，振荡摇匀，置

36 ℃±1 ℃温箱或水浴箱内，每半小时观察一次，观察 6 h，如呈现凝固(即将试管倾斜或倒置时，呈现凝块)或凝固体积大于原体积的一半，被判定为阳性结果。同时以血浆凝固酶试验阳性和阴性葡萄球菌菌株的肉汤培养物作为对照。也可用商品化的试剂，按说明书操作，进行血浆凝固酶试验。

结果如可疑，挑取营养琼脂小斜面的菌落到 5 mL BHI，36 ℃±1 ℃培养 18 h～48 h，重复试验。

5.4 葡萄球菌肠毒素的检验

可疑食物中毒样品或产生葡萄球菌肠毒素的金黄色葡萄球菌菌株的鉴定，应按附录 B 检测葡萄球菌肠毒素。

6 结果与报告

6.1 结果判定：符合 5.2.3、5.3，可判定为金黄色葡萄球菌。

6.2 结果报告：在 25 g(mL)样品中检出或未检出金黄色葡萄球菌。

第二法 金黄色葡萄球菌 Baird-Parker 平板计数

7 检验程序

金黄色葡萄球菌平板计数程序见图 2。

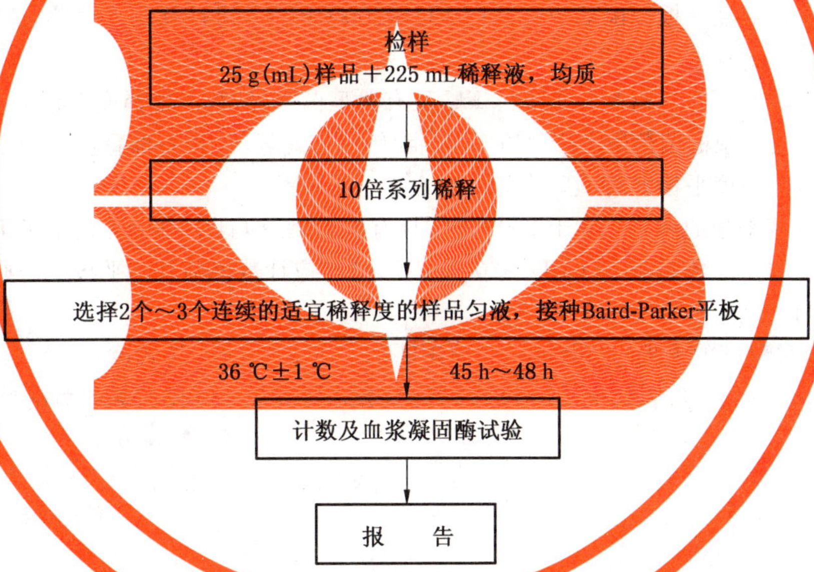

图 2 金黄色葡萄球菌 Baird-Parker 平板法检验程序

8 操作步骤

8.1 样品的稀释

8.1.1 固体和半固体样品：称取 25 g 样品置盛有 225 mL 磷酸盐缓冲液或生理盐水的无菌均质杯内，8 000 r/min～10 000 r/min 均质 1 min～2 min，或置盛有 225 mL 稀释液的无菌均质袋中，用拍击式均质器拍打 1 min～2 min，制成 1∶10 的样品匀液。

8.1.2 液体样品：以无菌吸管吸取 25 mL 样品置盛有 225 mL 磷酸盐缓冲液或生理盐水的无菌锥形瓶(瓶内预置适当数量的无菌玻璃珠)中，充分混匀，制成 1∶10 的样品匀液。

8.1.3 用 1 mL 无菌吸管或微量移液器吸取 1∶10 样品匀液 1 mL，沿管壁缓慢注于盛有 9 mL 稀释液的无菌试管中(注意吸管或吸头尖端不要触及稀释液面)，振摇试管或换用 1 支 1 mL 无菌吸管反复吹打使其混合均匀，制成 1∶100 的样品匀液。

8.1.4 按 8.1.3 操作程序，制备 10 倍系列稀释样品匀液。每递增稀释一次，换用 1 次 1 mL 无菌吸管或吸头。

8.2 样品的接种

根据对样品污染状况的估计，选择2个～3个适宜稀释度的样品匀液(液体样品可包括原液)，在进行10倍递增稀释时，每个稀释度分别吸取1 mL样品匀液以0.3 mL、0.3 mL、0.4 mL接种量分别加入三块Baird-Parker平板，然后用无菌L棒涂布整个平板，注意不要触及平板边缘。使用前，如Baird-Parker平板表面有水珠，可放在25 ℃～50 ℃的培养箱里干燥，直到平板表面的水珠消失。

8.3 培养

8.3.1.1 在通常情况下，涂布后，将平板静置10 min，如样液不易吸收，可将平板放在培养箱36 ℃±1 ℃培养1 h；等样品匀液吸收后翻转平皿，倒置于培养箱，36 ℃±1 ℃培养，45 h～48 h。

8.4 典型菌落计数和确认

8.4.1 金黄色葡萄球菌在Baird-Parker平板上，菌落直径为2 mm～3 mm，颜色呈灰色到黑色，边缘为淡色，周围为一混浊带，在其外层有一透明圈。用接种针接触菌落有似奶油至树胶样的硬度，偶然会遇到非脂肪溶解的类似菌落；但无混浊带及透明圈。长期保存的冷冻或干燥食品中所分离的菌落比典型菌落所产生的黑色较淡些，外观可能粗糙并干燥。

8.4.2 选择有典型的金黄色葡萄球菌菌落的平板，且同一稀释度3个平板所有菌落数合计在20 CFU～200 CFU之间的平板，计数典型菌落数。如果：

a) 只有一个稀释度平板的菌落数在20 CFU～200 CFU之间且有典型菌落，计数该稀释度平板上的典型菌落；

b) 最低稀释度平板的菌落数小于20 CFU且有典型菌落，计数该稀释度平板上的典型菌落；

c) 某一稀释度平板的菌落数大于200 CFU且有典型菌落，但下一稀释度平板上没有典型菌落，应计数该稀释度平板上的典型菌落；

d) 某一稀释度平板的菌落数大于200 CFU且有典型菌落，且下一稀释度平板上有典型菌落，但其平板上的菌落数不在20 CFU～200 CFU之间，应计数该稀释度平板上的典型菌落；

以上按式(1)计算。

e) 2个连续稀释度的平板菌落数均在20 CFU～200 CFU之间，按式(2)计算。

8.4.3 从典型菌落中任选5个菌落(小于5个全选)，分别按5.3.2做血浆凝固酶试验。

9 结果计算

式(1)：

$$T = \frac{AB}{Cd} \qquad (1)$$

式中：

T——样品中金黄色葡萄球菌菌落数；

A——某一稀释度典型菌落的总数；

B——某一稀释度血浆凝固酶阳性的菌落数；

C——某一稀释度用于血浆凝固酶试验的菌落数；

d——稀释因子。

式(2)：

$$T = \frac{A1B1/C1 + A2B2/C2}{1.1d} \qquad (2)$$

式中：

T——样品中金黄色葡萄球菌菌落数；

$A1$——第一稀释度(低稀释倍数)典型菌落的总数；

$A2$——第二稀释度(高稀释倍数)典型菌落的总数;

$B1$——第一稀释度(低稀释倍数)血浆凝固酶阳性的菌落数;

$B2$——第二稀释度(高稀释倍数)血浆凝固酶阳性的菌落数;

$C1$——第一稀释度(低稀释倍数)用于血浆凝固酶试验的菌落数;

$C2$——第二稀释度(高稀释倍数)用于血浆凝固酶试验的菌落数;

1.1——计算系数;

d——稀释因子(第一稀释度)。

10 结果与报告

根据Baird-Parker平板上金黄色葡萄球菌的典型菌落数,按9中公式计算,报告每g(mL)样品中金黄色葡萄球菌数,以CFU/g(mL)表示;如T值为0,则以小于1乘以最低稀释倍数报告。

第三法 金黄色葡萄球菌MPN计数

11 检验程序

金黄色葡萄球菌MPN计数程序见图3。

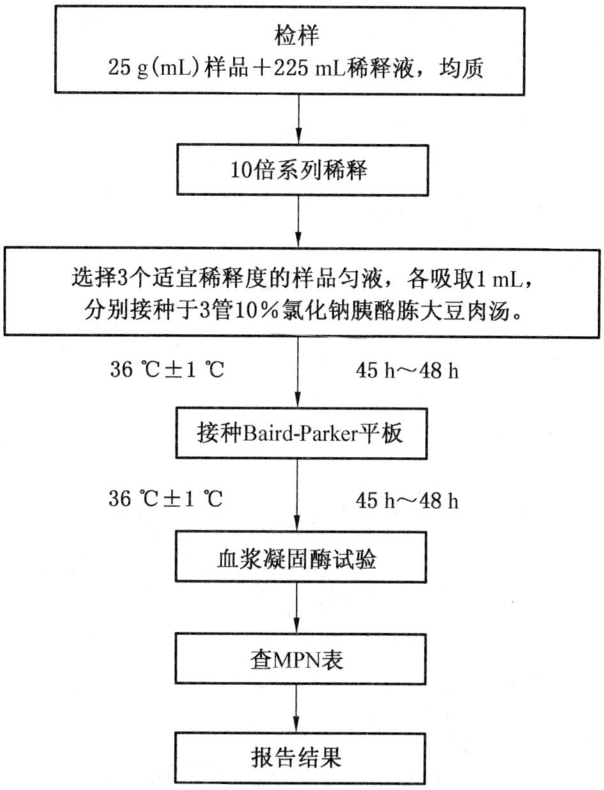

图3 金黄色葡萄球菌MPN法检验程序

12 操作步骤

12.1 样品的稀释

按8.1进行。

12.2 接种和培养

12.2.1 根据对样品污染状况的估计,选择3个适宜稀释度的样品匀液(液体样品可包括原液),在进行10倍递增稀释时,每个稀释度分别吸取1 mL样品匀液接种到10%氯化钠胰酪胨大豆肉汤管,每个稀释度接种 3 管，将上述接种物于 36 ℃±1 ℃培养 45 h～48 h。

12.2.2 用接种环从有细菌生长的各管中，移取 1 环，分别接种 Baird-Parker 平板，36 ℃±1 ℃培养 45 h～48 h。

12.3 典型菌落确认

12.3.1 见 8.4.1。

12.3.2 从典型菌落中至少挑取 1 个菌落接种到 BHI 肉汤和营养琼脂斜面，36 ℃±1 ℃培养 18 h～24 h。进行血浆凝固酶试验，见 5.3.2。

13 结果与报告

计算血浆凝固酶试验阳性菌落对应的管数，查 MPN 检索表（见附录 C），报告每 g(mL)样品中金黄色葡萄球菌的最可能数，以 MPN/g(mL)表示。

附 录 A
（规范性附录）
培养基和试剂

A.1 10%氯化钠胰酪胨大豆肉汤

A.1.1 成分

胰酪胨（或胰蛋白胨）	17.0 g
植物蛋白胨（或大豆蛋白胨）	3.0 g
氯化钠	100.0 g
磷酸氢二钾	2.5 g
丙酮酸钠	10.0 g
葡萄糖	2.5 g
蒸馏水	1 000 mL

pH7.3±0.2

A.1.2 制法

将上述成分混合，加热，轻轻搅拌并溶解，调节 pH，分装，每瓶 225 mL，121 ℃高压灭菌 15 min。

A.2 7.5%氯化钠肉汤

A.2.1 成分

蛋白胨	10.0 g
牛肉膏	5.0 g
氯化钠	75 g
蒸馏水	1 000 mL

pH7.4

A.2.2 制法

将上述成分加热溶解，调节 pH，分装，每瓶 225 mL，121 ℃高压灭菌 15 min。

A.3 血琼脂平板

A.3.1 成分

豆粉琼脂（pH7.4～7.6）	100 mL
脱纤维羊血（或兔血）	5 mL～10 mL

A.3.2 制法

加热溶化琼脂，冷却至 50 ℃，以无菌操作加入脱纤维羊血，摇匀，倾注平板。

A.4 Baird-Parker 琼脂平板

A.4.1 成分

胰蛋白胨	10.0 g
牛肉膏	5.0 g
酵母膏	1.0 g
丙酮酸钠	10.0 g
甘氨酸	12.0 g

氯化锂($LiCl \cdot 6H_2O$)	5.0 g
琼脂	20.0 g
蒸馏水	950 mL

pH7.0±0.2

A.4.2 增菌剂的配法

30%卵黄盐水 50 mL 与经过除菌过滤的 1%亚碲酸钾溶液 10 mL 混合,保存于冰箱内。

A.4.3 制法

将各成分加到蒸馏水中,加热煮沸至完全溶解,调节 pH。分装每瓶 95 mL,121 ℃高压灭菌 15 min。临用时加热溶化琼脂,冷至 50 ℃,每 95 mL 加入预热至 50 ℃的卵黄亚碲酸钾增菌剂 5 mL 摇匀后倾注平板。培养基应是致密不透明的。使用前在冰箱储存不得超过 48 h。

A.5 脑心浸出液肉汤(BHI)

A.5.1 成分

胰蛋白质胨	10.0 g
氯化钠	5.0 g
磷酸氢二钠($Na_2HPO_4 \cdot 12H_2O$)	2.5 g
葡萄糖	2.0 g
牛心浸出液	500 mL

pH7.4±0.2

A.5.2 制法

加热溶解,调节 pH,分装 16 mm×160 mm 试管,每管 5 mL 置 121 ℃,15 min 灭菌。

A.6 兔血浆

取柠檬酸钠 3.8 g,加蒸馏水 100 mL,溶解后过滤,装瓶,121 ℃高压灭菌 15 min。

兔血浆制备:取 3.8%柠檬酸钠溶液一份,加兔全血四份,混好静置(或以 3 000 r/min 离心 30 min),使血液细胞下降,即可得血浆。

A.7 磷酸盐缓冲液

A.7.1 成分

磷酸二氢钾(KH_2PO_4)	34.0 g
蒸馏水	500 mL

pH7.2

A.7.2 制法

贮存液:称取 34.0 g 的磷酸二氢钾溶于 500 mL 蒸馏水中,用大约 175 mL 的 1 mol/L 氢氧化钠溶液调节 pH 至 7.2,用蒸馏水稀释至 1 000 mL 后贮存于冰箱。

稀释液:取贮存液 1.25 mL,用蒸馏水稀释至 1 000 mL,分装于适宜容器中,121 ℃高压灭菌 15 min。

A.8 营养琼脂小斜面

A.8.1 成分

蛋白胨	10.0 g
牛肉膏	3.0 g
氯化钠	5.0 g

琼脂　15.0 g～20.0 g

蒸馏水　1 000 mL

pH7.2～7.4

A.8.2 制法

将除琼脂以外的各成分溶解于蒸馏水内，加入15%氢氧化钠溶液约2 mL调节pH至7.2～7.4。加入琼脂，加热煮沸，使琼脂溶化，分装13 mm×130 mm管，121 ℃高压灭菌15 min。

A.9 革兰氏染色液

A.9.1 结晶紫染色液

A.9.1.1 成分

结晶紫　1.0 g

95%乙醇　20.0 mL

1%草酸铵水溶液　80.0 mL

A.9.1.2 制法

将结晶紫完全溶解于乙醇中，然后与草酸铵溶液混合。

A.9.2 革兰氏碘液

A.9.2.1 成分

碘　1.0 g

碘化钾　2.0 g

蒸馏水　300 mL

A.9.2.2 制法

将碘与碘化钾先行混合，加入蒸馏水少许充分振摇，待完全溶解后，再加蒸馏水至300 mL。

A.9.3 沙黄复染液

A.9.3.1 成分

沙黄　0.25 g

95%乙醇　10.0 mL

蒸馏水　90.0 mL

A.9.3.2 制法

将沙黄溶解于乙醇中，然后用蒸馏水稀释。

A.9.4 染色法

a) 涂片在火焰上固定，滴加结晶紫染液，染1 min，水洗。

b) 滴加革兰氏碘液，作用1 min，水洗。

c) 滴加95%乙醇脱色约15 s～30 s，直至染色液被洗掉，不要过分脱色，水洗。

d) 滴加复染液，复染1 min，水洗、待干、镜检。

A.10 无菌生理盐水

A.10.1 成分

氯化钠　8.5 g

蒸馏水　1 000 mL

A.10.2 制法

称取8.5 g氯化钠溶于1 000 mL蒸馏水中，121 ℃高压灭菌15 min。

附　录　B
（规范性附录）
葡萄球菌肠毒素检验

B.1　试剂和材料

除另有规定外，所用试剂均为分析纯，试验用水应符合 GB/T 6682 对一级水的规定。

B.1.1　A、B、C、D、E 型金黄色葡萄球菌肠毒素分型 ELISA 检测试剂盒。

B.1.2　pH 试纸，范围在 3.5～8.0，精度 0.1。

B.1.3　0.25 mol/L、pH8.0 的 Tris 缓冲液：将 121.1 g 的 Tris 溶解到 800 mL 的去离子水中，待温度冷至室温后，加 42 mL 浓 HCl，调 pH 值至 8.0。

B.1.4　pH7.4 的磷酸盐缓冲液：称取 $NaH_2PO_4 \cdot H_2O$ 0.55 g（或 $NaH_2PO_4 \cdot 2H_2O$ 0.62 g）、$Na_2HPO_4 \cdot 2H_2O$ 2.85 g（或 $Na_2HPO_4 \cdot 12H_2O$ 5.73 g）、NaCl 8.7 g 溶于 1 000 mL 蒸馏水中，充分混匀即可。

B.1.5　庚烷。

B.1.6　10％次氯酸钠溶液。

B.1.7　肠毒素产毒培养基

B.1.7.1　成分

蛋白胨	20.0 g
胰消化酪蛋白	200 mg（氨基酸）
氯化钠	5.0 g
磷酸氢二钾	1.0 g
磷酸二氢钾	1.0 g
氯化钙	0.1 g
硫酸镁	0.2 g
烟酸	0.01 g
蒸馏水	1 000 mL

pH7.2～7.4

B.1.7.2　制法

将所有成分混于水中，溶解后调节 pH，121 ℃高压灭菌 30 min。

B.1.8　营养琼脂

B.1.8.1　成分

蛋白胨	10.0 g
牛肉膏	3.0 g
氯化钠	5.0 g
琼脂	15.0 g～20.0 g
蒸馏水	1 000 mL

B.1.8.2　制法

将除琼脂以外的各成分溶解于蒸馏水内，加入 15％氢氧化钠溶液约 2 mL，校正 pH 至 7.2～7.4。加入琼脂，加热煮沸，使琼脂溶化。分装烧瓶，121 ℃高压灭菌 15 min。

B.2　仪器和设备

B.2.1　电子天平：感量 0.01 g。

B.2.2 均质器。
B.2.3 离心机:转速 3 000g～5 000g。
B.2.4 离心管:50 mL。
B.2.5 滤器:滤膜孔径 0.2 μm。
B.2.6 微量加样器:20 μL～200 μL、200 μL～1 000 μL。
B.2.7 微量多通道加样器:50 μL～300 μL。
B.2.8 自动洗板机(可选择使用)。
B.2.9 酶标仪:波长 450 nm。

B.3 原理

本方法可用 A、B、C、D、E 型金黄色葡萄球菌肠毒素分型酶联免疫吸附试剂盒完成。本方法测定的基础是酶联免疫吸附反应(ELISA)。96 孔酶标板的每一个微孔条的 A～E 孔分别包被了 A、B、C、D、E 型葡萄球菌肠毒素抗体,H 孔为阳性质控,已包被混合型葡萄球菌肠毒素抗体,F 和 G 孔为阴性质控,包被了非免疫动物的抗体。样品中如果有葡萄球菌肠毒素,游离的葡萄球菌肠毒素则与各微孔中包被的特定抗体结合,形成抗原抗体复合物,其余未结合的成分在洗板过程中被洗掉;抗原抗体复合物再与过氧化物酶标记物(二抗)结合,未结合上的酶标记物在洗板过程中被洗掉;加入酶底物和显色剂并孵育,酶标记物上的酶催化底物分解,使无色的显色剂变为蓝色;加入反应终止液可使颜色由蓝变黄,并终止了酶反应;以 450 nm 波长的酶标仪测量微孔溶液的吸光度值,样品中的葡萄球菌肠毒素与吸光度值成正比。

B.4 检测步骤

B.4.1 从分离菌株培养物中检测葡萄球菌肠毒素方法

待测菌株接种营养琼脂斜面(试管 18 mm×180 mm)37 ℃培养 24 h,用 5 mL 生理盐水洗下菌落,倾入 60 mL 产毒培养基中,每个菌种种一瓶,37 ℃振荡培养 48 h,振速为 100 次/min,吸出菌液离心,8 000 r/min 20 min,加热 100 ℃,10 min,取上清液,取 100 μL 稀释后的样液进行试验。

B.4.2 从食品中提取和检测葡萄球菌毒素方法

B.4.2.1 乳和乳粉

将 25 g 乳粉溶解到 125 mL、0.25 mol/L、pH8.0 的 Tris 缓冲液中,混匀后同液体乳一样按以下步骤制备。将乳于 15 ℃,3 500g 离心 10 min。将表面形成的一层脂肪层移走,变成脱脂乳。用蒸馏水对其进行稀释(1∶20)。取 100 μL 稀释后的样液进行试验。

B.4.2.2 脂肪含量不超过 40%的食品

称取 10 g 样品绞碎,加入 pH7.4 的 PBS 液 15 mL 进行均质。振摇 15 min。于 15 ℃,3 500g 离心 10 min。必要时,移去上面脂肪层。取上清液进行过滤除菌。取 100 μL 的滤出液进行试验。

B.4.2.3 脂肪含量超过 40%的食品

称取 10 g 样品绞碎,加入 pH7.4 的 PBS 液 15 mL 进行均质。振摇 15 min。于 15 ℃,3 500g 离心 10 min。吸取 5 mL 上层悬浮液,转移到另外一个离心管中,再加入 5 mL 的庚烷,充分混匀 5 min。于 15 ℃,3 500g 离心 5 min。将上部有机相(庚烷层)全部弃去,注意该过程中不要残留庚烷。将下部水相层进行过滤除菌。取 100 μL 的滤出液进行试验。

B.4.2.4 其他食品可酌情参考上述食品处理方法。

B.4.3 检测

B.4.3.1 所有操作均应在室温(20 ℃～25 ℃)下进行,A、B、C、D、E 型金黄色葡萄球菌肠毒素分型 ELISA 检测试剂盒中所有试剂的温度均应回升至室温方可使用。测定中吸取不同的试剂和样品溶液时应更换吸头,用过的吸头以及废液要浸泡到 10%次氯酸钠溶液中过夜。

B.4.3.2 将所需数量的微孔条插入框架中(一个样品需要一个微孔条)。将样品液加入微孔条的 A～G 孔,每孔 100 μL。H 孔加 100 μL 的阳性对照,用手轻拍微孔板充分混匀,用粘胶纸封住微孔以防溶液挥发,置室温下孵育 1 h。

B.4.3.3 将孔中液体倾倒至含 10%次氯酸钠溶液的容器中,并在吸水纸上拍打几次以确保孔内不残留液体。每孔用多通道加样器注入 250 μL 的洗液,再倾倒掉并在吸水纸上拍干。重复以上洗板操作 4 次。本步骤也可由自动洗板机完成。

B.4.3.4 每孔加入 100 μL 的酶标抗体,用手轻拍微孔板充分混匀,置室温下孵育 1 h。

B.4.3.5 重复 B.4.3.3 的洗板程序。

B.4.3.6 加 50 μL 的 TMB 底物和 50 μL 的发色剂至每个微孔中,轻拍混匀,室温黑暗避光处孵育 30 min。

B.4.3.7 加入 100 μL 的 2 mol/L 硫酸终止液,轻拍混匀,30 min 内用酶标仪在 450 nm 波长条件下测量每个微孔溶液的 OD 值。

B.4.4 结果的计算和表述

B.4.4.1 质量控制

测试结果阳性质控的 OD 值要大于 0.5,阴性质控的 OD 值要小于 0.3,如果不能同时满足以上要求,测试的结果不被认可。对阳性结果要排除内源性过氧化物酶的干扰。

B.4.4.2 临界值的计算

每一个微孔条的 F 孔和 G 孔为阴性质控,两个阴性质控 OD 值的平均值加上 0.15 为临界值。

示例:阴性质控 1=0.08

阴性质控 2=0.10

平均值=0.09

临界值=0.09+0.15=0.24

B.4.4.3 结果表述

OD 值小于临界值的样品孔判为阴性,表述为样品中未检出某型金黄色葡萄球菌肠毒素;OD 值大于或等于临界值的样品孔判为阳性,表述为样品中检出某型金黄色葡萄球菌肠毒素。

B.5 生物安全

因样品中不排除有其他潜在的传染性物质存在,所以要严格按照 GB 19489 对废弃物进行处理。

附 录 C
（规范性附录）
金黄色葡萄球菌最可能数(MPN)检索表

C.1 金黄色葡萄球菌最可能数(MPN)的检索见表

每 g(mL)检样中金黄色葡萄球菌最可能数(MPN)的检索见表 C.1。

表 C.1 金黄色葡萄球菌最可能数(MPN)检索表

阳性管数			MPN	95%置信区间		阳性管数			MPN	95%置信区间	
0.10	0.01	0.001		下限	上限	0.10	0.01	0.001		下限	上限
0	0	0	<3.0	—	9.5	2	2	0	21	4.5	42
0	0	1	3.0	0.15	9.6	2	2	1	28	8.7	94
0	1	0	3.0	0.15	11	2	2	2	35	8.7	94
0	1	1	6.1	1.2	18	2	3	0	29	8.7	94
0	2	0	6.2	1.2	18	2	3	1	36	8.7	94
0	3	0	9.4	3.6	38	3	0	0	23	4.6	94
1	0	0	3.6	0.17	18	3	0	1	38	8.7	110
1	0	1	7.2	1.3	18	3	0	2	64	17	180
1	0	2	11	3.6	38	3	1	0	43	9	180
1	1	0	7.4	1.3	20	3	1	1	75	17	200
1	1	1	11	3.6	38	3	1	2	120	37	420
1	2	0	11	3.6	42	3	1	3	160	40	420
1	2	1	15	4.5	42	3	2	0	93	18	420
1	3	0	16	4.5	42	3	2	1	150	37	420
2	0	0	9.2	1.4	38	3	2	2	210	40	430
2	0	1	14	3.6	42	3	2	3	290	90	1 000
2	0	2	20	4.5	42	3	3	0	240	42	1 000
2	1	0	15	3.7	42	3	3	1	460	90	2 000
2	1	1	20	4.5	42	3	3	2	1 100	180	4 100
2	1	2	27	8.7	94	3	3	3	>1 100	420	—

注 1：本表采用 3 个稀释度[0.1 g(mL)、0.01 g(mL)和 0.001 g(mL)]、每个稀释度接种 3 管。

注 2：表内所列检样量如改用 1 g(mL)、0.1 g(mL)和 0.01 g(mL)时，表内数字应相应降低 10 倍；如改用 0.01 g(mL)、0.001 g(mL)、0.000 1 g(mL)时，则表内数字应相应增高 10 倍，其余类推。

中华人民共和国国家标准

GB 4789.15—2010

食品安全国家标准

食品微生物学检验 霉菌和酵母计数

National food safety standard

Food microbiological examination: Enumeration of moulds and yeasts

2010-03-26 发布 2010-06-01 实施

中华人民共和国卫生部 发布

前　言

本标准自实施之日起代替 GB/T 4789.15—2003《食品卫生微生物学检验　霉菌和酵母计数》。

本标准与 GB/T 4789.15—2003 相比，主要修改如下：

——修改了范围；

——修改了检验程序和操作步骤；

——修改了培养基和试剂；

——修改了设备和材料；

——修改了附录。

本标准的附录 A 为规范性附录，附录 B 为资料性附录。

本标准所代替标准的历次版本发布情况为：

——GB 4789.15—1984、GB 4789.15—1994、GB/T 4789.15—2003。

食品安全国家标准

食品微生物学检验　霉菌和酵母计数

1　范围

本标准规定了食品中霉菌和酵母菌(moulds and yeasts)的计数方法。

本标准适用于各类食品中霉菌和酵母菌的计数。

2　设备和材料

除微生物实验室常规灭菌及培养设备外,其他设备和材料如下:

2.1　冰箱:2 ℃～5 ℃。

2.2　恒温培养箱:28 ℃±1 ℃。

2.3　均质器。

2.4　恒温振荡器。

2.5　显微镜:10×～100×。

2.6　电子天平:感量 0.1 g。

2.7　无菌锥形瓶:容量 500 mL、250 mL。

2.8　无菌广口瓶:500 mL。

2.9　无菌吸管:1 mL(具 0.01 mL 刻度)、10 mL(具 0.1 mL 刻度)。

2.10　无菌平皿:直径 90 mm。

2.11　无菌试管:10 mm×75 mm。

2.12　无菌牛皮纸袋、塑料袋。

3　培养基和试剂

3.1　马铃薯-葡萄糖-琼脂培养基:见附录 A 中 A.1。

3.2　孟加拉红培养基:见附录 A 中 A.2。

4　检验程序

霉菌和酵母计数的检验程序见图 1。

5　操作步骤

5.1　样品的稀释

5.1.1　固体和半固体样品:称取 25 g 样品至盛有 225 mL 灭菌蒸馏水的锥形瓶中,充分振摇,即为 1∶10 稀释液。或放入盛有 225 mL 无菌蒸馏水的均质袋中,用拍击式均质器拍打 2 min,制成 1∶10 的样品匀液。

5.1.2　液体样品:以无菌吸管吸取 25 mL 样品至盛有 225 mL 无菌蒸馏水的锥形瓶(可在瓶内预置适当数量的无菌玻璃珠)中,充分混匀,制成 1∶10 的样品匀液。

5.1.3　取 1 mL 1∶10 稀释液注入含有 9 mL 无菌水的试管中,另换一支 1 mL 无菌吸管反复吹吸,此液为 1∶100 稀释液。

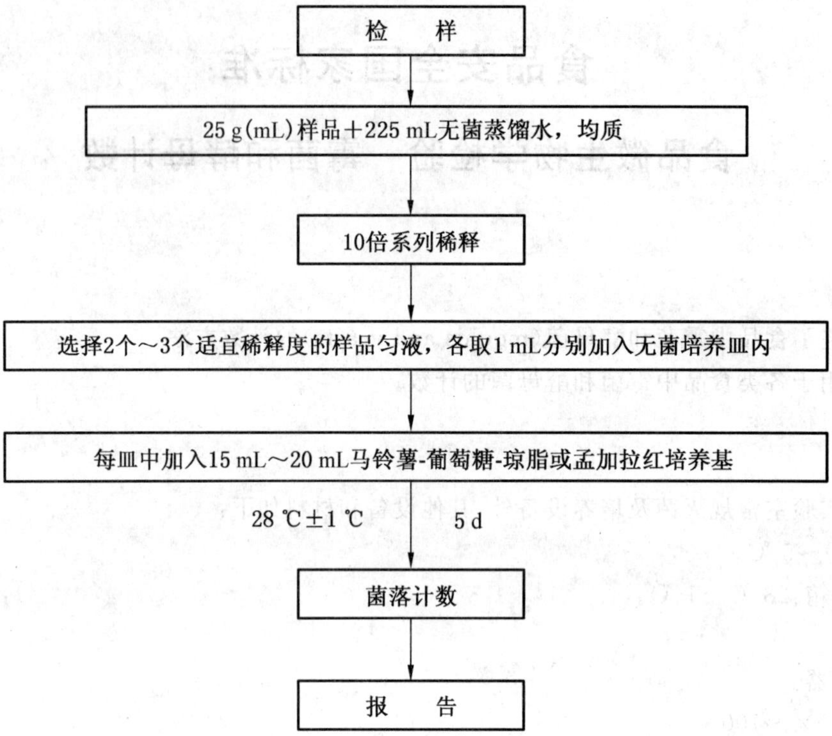

图 1　霉菌和酵母计数的检验程序

5.1.4　按 5.1.3 操作程序，制备 10 倍系列稀释样品匀液。每递增稀释一次，换用 1 次 1 mL 无菌吸管。

5.1.5　根据对样品污染状况的估计，选择 2 个～3 个适宜稀释度的样品匀液(液体样品可包括原液)，在进行 10 倍递增稀释的同时，每个稀释度分别吸取 1 mL 样品匀液于 2 个无菌平皿内。同时分别取 1 mL 样品稀释液加入 2 个无菌平皿作空白对照。

5.1.6　及时将 15 mL～20 mL 冷却至 46 ℃的马铃薯-葡萄糖-琼脂或孟加拉红培养基(可放置于 46 ℃±1 ℃恒温水浴箱中保温)倾注平皿，并转动平皿使其混合均匀。

5.2　培养

待琼脂凝固后，将平板倒置，28 ℃±1 ℃培养 5 d，观察并记录。

5.3　菌落计数

肉眼观察，必要时可用放大镜，记录各稀释倍数和相应的霉菌和酵母数。以菌落形成单位(colony forming units，CFU)表示。

选取菌落数在 10 CFU～150 CFU 的平板，根据菌落形态分别计数霉菌和酵母数。霉菌蔓延生长覆盖整个平板的可记录为多不可计。菌落数应采用两个平板的平均数。

6　结果与报告

6.1　计算两个平板菌落数的平均值，再将平均值乘以相应稀释倍数计算。

6.1.2　若所有平板上菌落数均大于 150 CFU，则对稀释度最高的平板进行计数，其他平板可记录为多不可计，结果按平均菌落数乘以最高稀释倍数计算。

6.1.3　若所有平板上菌落数均小于 10 CFU，则应按稀释度最低的平均菌落数乘以稀释倍数计算。

6.1.4　若所有稀释度平板均无菌落生长，则以小于 1 乘以最低稀释倍数计算；如为原液，则以小于 1 计数。

6.2　报告

6.2.1　菌落数在 100 以内时，按"四舍五入"原则修约，采用两位有效数字报告。

6.2.2 菌落数大于或等于100时，前3位数字采用“四舍五入”原则修约后，取前2位数字，后面用0代替位数来表示结果；也可用10的指数形式来表示，此时也按“四舍五入”原则修约，采用两位有效数字。

6.2.3 称重取样以CFU/g为单位报告，体积取样以CFU/mL为单位报告，报告或分别报告霉菌和/或酵母数。

附 录 A
（规范性附录）
培养基和试剂

A.1 马铃薯-葡萄糖-琼脂

A.1.1 成分

马铃薯（去皮切块）	300 g
葡萄糖	20.0 g
琼脂	20.0 g
氯霉素	0.1 g
蒸馏水	1 000 mL

A.1.2 制法

将马铃薯去皮切块，加 1 000 mL 蒸馏水，煮沸 10 min～20 min。用纱布过滤，补加蒸馏水至 1 000 mL。加入葡萄糖和琼脂，加热溶化，分装后，121 ℃灭菌 20 min。倾注平板前，用少量乙醇溶解氯霉素加入培养基中。

A.2 孟加拉红培养基

A.2.1 成分

蛋白胨	5.0 g
葡萄糖	10.0 g
磷酸二氢钾	1.0 g
硫酸镁（无水）	0.5 g
琼脂	20.0 g
孟加拉红	0.033 g
氯霉素	0.1 g
蒸馏水	1 000 mL

A.2.2 制法

上述各成分加入蒸馏水中，加热溶化，补足蒸馏水至 1 000 mL，分装后，121 ℃灭菌 20 min。倾注平板前，用少量乙醇溶解氯霉素加入培养基中。

附　录 B
（资料性附录）
霉菌直接镜检计数法

常用的为郝氏霉菌计测法，本方法适用于番茄酱罐头。

B.1　设备和材料

B.1.1　折光仪。

B.1.2　显微镜。

B.1.3　郝氏计测玻片：具有标准计测室的特制玻片。

B.1.4　盖玻片。

B.1.5　测微器：具标准刻度的玻片。

B.2　操作步骤

B.2.1　检样的制备：取定量检样，加蒸馏水稀释至折光指数为 1.3447～1.346 0（即浓度为 7.9%～8.8%），备用。

B.2.2　显微镜标准视野的校正：将显微镜按放大率 90 倍～125 倍调节标准视野，使其直径为 1.382 mm。

B.2.3　涂片：洗净郝氏计测玻片，将制好的标准液，用玻璃棒均匀的摊布于计测室，以备观察。

B.2.4　观测：将制好之载玻片放于显微镜标准视野下进行霉菌观测，一般每一检样观察 50 个视野，同一检样应由两人进行观察。

B.2.5　结果与计算：在标准视野下，发现有霉菌菌丝其长度超过标准视野（1.382 mm）的 1/6 或三根菌丝总长度超过标准视野的 1/6（即测微器的一格）时即为阳性（＋），否则为阴性（－），按 100 个视野计，其中发现有霉菌菌丝体存在的视野数，即为霉菌的视野百分数。

中华人民共和国国家标准

GB 4789.18—2010

食品安全国家标准
食品微生物学检验　乳与乳制品检验

National food safety standard

Food microbiological examination: Milk and milk products

2010-03-26 发布　　　　2010-06-01 实施

中华人民共和国卫生部　发布

前　言

本标准代替 GB/T 4789.18—2003《食品卫生微生物学检验　乳与乳制品检验》。

本标准与 GB/T 4789.18—2003 相比，主要变化如下：

——修改了标准的中英文名称；

——修改了“范围”和“规范性引用文件”；

——修改了采样方案和各类乳制品的处理方法。

本标准所代替的历次版本发布情况为：

——GB 4789.18—1984、GB 4789.18—1994、GB/T 4789.18—2003。

食品安全国家标准
食品微生物学检验 乳与乳制品检验

1 范围

本标准适用于乳与乳制品的微生物学检验。

2 规范性引用文件

本标准中引用的文件对于本标准的应用是必不可少的。凡是注日期的引用文件，仅所注日期的版本适用于本标准。凡是不注日期的引用文件，其最新版本(包括所有的修改单)适用于本标准。

3 设备和材料

3.1 采样工具

采样工具应使用不锈钢或其他强度适当的材料，表面光滑，无缝隙，边角圆润。采样工具应清洗和灭菌，使用前保持干燥。采样工具包括搅拌器具、采样勺、匙、切割丝、刀具(小刀或抹刀)、采样钻等。

3.2 样品容器

样品容器的材料(如玻璃、不锈钢、塑料等)和结构应能充分保证样品的原有状态。容器和盖子应清洁、无菌、干燥。样品容器应有足够的体积，使样品可在测试前充分混匀。样品容器包括采样袋、采样管、采样瓶等。

3.3 其他用品

包括温度计、铝箔、封口膜、记号笔、采样登记表等。

3.4 实验室检验用品

3.4.1 常规检验用品按 GB 4789.1 执行。

3.4.2 微生物指标菌检验分别按 GB 4789.2、GB 4789.3、GB 4789.15 执行。

3.4.3 致病菌检验分别按 GB 4789.4、GB 4789.10、GB 4789.30 和 GB 4789.40 执行。

3.4.4 双歧杆菌和乳酸菌检验分别按 GB/T 4789.34、GB 4789.35 执行。

4 采样方案

样品应当具有代表性。采样过程采用无菌操作，采样方法和采样数量应根据具体产品的特点和产品标准要求执行。样品在保存和运输的过程中，应采取必要的措施防止样品中原有微生物的数量变化，保持样品的原有状态。

4.1 生乳的采样

4.1.1 样品应充分搅拌混匀，混匀后应立即取样，用无菌采样工具分别从相同批次(此处特指单体的贮奶罐或贮奶车)中采集 n 个样品，采样量应满足微生物指标检验的要求。

4.1.2 具有分隔区域的贮奶装置，应根据每个分隔区域内贮奶量的不同，按比例从中采集一定量经混合均匀的代表性样品，将上述奶样混合均匀采样。

4.2 液态乳制品的采样

适用于巴氏杀菌乳、发酵乳、灭菌乳、调制乳等。取相同批次最小零售原包装，每批至少取 n 件。

4.3　半固态乳制品的采样

4.3.1　炼乳的采样

适用于淡炼乳、加糖炼乳、调制炼乳等。

4.3.1.1　原包装小于或等于 500 g(mL)的制品:取相同批次的最小零售原包装,每批至少取 n 件。采样量不小于 5 倍或以上检验单位的样品。

4.3.1.2　原包装大于 500 g(mL)的制品(再加工产品,进出口):采样前应摇动或使用搅拌器搅拌,使其达到均匀后采样。如果样品无法进行均匀混合,就从样品容器中的各个部位取代表性样。采样量不小于 5 倍或以上检验单位的样品。

4.3.2　奶油及其制品的采样

适用于稀奶油、奶油、无水奶油等。

4.3.2.1　原包装小于或等于 1 000 g(mL)的制品:取相同批次的最小零售原包装,采样量不小于 5 倍或以上检验单位的样品。

4.3.2.2　原包装大于 1 000 g(mL)的制品:采样前应摇动或使用搅拌器搅拌,使其达到均匀后采样。对于固态制品,用无菌抹刀除去表层产品,厚度不少于 5 mm。将洁净、干燥的采样钻沿包装容器切口方向往下,匀速穿入底部。当采样钻到达容器底部时,将采样钻旋转 180°,抽出采样钻并将采集的样品转入样品容器。采样量不小于 5 倍或以上检验单位的样品。

4.4　固态乳制品采样

适用于干酪、再制干酪、乳粉、乳清粉、乳糖和酪乳粉等。

4.4.1　干酪与再制干酪的采样

4.4.1.1　原包装小于或等于 500 g 的制品:取相同批次的最小零售原包装,采样量不小于 5 倍或以上检验单位的样品。

4.4.1.2　原包装大于 500 g 的制品:根据干酪的形状和类型,可分别使用下列方法:(1)在距边缘不小于 10 cm 处,把取样器向干酪中心斜插到一个平表面,进行一次或几次。(2) 把取样器垂直插入一个面,并穿过干酪中心到对面。(3) 从两个平面之间,将取样器水平插入干酪的竖直面,插向干酪中心。(4) 若干酪是装在桶、箱或其他大容器中,或是将干酪制成压紧的大块时,将取样器从容器顶斜穿到底进行采样。采样量不小于 5 倍或以上检验单位的样品。

4.4.2　乳粉、乳清粉、乳糖、酪乳粉的采样

适用于乳粉、乳清粉、乳糖、酪乳粉等。

4.4.2.1　原包装小于或等于 500 g 的制品:取相同批次的最小零售原包装,采样量不小于 5 倍或以上检验单位的样品。

4.4.2.2　原包装大于 500 g 的制品:将洁净、干燥的采样钻沿包装容器切口方向往下,匀速穿入底部。当采样钻到达容器底部时,将采样钻旋转 180°,抽出采样钻并将采集的样品转入样品容器。采样量不小于 5 倍或以上检验单位的样品。

5　检样的处理

5.1　乳及液态乳制品的处理

将检样摇匀,以无菌操作开启包装。塑料或纸盒(袋)装,用 75%酒精棉球消毒盒盖或袋口,用灭菌剪刀切开;玻璃瓶装,以无菌操作去掉瓶口的纸罩或瓶盖,瓶口经火焰消毒。用灭菌吸管吸取 25 mL(液态乳中添加固体颗粒状物的,应均质后取样)检样,放入装有 225 mL 灭菌生理盐水的锥形瓶内,振摇均匀。

5.2　半固态乳制品的处理

5.2.1　炼乳

清洁瓶或罐的表面,再用点燃的酒精棉球消毒瓶或罐口周围,然后用灭菌的开罐器打开瓶或罐,以

无菌手续称取 25 g 检样，放入预热至 45 ℃的装有 225 mL 灭菌生理盐水(或其他增菌液)的锥形瓶中，振摇均匀。

5.2.2 稀奶油、奶油、无水奶油等

无菌操作打开包装，称取 25 g 检样，放入预热至 45 ℃的装有 225 mL 灭菌生理盐水(或其他增菌液)的锥形瓶中，振摇均匀。从检样融化到接种完毕的时间不应超过 30 min。

5.3 固态乳制品的处理

5.3.1 干酪及其制品

以无菌操作打开外包装，对有涂层的样品削去部分表面封蜡，对无涂层的样品直接经无菌程序用灭菌刀切开干酪，用灭菌刀(勺)从表层和深层分别取出有代表性的适量样品，磨碎混匀，称取 25 g 检样，放入预热到 45 ℃的装有 225 mL 灭菌生理盐水(或其他稀释液)的锥形瓶中，振摇均匀。充分混合使样品均匀散开(1 min～3 min)，分散过程时温度不超过 40 ℃。尽可能避免泡沫产生。

5.3.2 乳粉、乳清粉、乳糖、酪乳粉

取样前将样品充分混匀。罐装乳粉的开罐取样法同炼乳处理，袋装奶粉应用 75%酒精的棉球涂擦消毒袋口，以无菌手续开封取样。称取检样 25 g，加入预热到 45 ℃盛有 225 mL 灭菌生理盐水等稀释液或增菌液的锥形瓶内(可使用玻璃珠助溶)，振摇使充分溶解和混匀。

对于经酸化工艺生产的乳清粉，应使用 pH 8.4±0.2 的磷酸氢二钾缓冲液稀释。对于含较高淀粉的特殊配方乳粉，可使用 α-淀粉酶降低溶液粘度，或将稀释液加倍以降低溶液粘度。

5.3.3 酪蛋白和酪蛋白酸盐

以无菌操作，称取 25 g 检样，按照产品不同，分别加入 225 mL 灭菌生理盐水等稀释液或增菌液。在对粘稠的样品溶液进行梯度稀释时，应在无菌条件下反复多次吹打吸管，尽量将粘附在吸管内壁的样品转移到溶液中。

5.3.3.1 酸法工艺生产的酪蛋白：使用磷酸氢二钾缓冲液并加入消泡剂，在 pH 8.4±0.2 的条件下溶解样品。

5.3.3.2 凝乳酶法工艺生产的酪蛋白：使用磷酸氢二钾缓冲液并加入消泡剂，在 pH 7.5±0.2 的条件下溶解样品，室温静置 15 min。必要时在灭菌的匀浆袋中均质 2 min，再静置 5 min 后检测。

5.3.3.3 酪蛋白酸盐：使用磷酸氢二钾缓冲液在 pH 7.5±0.2 的条件下溶解样品。

6 检验方法

6.1 菌落总数：按 GB 4789.2 检验。

6.2 大肠菌群：按 GB 4789.3 中的直接计数法计数。

6.3 沙门氏菌：按 GB 4789.4 检验。

6.4 金黄色葡萄球菌：按 GB 4789.10 检验。

6.5 霉菌和酵母：按 GB 4789.15 计数。

6.6 单核细胞增生李斯特氏菌：按 GB 4789.30 检验。

6.7 双歧杆菌：按 GB/T 4789.34 检验。

6.8 乳酸菌：按 GB 4789.35 检验。

6.9 阪崎肠杆菌：按 GB 4789.40 检验。

中华人民共和国国家标准

GB 4789.30—2010

食品安全国家标准
食品微生物学检验
单核细胞增生李斯特氏菌检验

National food safety standard

Food microbiological examination: *Listeria monocytogenes*

2010-03-26 发布　　2010-06-01 实施

中华人民共和国卫生部　发布

前　言

本标准代替 GB/T 4789.30—2008《食品卫生微生物学检验　单核细胞增生李斯特氏菌检验》。

本标准与 GB/T 4789.30—2008 相比，主要变化如下：

——修改了标准的中英文名称；

——删除“第二法　全自动酶链荧光免疫分析仪筛选法”；

——删除“第三法　全自动病原菌检测系统筛选法”。

本标准的附录 A 为规范性附录。

本标准所代替标准的历年版本发布情况为：

——GB 4789.30—1994、GB/T 4789.30—2003、GB/T 4789.30—2008。

食品安全国家标准

食品微生物学检验
单核细胞增生李斯特氏菌检验

1 范围

本标准规定了食品中单核细胞增生李斯特氏菌(*Listeria monocytogenes*)的检验方法。

本标准适用于食品中单核细胞增生李斯特氏菌的检验。

2 设备和材料

除微生物实验室常规无菌及培养设备外,其他设备和材料如下:

2.1 冰箱:2 ℃~5 ℃。

2.2 恒温培养箱:30 ℃±1 ℃、36 ℃±1 ℃。

2.3 均质器。

2.4 显微镜:10×~100×。

2.5 电子天平:感量 0.1 g。

2.6 锥形瓶:100 mL、500 mL。

2.7 无菌吸管:1 mL(具 0.01 mL 刻度)、10 mL(具 0.1 mL 刻度)。

2.8 无菌平皿:直径 90 mm。

2.9 无菌试管:16 mm×160 mm。

2.10 离心管:30 mm×100 mm。

2.11 无菌注射器:1 mL。

2.12 金黄色葡萄球菌(ATCC25923)。

2.13 马红球菌(*Rhodococcus equi*)。

2.14 小白鼠:16 g~18 g。

2.15 全自动微生物生化鉴定系统。

3 培养基和试剂

3.1 含 0.6%酵母浸膏的胰酪胨大豆肉汤(TSB-YE):见附录 A 中 A.1。

3.2 含 0.6%酵母浸膏的胰酪胨大豆琼脂(TSA-YE):见附录 A 中 A.2。

3.3 李氏增菌肉汤 LB(LB_1,LB_2):见附录 A 中 A.3。

3.4 1%盐酸吖啶黄(acriflavine HCl)溶液:见附录 A 中 A.3.2.1。

3.5 1%萘啶酮酸钠盐(naladixic acid)溶液:见附录 A 中 A.3.2.1。

3.6 PALCAM 琼脂:见附录 A 中 A.4。

3.7 革兰氏染液:见附录 A 中 A.5。

3.8 SIM 动力培养基:见附录 A 中 A.6。

3.9 缓冲葡萄糖蛋白胨水[甲基红(MR)和 V-P 试验用]:见附录 A 中 A.7。

3.10 5%~8%羊血琼脂:见附录 A 中 A.8。

3.11 糖发酵管:见附录 A 中 A.9。

3.12　过氧化氢酶试验：见附录A中A.10。

3.13　李斯特氏菌显色培养基。

3.14　生化鉴定试剂盒。

4　检验程序

单核细胞增生李斯特氏菌检验程序见图1。

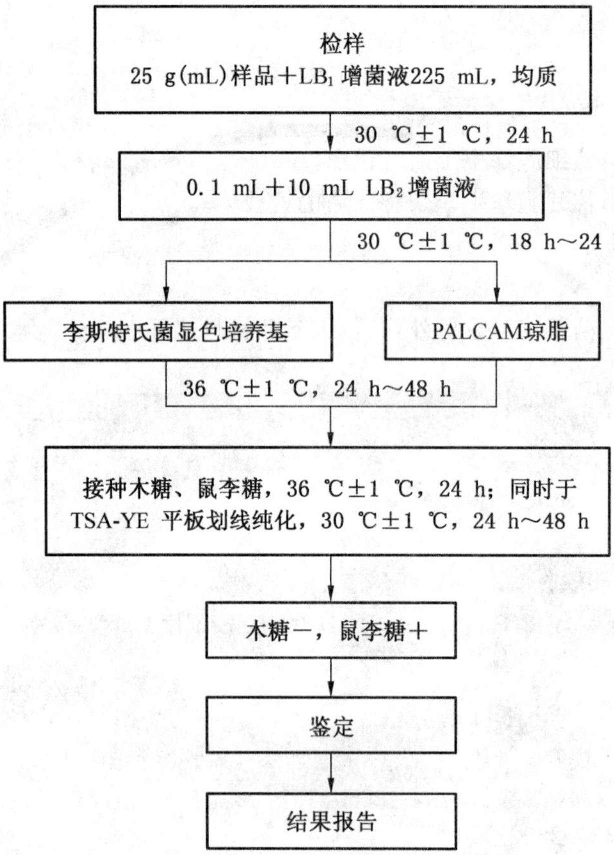

图1　单核细胞增生李斯特氏菌检验程序

5　操作步骤

5.1　增菌

以无菌操作取样品25 g(mL)加入到含有225 mL LB_1 增菌液的均质袋中，在拍击式均质器上连续均质1 min～2 min；或放入盛有225 mL LB_1 增菌液的均质杯中，8 000 r/min～10 000 r/min均质1 min～2 min。于30 ℃±1 ℃培养24 h，移取0.1 mL，转种于10 mL LB_2 增菌液内，于30 ℃±1 ℃培养18 h～24 h。

5.2　分离

取LB_2二次增菌液划线接种于PALCAM琼脂平板和李斯特氏菌显色培养基上，于36 ℃±1 ℃培养24 h～48 h，观察各个平板上生长的菌落。典型菌落在PALCAM琼脂平板上为小的圆形灰绿色菌落，周围有棕黑色水解圈，有些菌落有黑色凹陷；典型菌落在李斯特氏菌显色培养基上的特征按照产品说明进行判定。

5.3　初筛

自选择性琼脂平板上分别挑取5个以上典型或可疑菌落，分别接种在木糖、鼠李糖发酵管，于36 ℃±1 ℃培养24 h；同时在TSA-YE平板上划线纯化，于30 ℃±1 ℃培养24 h～48 h。选择木糖阴性、鼠李糖阳性的纯培养物继续进行鉴定。

5.4 鉴定

5.4.1 染色镜检：李斯特氏菌为革兰氏阳性短杆菌，大小为(0.4 μm～0.5 μm)×(0.5 μm～2.0 μm)；用生理盐水制成菌悬液，在油镜或相差显微镜下观察，该菌出现轻微旋转或翻滚样的运动。

5.4.2 动力试验：李斯特氏菌有动力，呈伞状生长或月牙状生长。

5.4.3 生化鉴定：挑取纯培养的单个可疑菌落，进行过氧化氢酶试验，过氧化氢酶阳性反应的菌落继续进行糖发酵试验和 MR-VP 试验。单核细胞增生李斯特氏菌的主要生化特征见表 1。

表 1 单核细胞增生李斯特氏菌生化特征与其他李斯特氏菌的区别

菌　种	溶血反应	葡萄糖	麦芽糖	MR-VP	甘露醇	鼠李糖	木糖	七叶苷
单核细胞增生李斯特氏菌 (*L. monocytogenes*)	+	+	+	+/+	−	+	−	+
格氏李斯特氏菌 (*L. grayi*)	−	+	+	+/+	+	−	−	+
斯氏李斯特氏菌 (*L. seeligeri*)	+	+	+	+/+	−	−	+	+
威氏李斯特氏菌 (*L. welshimeri*)	−	+	+	+/+	−	V	+	+
伊氏李斯特氏菌 (*L. ivanovii*)	+	+	+	+/+	−	−	+	+
英诺克李斯特氏菌 (*L. innocua*)	−	+	+	+/+	−	V	−	+

注：+阳性；−阴性；V 反应不定。

5.4.4 溶血试验：将羊血琼脂平板底面划分为 20 个～25 个小格，挑取纯培养的单个可疑菌落刺种到血平板上，每格刺种一个菌落，并刺种阳性对照菌（单增李斯特氏菌和伊氏李斯特氏菌）和阴性对照菌（英诺克李斯特氏菌），穿刺时尽量接近底部，但不要触到底面，同时避免琼脂破裂，36 ℃±1 ℃培养 24 h～48 h，于明亮处观察，单增李斯特氏菌和斯氏李斯特氏菌在刺种点周围产生狭小的透明溶血环，英诺克李斯特氏菌无溶血环，伊氏李斯特氏菌产生大的透明溶血环。

5.4.5 协同溶血试验（cAMP）：在羊血琼脂平板上平行划线接种金黄色葡萄球菌和马红球菌，挑取纯培养的单个可疑菌落垂直划线接种于平行线之间，垂直线两端不要触及平行线，于 30 ℃±1 ℃培养 24 h～48 h。单核细胞增生李斯特氏菌在靠近金黄色葡萄球菌的接种端溶血增强，斯氏李斯特氏菌的溶血也增强，而伊氏李斯特氏菌在靠近马红球菌的接种端溶血增强。

5.5 可选择生化鉴定试剂盒或全自动微生物生化鉴定系统等对 5.3 中 3 个～5 个纯培养的可疑菌落进行鉴定。

5.6 小鼠毒力试验（可选择）

将符合上述特性的纯培养物接种于 TSB-YE 中，于 30 ℃±1 ℃培养 24 h，4 000 r/min 离心 5 min，弃上清液，用无菌生理盐水制备成浓度为 10^{10} CFU/mL 的菌悬液，取此菌悬液进行小鼠腹腔注射 3 只～5 只，每只 0.5 mL，观察小鼠死亡情况。致病株于 2 d～5 d 内死亡。试验时可用已知菌作对照。单核细胞增生李斯特氏菌、伊氏李斯特氏菌对小鼠有致病性。

6 结果与报告

综合以上生化试验和溶血试验结果，报告 25 g(mL)样品中检出或未检出单核细胞增生李斯特氏菌。

附 录 A
（规范性附录）
培养基和试剂

A.1 含0.6%酵母浸膏的胰酪胨大豆肉汤(TSB-YE)

A.1.1 成分

胰胨	17.0 g
多价胨	3.0 g
酵母膏	6.0 g
氯化钠	5.0 g
磷酸氢二钾	2.5 g
葡萄糖	2.5 g
蒸馏水	1 000 mL

pH7.2～7.4

A.1.2 制法

将上述各成分加热搅拌溶解，调节pH，分装，121 ℃高压灭菌15 min，备用。

A.2 含0.6%酵母膏的胰酪胨大豆琼脂(TSA-YE)

A.2.1 成分

胰胨	17.0 g
多价胨	3.0 g
酵母膏	6.0 g
氯化钠	5.0 g
磷酸氢二钾	2.5 g
葡萄糖	2.5 g
琼脂	15.0 g
蒸馏水	1 000 mL

pH7.2～7.4

A.2.2 制法

将上述各成分加热搅拌溶解，调节pH，分装，121 ℃高压灭菌15 min，备用。

A.3 李氏增菌肉汤(LB_1，LB_2)

A.3.1 成分

胰胨	5.0 g
多价胨	5.0 g
酵母膏	5.0 g
氯化钠	20.0 g
磷酸二氢钾	1.4 g
磷酸氢二钠	12.0 g
七叶苷	1.0 g
蒸馏水	1 000 mL

pH7.2～7.4

A.3.2 制法

将上述成分加热溶解，调节 pH，分装，121 ℃高压灭菌 15 min，备用。

A.3.2.1 李氏Ⅰ液（LB_1）225 mL 中加入：

1%萘啶酮酸（用 0.05 mol/L 氢氧化钠溶液配制）	0.5 mL
1%吖啶黄（用无菌蒸馏水配制）	0.3 mL

A.3.2.2 李氏Ⅱ液（LB_2）200 mL 中加入：

1%萘啶酮酸	0.4 mL
1%吖啶黄	0.5 mL

A.4 PALCAM

A.4.1 成分

酵母膏	8.0 g
葡萄糖	0.5 g
七叶甙	0.8 g
柠檬酸铁铵	0.5 g
甘露醇	10.0 g
酚红	0.1 g
氯化锂	15.0 g
酪蛋白胰酶消化物	10.0 g
心胰酶消化物	3.0 g
玉米淀粉	1.0 g
肉胃酶消化物	5.0 g
氯化钠	5.0 g
琼脂	15.0 g
蒸馏水	1 000 mL

pH7.2～7.4

A.4.2 制法

将上述成分加热溶解，调节 pH，分装，121 ℃高压灭菌 15 min，备用。

A.4.2.1 PALCAM 选择性添加剂

多粘菌素 B	5.0 mg
盐酸吖啶黄	2.5 mg
头孢他啶	10.0 mg
无菌蒸馏水	500 mL

A.4.2.2 制法

将 PALCAM 基础培养基溶化后冷却到 50 ℃，加入 2 mLPALCAM 选择性添加剂，混匀后倾倒在无菌的平皿中，备用。

A.5 革兰氏染色液

A.5.1 结晶紫染色液

A.5.1.1 成分

结晶紫	1.0 g
95%乙醇	20.0 mL
1%草酸铵水溶液	80.0 mL

A.5.1.2 制法

将结晶紫完全溶解于乙醇中,然后与草酸铵溶液混合。

A.5.2 革兰氏碘液

A.5.2.1 成分

碘	1.0 g
碘化钾	2.0 g
蒸馏水	300 mL

A.5.2.2 制法

将碘与碘化钾先进行混合,加入蒸馏水少许,充分振摇,待完全溶解后,再加蒸馏水至 300 mL。

A.5.3 沙黄复染液

A.5.3.1 成分

沙黄	0.25 g
95%乙醇	10.0 mL
蒸馏水	90.0 mL

A.5.3.2 制法

将沙黄溶解于乙醇中,然后用蒸馏水稀释。

A.5.4 染色法

A.5.4.1 将纯培养的单个可疑菌落涂片,火焰上固定,滴加结晶紫染色液,染 1 min,水洗。

A.5.4.2 滴加革兰氏碘液,作用 1 min,水洗。

A.5.4.3 滴加 95%乙醇脱色,约 15 s~30 s,直至染色液被洗掉,不要过分脱色,水洗。

A.5.4.4 滴加复染液,复染 1 min,水洗、待干、镜检。

A.6 SIM 动力培养基

A.6.1 成分

胰胨	20.0 g
多价胨	6.0 g
硫酸铁铵	0.2 g
硫代硫酸钠	0.2 g
琼脂	3.5 g
蒸馏水	1 000 mL
pH7.2	

A.6.2 制法

将上述各成分加热混匀,调节 pH,分装小试管,121 ℃高压灭菌 15 min,备用。

A.6.3 试验方法

挑取纯培养的单个可疑菌落穿刺接种到 SIM 培养基中,于 30 ℃培养 24 h~48 h,观察结果。

A.7 缓冲葡萄糖蛋白胨水(MR 和 VP 试验用)

A.7.1 成分

多胨	7.0 g
葡萄糖	5.0 g
磷酸氢二钾	5.0 g
蒸馏水	1 000 mL
pH7.0	

A.7.2 制法

溶化后调节 pH,分装试管,每管 1 mL,121 ℃高压灭菌 15 min,备用。

A.7.3 甲基红(MR)试验

A.7.3.1 甲基红试剂

A.7.3.1.1 成分

甲基红	10 mg
95%乙醇	30 mL
蒸馏水	20 mL

A.7.3.1.2 制法

10 mg 甲基红溶于 30 mL 95%乙醇中,然后加入 20 mL 蒸馏水。

A.7.3.1.3 试验方法

取适量琼脂培养物接种于本培养基,36 ℃±1 ℃培养 2 d~5 d。滴加甲基红试剂一滴,立即观察结果。鲜红色为阳性,黄色为阴性。

A.7.4 V-P 试验

A.7.4.1 6% α-萘酚-乙醇溶液

成分及制法:取 α-萘酚 6.0 g ,加无水乙醇溶解,定容至 100 mL。

A.7.4.2 40%氢氧化钾溶液

成分及制法:取氢氧化钾 40 g,加蒸馏水溶解,定容至 100 mL。

A.7.4.3 试验方法

取适量琼脂培养物接种于本培养基,36 ℃±1 ℃培养 2 d~4 d。加入 6% α-萘酚-乙醇溶液 0.5 mL 和 40%氢氧化钾溶液 0.2 mL,充分振摇试管,观察结果。阳性反应立刻或于数分钟内出现红色,如为阴性,应放在 36 ℃±1 ℃继续培养 4 h 再进行观察。

A.8 血琼脂

A.8.1 成分

蛋白胨	1.0 g
牛肉膏	0.3 g
氯化钠	0.5 g
琼脂	1.5 g
蒸馏水	100 mL
脱纤维羊血	5 mL~10 mL

A.8.2 制法

除新鲜脱纤维羊血外,加热溶化上述各组分,121 ℃高压灭菌 15 min,冷到 50 ℃,以无菌操作加入新鲜脱纤维羊血,摇匀,倾注平板。

A.9 糖发酵管

A.9.1 成分

牛肉膏	5.0 g
蛋白胨	10.0 g
氯化钠	3.0 g
磷酸氢二钠($Na_2HPO_4 \cdot 12H_2O$)	2.0 g
0.2%溴麝香草酚蓝溶液	12.0 mL
蒸馏水	1 000 mL

A.9.2 制法

A.9.2.1 葡萄糖发酵管按上述成分配好后，按 0.5% 加入葡萄糖，分装于有一个倒置小管的小试管内，调节 pH 至 7.4，115 ℃高压灭菌 15 min，备用。

A.9.2.2 其他各种糖发酵管可按上述成分配好后，分装每瓶 100 mL，115 ℃高压灭菌 15 min。另将各种糖类分别配好 10% 溶液，同时高压灭菌。将 5 mL 糖溶液加入于 100 mL 培养基内，以无菌操作分装小试管。

A.9.3 试验方法

取适量纯培养物接种于糖发酵管，36 ℃±1 ℃培养 24 h～48 h，观察结果，蓝色为阴性，黄色为阳性。

A.10 过氧化氢酶试验

A.10.1 试剂

3%过氧化氢溶液：临用时配制。

A.10.2 试验方法

用细玻璃棒或一次性接种针挑取单个菌落，置于洁净试管内，滴加 3%过氧化氢溶液 2 mL，观察结果。

A.10.3 结果

于半分钟内发生气泡者为阳性，不发生气泡者为阴性。

中华人民共和国国家标准

GB 4789.35—2010

食品安全国家标准
食品微生物学检验　乳酸菌检验

National food safety standard

Food microbiological examination: Lactic acid bacteria

2010-03-26 发布　　2010-06-01 实施

中华人民共和国卫生部　发布

前　言

本标准代替 GB/T 4789.35—2008《食品卫生微生物学检验　食品中乳酸菌检验》。

本标准与 GB/T 4789.35—2008 相比，主要变化如下：

——修改了乳酸菌总数、乳杆菌、双歧杆菌和嗜热链球菌的计数方法。

本标准的附录 A 为规范性附录。

本标准所代替标准的历次版本发布情况为：

——GB 4789.35—1996、GB/T 4789.35—2003、GB/T 4789.35—2008。

食品安全国家标准
食品微生物学检验　乳酸菌检验

1　范围

本标准规定了含乳酸菌食品中乳酸菌(lactic acid bacteria)的检验方法。

本标准适用于含活性乳酸菌的食品中乳酸菌的检验。

2　规范性引用文件

本标准中引用的文件对于本标准的应用是必不可少的。凡是注日期的引用文件,仅所注日期的版本适用于本标准。凡是不注日期的引用文件,其最新版本(包括所有的修改单)适用于本标准。

3　术语和定义

3.1　乳酸菌　lactic acid bacteria

一类可发酵糖主要产生大量乳酸的细菌的通称。本标准中乳酸菌主要为乳杆菌属(*Lactobacillus*)、双歧杆菌属(*Bifidobacterium*)和链球菌属(*Streptococcus*)。

4　设备和材料

除微生物实验室常规灭菌及培养设备外,其他设备和材料如下:

4.1　恒温培养箱:36 ℃±1 ℃。

4.2　冰箱:2 ℃～5 ℃。

4.3　均质器及无菌均质袋、均质杯或灭菌乳钵。

4.4　天平:感量 0.1 g。

4.5　无菌试管:18 mm×180 mm、15 mm×100 mm。

4.6　无菌吸管:1 mL(具 0.01 mL 刻度)、10 mL(具 0.1 mL 刻度)或微量移液器及吸头。

4.7　无菌锥形瓶:500 mL、250 mL。

5　培养基和试剂

5.1　MRS(man rogosa sharpe)培养基及莫匹罗星锂盐(Li-mupirocin)改良 MRS 培养基:见附录 A 中 A.1。

5.2　MC 培养基(modified chalmers 培养基):见附录 A 中 A.2。

5.3　0.5%蔗糖发酵管:见附录 A 中 A.3。

5.4　0.5%纤维二糖发酵管:见附录 A 中 A.3。

5.5　0.5%麦芽糖发酵管:见附录 A 中 A.3。

5.6　0.5%甘露醇发酵管:见附录 A 中 A.3。

5.7　0.5%水杨苷发酵管:见附录 A 中 A.3。

5.8　0.5%山梨醇发酵管:见附录 A 中 A.3。

5.9　0.5%乳糖发酵管:见附录 A 中 A.3。

5.10　七叶苷发酵管:见附录 A 中 A.4。

5.11　革兰氏染色液：见附录A中A.5。

5.12　莫匹罗星锂盐(Li-mupirocin)：化学纯。

6　检验程序

乳酸菌检验程序见图1。

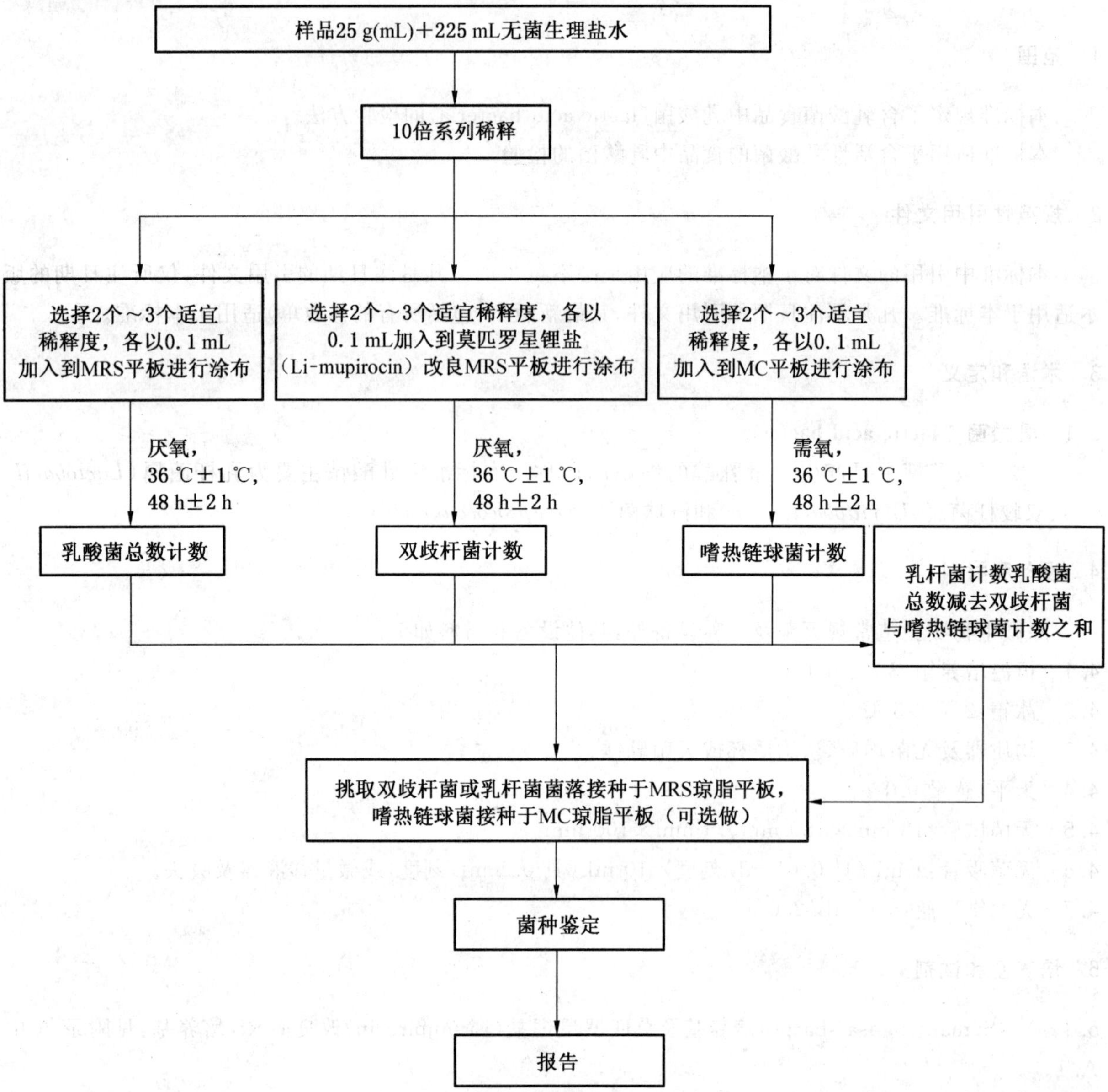

图1　乳酸菌检验程序图

7　操作步骤

7.1　样品制备

7.1.1　样品的全部制备过程均应遵循无菌操作程序。

7.1.2　冷冻样品可先使其在2 ℃～5 ℃条件下解冻，时间不超过18 h，也可在温度不超过45 ℃的条件解冻，时间不超过15 min。

7.1.3　固体和半固体食品：以无菌操作称取25 g样品，置于装有225 mL生理盐水的无菌均质杯内，于

8 000 r/min～10 000 r/min 均质 1 min～2 min，制成 1∶10 样品匀液；或置于 225 mL 生理盐水的无菌均质袋中，用拍击式均质器拍打 1 min～2 min 制成 1∶10 的样品匀液。

7.1.4　液体样品：液体样品应先将其充分摇匀后以无菌吸管吸取样品 25 mL 放入装有 225 mL 生理盐水的无菌锥形瓶（瓶内预置适当数量的无菌玻璃珠）中，充分振摇，制成 1∶10 的样品匀液。

7.2　步骤

7.2.1　用 1 mL 无菌吸管或微量移液器吸取 1∶10 样品匀液 1 mL，沿管壁缓慢注于装有 9 mL 生理盐水的无菌试管中（注意吸管尖端不要触及稀释液），振摇试管或换用 1 支无菌吸管反复吹打使其混合均匀，制成 1∶100 的样品匀液。

7.2.2　另取 1 mL 无菌吸管或微量移液器吸头，按上述操作顺序，做 10 倍递增样品匀液，每递增稀释一次，即换用 1 次 1 mL 灭菌吸管或吸头。

7.2.3　乳酸菌计数

7.2.3.1　乳酸菌总数

根据待检样品活菌总数的估计，选择 2 个～3 个连续的适宜稀释度，每个稀释度吸取 0.1 mL 样品匀液分别置于 2 个 MRS 琼脂平板，使用 L 形棒进行表面涂布。36 ℃±1 ℃，厌氧培养 48 h±2 h 后计数平板上的所有菌落数。从样品稀释到平板涂布要求在 15 min 内完成。

7.2.3.2　双歧杆菌计数

根据对待检样品双歧杆菌含量的估计，选择 2 个～3 个连续的适宜稀释度，每个稀释度吸取0.1 mL 样品匀液于莫匹罗星锂盐（Li-mupirocin）改良 MRS 琼脂平板，使用灭菌 L 形棒进行表面涂布，每个稀释度作两个平板。36 ℃±1 ℃，厌氧培养 48 h±2 h 后计数平板上的所有菌落数。从样品稀释到平板涂布要求在 15 min 内完成。

7.2.3.3　嗜热链球菌计数

根据待检样品嗜热链球菌活菌数的估计，选择 2 个～3 个连续的适宜稀释度，每个稀释度吸取 0.1 mL样品匀液分别置于 2 个 MC 琼脂平板，使用 L 形棒进行表面涂布。36 ℃±1 ℃，需氧培养 48 h±2 h 后计数。嗜热链球菌在 MC 琼脂平板上的菌落特征为：菌落中等偏小，边缘整齐光滑的红色菌落，直径 2 mm±1 mm，菌落背面为粉红色。从样品稀释到平板涂布要求在 15 min 内完成。

7.2.3.4　乳杆菌计数

7.2.3.1 项乳酸菌总数结果减去 7.2.3.2 项双歧杆菌与 7.2.3.3 项嗜热链球菌计数结果之和即得乳杆菌计数。

7.3　菌落计数

可用肉眼观察，必要时用放大镜或菌落计数器，记录稀释倍数和相应的菌落数量。菌落计数以菌落形成单位（colony-forming units，CFU）表示。

7.3.1　选取菌落数在 30 CFU～300 CFU 之间、无蔓延菌落生长的平板计数菌落总数。低于 30 CFU 的平板记录具体菌落数，大于 300 CFU 的可记录为多不可计。每个稀释度的菌落数应采用两个平板的平均数。

7.3.2　其中一个平板有较大片状菌落生长时，则不宜采用，而应以无片状菌落生长的平板作为该稀释度的菌落数；若片状菌落不到平板的一半，而其余一半中菌落分布又很均匀，即可计算半个平板后乘以 2，代表一个平板菌落数。

7.3.3　当平板上出现菌落间无明显界线的链状生长时，则将每条单链作为一个菌落计数。

7.4　结果的表述

7.4.1　若只有一个稀释度平板上的菌落数在适宜计数范围内，计算两个平板菌落数的平均值，再将平均值乘以相应稀释倍数，作为每 g(mL) 中菌落总数结果。

7.4.2　若有两个连续稀释度的平板菌落数在适宜计数范围内时，按式(1)计算：

$$N = \sum C/(n_1 + 0.1n_2)d \qquad \cdots\cdots(1)$$

式中：

N——样品中菌落数；

$\sum C$——平板(含适宜范围菌落数的平板)菌落数之和；

n_1——第一稀释度(低稀释倍数)平板个数；

n_2——第二稀释度(高稀释倍数)平板个数；

d——稀释因子(第一稀释度)。

7.4.3 若所有稀释度的平板上菌落数均大于 300 CFU，则对稀释度最高的平板进行计数，其他平板可记录为多不可计，结果按平均菌落数乘以最高稀释倍数计算。

7.4.4 若所有稀释度的平板菌落数均小于 30 CFU，则应按稀释度最低的平均菌落数乘以稀释倍数计算。

7.4.5 若所有稀释度(包括液体样品原液)平板均无菌落生长，则以小于 1 乘以最低稀释倍数计算。

7.4.6 若所有稀释度的平板菌落数均不在 30 CFU～300 CFU 之间，其中一部分小于 30 CFU 或大于 300 CFU 时，则以最接近 30 CFU 或 300 CFU 的平均菌落数乘以稀释倍数计算。

7.5 菌落数的报告

7.5.1 菌落数小于 100 CFU 时，按“四舍五入”原则修约，以整数报告。

7.5.2 菌落数大于或等于 100 CFU 时，第 3 位数字采用“四舍五入”原则修约后，取前 2 位数字，后面用 0 代替位数；也可用 10 的指数形式来表示，按“四舍五入”原则修约后，采用两位有效数字。

7.5.3 称重取样以 CFU/g 为单位报告，体积取样以 CFU/mL 为单位报告。

8 结果与报告

根据菌落计数结果出具报告，报告单位以 CFU/g(mL)表示。

9 乳酸菌的鉴定(可选做)

9.1 纯培养

挑取 3 个或以上单个菌落，嗜热链球菌接种于 MC 琼脂平板，乳杆菌属接种于 MRS 琼脂平板，置 36 ℃±1 ℃厌氧培养 48 h。

9.2 鉴定

9.2.1 双歧杆菌的鉴定按 GB/T 4789.34 的规定操作。

9.2.2 涂片镜检：乳杆菌属菌体形态多样，呈长杆状、弯曲杆状或短杆状。无芽胞，革兰氏染色阳性。嗜热链球菌菌体呈球形或球杆状，直径为 0.5 μm～2.0 μm，成对或成链排列，无芽胞，革兰氏染色阳性。

9.2.3 乳酸菌菌种主要生化反应见表 1 和表 2。

表 1 常见乳杆菌属内种的碳水化合物反应

菌种	七叶苷	纤维二糖	麦芽糖	甘露醇	水杨苷	山梨醇	蔗糖	棉子糖
干酪乳杆菌干酪亚种(*L. casei subsp. casei*)	+	+	+	+	+	+	+	−
德氏乳杆菌保加利亚种(*L. delbrueckii subsp. bulgaricus*)	−	−	−	−	−	−	−	−
嗜酸乳杆菌(*L. acidophilus*)	+	+	+	−	+	−	+	d
罗伊氏乳杆菌(*L. reuteri*)	ND	−	+	−	−	−	+	+
鼠李糖乳杆菌(*L. rhamnosus*)	+	+	+	+	+	+	+	−
植物乳杆菌(*L. plantarum*)	+	+	+	+	+	+	+	+

注：+表示 90%以上菌株阳性；−表示 90%以上菌株阴性；d 表示 11%～89%菌株阳性；ND 表示未测定。

表 2 嗜热链球菌的主要生化反应

菌　　种	菊糖	乳糖	甘露醇	水杨苷	山梨醇	马尿酸	七叶苷
嗜热链球菌(*S. thermophilus*)	－	＋	－	－	－	－	－
注：＋表示 90％以上菌株阳性；－表示 90％以上菌株阴性。							

附 录 A
（规范性附录）
培养基及试剂

A.1 MRS 培养基

A.1.1 成分

蛋白胨	10.0 g
牛肉粉	5.0 g
酵母粉	4.0 g
葡萄糖	20.0 g
吐温 80	1.0 mL
$K_2HPO_4 \cdot 7H_2O$	2.0 g
醋酸钠 · $3H_2O$	5.0 g
柠檬酸三铵	2.0 g
$MgSO_4 \cdot 7H_2O$	0.2 g
$MnSO_4 \cdot 4H_2O$	0.05 g
琼脂粉	15.0 g

pH6.2

A.1.2 制法

将上述成分加入到 1 000 mL 蒸馏水中，加热溶解，调节 pH，分装后 121 ℃高压灭菌 15 min～20 min。

A.1.3 莫匹罗星锂盐(Li-mupirocin)改良 MRS 培养基

A.1.3.1 莫匹罗星锂盐（Li-mupirocin）储备液制备：称取 50 mg 莫匹罗星锂盐（Li-mupirocin）加入到 50 mL 蒸馏水中，用 0.22 μm 微孔滤膜过滤除菌。

A.1.3.2 制法

将 A.1.1 成分加入到 950 mL 蒸馏水中，加热溶解，调节 pH，分装后于 121 ℃高压灭菌 15 min～20 min。临用时加热熔化琼脂，在水浴中冷至 48 ℃，用带有 0.22 μm 微孔滤膜的注射器将莫匹罗星锂盐（Li-mupirocin）储备液加入到熔化琼脂中，使培养基中莫匹罗星锂盐（Li-mupirocin）的浓度为50 μg/mL。

A.2 MC 培养基

A.2.1 成分

大豆蛋白胨	5.0 g
牛肉粉	3.0 g
酵母粉	3.0 g
葡萄糖	20.0 g
乳糖	20.0 g
碳酸钙	10.0 g
琼脂	15.0 g
蒸馏水	1 000 mL
1%中性红溶液	5.0 mL

pH6.0

A.2.2 制法

将前面7种成分加入蒸馏水中，加热溶解，调节pH，加入中性红溶液。分装后121 ℃高压灭菌15 min～20 min。

A.3 乳酸杆菌糖发酵管

A.3.1 基础成分

牛肉膏	5.0 g
蛋白胨	5.0 g
酵母浸膏	5.0 g
吐温80	0.5 mL
琼脂	1.5 g
1.6%溴甲酚紫酒精溶液	1.4 mL
蒸馏水	1 000 mL

A.3.2 制法

按0.5%加入所需糖类，并分装小试管，121 ℃高压灭菌15 min～20 min。

A.4 七叶苷培养基

A.4.1 成分

蛋白胨	5.0 g
磷酸氢二钾	1.0 g
七叶苷	3.0 g
柠檬酸铁	0.5 g
1.6%溴甲酚紫酒精溶液	1.4 mL
蒸馏水	100 mL

A.4.2 制法

将上述成分加入蒸馏水中，加热溶解，121 ℃高压灭菌15 min～20 min。

A.5 革兰氏染色液

A.5.1 结晶紫染色液

A.5.1.1 成分

结晶紫	1.0 g
95%乙醇	20 mL
1%草酸铵水溶液	80 mL

A.5.1.2 制法

将结晶紫完全溶解于乙醇中，然后与草酸铵溶液混合。

A.5.2 革兰氏碘液

A.5.2.1 成分

碘	1.0 g
碘化钾	2.0 g
蒸馏水	300 mL

A.5.2.2 制法

将碘与碘化钾先进行混合，加入蒸馏水少许，充分振摇，待完全溶解后，再加蒸馏水至300 mL。

A.5.3 沙黄复染液

A.5.3.1 成分

沙黄	0.25 g
95%乙醇	10 mL
蒸馏水	90 mL

A.5.3.2 制法

将沙黄溶解于乙醇中,然后用蒸馏水稀释。

A.5.4 染色法

A.5.4.1 将涂片在酒精灯火焰上固定,滴加结晶紫染色液,染 1 min,水洗。

A.5.4.2 滴加革兰氏碘液,作用 1 min,水洗。

A.5.4.3 滴加 95%乙醇脱色,约 15 s～30 s,直至染色液被洗掉,不要过分脱色,水洗。

A.5.4.4 滴加复染液,复染 1 min。水洗、待干、镜检。

中华人民共和国国家标准

GB 4789.40—2010

食品安全国家标准
食品微生物学检验　阪崎肠杆菌检验

National food safety standard

Food microbiological examination:*Enterobacter sakazakii*

2010-03-26 发布　　2010-06-01 实施

中华人民共和国卫生部　发布

前　言

本标准代替 GB/T 4789.40—2008《食品卫生微生物学检验　阪崎肠杆菌检验》。

本标准与 GB/T 4789.40—2008 相比，主要变化如下：

——修改了标准的中英文名称；

——删除了附录 A 中 A.3。

本标准的附录 A、附录 B 为规范性附录。

本标准所代替标准的历次版本发布情况为：

——GB/T 4789.40—2008。

食品安全国家标准
食品微生物学检验 阪崎肠杆菌检验

1 范围

本标准规定了食品中阪崎肠杆菌(*Enterobacter sakazakii*)的检验方法。

本标准适用于婴幼儿配方食品、乳和乳制品及其原料中阪崎肠杆菌的检验。

2 设备和材料

除微生物实验室常规灭菌及培养设备外,其他设备和材料如下:

2.1 恒温培养箱:25 ℃±1 ℃,36 ℃±1 ℃,44 ℃±0.5 ℃。

2.2 冰箱:2 ℃~5 ℃。

2.3 恒温水浴箱:44 ℃±0.5 ℃。

2.4 天平:感量 0.1 g。

2.5 均质器。

2.6 振荡器。

2.7 无菌吸管:1 mL(具 0.01 mL 刻度)、10 mL(具 0.1 mL 刻度)或微量移液器及吸头。

2.8 无菌锥形瓶:容量 100 mL、200 mL、2 000 mL。

2.9 无菌培养皿:直径 90 mm。

2.10 pH 计或 pH 比色管或精密 pH 试纸。

2.11 全自动微生物生化鉴定系统。

3 培养基和试剂

3.1 缓冲蛋白胨水(buffer peptone water,BPW):见附录 A 中 A.1。

3.2 改良月桂基硫酸盐胰蛋白胨肉汤-万古霉素(modified lauryl sulfate tryptose broth-vancomycin medium,mLST-Vm):见附录 A 中 A.2。

3.3 阪崎肠杆菌显色培养基。

3.4 胰蛋白胨大豆琼脂(trypticase soy agar,TSA):见附录 A 中 A.3。

3.5 生化鉴定试剂盒。

3.6 氧化酶试剂:见附录 A 中 A.4。

3.7 L-赖氨酸脱羧酶培养基:见附录 A 中 A.5。

3.8 L-鸟氨酸脱羧酶培养基:见附录 A 中 A.6。

3.9 L-精氨酸双水解酶培养基:见附录 A 中 A.7。

3.10 糖类发酵培养基:见附录 A 中 A.8。

3.11 西蒙氏柠檬酸盐培养基:见附录 A 中 A.9。

第一法 阪崎肠杆菌的检验

4 检验程序

阪崎肠杆菌检验程序见图 1。

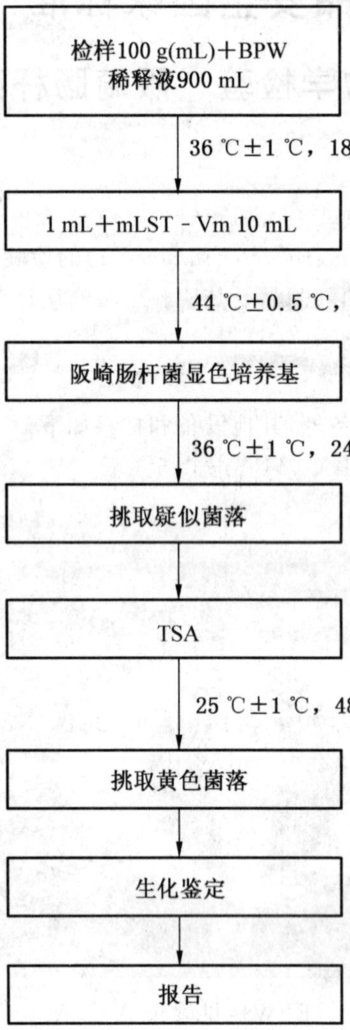

图 1　阪崎肠杆菌检验程序

5　操作步骤

5.1　前增菌和增菌

取检样 100 g(mL)加入已预热至 44 ℃装有 900 mL 缓冲蛋白胨水的锥形瓶中，用手缓缓地摇动至充分溶解，36 ℃±1 ℃培养 18 h±2 h。移取 1 mL 转种于 10 mL mLST-Vm 肉汤，44 ℃±0.5 ℃培养 24 h±2 h。

5.2　分离

5.2.1　轻轻混匀 mLST-Vm 肉汤培养物，各取增菌培养物 1 环，分别划线接种于两个阪崎肠杆菌显色培养基平板，36 ℃±1 ℃培养 24 h±2 h。

5.2.2　挑取 1 个～5 个可疑菌落，划线接种于 TSA 平板。25 ℃±1 ℃培养 48 h±4 h。

5.3　鉴定

自 TSA 平板上直接挑取黄色可疑菌落，进行生化鉴定。阪崎肠杆菌的主要生化特征见表 1。可选择生化鉴定试剂盒或全自动微生物生化鉴定系统。

表 1 阪崎肠杆菌的主要生化特征

生 化 试 验		特 征
黄色素产生		+
氧化酶		−
L-赖氨酸脱羧酶		−
L-鸟氨酸脱羧酶		(+)
L-精氨酸双水解酶		+
柠檬酸水解		(+)
发酵	D-山梨醇	(−)
	L-鼠李糖	+
	D-蔗糖	+
	D-蜜二糖	+
	苦杏仁甙	+
注：+>99%阳性；−>99%阴性；(+)90%～99%阳性；(−)90%～99%阴性。		

6 结果与报告

综合菌落形态和生化特征，报告每 100 g(mL)样品中检出或未检出阪崎肠杆菌。

第二法 阪崎肠杆菌的计数

7 操作步骤

7.1 样品的稀释

7.1.1 固体和半固体样品：无菌称取样品 100 g、10 g、1 g 各三份，加入已预热至 44 ℃分别盛有 900 mL、90 mL、9 mL BPW 中，轻轻振摇使充分溶解，制成 1∶10 样品匀液，置 36 ℃±1 ℃培养 18 h±2 h。分别移取 1 mL 转种于 10 mL mLST-Vm 肉汤，44 ℃±0.5 ℃培养 24 h±2 h。

7.1.2 液体样品：以无菌吸管分别取样品 100 mL、10 mL、1 mL 各三份，加入已预热至 44 ℃分别盛有 900 mL、90 mL、9 mL BPW 中，轻轻振摇使充分混匀，制成 1∶10 样品匀液，置 36 ℃±1 ℃培养 18 h±2 h。分别移取 1 mL 转种于 10 mL mL ST-Vm 肉汤，44 ℃±0.5 ℃培养 24 h±2 h。

7.2 分离、鉴定

同 5.2，5.3。

8 结果与报告

综合菌落形态、生化特征，根据证实为阪崎肠杆菌的阳性管数，查 MPN 检索表，报告每 100 g(mL)样品中阪崎肠杆菌的 MPN 值(见附录 B 中表 B.1)。

附 录 A
（规范性附录）
培养基和试剂

A.1 缓冲蛋白胨水(BPW)

A.1.1 成分

蛋白胨	10.0 g
氯化钠	5.0 g
磷酸氢二钠($Na_2HPO_4 \cdot 12H_2O$)	9.0 g
磷酸二氢钾	1.5 g
蒸馏水	1 000 mL

pH 7.2

A.1.2 制法

加热搅拌至溶解,调节 pH,121 ℃高压灭菌 15 min。

A.2 改良月桂基硫酸盐胰蛋白胨肉汤-万古霉素(modified lauryl sulfate tryptose broth-vancomycin medium,mLST-Vm)

A.2.1 改良月桂基硫酸盐胰蛋白胨(mLST)肉汤

A.2.1.1 成分

氯化钠	34.0 g
胰蛋白胨	20.0 g
乳糖	5.0 g
磷酸二氢钾	2.75 g
磷酸氢二钾	2.75 g
十二烷基硫酸钠	0.1 g
蒸馏水	1 000 mL

pH 6.8±0.2

A.2.1.2 制法

加热搅拌至溶解,调节 pH。分装每管 10 mL,121 ℃高压灭菌 15 min。

A.2.2 万古霉素溶液

A.2.2.1 成分

万古霉素	10.0 mg
蒸馏水	10.0 mL

A.2.2.2 制法

10.0 mg 万古霉素溶解于 10.0 mL 蒸馏水,过滤除菌。万古霉素溶液可以在 0 ℃～5 ℃保存 15 天。

A.2.3 改良月桂基硫酸盐胰蛋白胨肉汤-万古霉素(modified lauryl sulfate tryptose broth-vancomycin medium,mLST-Vm)

每 10 mL mLST 加入万古霉素溶液 0.1 mL,混合液中万古霉素的终浓度为 10 μg/mL。

注:mLST-Vm 必须在 24 h 之内使用。

A.3 胰蛋白胨大豆琼脂(TSA)

A.3.1 成分

胰蛋白胨	15.0 g
植物蛋白胨	5.0 g
氯化钠	5.0 g
琼脂	15.0 g
蒸馏水	1 000 mL

pH 7.3±0.2

A.3.2 制法

加热搅拌至溶解,煮沸 1 min,调节 pH,121 ℃高压 15 min。

A.4 氧化酶试剂

A.4.1 成分

N,*N*,*N*′,*N*′-四甲基对苯二胺盐酸盐	1.0 g
蒸馏水	100 mL

A.4.2 制法

少量新鲜配制,于冰箱内避光保存,在 7 d 之内使用。

A.4.3 试验方法

用玻璃棒或一次性接种针挑取单个特征性菌落,涂布在氧化酶试剂湿润的滤纸平板上。如果滤纸在 10 s 之内未变为紫红色、紫色或深蓝色,则为氧化酶试验阴性,否则即为氧化酶实验阳性。

注:实验中切勿使用镍/铬材料。

A.5 L-赖氨酸脱羧酶培养基

A.5.1 成分

L-赖氨酸盐酸盐(L-lysine monohydrochloride)	5.0 g
酵母浸膏	3.0 g
葡萄糖	1.0 g
溴甲酚紫	0.015 g
蒸馏水	1 000 mL

pH 6.8±0.2

A.5.2 制法

将各成分加热溶解,必要时调节 pH。每管分装 5 mL,121 ℃高压 15 min。

A.5.3 实验方法

挑取培养物接种于 L-赖氨酸脱羧酶培养基,刚好在液体培养基的液面下。30 ℃±1 ℃培养 24 h±2 h,观察结果。L-赖氨酸脱羧酶试验阳性者,培养基呈紫色,阴性者为黄色。

A.6 L-鸟氨酸脱羧酶培养基

A.6.1 成分

L-鸟氨酸盐酸盐(L-ornithine monohydrochloride)	5.0 g
酵母浸膏	3.0 g
葡萄糖	1.0 g
溴甲酚紫	0.015 g

蒸馏水	1 000 mL
pH 6.8±0.2	

A.6.2 制法

将各成分加热溶解，必要时调节 pH。每管分装 5 mL。121 ℃高压 15 min。

A.6.3 实验方法

挑取培养物接种于 L-鸟氨酸脱羧酶培养基，刚好在液体培养基的液面下。30 ℃±1 ℃培养 24 h±2 h，观察结果。L-鸟氨酸脱羧酶试验阳性者，培养基呈紫色，阴性者为黄色。

A.7 L-精氨酸双水解酶培养基

A.7.1 成分

L-精氨酸盐酸盐(L-arginine monohydrochloride)	5.0 g
酵母浸膏	3.0 g
葡萄糖	1.0 g
溴甲酚紫	0.015 g
蒸馏水	1 000 mL
pH 6.8±0.2	

A.7.2 制法

将各成分加热溶解，必要时调节 pH。每管分装 5 mL。121 ℃高压 15 min。

A.7.3 实验方法

挑取培养物接种于 L-精氨酸脱羧酶培养基，刚好在液体培养基的液面下。30 ℃±1 ℃培养 24 h±2 h，观察结果。L-精氨酸脱羧酶试验阳性者，培养基呈紫色，阴性者为黄色。

A.8 糖类发酵培养基

A.8.1 基础培养基

A.8.1.1 成分

酪蛋白(酶消化)	10.0 g
氯化钠	5.0 g
酚红	0.02 g
蒸馏水	1 000 mL
pH 6.8±0.2	

A.8.1.2 制法

将各成分加热溶解，必要时调节 pH。每管分装 5 mL。121 ℃高压 15 min。

A.8.2 糖类溶液(D-山梨醇、L-鼠李糖、D-蔗糖、D-蜜二糖、苦杏仁甙)

A.8.2.1 成分

糖	8.0 g
蒸馏水	100 mL

A.8.2.2 制法

分别称取 D-山梨醇、L-鼠李糖、D-蔗糖、D-蜜二糖、苦杏仁甙等糖类成分各 8 g，溶于 100 mL 蒸馏水中，过滤除菌，制成 80 mg/mL 的糖类溶液。

A.8.3 完全培养基

A.8.3.1 成分

基础培养基	875 mL
糖类溶液	125 mL

A.8.3.2 制法

无菌操作,将每种糖类溶液加入基础培养基,混匀;分装到无菌试管中,每管 10 mL。

A.8.4 实验方法

挑取培养物接种于各种糖类发酵培养基,刚好在液体培养基的液面下。30 ℃±1 ℃培养 24 h±2 h,观察结果。糖类发酵试验阳性者,培养基呈黄色,阴性者为红色。

A.9 西蒙氏柠檬酸盐培养基

A.9.1 成分

柠檬酸钠	2.0 g
氯化钠	5.0 g
磷酸氢二钾	1.0 g
磷酸二氢铵	1.0 g
硫酸镁	0.2 g
溴百里香酚蓝	0.08 g
琼脂	8.0 g～18.0 g
蒸馏水	1 000 mL

pH 6.8±0.2

A.9.2 制法

将各成分加热溶解,必要时调节 pH。每管分装 10 mL,121 ℃高压 15 min,制成斜面。

A.9.3 实验方法

挑取培养物接种于整个培养基斜面,36 ℃±1 ℃培养 24 h±2 h,观察结果。阳性者培养基变为蓝色。

附 录 B
（规范性附录）
阪崎肠杆菌最可能数(MPN)检索表

B.1 阪崎肠杆菌最可能数(MPN)检索表

每 100 g(mL)检样中阪崎肠杆菌最可能数(MPN)的检索见表 B.1。

表 B.1 阪崎肠杆菌最可能数(MPN)检索表

阳性管数			MPN	95%可信限		阳性管数			MPN	95%可信限	
100	10	1		下限	上限	100	10	1		下限	上限
0	0	0	<0.3	—	0.95	2	2	0	2.1	0.45	4.2
0	0	1	0.3	0.015	0.96	2	2	1	2.8	0.87	9.4
0	1	0	0.3	0.015	1.1	2	2	2	3.5	0.87	9.4
0	1	1	0.61	0.12	1.8	2	3	0	2.9	0.87	9.4
0	2	0	0.62	0.12	1.8	2	3	1	3.6	0.87	9.4
0	3	0	0.94	0.36	3.8	3	0	0	2.3	0.46	9.4
1	0	0	0.36	0.017	1.8	3	0	1	3.8	0.87	11
1	0	1	0.72	0.13	1.8	3	0	2	6.4	1.7	18
1	0	2	1.1	0.36	3.8	3	1	0	4.3	0.9	18
1	1	0	0.74	0.13	2	3	1	1	7.5	1.7	20
1	1	1	1.1	0.36	3.8	3	1	2	12	3.7	42
1	2	0	1.1	0.36	4.2	3	1	3	16	4	42
1	2	1	1.5	0.45	4.2	3	2	0	9.3	1.8	42
1	3	0	1.6	0.45	4.2	3	2	1	15	3.7	42
2	0	0	0.92	0.14	3.8	3	2	2	21	4	43
2	0	1	1.4	0.36	4.2	3	2	3	29	9	100
2	0	2	2	0.45	4.2	3	3	0	24	4.2	100
2	1	0	1.5	0.37	4.2	3	3	1	46	9	200
2	1	1	2	0.45	4.2	3	3	2	110	18	410
2	1	2	2.7	0.87	9.4	3	3	3	>110	42	—

注 1：本表采用 3 个检样量[100 g(mL)、10 g(mL)和 1 g(mL)]，每个检样量接种 3 管。

注 2：表内所列检样量如改用 1 000 g(mL)、10 g(mL)和 1 g(mL)时，表内数字应相应降低 10 倍；如改用 10 g(mL)、1 g(mL)、和 0.1 g(mL)时，则表内数字应相应增高 10 倍，其余类推。

ICS 27.120
F 40

中华人民共和国国家标准

GB/T 4960.1—2010
代替 GB/T 4960.1—1996

核科学技术术语 第1部分：核物理与核化学

Glossary of nuclear science and technology terms—Part 1：Nuclear physics and nuclear chemistry

2010-11-10 发布　　　　2011-05-01 实施

中华人民共和国国家质量监督检验检疫总局
中国国家标准化管理委员会 发布

前　言

GB/T 4960《核科学技术术语》分为8个部分：

——第1部分：核物理与核化学；

——第2部分：裂变反应堆；

——第3部分：核燃料与核燃料循环；

——第4部分：放射性核素；

——第5部分：辐射防护与辐射源安全；

——第6部分：核仪器仪表；

——第7部分：核材料管制与核保障；

——第8部分：放射性废物管理。

本部分是GB/T 4960的第1部分。

本部分代替GB/T 4960.1—1996《核科学技术术语　核物理与核化学》，与GB/T 4960.1—1996相比的主要变化如下：

——增加部分术语；

——删掉部分术语；

——对原版中存在的错误进行修正。

本部分由中国核工业集团公司提出。

本部分由全国核能标准化技术委员会归口。

本部分起草单位：核工业标准化研究所。

本部分主要起草人：连哲莉、郭建新。

本部分的历次版本发布情况为：

——GB/T 4960—1985，GB/T 4960.1—1996。

核科学技术术语
第1部分:核物理与核化学

1 范围

GB/T 4960的本部分规定了核物理与核化学领域基础术语及其定义。

本部分适用于核物理与核化学领域内编写标准和技术文件、翻译文献及国内、国际技术交流等。

2 基本术语

2.1

原子 atom

物质结构的一个层次,保持化学性质不变的最小单元。通常由一个原子核和围绕它的电子组成,其电子数等于原子核中的质子数。

2.2

原子核 atomic nucleus

原子中带正电的核心,通常由质子和中子组成。原子的质量几乎全集中于此。

2.3

原子质量 atomic mass

一个中性原子处于基态的静止质量。

2.4

原子质量单位 u atomic mass unit, u

一个^{12}C中性原子处于基态的静止质量的1/12。$1\ u=1.660\ 538\ 73\times10^{-27}\ kg$。

2.5

原子质量常数 atomic mass constant

m_0

一个^{12}C原子质量的1/12这一量的名称,其单位为原子质量单位u。

2.6

原子量 atomic mass

元素的平均原子质量与核素^{12}C原子质量的1/12之比,又称相对原子质量。

2.7

原子序数 atomic number

原子在元素周期表上的序号,等于原子核内质子的数目。

2.8

质量数 mass number

原子核中的核子数目。

2.9

核半径 nuclear radius

通常有下列几种意义:

a) 表征核电荷分布的半径;

b) 表征核内核子分布的半径;

c） 表征原子核内自洽场的半径。

它们均可近似地表示为$R=r_0A^{1/3}$。式中A为质量数，r_0的值在$(1.1\sim1.5)\times10^{-15}$ m范围内。

2.10

核矩 nuclear moment

原子核所固有的各种矩的统称，主要包括核自旋、核磁偶极矩和电四极矩。

2.11

核自旋 nuclear spin

原子核的总角动量，是核内所有核子的自旋角动量和轨道角动量耦合的结果。常用I表示核的自旋量子数，以$\hbar$为单位，$\hbar$是普朗克常数h除以2π。

2.12

核同位旋 nuclear isospin

原子核的一个内秉自由度，具有与角动量相同的耦合性质。

2.13

核电矩 electric moment of nucleus

表征原子核内电荷分布特征的量。

2.14

核磁矩 magnetic moment of nucleus

核内所有核子的固有磁矩和轨道磁矩的总矢量和。

2.15

核势 nuclear potential

原子核内核子所受到的核内其他核子所产生的核势场或入射粒子（质子，中子，α粒子，轻、重离子）在反应或碰撞过程中所受到的靶核的核力势场。

2.16

核跃迁 nuclear transition

核系统从一种量子能态转变为另一种量子能态的过程。例如通过α或β衰变，由一种核素转变为另一种核素的过程，或通过吸收（或放出）光子、轨道电子或电子对使系统的核能级发生变化的过程。

2.17

核能级 nuclear energy level

由能量、自旋和宇称确定的核态，包括单粒子能级和集体运动能级。

2.18

激发态 excited state

原子或原子核的能量比基态高的状态。

2.19

核力 nuclear force

核子之间存在的短程强相互作用力。

2.20

相互作用 interaction

一个物体对另一个物体的影响或场源耦合。相互作用有4种类型：万有引力相互作用、电磁相互作用、弱相互作用和强相互作用。

2.21

强相互作用 strong interaction

强相互作用发生在带色荷的粒子（如夸克和胶子）之间，是一种短程相互作用，力程约为10^{-15} m。

2.22

电磁相互作用　electromagnetic interaction

电磁相互作用发生在带电荷的粒子之间，是一种长程力。

2.23

弱相互作用　weak interaction

弱相互作用发生在各种粒子之间，是一种短程相互作用，在改变粒子种类和造成对称性破缺方面起决定性的作用。

2.24

电子　electron

一种稳定的基本粒子。其电荷量为 1.6021892×10^{-19} C，静止质量为 9.1094×10^{-31} kg。不加说明时，指带负电荷的电子，也叫负电子。它的反粒子是带正电荷的电子，称为正电子。

2.25

负电子　negatron

参见电子(2.24)。

2.26

正电子　positron

参见电子(2.24)。

2.27

α 粒子　alpha particle

核转变时放出的 ^{4}He 核，α 粒子也泛指任何 ^{4}He 核。

2.28

β 粒子　beta particle

原子核或中子在核转变过程中放出的正电子或负电子。

2.29

反粒子　antiparticle

反粒子与相应的粒子具有相同的质量、平均寿命和自旋以及数值相等、符号相反的重子和轻子数。反粒子和粒子成电中性或带正负相反的等量电荷。

2.30

核子　nucleon

原子核内组成粒子的通称，目前指质子和中子。

2.31

质子　proton

一种不带电的、自旋为 1/2 的粒子，原子核的基本成分之一。正电荷量为 1.6021892×10^{-19} C，静止质量为 1.6726485×10^{-27} kg。质子是氢的最轻同位素的原子核。

2.32

中子　neutron

一种不带电的、自旋为 1/2 的粒子，原子核的基本成分之一，静止质量为 1.6749543×10^{-27} kg，中子在自由状态下是不稳定的。

2.33

中微子　neutrino

中微子是不带电荷的轻子，静止质量几乎为零，是参与弱相互作用的粒子。

2.34

强子　hadron

可以发生强相互作用的粒子，分为重子和介子。

2.35

重子　baryon

重子数为1的基本粒子,包括中子、质子、超子。

2.36

介子　meson

重子数为零的强子。

2.37

渺子　myon

一种平均半衰期为 2.2×10^{-6} s、静止能量为 105.658 MeV 的带电的不稳定基本粒子,其静止能量是电子的 206.786 倍。

2.38

轻子　lepton

与夸克家族属于同一层次,可以用点粒子的模型来描述的一类基本粒子。轻子可参与电磁、弱、引力相互作用,但不参与强相互作用。

2.39

胶子　gluon

粒子物理标准模型理论中假设的传递强相互作用的一种粒子。胶子不带电荷,质量为零。

2.40

夸克　quark

与轻子处于同一层次的一种基本粒子,是构成强子的基本组分。

2.41

超子　hyperon

短寿命基本粒子的总称,其质量大于中子。

2.42

介子原子　mesonic atom

有若干电子被负电荷介子取代的原子。含某种介子的原子称某介原子。

2.43

核内的夸克自由度　quark degree of freedom in nuclei

如果核内强子的夸克结构与自由强子的夸克结构不同,则称存在核内夸克自由度。

2.44

基本电荷　elementary charge

最小的荷电单位($1.602\,1\times10^{-19}$C)。电荷仅以此单位的整数倍存在。

2.45

荷质比　specific charge

带电粒子的电荷与质量之比。

2.46

电磁辐射　electromagnetic radiation

电磁同步系统和以光速传播的电磁波产生的辐射。电磁辐射也可在真空中传播。

2.47

电离辐射　ionizing radiation

致使产生直接或间接电离的辐射,如 α、β、γ 和中子辐射。

2.48

γ辐射　gamma radiation

核跃迁或粒子湮灭过程中发射的电磁辐射。

2.49

X 辐射　X radiation

在原子的核外部分产生的一种波长比可见光小得多的贯穿性电磁辐射，它不包括湮灭辐射。

注：该术语经常用于电子的轫致辐射，这种辐射是由于电子被靶材料中原子的库仑场改变速度而产生的(连续谱 X 辐射)。也常用于伴随原子轨道电子从高能级跃迁到低能级时发射的分立能量辐射(特征 X 射线)。

2.50

光子　photon

电磁辐射的能量子。光子不带电，静止质量为零。

2.51

量子　quantum

原子或核系统从一个离散能态跃迁至另一离散能态所需的最小离散能量(或动量)。

2.52

γ 量子　gamma quantum

γ 辐射的能量量子。

2.53

核素　nuclide

具有特定质量数、原子序数和核能态，而且其平均寿命长得可以被观察到的一类原子。

2.54

放射性核素　radionuclide

具有放射性的核素。

2.55

原生放射性核素　primordial radionuclide

地球形成时和由于其半衰期长还没有完全衰变的初始放射性核素，包括相关的原始放射性核素 ^{238}U、^{235}U 和 ^{232}Th 产生的放射性核素。

2.56

宇生放射性核素　cosmogenic radionuclide

宇宙辐射与大气中的原子核发生相互作用时产生的放射性核素。

2.57

人工放射性核素　artificial radionuclide；artificial radioactive nuclide

由人工产生的放射性核素。

2.58

受屏(蔽)核素　shielded nuclide

一种原子序数为 Z 的核素，当其 Z+1 和 Z－1 的同量异位素皆为稳定核素时，该核素称为受屏(蔽)核素。

2.59

β 稳定线　β-stable line

β 稳定带　β-stable valley

在以核内质子数与中子数为直角坐标的图中，由不发生 β 衰变的所有核素构成的带状区。

2.60

缺中子核素　neutron-deficient nuclide

中子与质子比值低于 β 稳定带上同位素的中子与质子比值的核素。

2.61

丰中子核素　neutron-rich nuclide

中子与质子比值高于 β 稳定带上同位素的中子与质子比值的核素。

2.62

同位素　isotope

具有相同原子序数但质量数不同的核素。

2.63

稳定同位素　stable isotope

不发生放射性衰变或自发裂变的同位素。

2.64

放射性同位素　radioisotope

某种元素中发生衰变或自发裂变，并伴随有辐射的不稳定同位素。

2.65

同位素丰度　isotopic abundance

一种元素的同位素混合物中，某特定同位素的原子数与该元素的总原子数之比。

2.66

天然丰度　natural abundance

在一种元素中特定同位素天然存在的丰度。

2.67

丰度比　abundance ratio

在给定样品中，同一元素的一种同位素的原子数与另一种同位素的原子数之比。

2.68

富集因子　enrichment factor

某种特定同位素在同位素混合物中的相对组分与这种同位素在天然同位素混合物中的相对组分之比。

2.69

富集度　degree of enrichment

富集因子减去1。

2.70

同位素组分　isotopic composition

用原子百分数表示的某元素中各同位素的含量。

2.71

同素异重体　allobar

由于同位素的组分不同而具有不同原子量的元素形态。

2.72

同中子异位素　isotone

具有相同中子数、不同质子数的核素。

2.73

同量异位素　nuclear isobar

具有相同质量数、不同原子序数的核素。

2.74

同差素　isodiaphere

中子与质子数目的差相同的核素。

2.75

同质异能态　isomeric state

核的某种平均寿命长得可以被观察到的亚稳激发态。

2.76

同质异能素　nuclear isomer

具有相同中子和质子数但能态不同的核素。

2.77

同质异能跃迁　isomeric transition

核由同质异能态(亚稳态)跃迁到更低的能态(通常为核的基态),同时发出 γ 射线的过程。

2.78

同质异能(态)分离　isomeric separation

在同质异能跃迁过程中,由于原子或分子受激发生的化学变化使某核素与它的同质异能前体核分离。

2.79

放射性　radioactivity

核素自发地放出粒子或 γ 射线,或在轨道电子俘获后放出 X 射线,或发生自发裂变的性质。

2.80

天然放射性　natural radioactivity

天然存在的核素具有的放射性。

2.81

人工放射性　artificial radioactivity

人工放射性核素具有的放射性。

2.82

感生放射性　induced radioactivity

由辐照产生的放射性。

2.83

簇团放射性　cluster radioactivity

某些重核通过自发发射 ^{14}C、^{18}O、^{22}Ne 等退激的一种衰变方式。

2.84

放射性元素　radioactive element

其所有的同位素都具有放射性的元素。

2.85

天然放射性元素　natural radioactive element

其所有的同位素都具有放射性的天然元素。

2.86

超铀元素　transuranium element

元素周期表中,原子序数大于 92 的元素的总称。

2.87

锕系元素　actinide element;actinide;actinoid

元素周期表中,从 89 号元素锕到 103 号元素铹的总称。

2.88

电子伏　electron-volt

一种能量单位。其值等于一个电子通过 1 伏电势差时能量的改变量。$1\ eV = 1.602\ 189\ 2 \times 10^{-19}\ J$。

2.89

镜像核　mirror nuclei

两个原子核具有相同的核子数，而其中一个的质子数等于另一个的中子数，则这两个原子核互为镜像核。

2.90

核物质　nuclear matter

一种假想的由大量核子组成的均匀体系。在这种体系中，核子间具有完全的核相互作用而忽略其可能存在的电磁相互作用。

2.91

核物质相变　phase transition of nuclear matter

随着核物质的温度或(和)密度的不断变化，理论预言核物质可能出现两次相变，即液相向气相和强子气体向夸克-胶子等离子体的转变。

2.92

反物质　antimatter

由反粒子组成的物质。

2.93

结合能　binding energy

通常包括以下两种定义：

a)　把一个粒子从一个系统中取出所需的净能量，有时也称分离能；

b)　把一个系统分解为它的组成粒子所需的净能量。

2.94

分离能　separation energy

参见结合能(2.93a))。

2.95

质量过剩　mass excess

核素的原子质量减去它的质量数与原子质量常数的乘积所得之差。

2.96

质量亏损　mass defect

构成原子核的各个核子的质量和与该原子核质量之差。

2.97

质量减量　mass decrement

核素的质量过剩除以的原子质量常数所得的商，也等于核素的原子量与其质量数之差。

2.98

能级密度　level density

原子核单位能量间隔内的能级数目。用于描述核能级分布的疏密程度。

2.99

能级宽度　level width

原子系统或原子核系统能级能量的展宽。它与该能态的平均寿命成反比。在单能级的布赖特-维格纳公式中，它近似地等于该共振峰的半高宽，通常用Γ来表示。

注：布赖特-维格纳公式描述一个或多个共振能级附近核反应截面随能量变化的情况。

2.100

能级分宽度　partial level width

对能以若干不同方式进行衰变的共振能级的每种衰变方式所赋予的物理量。每个能级分宽度与其相应的衰变方式的几率成正比，各个能级分宽度之和等于该共振能级的总宽度。

2.101

平均能级间距　mean level spacing

核能级密度的倒数。

2.102

幻数　magic number

质子数或中子数为2、8、20、28、50、82以及中子数为126时，原子核特别稳定，这些数被称为幻数。中子数或质子数等于幻数的核称为幻核，中子数和质子数都等于幻数的核称为双幻核。

2.103

滴线　drip line

中子分离能 $S_n=0$ 和质子分离能 $S_p=0$ 的原子核在核素图上形成的连线。滴线是对原子核稳定性边界的一种描写。

2.104

辐射宽度　radiation width

相应于发射光子的能级分宽度。

2.105

核磁共振　nuclear magnetic resonance (NMR)

射频辐射被处于磁场中的物质吸收时所观察到的共振现象。原子核的磁矩在磁场中旋进(进动)，只有某些确定的磁矩方向是允许的，它们之间的能量差值与磁场有关。当射频量子的能量刚巧等于这些能量差时，就会引起能级跃迁使磁矩取向改变，发生共振吸收。

2.106

核能　nuclear energy

核反应(通常指裂变和聚变)或放射性衰变释放出的能量。

2.107

核聚变　nuclear fusion

两个轻核结合成一个较重核并释放能量的核反应。

2.108

等离子体　plasma

离子、电子和电中性粒子的电中性气体混合物。

2.109

箍缩效应　pinch effect

受控聚变试验中电流经过等离子体柱受到压缩从而使等离子体加热的效应。

2.110

辐射纯度　radiation purity

某种辐射中特定辐射的百分含量。

2.111

能谱　energy spectrum

某一辐射量或反应量的值随着出射能量的分布。例如粒子发射率随能量的分布、γ能谱、中子能谱等。

2.112

超精细相互作用　hyperfine interaction

核外电磁场与核矩的相互作用。核磁偶极矩在磁场中或核电四极矩在不均匀电场中受到力偶的作用而使原子核的总角动量旋进(进动)并导致能级劈裂。测量跃迁能量或旋进(进动)频率可以获得有关原子核矩或核外电磁场等信息。

2.113

宇称　parity

微观客体存在于空间的一种特性，通常用波函数在空间反射(即坐标值变号)下的变换性质表示，若波函数保持不变，则称为偶(+)宇称，若波函数变号，则称为奇(−)宇称。

2.114

歧离　straggling

由通过物质时能量损失的随机特性引起的带电粒子某一物理量(如能量或射程)的涨落。

2.115

核结构模型　nuclear structure model

研究原子核内部核子的运动状态和相互作用以及原子核的集体运动，并能够反映原子核基本性质的理论。

2.116

液滴模型　liquid-drop model

将原子核看成带电的液滴、核内的核子当作液滴分子的一种核模型。

2.117

核的壳层模型　nuclear shell model

一种类似于原子壳层结构的核结构模型，也叫独立粒子模型。

2.118

集体模型　collective model

又称综合模型。把核的集体运动和单粒子运动结合起来的结构模型。它认为原子核除了核内核子的单粒子运动外，还存在着由大量核子参加的集体运动，即集体转动和集体振动。

3　核衰变及其基本规律

3.1

放射性衰变　radioactive decay

核从一种能态转变为较低的能态，通常包括放出质子、中子、α 粒子、β 粒子或 γ 射线。

3.2

衰变常数　decay constant

放射性核素在单位时间内进行自发衰变的几率。衰变常数 λ 由下式给出：

$$\lambda = -\frac{1}{N}\frac{\mathrm{d}N}{\mathrm{d}t}$$

式中：

λ——衰变常数；

N——在时间 t 时存在的该核素核的数目。

3.3

部分衰变常数　partial decay constant

放射性核素在单位时间内以特定方式自发衰变的几率。

3.4

衰变能　disintegration energy

给定的核衰变所释放的能量。

3.5

衰变曲线　decay curve

放射性活度随时间变化的关系曲线。

3.6

指数衰变　exponential decay

放射性核素衰变的活度按下式规律变化：

$$A(t) = A_0 e^{-\lambda t}$$

式中：

$A(t)$——t 时刻的放射性活度；

A_0——零时刻的放射性活度；

λ——衰变常数。

3.7

衰变热　decay heat

放射性核素衰变时所产生的热量。

3.8

衰变产物　decay product

由放射性衰变生成的稳定的或放射性的核素。

3.9

衰变纲图　decay scheme

详细标明能级、辐射类型和半衰期等核数据的放射性核素衰变的图式。

3.10

半衰期　half-life

在单一的放射性衰变过程中，放射性活度降至其原有值一半时所需要的时间。

3.11

总半衰期　total half-life

当核素具有两种(或两种以上)衰变途径时，其原子数降至原来的一半时所需的时间。

3.12

有效半衰期　effective half-life

由于放射性衰变和生物过程的排泄使生物系统中放射性核素的数量减少至一半的时间。

3.13

生物半衰期　biological half-life

生物系统中的人或动物将身体或具体器官中所吸收的物质数量自然排泄至一半所需的时间。

3.14

平均寿命　mean life

在某特定状态下，原子或原子核系统的平均存活时间。对于按指数规律衰变的体系，平均寿命是在该特定状态下原子或原子核数减少到原来的 1/e 的时间。

3.15

分支衰变　branching decay

一种核素能以两种或多种不同方式进行的放射性衰变。

3.16

分支份额　branching fraction

在分支衰变中，原子核以某种特定方式衰变的份额。

3.17

分支比　branching ratio

两种(或两种以上)特定方式衰变的分支份额之比。

3.18

衰变链　decay chain

一个包含若干核素的系列，该系列中，每一种核素通过放射性衰变(不包含自发裂变)转变为下一种核素，直至形成一种稳定核素。

3.19

放射系　radioactive series

4个放射性核素衰变系列的总称。每一系列由一个原始核素及其后的核衰变核素构成，最后的产物为稳定核素。

3.20

铀系　uranium series

从^{238}U到^{206}Pb，质量数按$4n+2$(n为正整数)规律变化的天然放射性衰变系。

3.21

钍系　thorium series

从^{232}Th到^{208}Pb，质量按$4n$(n为正整数)规律变化的天然放射性衰变系。

3.22

锕铀系　actinium uranium series

从^{235}U到^{207}Pb，质量数按$4n+3$(n为正整数)规律变化的天然放射性衰变系。

3.23

镎系　neptunium series

从^{237}Np到^{209}Bi，质量数按$4n+1$(n为正整数)规律变化的人工放射性衰变系。

3.24

前驱核素　precursor

位于衰变链中某一核素前面的任何放射性核素均称为该核素的前驱核素。这一术语常限于专指紧接在其前面的核素。

3.25

母体核素　parent nuclide

在一个衰变链中，衰变时直接地或间接地产生某种特定核素(子体)的任何放射性核素。

3.26

子体核素　daughter nuclide

衰变链中某一特定放射性核素后面的任何核素。

3.27

氡子体　radon daughter

^{222}Rn衰变产物中的短寿命子体，主要为^{213}Po(RaA)、^{214}Pb(RaB)、^{214}Bi(RaC)和^{214}Po(RaC′)。

3.28

氡子体α潜能　radon daughter α potential energy

氡子体完全衰变为^{210}Pb(RaD)时所放出的α粒子能量的总和。

3.29

放射性平衡　radioactive equilibrium

某一衰变链中，各放射性核素的活度均按该链前驱核素的半衰期随时间作指数衰减的状态。这种放射性平衡只有在前驱核素的半衰期比该衰变链中其他任何一代子体核素的半衰期长时才是可能的。如果前驱核素的半衰期很长，以致在我们考察期间，前驱核素总体平衡上的变化可以忽略，那么所有的核素的放射性活度将几乎相等，这种平衡称为长期平衡。否则，就称为暂时平衡。

3.30

长期平衡　secular equilibrium

参见**放射性平衡**(3.29)。

3.31

暂时平衡　transient equilibrium

参见**放射性平衡**(3.29)。

3.32

放射性平衡系数　coefficient of radioactive equilibrium

放射性系列中任何两种核素在矿(岩)石中的质量比值对它们在平衡状态下的质量比值之比叫做这两种核素的放射性平衡系数。

3.33

α衰变　alpha decay

原子核放射α粒子的放射性衰变的过程，一次α衰变后该原子核的原子序数减少2，质量数减少4。

3.34

β衰变　beta decay

原子核通过弱相互作用放射正β粒子、负β粒子或俘获轨道电子的放射性衰变过程的总称。负β衰变使该核的原子序数增加1，正β衰变或轨道电子俘获使该核的原子序数减小1，但均不改变其原子核的质量。

3.35

负β衰变　beta-minus decay

参见**β衰变**(3.34)。

3.36

正β衰变　beta-plus decay

参见**β衰变**(3.34)。

3.37

轨道电子俘获　orbital electron capture

参见**β衰变**(3.34)。

3.38

重离子放射性　heavy ion radioactivity

原子核自发地放射出重离子的现象，亦称集团放射性或集团衰变等。

3.39

质子放射性　proton radioactivity

原子核自发地放射出质子的现象。又称质子衰变。

3.40

K俘获　K-capture

原子核俘获一个K层电子的过程。

3.41

K辐射　K-radiation

K俘获后再次填充K层时发生的特征X辐射。填充内层也可能没有辐射，释放的能量随后传递给外层电子使其离开原子外层。

3.42

γ跃迁　γ transition

又称γ退激或γ衰变。处于激发态的原子核通过发射γ射线或内转换电子到较低能态或基态的过程。γ跃迁前后，母核、子核的质子数和中子数保持不变，即不产生新的核素。原子核的激发能也可直接交给原子核所处原子的壳层电子实现退激，同时发射壳层电子(内转换电子)，这个过程称为内转换。

3.43

内转换　inner conversion

参见γ跃迁(3.42)。

3.44

γ衰变　γ decay

参见γ跃迁(3.42)。

3.45

γ退激　γ deexcitation

参见γ跃迁(3.42)。

3.46

γ-γ角关联　γ-γ angular correlation

某一原子核接连地放出两个γ光子的概率与这两个γ光子发射方向的夹角有关的现象。

3.47

γ衰变角分布　angular distribution of γ decay

原子核发生γ射线时，当γ射线方向与核自旋方向夹角不同时其发射概率也不同，即发射γ射线相对于原子核自旋方向是各向异性的。

3.48

γ跃迁多极性　multipolarity of γ transition

原子核γ跃迁的电或磁辐射及跃迁的多极级。

3.49

γ跃迁选择定则　selection rule of γ transition

对给定的原子核始、末态的自旋和宇称，γ跃迁的多极性所遵从的规则。

3.50

内转换电子　inner conversion electron

通过向其转移核内发射出的γ量子能量从而使其从核外壳上释放出的电子。转换电子的动能等于γ量子与电子的结合能的能量差。

3.51

内转换系数　inner conversion coefficient

发射内转换电子的几率与直接发射γ射线的几率之比。

3.52

俄歇效应　Auger effect

处于激发态的原子，由于外壳层电子填充内壳层空穴，以发射轨道电子而不是发射X射线的退激发过程。

3.53

俄歇电子　Auger electron

通过俄歇效应发射出来的轨道电子。

3.54

穆斯堡尔效应　Mossbauer effect

γ辐射的无反冲发射和无反冲共振吸收。

3.55

（放射性）活度　activity

衰变率　disintegration rate

一定量的放射性核素在一个很短的时间间隔内发生的核衰变数除以该时间间隔，亦称衰变率。放射性活度的单位为贝可[勒尔]，符号为 Bq。以前用居里表示，1 Ci＝3.7×10^{10} Bq。

注：有时用以表示放射性核素的量。

3.56

贝可[勒尔]　becquerel (Bq)

放射性活度的国际制单位，定义为每秒一次衰变（1 Bq）。

3.57

比活度　specific activity

单位质量的某种物质的放射性活度。

3.58

放射性活度浓度　activity concentration

某种物质单位体积内的放射性活度。

3.59

放射性元素含量单位　unit of radioelement concentration

地质体使辐射仪产生相当于含有质量分数 1×10^{-6} 平衡铀源的响应（如计数率），称之为具有一个放射性元素含量单位，以 Ur 表示。1 Ur＝1×10^{-6} eU（百万分之一的当量铀）。

3.60

发射率　emission rate

一个辐射源在单位时间内发射出的给定类型和能量的粒子数。

3.61

源密度　source density

单位时间内从单位体积发射出给定类型、能量和方向的粒子数。

4　射线与物质的相互作用

4.1

中子与物质的相互作用　interaction of neutron with matter

中子穿过物质时与其组成原子的电子和原子核的各种相互作用。

4.2

带电粒子与物质的相互作用　interaction of charged particles with matter

带电粒子，包括电子、轻带电粒子和重离子与物质的各种相互作用。

4.3

电离　ionization

原子或原子团由于失去电子或得到电子而变成离子的过程。

4.4

总电离　total ionization

一个直接致电离粒子以不论何种方式所产生的离子对总数。

4.5

线电离　linear ionization

一个直接致电离粒子在单位路程长度上产生的离子对总数，包括二次电离过程形成的离子对。

4.6

化学再结合　chemical recombination

电离后的带正负电荷的离子可能或不可能再次结合成电离前相同的化学物质。因此，化学再结合可通过电离辐射改变被轰击材料的化学组成。

4.7

电荷交换　charge exchange

正、负离子或中性粒子通过靶物质时，俘获或被剥离一个或数个电子，使其初始电荷态发生改变的现象。

4.8

离子　ion

带有净电荷的原子或原子团。

4.9

离子源　ion source

使一定物质的分子或原子电离并引出相应离子束的装置。

4.10

直接辐射　direct radiation

辐射装置或放射源直接发射出的辐射。

4.11

韧致辐射　bremsstrahlung

电磁场使带电粒子动量改变时发射的电磁辐射。

4.12

内韧致辐射　inner bremsstrahlung

原子核发射或吸收带电粒子时所伴随的韧致辐射。

4.13

湮灭　annihilation

一个正粒子与一个负粒子相互作用，二者同时消失，它们的能量(包括静止能量)均转化为电磁辐射。

4.14

湮灭辐射　annihilation radiation

参见湮灭(4.13)。

4.15

δ射线　delta ray

被电离辐射从原子中击出并能进一步引起电离的电子。

4.16

热中子　thermal neutron

通常有以下两种定义：

1）与所在介质处于热平衡状态的中子，其能谱为麦克斯韦分布，平均能量为 0.025 3 eV；

2）运动速度平均为 2 200 m/s 的单能中子。

4.17

冷中子　cold neutron

动能为 meV 量级或更低量级的中子。

4.18

超热中子　epithermal neutron

动能高于热扰动能的中子。通常仅指能量刚超过热能(即可与化学键能相比)的能量范围的中子。

4.19

超冷中子　ultracold neutron

特指动能为 μeV 量级或更低量级的冷中子。

4.20

慢中子　slow neutron

动能低于某指定值的中子。该值可因应用的场合(如反应堆物理、屏蔽或剂量学)的不同而异。在反应堆物理中,此值通常选为 1 eV。

4.21

快中子　fast neutron

动能大于某指定值的中子。该值可因应用的场合(如反应堆物理、屏蔽或剂量学)的不同而异。在反应堆物理中,这个值通常选为 0.1 MeV。

4.22

中能中子　intermediate neutron

动能在**慢中子**(4.20)与**快中子**(4.21)能量之间的中子。该值可因应用的场合(如反应堆物理、屏蔽或剂量学)的不同而异。在反应堆物理中,能量范围常选为 1 eV 到 0.1 MeV。

4.23

共振中子　resonance neutron

能量在中子核反应截面共振区的能量范围内的中子。这个能量范围因核素不同变化较大,通常在 1 keV～几百 keV 之间。

4.24

光电效应　photoelectric effect

光子被原子吸收发射轨道电子的现象。某些介质表面吸收光子发射电子也称为光电效应。

4.25

康普顿效应　Compton effect

X 辐射和 γ 辐射光子被物质散射的一种效应。散射是由光子与自由电子或可被看成是自由电子的电子相互作用而发生的。入射光子的部分能量和动量转移给电子,其余部分被散射光子带走。

4.26

电子对产生　(positron and electron) pair production

一个具有足够能量(大于 1.02 MeV)的光子在原子核或其他粒子的场作用下产生一个正电子和一个负电子的过程。

4.27

光效应　photo-effect

X 辐射和 γ 辐射与物质的相互作用。X 射线或 γ 量子将其能量转移给原子的壳层电子。电子获得的动能等于量子与电子的结合能之差。

4.28

回旋辐射　cyclotron radiation

同步辐射　synchrotron radiation

带电粒子注入与其运动平面垂直的磁场中时,由于磁作用引起轨道偏转而发出的电磁辐射。对非相对论情况($v \ll c$)时,辐射是分裂谱称回旋辐射;当 $v \backsim c$ 时,分裂谱相互靠近变成连续谱称同步辐射。有时两者统称回旋辐射。

4.29

沟道辐射 channeling radiation

由相对论性的带电粒子在晶体沟道中的横向振荡而产生的辐射。它具有定向、极化、高强度等特点。

4.30

沟道效应 channeling effect

高度准直的带电粒子束入射在单晶上时，只要其入射方向与晶轴（或晶面）的夹角足够小（小于临界角），库仑作用就会使入射粒子被限制在晶轴（或晶面）之间运动，因而呈现穿透率特别高（或近距离碰撞几率特别小）的现象。

4.31

阻塞效应 blocking effect

从晶体点阵原子位置发出的带电粒子，当其发射方向与晶轴（或晶面）的夹角足够小（小于临界角）时，将被晶轴（或晶面）上的原子阻挡而使其穿透率呈极小的现象。

4.32

库仑激发 Coulomb excitation

原子核被掠过的带电粒子的电磁场所激发。

4.33

吸收 absorption

通常包括以下两层含义：

a) 辐射将部分或全部能量转移给所穿过的物质的现象。

注：伴随有能量损失的散射（如康普顿散射和中子慢化）属于这种过程。

b) 入射粒子与物质相互作用后不再作为自由粒子存在的现象。

注：可包括随后放出一个或几个与入射粒子相同或不同的粒子，但不包括入射粒子的散射。

4.34

吸收曲线 absorption curve

某种与吸收有关的辐射量（例如能量通量密度、粒子注量等）随它在吸收体中通过的距离而变化的曲线。

4.35

吸收系数 absorption coefficient

垂直通过足够薄介质层的准直辐射束与物质相互作用中，辐射通量密度（能通量密度或粒子通量密度）$\Delta I/I$ 除以介质层厚度 ΔX，即

$$\mu_{\mathrm{abs}}=\frac{\Delta I}{I}\,\frac{1}{\Delta X}$$

式中：

μ_{abs}——一般是辐射能量的函数；

I——辐射通量密度。

ΔX 以长度、单位面积的质量、单位面积的摩尔数或单位面积的原子数表示时，μ_{abs} 相应地称为线吸收系数、质量吸收系数、摩尔吸收系数或原子吸收系数。

4.36

自吸收 self-absorption

发射体本身对辐射的吸收。

4.37

自吸收因子 self-absorption factor

经自吸收后的放射源的实际辐射量与无自吸收时的辐射量的比值。

4.38

自屏蔽　self-shielding

物体的外层对辐射吸收而使内层得到屏蔽，或辐射源物体本身对辐射的屏蔽。

4.39

自屏因子　self-shielding factor

当一个辐射量由于自屏蔽而减少时，为求得减少后的辐射量所乘的因子。

4.40

线能量　lineal energy

在一次能量沉积事件中授与某一体积内物质的能量与该体积的平均弦长之比。

4.41

传能线密度　linear energy transfer (LET)

定限线碰撞阻止本领　restricted linear collision stopping power

$$L_{\Delta}=\left(\frac{\mathrm{d}\varepsilon}{\mathrm{d}l}\right)_{\Delta}$$

式中：

dε——带电粒子在一种物质中穿行 $\mathrm{d}l$ 距离时与电子碰撞而损失的能量(仅计及碰撞损失能量小于截止能量 Δ 的)。

注：计及所有碰撞能量损失的是线碰撞阻止本领，用 L_{∞} 表示。

4.42

质量能量吸收系数　mass energy-absorption coefficient

一种物质对于中性致电离粒子的质量能量吸收系数 μ_{en}/ρ 是质量能量转移系数 μ_{tr}/ρ 和$(1-G)$乘积，其中 G 为次级带电粒子的能量在该物质中由于韧致辐射而损失的份额。

4.43

质量能量转移系数　mass energy-transfer coefficient

一种物质对于中性致电离粒子的质量能量转移系数为：

$$\frac{\mu_{\mathrm{tr}}}{\rho}=\frac{1}{\rho EN}\frac{\mathrm{d}E_{\mathrm{tr}}}{\mathrm{d}l}$$

式中：

E——每个粒子的能量(不包括静止能量)；

N——粒子数；

$\mathrm{d}E_{\mathrm{tr}}/EN$——入射粒子在密度为 ρ 的物质中穿行 $\mathrm{d}l$ 距离时，其能量由于相互作用而转变为带电粒子动能的份额。

4.44

总线阻止本领　total linear stopping power

具有一定能量的带电粒子穿过介质时，每一个粒子在适当小的径迹元上的平均能量损失(包括碰撞损失和辐射损失)除以该径迹元的长度所得的商。

4.45

总原子阻止本领　total atomic stopping power

总线阻止本领除以介质单位体积原子数所得的商。

4.46

总质量阻止本领　total mass stopping power

总线阻止本领除以介质密度所得的商。

4.47

阻止截面　stopping cross section

总线阻止本领除以阻止物质单位体积的原子数所得的商。

4.48

半值厚度　half-value thickness

通过吸收和散射将辐射强度降低一半时的材料层厚度。

4.49

能谱硬化　spectral hardening

粒子束中能量较低的部分易于通过吸收、泄漏或散射而损失，导致粒子束平均能量增加。

4.50

平均自由程　range, medium free

粒子(光子、原子或分子)在连续的碰撞之间经过路程的平均长度。

4.51

平均射程　mean range

在一给定的材料中，某种特定能量的带电粒子在其完全停止前所经过的平均距离。

4.52

碰撞密度　collision density

在单位时间和单位体积内，粒子与粒子(包括原子核)之间的碰撞次数。

4.53

经典扩散　classical diffusion

碰撞扩散　collision diffusion

可以完全由带电粒子间的库仑碰撞或带电粒子与中性粒子碰撞的经典理论计算得出的粒子扩散方式。

4.54

碰撞参数　impact parameter

在弹性散射或其他核反应中，两个相互作用的粒子在假想不发生作用时彼此间的最小距离。

4.55

衰减　attenuation

进入物体的粒子或光子由于吸收和散射辐射数目减少的过程。

4.56

弛豫(衰减)长度　relaxation length

对于一个随距离按指数律减少的物理量，使该量降为原来的 1/e 的距离。

4.57

弛豫(衰减)时间　relaxation time

对于一个随时间按指数律减少的物理量，使该量降为原来的 1/e 的时间。

4.58

中子衍射　neutron diffraction

当中子波长与晶体点阵间距可相比较时，入射到晶体上的中子所产生的衍射现象。

4.59

中子衰变　neutron decay

自由中子在不受外界干扰的情况下自发转变成质子、电子和反中微子的过程。

4.60

中子温度　neutron temperature

在热中子反应堆中，中子速度近似于麦克斯韦分布时最可几速度所对应的温度。

4.61

中子扩散　neutron diffusion

中子经过逐次碰撞从高中子密度区向低中子密度区迁移的现象。

4.62

扩散长度　diffusion length

扩散面积的平方根,是描述热中子在系统内的散射和吸收特性的物理量,综合反映了热中子在系统内的迁移特性。

4.63

中子宽度　neutron width

相应于发射中子的能级分宽度。

4.64

能注量　energy fluence

在给定的时间间隔内进入以空间某点为中心的适当小的球体的全部粒子能量之和(静止能除外)除以该球体最大截面积所得的商。它等于能注量率的时间积分。

4.65

能注量率　energy fluence rate

能通量密度　energy flux density

在单位时间内进入以空间某点为中心的适当小的球体的全部粒子的能量之和(静止能除外)除以该球体最大截面积所得的商。它等于粒子注量率与粒子平均能量的乘积。

4.66

微分能注量率　differential energy fluence rate

微分能通量密度　differential energy flux density

由具有指定方向、能量或两者兼具的粒子在单位立体角区间内、单位能量间隔内或两者兼具的间隔内的能量通量密度。

4.67

粒子注量　particle fluence

在给定的时间间隔内进入空间某点为中心的适当小球体的粒子数除以该球体的最大截面积所得的商。数值上等于粒子注量率的时间积分。

4.68

粒子注量率　fluence rate (of particles);particle fluence rate

粒子通量密度　particle flux density

在单位时间内进入以空间某点为中心的适当小球体的粒子数除以该球体的最大截面积所得的商。数值上等于粒子密度与平均速度的乘积。

4.69

微分粒子注量率　differential particle fluence rate

微分粒子通量密度　differential particle flux density

由具有指定方向、能量或两者兼具的粒子在单位立体角区间内、单位能量间隔内或两者兼具的间隔内的粒子通量密度。

4.70

谱粒子注量率　spectral particle fluence rate

谱粒子通量密度　spectral particle flux density

对能量的微分粒子通量密度。

4.71

角粒子通量密度 anglar particle flux density

对立体角的微分粒子通量密度。

4.72

多普勒效应 Doppler effect

由辐射源相对于观察者的运动而引起观察到辐射波长的改变。

4.73

多普勒展宽 Doppler broadening

由分子、原子或原子核的热运动引起的谱线的展宽。在核反应中是指靶粒子热运动产生的截面共振峰宽度的展宽。

4.74

放射自显影法 radioautography

自射线照相法 autoradiography

把含有放射性物质的物体与感光乳胶接触,在感光乳胶上得到该物体中的放射性物质分布图的方法。

4.75

射线照相术 radiography

利用贯穿电离辐射检查物质的方法。辐射穿过样品后会使位于其后面的胶片变黑,根据胶片变黑程度的不同说明样品中存在缺陷和不均匀的情况。

4.76

中子照相术 neutron radiography

利用中子束的照相技术。

5 核反应

5.1

核反应 nuclear reaction

由一种或多种原子核参与的,并导致原子核的质量、电荷或能量状态改变的现象。此术语也包括核子的弹性散射。

5.2

自发核反应 spontaneous nuclear reaction

原子核或核子自发发生的裂变或衰变等核反应。

5.3

链式核反应 nuclear chain reaction

核反应产物之一能引起同类的反应,从而使该反应能链式地进行的核反应。

5.4

核衰变 nuclear disintegration

核(也可能是复合核)的转化,包括散裂成为多个核或放出粒子。

5.5

核转变 nuclear transformation

一种核素转变为另一种核素的过程。

5.6

全熔合反应 complete fusion reaction

参加反应的两个原子核的全部核子结合成一个复合核的一种重离子核反应。

5.7

光核反应　photonuclear reaction

光子与原子核相互作用引起的核反应。

5.8

光(激)质子　photoproton

光子与原子核相互作用而释放出来的质子。

5.9

光(激)中子　photoneutron

光子与原子核相互作用而释放出来的中子。

5.10

热核　thermonuclear

描述极高温引起如氘、氚等轻核聚变，并伴随有能量释放的过程。

5.11

热核反应　thermonuclear reaction

参与反应的轻原子核(如氕、氘、氚、锂等)在高温、高密状态下从热运动获得必要的动能而引起的聚变反应。

5.12

热核反应条件　thermonuclear reaction condition

使适当约束的而且温度和密度足够高的等离子体通过热核反应而释放出大量能量所必须满足的条件。

5.13

散裂　spallation

能量足够高的粒子与原子核发生反应，反应物碎裂成较多碎片的过程。

5.14

阈能　threshold energy

引起某种特定核反应所需的入射粒子动能(实验室系)的最小值。

5.15

阈反应　threshold reaction

只有在入射粒子能量至少等于阈能的情况下才发生的反应。

此术语有时也用于以下情况：在入射粒子能量低于某一个确定值时，发生该反应的几率很小；而高于此值时，发生该反应的几率迅速增大。

5.16

库仑势垒　Coulomb barrier

带正电的入射粒子在原子核周围所感受的势能最大值附近的区域。

5.17

俘获　capture

原子或原子核系统获得粒子的过程。

5.18

电子俘获　electron capture

放射性核素核获得轨道电子的放射性衰变。

5.19

寄生俘获　parasitic capture

不导致裂变或其他任何所要求过程的中子吸收。

5.20

辐射俘获　radioactive capture

原子核俘获一个粒子，并发射瞬发 γ 射线的过程。

5.21

俘获 γ 辐射　capture gamma radiation

辐射俘获时放出的 γ 辐射。

5.22

复合核　compound nucleus

在感生核反应中，作为中间阶段而存在的高度激发的短寿命核。

5.23

核反冲　nuclear recoil

核碰撞、核转变或辐射作用赋予剩余核的运动。

5.24

散射　scattering

入射粒子(包括电磁辐射)与粒子或粒子系统碰撞而改变运动方向和/或能量的过程。

5.25

散射效应　scattering effect

被散射的辐射，即改变了运动方向和能量的辐射对辐射场的影响。

5.26

多次散射　multiple scattering

粒子在物体中相继发生两次以上的散射。

5.27

相干散射　coherent scattering

由两个或两个以上的散射中心发出的散射波能相互干涉的散射。

5.28

非相干散射　incoherent scattering

由两个或两个以上散射中心发出的散射波不能相互干涉的散射。

注：有时，由散射粒子发出的散射波可以分为相干和非相干两部分。

5.29

弹性散射　elastic scattering

总动能保持不变的散射。

5.30

非弹性散射　inelastic scattering

总动能发生改变的散射。

5.31

辐射非弹性散射　radiative inelastic scattering

入射粒子的部分动能变为靶核的激发能，随后靶核发射一个或几个光子而退激的非弹性散射。

5.32

热中子非弹性散射　thermal(neutron)inelastic scattering

热中子与分子或晶体点阵交换能量的非弹性散射过程。

5.33

散射核　scattering kernel

在输运方程的散射积分中使用的函数，它表示粒子依特定的能量和运动方向变化的几率。散射核与微分散射截面密切有关。

5.34

散射律　scattering law

考虑了中子细致平衡因子所导出的散射核的一种表达式，通常以 $S(\alpha、\beta)$ 表示，其中 α、β 分别依赖于热中子的动量与能量的改变。

5.35

势散射　potential scattering

将靶核看成只为入射粒子提供势垒的一种散射。

5.36

背散射　back-scattering

单一散射事件中，粒子被物质所散射，其散射角与原始方向相比大于 90°。广义而言，为在一定容积物质内经一次或多次的散射而形成的反射。

5.37

截面　cross section

入射粒子与靶核之间发生某种特定相互作用几率的度量。它是指每一靶核发生某种指定过程所生成的粒子数除以该入射粒子的注量所得的商，其量纲为平方厘米。

5.38

靶恩　barn

核物理中表示某一反应截面的单位，符号为 b，$1\ b=10^{-28}\ m^2$。

5.39

总截面　total cross section

入射粒子与特定靶核发生所有各种相互作用的截面之和。

5.40

去弹性散射截面　nonelastic cross section

除去弹性散射以外的所有反应截面之和。

5.41

宏观截面　macroscopic cross section

对于某特定过程，某种给定物质的单位体积的截面。它是该过程的平均自由程的倒数。对于一个核素，宏观截面是微观截面与单位体积靶核数的乘积，对于多种核素的混合物，宏观截面是这些乘积之和。

5.42

微观截面　microscopic cross section

每个靶核、靶原子或靶分子的截面。微观截面通常以“靶恩”为单位。

5.43

热中子截面　thermal neutron cross section

由热中子引起的相互作用的截面。

5.44

活化截面　activation cross section

由某特定的核反应形成放射性核素的截面。

5.45

微分截面　differential cross section

出射粒子在特定方向或（和）能量附近，每单位立体角内或（和）单位能量间隔内的反应截面。

5.46

角截面 angular cross section

对立体角的微分截面。

5.47

谱截面 spectral cross section

对能量的微分截面。

5.48

双微分截面 double differential cross section

对立体角和能量两者的微分截面。

5.49

自由原子截面 free-atom cross section

当原子在分子或晶体点阵中的结合能和动能与入射中子的动能相比可以忽略时中子被原子核散射的截面。

5.50

束缚原子截面 bund-atom cross section

动能远小于原子在分子或晶体中结合能的中子的原子散射截面。它与自由原子截面(σ_{fr})的关系为

$$\sigma_{\mathrm{b}} = \left(\frac{M+m}{M}\right)^2 \sigma_{\mathrm{fr}}$$

式中：

σ_{b}——束缚原子截面；

M——原子质量；

m——中子质量；

σ_{fr}——自由原子截面。

注：当中子动能与原子结合能相当时，束缚对散射截面仍有影响，但不能采用上述公式。

5.51

多普勒平均截面 Doppler-average cross section

考虑靶粒子的热运动影响，采用适当的权重因子，按能量进行平均的截面。

5.52

中子吸收 neutron absorption

入射中子与物质相互作用后不再作为自由粒子存在的现象。

注：包括随后放出一个或几个中子，同时放出其他粒子的相互作用，如裂变。但散射不看作是吸收。

5.53

中子共振俘获 resonance capture of neutron

在共振能区内的中子辐射俘获。

5.54

中子共振吸收 resonance absorption of neutrons

在共振能区内的中子吸收。

5.55

共振参数 resonance parameter

描写核反应共振现象决定能级特征的参量，例如能级位置、能级宽度、中子宽度、裂变宽度和 γ 宽度等。

5.56

共振积分 resonance integral

某种核素一个核的反应截面与 $1/E$ 谱之积在整个共振能区或其中某指定部分的积分，通常用 I

表示：

$$I=\int_{E_1}^{E_2}\sigma\frac{dE}{E}$$

式中：

E_2——能量的上限；

E_1——能量的下限；

σ——能量为 E 的中子的反应截面。

5.57

共振宽度　resonance width

核反应中发生共振现象的共振峰的本征宽度，即相应核能级的宽度。

5.58

共振能级　resonance level

核反应激发的复合核的一个能级。通常以截面与能量的关系曲线上出现高而狭窄的峰为特征。

5.59

共振能量　resonance energy

正好可以激发复合核中某一能级的入射粒子的动能(以实验室系表示)。

5.60

共振散射　resonance scattering

在共振能级上形成一个复合核后，再发射原来的粒子的过程。

5.61

约化中子宽度　reduced neutron width

某一共振的中子宽度除以其共振能量的平方根所得的商。

注：对于俘获低能中子所能达到的共振能级，约化中子宽度近似地与中子能量无关。

5.62

中子热化　thermalization

较高能量中子(快中子)通过碰撞损失能量达到热平衡的过程。

5.63

强度函数　strength function

由中子激发的某种核素的共振能级的平均约化中子宽度除以平均能级间距所得的商。

5.64

反应能　reaction energy

在核反应过程中，反应生成物的动能和光子能量的总和减去反应物的动能和光子能量的总和。

6　核裂变

6.1

核裂变　nuclear fission

一个重原子核分裂成两个(在少数情况下，可分成三个或更多个)质量为同一量级的碎片的现象。通常伴随发射中子及 γ 射线，在少数情况下也发射轻带电粒子。

6.2

二分裂变　binary fission

生成两个裂变碎片的核裂变。

6.3

三分裂变　ternary fission

生成三个核碎片而至少有两个碎片具有中等质量数的裂变。

6.4

β延迟裂变　β-delayed fission

母核β衰变后生成子核而再发生的裂变。

6.5

自发裂变　spontaneous fission

处于基态或同质异能态的重原子核在没有外加粒子或能量的情况下发生的裂变。

6.6

裂变能谱　fission spectrum

裂变释放的中子或γ的能量分布,包括自发裂变和中子诱发裂变。

6.7

裂变单元　fission unit

可看作一个整体的易裂变材料集合体。

6.8

α比　alpha ratio

可裂变原子核的中子辐射俘获截面与裂变截面之比。

6.9

裂变能　fission energy

原子核裂变时释放的能量。

6.10

裂变气体　fission gas

气态的裂变产物。

6.11

裂变碎片　fission fragment

裂变产生的具有一定动能和激发能的各种核素。

6.12

裂变中子　fission neutron

由裂变过程产生的初始中子。

6.13

裂变产物　fission product

核裂变生成的裂变碎片及其衰变产物。

6.14

裂变产额　fission yield

核裂变中产生某一裂变产物核素的几率。

6.15

独立裂变产额　independent fission yield

在裂变碎片发生任何β或γ衰变以前,核裂变中产生某种特定核素的几率。

6.16

累积裂变产额　cumulative fission yield

裂变中直接和经过它的先驱核衰变产生某种特定核素的几率。

6.17

链裂变产额　chain fission yield

衰变链中最后一个稳定核素的累积裂变产额。有两个或两个以上稳定核素时,则是它们的累积裂变产额之和。

6.18

质量裂变产额 mass fission yield

产生某一特定质量数的各种核素的独立裂变产额之和。

6.19

裂变中子数 fission neutron number

$\bar{\nu}$ nu bar

给定核素每次裂变放出的中子(包括瞬发中子和缓发中子)的平均数。

6.20

每次吸收的中子产额 neutron yield per absorption

η因子 eta factor

由某种可裂变核素或某种特定的核燃料吸收一个中子所放出的中子(包括瞬发中子和缓发中子)的平均数。

6.21

缓发中子 delayed neutron

核裂变中不直接产生,而是受裂变产物放射性衰变延迟发射的中子。

6.22

缓发中子份额 delayed neutron fraction

每次裂变产生的缓发中子平均数与每次裂变产生的全部中子(瞬发中子加缓发中子)平均数的比值。

6.23

缓发中子有效份额 effective delayed neutron fraction

仅由缓发中子引起的裂变平均数与由缓发中子加瞬发中子引起的全部裂变平均数的比值。

6.24

瞬发中子 prompt neutron

伴随着裂变产生而没有可测延迟的中子。

6.25

瞬发中子份额 prompt neutron fraction

每次裂变产生的瞬发中子平均数与每次裂变产生的全部中子(瞬发中子加缓发中子)平均数之比。

6.26

瞬发辐射 prompt radiation

在核反应(例如裂变或辐射俘获)中发射的没有可测延迟的辐射。它有别于以后可能由反应产物发射的辐射(缓发辐射)。

6.27

瞬发裂变γ辐射 prompt fission gamma radiation

伴随着裂变产生而没有可测延迟的γ辐射。

6.28

诱发裂变 stimulated fission

重核在外来粒子的轰击下发生的裂变。

6.29

中子诱发裂变 neutron stimulated fission

中子轰击靶核引起的裂变。

6.30

快中子裂变 fast fission

由快中子引起的核裂变。

6.31

热中子裂变　thermal fission

由热中子引起的核裂变。

6.32

可裂变核素　fissionable nuclide

可发生裂变(无论由何种过程引起)的核素。

6.33

可裂变材料　fissionable material

含一种或几种可裂变核素的材料。

6.34

易裂变核素　fissile nuclide

在热中子和慢中子作用下具有显著的裂变截面的核素。

6.35

易裂变材料　fissile material

含有一种或几种易裂变核素并在适当的条件下能达到临界的材料。

6.36

可转换核素　fertile nuclide

俘获中子后能转变为易裂变核素的核素。

6.37

可转换材料　fertile material

含有可转换核素的材料。

6.38

裂变同核异能素　fission isomer

处于裂变双峰势垒第二势阱内的某一能态,具有极短的裂变半衰期的重原子核。

6.39

裂变势垒　fission barrier

重核从基态形变向断点形变过渡时的势能变化形成的势垒。

6.40

裂变宽度　fission width

通过裂变而衰变的能级分宽度。

6.41

隔绝　isolation

在两个裂变单元或裂变阵列之间放置中子屏蔽材料使其间的中子相互作用可忽略不计。

7　核化学

7.1

核化学　nuclear chemistry

用化学方法或化学与物理相结合的方法研究原子核及核反应的化学分支学科。有时,核化学泛指涉及核科学化学方面的分支学科。核化学主要研究核性质、核转变的规律及核转变的化学效应。

7.2

放射化学　radiochemistry

研究放射性物质的化学分支学科。它包括用化学方法处理辐照后的或自然界存在的放射性物质以得到放射性核素及其化合物,将化学技术应用于核研究以及将放射性物质用于研究化学问题。

7.3

裂变化学　fission chemistry

核化学的一个分支，它以裂变产物及可(易)裂变核素为研究对象，研究裂变过程和裂变机制。

7.4

聚变化学　fusion chemistry

核化学的一个分支，研究核聚变所采用的化学方法及实现核聚变所涉及的化学问题。聚变化学主要用于受控热核反应的研究。

7.5

宇宙化学　cosmos　chemistry

核化学的一个分支，研究有关宇宙的化学。从化学过程考察元素的起源、太阳系的起源以及生命的起源。

7.6

热原子化学　hot atom chemistry

核化学的一个分支，研究核衰变、核反应及核裂变等过程产生的热原子的化学行为。

7.7

热原子　hot atom

通常由核过程引起的、处于激发态或动能高于键能水平的原子。

7.8

辐射化学　radiation chemistry

研究致电离辐射(通常不包括可见光和紫外线)与物质相互作用所产生的化学变化的化学分支学科。

7.9

高分子辐射化学　polymer radiation chemistry；radiation chemistry of macromolecules

辐射高分子化学　radiation polymer chemistry

辐射化学的一个分支，它研究电离辐射与高分子物质作用时所引起的物理和化学变化。

7.10

辐射加工　radiation processing

用电离辐射作用于物质，使其品质或性能得以改变的一种技术。

7.11

辐射聚合　radiation polymerization

由电离辐射引起的聚合反应。

7.12

辐射接枝共聚合　radiation grafting copolymerization

在高能辐射作用下，聚合物A侧链上形成的自由基与单体B发生聚合生成接枝共聚物的过程。

7.13

辐射降解　radiation degradation

聚合物在电离辐射的作用下，其大分子链产生断裂的过程。又称辐射裂解。

7.14

辐射交联　radiation crosslinking

聚合物在电离辐射作用下，彼此之间搭桥产生交联键，最终形成三维网状结构的过程。

7.15

辐射固化　radiation curing

通过辐射，如紫外光(UV)或电子束(EB)，将涂布在基材上的无溶剂活性液体转变为固体的加工过程。

7.16

辐射化学产额　radiation chemical yield

受致电离辐射照射的某物质吸收每单位能量(焦耳)而产生、破坏或变化了的特定实体的物质量(摩尔)。

7.17

***G*值　*G*-value**

某种受辐照的物质，每吸收 100 eV 电离辐射能量所引起的特定化学变化的粒子数目，如特殊分子的交联产物和自由基产物的数目。

7.18

放射性标准源　radioactivity standard

性质和活度在某一确定的时间内都是准确已知的，并能用作比对标准或参考的放射源。

7.19

放射性纯度　radioactive purity

在含有某种特定放射性核素的物质中，该核素及其短寿命子体的放射性活度对物质中总放射性活度的比值。

7.20

放射化学纯度　radiochemical purity

在含有基本上是以一种特定化学形态存在的某种放射性核素的样品中，以该种特定化学形态存在的该放射性核素的含量(以百分数表示)。

7.21

冷却　cooling

通过放射性衰变使物质的放射性活度减弱的过程。

7.22

放射性胶体　radiocolloid

在溶液中，以极低浓度存在并显示出胶体行为的放射性微粒。

7.23

放射性吸附　adsorption of radioactivity

放射性核素从液相或气相转移到固体物质表面上的过程。

7.24

共沉淀　coprecipitation

化合物未达到溶度积，而由于体系中其他难溶化合物的沉淀使该化合物同时沉淀的现象。

7.25

同晶共沉淀　isomorphic coprecipitation

在微量组分与常量组分的化学组成和化学构型相似，以及离子半径相近的条件下的共沉淀。

7.26

吸附共沉淀　adsorptive coprecipitation

常量组分沉淀具有发达表面时，溶液中的微量组分被吸附在沉淀表面上的过程。

7.27

内吸附　internal adsorption

溶液中微量组分不断地吸附在正在生长的晶体表面上，或者吸附于晶体内部的裂缝和毛细管中的现象。

7.28

去污　decontamination

用物理、化学或生物的方法去除或降低放射性污染的过程。

7.29

去污因子 decontamination factor

被污染物去污前、后的放射性水平的比值，又称去污因数。既可针对某个特定的放射性核素也可针对总的放射性污染的去除。

7.30

载体 carrier

以适当的数量载带某种微量物质共同参与某化学或物理过程的一种物质。

7.31

反载体 holdback carrier

在放射化学分离过程中使用的一种与载体起相反作用(即减少载带)的常量物质。

7.32

无载体 carrier-free

不伴有、不加入其他核素又能独立存在的一种放射性核素状态。

7.33

清除 scavenging

借助沉淀的吸附或共沉淀作用将一种或几种放射性核素的大部分从溶液中除去的过程。在辐射化学中是指俘获或除去自由基的过程。

7.34

化学产额 chemical yield

对放射性核素进行放化分析时，分离纯化后得到的载体量与分析开始时加入的载体量之比，以质量分数表示。

7.35

无机离子交换剂 inorganic ion exchanger

能与溶液中的离子进行交换，使离子从溶液中分离的一些难溶无机化合物的总称。

7.36

离子交换膜 ion exchange membrane

含离子基团的、对溶液里的离子具有选择透过能力的高分子膜。

7.37

亚化学计量分离 substoichiometric separation

在化学反应中加入少于化学计算量的试剂与待分离物质反应，并使之分离的一种特殊的分离方式。

7.38

高效液相色谱分离 high performance liquid chromatography

采用高压注入液体流动相于封闭式、装有微小颗粒固定相的分离柱进行有效的色层分离的方法。当固定相为离子交换树脂时称为高效离子交换色谱分离。

7.39

萃取色谱分离 extraction chromatographic separation

将有机溶剂吸附在惰性支持体上作为色谱柱固定相，水溶液作为流动相，被分离物质经过在两相中连续多次的分配而实现分离的方法。

7.40

沉淀分离 precipitation separation

向溶液中加入一种沉淀剂，使待分离元素(离子)以固相化合物形式沉淀析出的化学分离方法。

7.41

挥发分离 volatilization separation

基于混合物中各组分的挥发性不同而实现分离的一种方法。

7.42

电化学分离　electrochemical separation

根据带电粒子(离子和胶体粒子等)的电化学性质和行为进行分离的方法,包括电化学置换(自电沉积)、电解沉积和电泳等。

7.43

电解沉积　electrolytic deposition

电解液中的离子在外加电动势的作用下沉积在电极上的过程。

7.44

自电沉积　self-electrodeposition

水溶液中一种元素的离子自发地沉积在另一种金属电极上的过程。基本原理是电极电位低的金属可以把电极电位高的金属离子置换出来,使之与溶液中其他离子分离。

7.45

电泳法　electrophoresis

利用电场作用下电解质溶液中带电粒子(包括离子和胶体粒子等)向两极定向移动的电迁移进行分离和鉴定的方法。

7.46

同位素效应　isotope effect

由于质量的不同而造成同一元素的同位素原子(或分子)之间物理和化学性质的差异。

7.47

同位素交换　isotopic exchange

两种同位素原子在两个不同分子或离子间或一个分子的不同位置上的化学交换,以及两种同位素分子在不同聚集态之间的交换过程。

7.48

同位素平衡　isotopic equilibrium

在同位素交换过程中同位素的分配达到平衡的状态。

7.49

同位素稀释分析　isotope dilution analysis

在样品中加入一定量已知丰度的某元素的同位素(或包含该同位素的物质)通过测定混合前后它在样品中的丰度,从而求得样品中该元素(或该物质)含量的分析方法。

7.50

放射测量分析　radiometric analysis

通过测量某组分放射性活度来确定某物质质量的一种定量化学分析方法。

7.51

示踪　marking

在化学或生物过程中通过加入易跟踪的放射性核素对物质进行确定的方法。

7.52

示踪剂　tracer

具有某些明显的特性而易于辨认的物质。将少量该物质与待测物质相混合或附着于此物质时,待测物质的分布状况或其所在的位置等就能被确定。

7.53

同位素示踪剂　isotopic tracer

与被示踪元素相同而同位素组成或能态不同的示踪剂。

7.54

非同位素示踪剂　non-isotopic tracer

由与被示踪元素不同的某种元素的一种或多种核素所组成的示踪剂。

7.55

稳定示踪剂　stable tracer

非放射性的示踪剂。

7.56

放射性示踪剂　radioactive tracer

以具有放射性为其鉴别特性的示踪剂。

7.57

活化　activation

由中子、质子或其他粒子轰击材料使其产生放射性的过程。

7.58

活化产物　activation product

中子、质子或其他核粒子轰击后产生的放射性产物。

7.59

活化分析　activation analysis

鉴别和测量由辐照感生的放射性核素的特征辐射来进行元素和核素分析的方法。

7.60

中子活化分析　neutron activation analysis（NAA）

入射粒子是中子的活化分析。

7.61

带电粒子活化分析　charged particle activation analysis（CPAA）

入射粒子为带电粒子的活化分析。

7.62

离子束分析　ion beam analysis

利用带电粒子与物质的相互作用产生的瞬发信息进行物质的成分分析和结构分析的方法。

7.63

瞬发核反应分析　prompt nuclear（reaction）analysis

通过测量核反应的伴随瞬发辐射来进行样品内元素的浓度或深度分布的分析的方法。

7.64

放射结晶学　radiocrystallography

利用X射线、电子、中子等被固体体系的衍射来进行晶体结构（特别是晶体的参数）以及晶体物质鉴定的技术。

7.65

放射性测（定）年（代）　radioactive dating

通过确定物品内各种放射性核素与稳定核素的比例以测定其年代的方法。

8　加速器

8.1

加速器　accelerator

一种使带电粒子增加动能的装置。

8.2

电子帘加速器　electrocurtain accelerator

一种低能、大功率、非扫描、电子束成帘状的电子加速器。

8.3

高功率粒子束加速器　high power particle beam accelerator

在脉冲高电压的电场作用下，对非常强的带电粒子束进行加速的装置。

8.4

静电加速器　electrostatic accelerator；Van de Graaff accelerator

一种直流高压加速器。它的直流高电压是用机械方式把电荷传送到并积累在一个对地绝缘的金属电极上获得的。

8.5

高压倍加器　high voltage multiplier；Cockcroft-Walton accelerator

倍压加速器

一种直流高压加速器。利用倍压整流方法产生直流高压，对离子或电子加速。

8.6

高频高压加速器　dynamitron

一种直流高压加速器。它的直流电压是靠把几百千赫的高频电压，经极间电容耦合到各分压环上，再经倍压整流获得的。

8.7

绝缘芯变压器型加速器　insulating core transformer accelerator

一种直流高压加速器。其变压器各次级绕组输出的电压经整流后串联以产生直流高压电。次级绕组绕在分节的、彼此绝缘的变压器的铁芯上。

8.8

高压变压器型加速器　high voltage transformer accelerator

一种直流高压加速器。利用感应耦合式级联高压发生器产生的直流高压，对束流加速。

8.9

串列加速器　tandem accelerator

一种直流高压加速器。借助离子电荷符号的改变，直流高压使离子加速多次（较为常见的是加速两次）。

8.10

直线加速器　linear accelerator；linac

轴线呈直线的谐振加速器。利用波导管内部激发的高频场，或者在若干直线排列的谐振腔之间激发的高频场，使带电粒子沿直线加速。

8.11

质子直线加速器　proton linear accelerator；proton linac

利用高频电场沿直线轨道加速质子的加速器。

8.12

行波直线加速器　traveling wave linac

一种以行波形式传播的射频电磁波与带电粒子相互作用的直线加速器。

8.13

驻波直线加速器　standing wave linac

一种射频电磁波以驻波形式在其中与带电粒子相互作用的直线加速器。

8.14

高频四极场直线加速器　radio frequency quadrupole linac (RFQ)

利用高频四极电场对带电粒子同时实现横向聚焦和纵向加速的一种直线加速器，简称 RFQ。

8.15

高频单腔加速器　radio frequency single cavity accelerator

一种脉冲式单腔直线加速器。该高频加速腔由两个 $\lambda/4$ 环形同轴腔组成，两腔内轴导体间的缝隙处形成加速电场，对束流加速。

8.16

花瓣型加速器　rhodotron

一种环形往复式加速器。准环形谐振腔为 $\lambda/2$ 谐振腔，在腔的内轴与外壁之间建立径向电场，对束流加速。

8.17

直线感应加速器　liner induction accelerator

由排列成直线的多组元电磁感应产生的电场来加速带电粒子的加速器。

8.18

等离子体加速器　plasma accelerator

利用电子束或激光束在等离子体中激发的等离子体波来加速另一电子束脉冲的加速器，包括由电子束或激光束驱动的等离子体尾场加速器和等离子体拍频波加速器等。

8.19

激光加速器　laser accelerator

利用激光束的高电场来加速带电粒子的加速器。

8.20

循环加速器　cyclic accelerator

在电磁场作用下，通过反复加速带电粒子而赋予其能量的加速器。循环加速器可以是线状的或环状的。

8.21

同步加速器　synchrotron

一种环形加速器。由于导向磁场随粒子能量同步调整，因而在整个加速过程中粒子运动的理想轨道保持不变。

8.22

圆形加速器　circular accelerator

结构呈圆形的加速器。带电粒子能够重复通过同一加速装置，使其能量逐渐增加。

8.23

回旋加速器　cyclotron

一种圆形离子加速器。在恒定导向磁场的作用下，离子重复受到一常频电场的加速而沿着螺旋轨道运动。

8.24

超导回旋加速器　super-conducting cyclotron

使用超导主磁铁的回旋加速器。

8.25

同步回旋加速器　synchrocyclotron

一种圆形离子加速器。它的结构和回旋加速器类似，导向磁场是恒定的，而加速电场的频率是随粒子回旋频率在加速过程中的变化而同步变化的。

8.26

等时性回旋加速器　isochronous cyclotron

离子回旋周期恒定的回旋加速器。它的磁场沿方位角作周期变化。其平均磁场随轨道半径的增大而上升以补偿离子质量的相对论增长效应,使离子的回旋频率在加速过程中保持不变。

8.27

分离扇回旋加速器　separated-sector accelerator

一种等时性回旋加速器。它的主磁铁是由若干块相同的扇形磁铁以相等间隔排列成的。

8.28

电子感应加速器　betatron

利用感应电场加速电子的加速器。电子轨道内部磁通量的增加产生加速的涡旋电场;导向磁场相应的增强使电子围绕着一个确定的圆形轨道运动。

8.29

电子回旋加速器　microtron

一种谐振电子加速器,它的加速电场的周期和导向磁场都不随时间变化,而电子回旋周期的增量恰好是加速电场周期的整数倍。

8.30

储存环　storage ring

一种储存、积累、加速带电粒子,进行对撞、产生同步辐射光以及提供高性能束流的设备。按储存粒子的种类不同,有电子储存环、质子储存环和重离子储存环等。

8.31

对撞机　collider;colliding beam accelerator

一种实现两束束流对撞的装置。由两个储存环组成的交叉环能够实现两束同一种粒子在交叉处对撞。正、负粒子束的对撞可以在一个储存环中实现。

8.32

增强器　booster

在多级串联的高能加速器中,用来增加主加速器束流强度及改善其性能的中间级加速器。

8.33

尾场加速器　wake-field accelerator

利用强脉冲束流或激光脉冲所产生的尾场直接加速尾随其后的带电粒子的高梯度加速器。它可按尾场产生的环境分为两种类型:一类是在慢波结构之中,另一类是在等离子体中。

8.34

逆自由电子激光加速器　inverse free-electron laser accelerator

电子束在横向周期性磁场中,与共轴通过的激光辐射波相互作用而获得能量的加速器。

8.35

中子发生器　neutron generator

利用经过选择的加速带电粒子轰击靶,经由核反应产生中子的装置。

8.36

脉冲线加速器　pulse line accelerator

由冲击(Marx)发生器、脉冲形成线及二极管电子枪形成的加速器,广泛用于高功率脉冲技术。

8.37

发射度　emittance

描写系统聚焦传输品质的一个重要物理量。几何解释为束流在其 x,dx/dz(横向位置及运动方向)分布平面中所占据的面积除以 π。计算单位为 cm-ra。由于束流边界定义的不同,发射度有均方发射度，边缘发射度之分（边缘又有 70%，90%，……之分）。考虑到加速器中束流的纵向速度的改变引起的发射度的改变，通常又引进归一化发射度的概念，其定义为发射度乘上束流的 β、γ 因子，它是一个不变量。

8.38

接受度　acceptance

束流光学系统所能无损传输的粒子在相空间占据的最大面积（除以 π），是光学系统的特性。接受度的大小取决于系统几何尺寸和场的特性。一个合理的束流光学匹配传输系统应当确保束流的发射度全部包含在系统的接受度相图之内，并留有余量。

8.39

束流集体效应　beam collective effect

束流在加速器中所受到的除外加电磁场以外的电磁场引起的各种效应，包括空间电荷效应、束流与残余气体中原子核和电子的弹性和非弹性碰撞、束流与外来电子的相互作用、束流内部粒子散射、束流与环境的相互作用以及束流与束流的相互作用等。

8.40

束流冷却　beam cooling

粒子束通过某种作用使其相空间体积减小的过程。束流冷却方法主要有电子冷却、随机冷却和激光冷却等。

8.41

导流系数　perveance

在带有电子枪的电子器件中，电子枪的阴极发射电流 I 与阴阳极间电压 V 的 3/2 次方的比值。单位为朴（$A/V^{3/2}$）或微朴（$\mu A/V^{3/2}$）。

8.42

自由振荡　free oscillation

偏离加速器封闭轨道的粒子受轴向与径向聚焦力的作用而围绕封闭轨道的振荡。

8.43

束流负载效应　beam loading effect

当带电束流通过加速腔时，由于束流电荷感应场的存在，使腔中实际加速电压比空载时有幅值的下降和相位的移动。

8.44

束晕　beam halo

束流在加速或传输过程中产生的、存在于束流主体（束核）周围的一个半径很大的稳定束圈。束晕是强流加速器中的一种普遍现象。

8.45

阻尼相振荡　damped phase oscillation

在准谐振加速器中，非同步粒子的相振荡振幅随时间逐渐减小的振荡。

8.46

渡越时间因子　transit time factor (TTF)

粒子在渡越加速间隙的过程中，由于电场随时间变化，计入这种变化的粒子能量增益与不计入这种变化的粒子能量增益之比。

8.47

空间电荷效应　space charge effect

束流在加速运输过程中，粒子间的电磁力相互作用对束流性质所产生的各种影响。

8.48

空间电荷中和　space charge neutralization

在运输或加速过程中,束流粒子或束流和传输系统中剩余气体发生碰撞时所电离出的极性相反的带电粒子间的中和。

8.49

能散　energy spread

描述束团中粒子能量分散程度的物理量,用其相对值表示,记作 $\Delta E/E$。粒子在束团中的能量分布通常是不均匀的,有时用包含某一百分比的粒子的最大能量分散表示能散度的大小。

8.50

多极(几何)位形　multipole (geometry) configuration

由固定在支架上或漂浮于环形真空室中的 n 个载电流的平行导体环(相邻导线的电流方向相反)组成的环形位形。这些环形电流产生多极磁场(导线的数目 $n=2$ 为四极场,$n=4$ 为八极场)。多极磁场叠加在初始约束磁场上,可以产生平均极小磁场位形。直线位形也可以做成多极位形。

8.51

粒子约束时间　particle confinement time

表征粒子在特定区域约束性能的特征参量,它等于源项不存在时粒子数损失到原来的 1/e 时所需要的时间。

汉语拼音索引

G

H

J

K

L

M

N

P

Q

R

英 文 索 引

A

B

C

D

F

G

H

I

K

L

M

Q

R

S

T